U0350077

高等职业教育“十二五”规划教材
21世纪高职高专规划教材
（土建类）

建筑设备

主　编　湖北城市建设职业技术学院　胡红英
副主编　河南工业职业技术学院　李斌胜
　　　　安徽水利水电职业技术学院　张思梅
参　编　湖北城市建设职业技术学院　王　勇
　　　　湖北水利水电职业技术学院　徐　欣
　　　　武汉职业技术学院　毛文实
　　　　安徽国防科技职业学院　梅耀辉

机械工业出版社

本书以高职教育培养目标为出发点，面向广大高职高专学生。理论知识以“必须、够用、会用”为原则，注重建筑设备知识的系统性、连贯性，突出知识的应用和实践操作技能的培养；以工程应用为重点，侧重培养建筑设备识图能力及安装的能力；以最新设计、施工验收规范为依据，推广应用新技术、新材料、新设备、新工艺，以及环保、节能的产品，满足建筑行业快速发展的需要。本书较好地体现了高职教育的特点，可以满足高职高专培养高素质高级技能型人才的需求。

本书共8章分别介绍了建筑给水、建筑消防、建筑排水、建筑给水排水识图与施工、建筑通风空调、建筑采暖、建筑电气、智能建筑。

本书可作为高职高专建筑工程、建筑装饰、工程造价、工程监理等专业学生教材，同时也可作为同等层次的成教类学生教材，还可作为教师及同行的参考书。

为方便教学，本书配备电子课件等教学资源。凡选用本书作为教材的教师均可登录机械工业出版社教材服务网 www. cmpedu. com 注册后免费下载。如有问题请致信 cmpgaozhi@ sina. com，或致电 010 - 88379375 联系营销人员。

图书在版编目（CIP）数据

建筑设备/胡红英主编．—北京：机械工业出版社，2011.1（2015.6 重印）
高等职业教育“十二五”规划教材
21 世纪高职高专规划教材．土建类
ISBN 978 - 7 - 111 - 33026 - 4

Ⅰ.①建…　Ⅱ.①胡…　Ⅲ.①房屋建筑设备—高等学校：技术学校—教材　Ⅳ.①TU8

中国版本图书馆 CIP 数据核字（2011）第 008080 号

机械工业出版社（北京市百万庄大街 22 号　邮政编码 100037）
策划编辑：余茂祚　责任编辑：赵志鹏
版式设计：霍永明　责任校对：刘怡丹
封面设计：马精明　责任印制：李　洋
三河市宏达印刷有限公司印刷
2015 年 6 月第 1 版第 5 次印刷
184mm × 260mm · 20 印张 · 491 千字
11001—13500 册
标准书号：ISBN 978 - 7 - 111 - 33026 - 4
定价：42.00 元

凡购本书，如有缺页、倒页、脱页，由本社发行部调换

电话服务	网络服务
服务咨询热线：（010）88361066	机 工 官 网：www. cmpbook. com
读者购书热线：（010）68326294	机 工 官 博：weibo. com/cmp1952
（010）88379203	教育服务网：www. cmpedu. com
封面无防伪标均为盗版	金 书 网：www. golden-book. com

前　言

本书是根据《教育部关于加强高职高专人才培养工作意见》和《面向21世纪教育振兴行动计划》等文件精神由机械工业出版社组织全国多所高职示范院校的知名教师编写的规划教材之一。

由于国家小康社会的发展需要，加快了小城镇建设的步伐，需要更多高素质高级技能型的人才，国家高等职业教育政策作了必要的调整，高职教育规模得到了迅速的发展，但适合高职教育的教材建设却相对滞后。为了更好地体现高职教育的特点，满足高职高专培养高素质高级技能型人才的需求，同时为了更好地将理论和实践相结合，应用和推广新技术、新材料、新设备、新工艺，并满足建筑类各专业《建筑设备》课程的教学需要，特组织编写本书。通过《建筑设备》课程的学习，使建筑类各专业学生能较系统地掌握民用和工业建筑中建筑设备系统的任务、组成、基本原理，以及建筑物内这些设备如何与建筑主体结构及生产工艺设备的相互配合与协调，最终能熟练地识读设备施工图，并初步具备建筑设备安装能力及相应管理能力。

本书的特点：

1. 本书以高职教育培养目标为出发点，面向广大高职高专学生。理论知识以“必须、够用、会用”为原则，注重实践应用能力的培养。

2. 以工程应用为重点，侧重培养建筑设备识图能力及安装的能力。

3. 以最新设计、施工验收规范为依据，推广应用新技术、新材料、新设备、新工艺，以及环保、节能的产品，满足建筑行业快速发展的需要。

本书的内容共分8章，由胡红英任主编，并负责全书的统稿、审稿及定稿工作。参加编写的有：湖北城市建设职业技术学院胡红英(第1、2、4章)，河南工业职业技术学院李斌胜(第7章)，安徽水利水电职业技术学院张思梅(第1章热水供应部分及第3章)，湖北水利水电职业技术学院徐欣(第5章)，湖北城市建设职业技术学院王勇(第8章)，武汉职业技术学院毛文实(第6章)，安徽国防科技职业学院梅耀辉(第5章建筑燃气部分)。

在本书的编写过程中参考了大量的书籍、文献，在此向有关编著者表示由衷的感谢。

由于编写水平及篇幅所限，书中难免有疏漏之处，敬请同行专家们及读者批评指正。

编　者

目　录

第1章 建筑给水

1.1 建筑给水系统组成及给水方式

建筑给水系统是通过引入管，将市政给水管网或小区给水管网的水输送到建筑内部的各种卫生器具、生产机组和消防设施等各用水点，并能满足用户对水质、水量和水压或水温要求的给水系统。

1.1.1 建筑给水系统的分类与组成

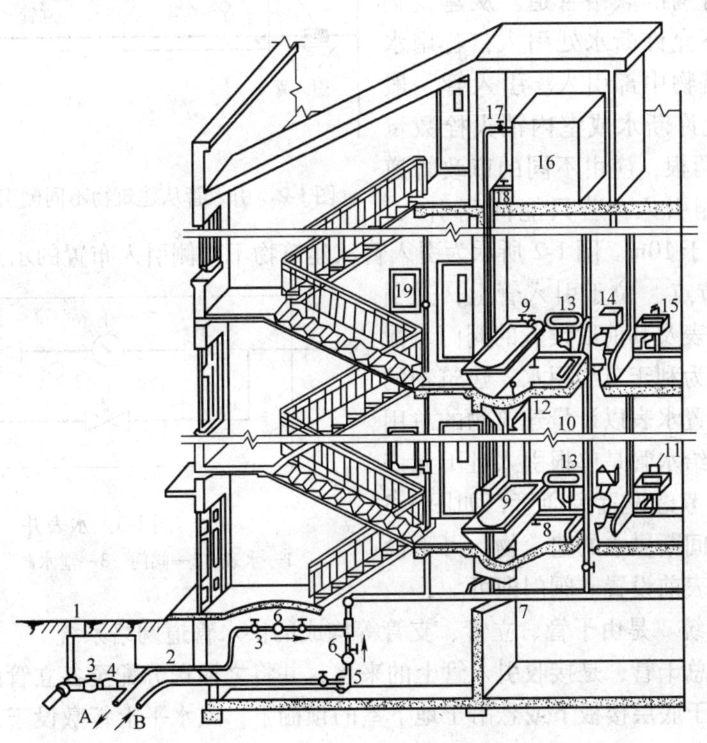

图 1-1 生活和消防共用的给水系统
1—阀门井 2—引入管 3—闸阀 4—水表 5—水泵 6—止回阀 7—干管 8—支管 9—浴盆 10—立管 11—水龙头 12—淋浴器 13—洗脸盆 14—大便器 15—洗涤盆 16—水箱 17—进水管 18—出水管 19—消火栓 A—进入贮水池 B—来自贮水池

1. 分类 按照供水对象(用户)的不同，建筑内给水系统分为：

(1) 生活给水系统 生活用水包括饮用、烹饪盥洗、洗涤、沐浴等用水。生活饮用水对水质有较高要求。必须符合 GB 5749—2006《生活饮用水卫生标准》中的各项指标要求。对于直接饮用水还应符合直饮水相关技术标准。生活用水水量标准(生活用水定额)与当地的水资源和气候条件、人们的生活水平、生活习惯、收费标准及办法、管理水平、水质和水压等因素有关。详见 GB 50015—2010《建筑给水排水设计规范》。

(2) 生产给水系统　生产用水指冷却、洗涤、锅炉等用水。它随着工业产品的不同，水质也各异。

(3) 消防给水系统　消防用水对水质无特殊要求，对水量、水压有较高要求。

这三种给水系统按照安全可靠，技术可行，经济合理的原则可以分别设置，也可以组成共用系统，如生活—生产—消防共用系统；生活—消防共用系统等。图 1-1 所示为生活和消防共用的给水系统。

2. 建筑内给水系统的组成　不论是上述哪种给水系统，一般由引入管、给水管网、给水附件、计量仪表以及加压或贮水设备等组成。

(1) 引入管　也称进户管，是指将室外给水管引入建筑物内部或由市政管道引入至小区给水管网的联络管道。从建筑物用水量最大或不允许断水处引入；若用水均匀，可从建筑物中部引入。引入管一般设一根；若不允许断水或室内消火栓数量超过 10 个时设两根，应由不同的市政管道自建筑物不同侧引入；若只能同侧引入，间距需大于或等于 10m。图 1-2 所示为引入管从建筑物不同侧引入布置的示意图。

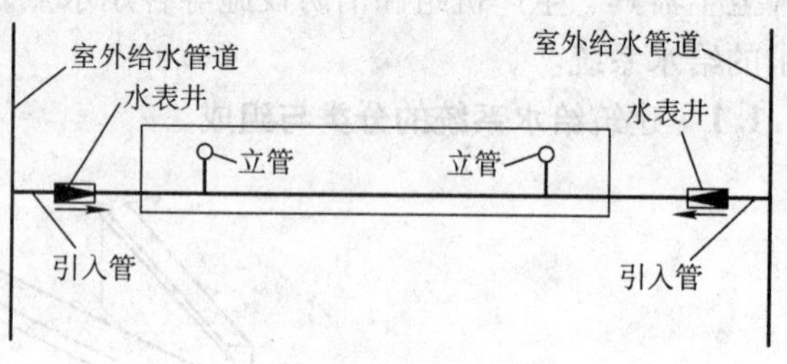

图 1-2　引入管从建筑物不同侧引入布置示意图

(2) 水表节点　位于引入管上，是引入管上装设的水表及其前后设置的阀门、泄水装置的总称。为利于节约用水，建筑物的引入管上需要设置水表以计量建筑物的总用水量。若建筑物给水管是单根引入且不允许间断供水时，可考虑设置旁通管，如图 1-3 所示；对于偶尔间断供水的建筑物，可不设置旁通管，在水表前设置一阀门即可。

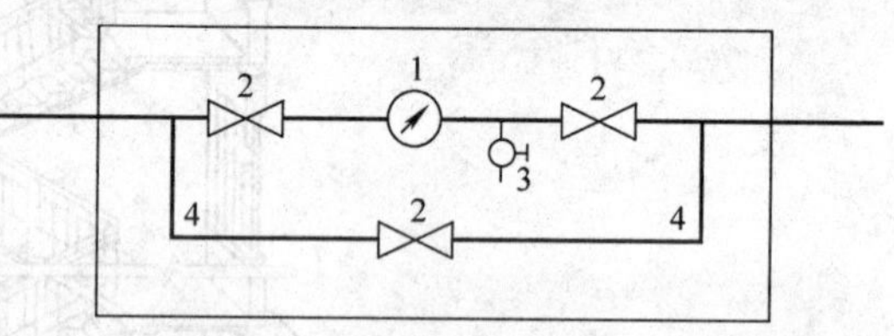

图 1-3　水表井

1—水表　2—阀门　3—泄水阀　4—旁通管

(3) 管网系统　是由干管、立管、支管等构成的供水管道网络系统。

干管也称为总干管，是接收引入管上的来水，并将之输送分配至各立管的管道。干管一般水平下行敷设于底层楼板下或悬吊于地下室的顶棚下，或水平上行敷设于顶层屋面或悬吊于顶层的顶棚下。

立管也称为竖管，是将干管的来水沿着铅垂方向输送分配至各楼层用户管道。

支管也称为分户管，是将立管来水输送分配至各楼层用户的各用水点的管道。

(4) 给水附件　是安装在管道及设备上的启闭和调节装置的总称。它包括两大附件，即控制附件和配水附件。内容详见 1. 2 节。

(5) 加压及贮水设备　加压设备有水泵、水泵—气压罐升压设备。贮水设备有贮水池、水箱等。内容详见 1. 4 节。

1. 1. 2　给水管网所需压力

建筑内给水管网所需要的压力应满足系统中的最不利用水点应有的压力，并保证有足够的流出水头，如图 1-4 所示。最不利配水点一般是指最高、最远或流出水头最大的配水点。这里介绍压力计算公式及估算方法。计算公式为

$$H = H_1 + H_2 + H_3 + H_4 \tag{1-1}$$

式中 H——建筑内给水系统所需的压力(kPa)；

H_1——引入管至最不利配水点的位置高度所要求的静水压(kPa)；

H_2——水头损失之和(kPa)；

H_3——水表(节点)的水头损失(kPa)；

H_4——流出水头(kPa)。

流出水头是指各种配水龙头或用水设备，为获得规定的出水量(额定流量)而必需的最小压力，见附录 A。

图 1-4　给水系统所需压力

计算出的 H 值还应考虑适当的富余水头，以保障供水安全。H 值的单位实质是压强单位，因此也可用“MPa”或“kPa”表示。它们之间的换算关系为：$1\text{MPa} = 10^3\text{kPa} \approx 100\text{mH}_2\text{O}$[㊀]。

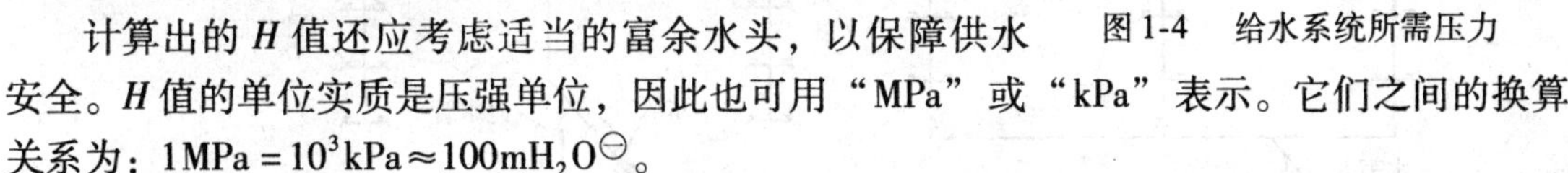

估算方法。在进行初步设计时，可根据楼层数估算建筑内管网供水所需要的水压。该估算值从建筑物的室外地坪起算的最小水压，当层高小于 3.5m 时，一层为 100kPa，二层为 120kPa，三层及其以上，每加一层增加 40kPa。当 $n \geqslant 2$ 时，建筑内部给水系统所需压力为

$$H = 40(n + 1) \tag{1-2}$$

式中 n——建筑物层数。

例 对于层高 3.3m 的六层的办公楼，建筑内给水所需要的最小水压(从地面起算)是多少?

解 按式(1-2)，$H = 40 \times (6 + 1)\text{kPa} = 280\text{kPa} \approx 28\text{mH}_2\text{O}$。

当层高超过 3.5m 时，H 应适当增加估算值。

1.1.3 给水方式

建筑给水方式即建筑给水系统的供水方案。其选择应满足初投资及年运行费用之和最省，技术上可行，供水安全可靠，操作管理方便等要求。建筑给水方式有以下几种：

1. 直接给水方式　室外管网水压在任何时候都要满足建筑内部用水要求时，应采用直接给水方式，如图 1-5 所示。

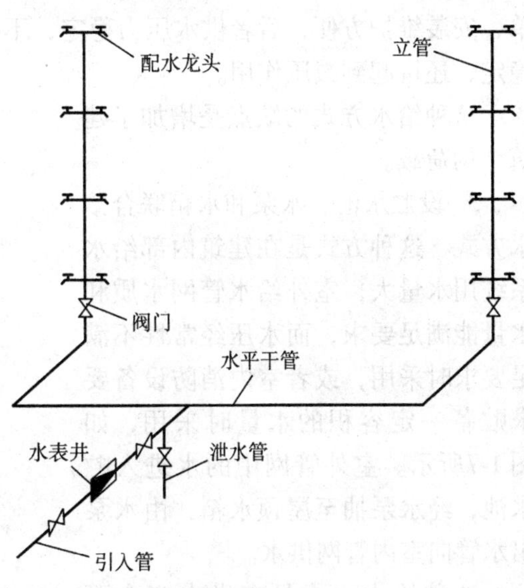

图 1-5　直接给水方式

这种给水方式的优点是可以充分利用室外管网的水压，减少了能量浪费，系统简单，安

㊀ mH_2O 为非法定计量单位，$1\text{mH}_2\text{O} \approx 10\text{kPa}$，全书同。

装维护方便，不设置室内动力设备，节省了投资。其缺点为水压、水量受室外给水管网的影响大。

2. 单设水箱的给水方式　当室外给水管网的水量能满足室内用水要求，但每天的水压周期性不足时，可仅设置高位水箱使室外管道直接进入建筑物内部。水箱设在建筑物顶层上。这种给水系统可布置成两种方式，一种是室外给水管网供水到室内管网和水箱，即下行上给式如图 1-6a 所示；另一种是室内所需水量全部经室外给水管网送至水箱，然后由水箱

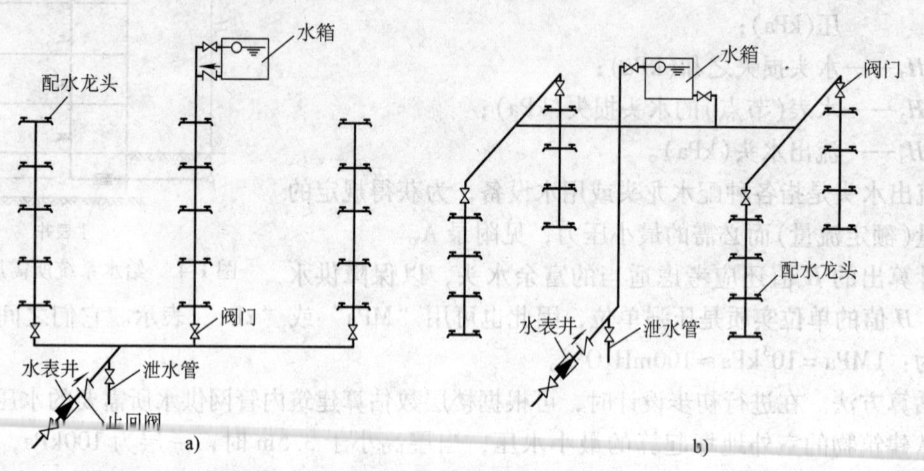

图 1-6　单设水箱给水方式

a）下行上给式　b）上行下给式

向系统供水，即上行下给式如图 1-6b。前者充分利用市政管网水压，节约能量，系统较简单，安装维护方便；后者供水压力稳定，不受室外给水管网压力波动的影响，当外网压力不稳定，还可起到减压作用。

这种给水方式的缺点是增加了建筑结构荷载。

3. 设贮水池、水泵和水箱联合给水方式　这种方式是在建筑内部给水系统用水量大，室外给水管网水质和水量能满足要求，而水压经常性不满足要求时采用，或者室内消防设备要求贮备一定容积的水量时采用，如图 1-7所示。室外管网中的水进入贮水池，经水泵抽至屋顶水箱，由水泵出水管向室内管网供水。

这种给水方式具有供水安全可靠，水泵水箱相互配合运行，水泵向水箱充水，使水泵可在高效段内运行及压力稳定等优点。其缺点是一次性投资较大，运行费用较高，安装维护麻烦。

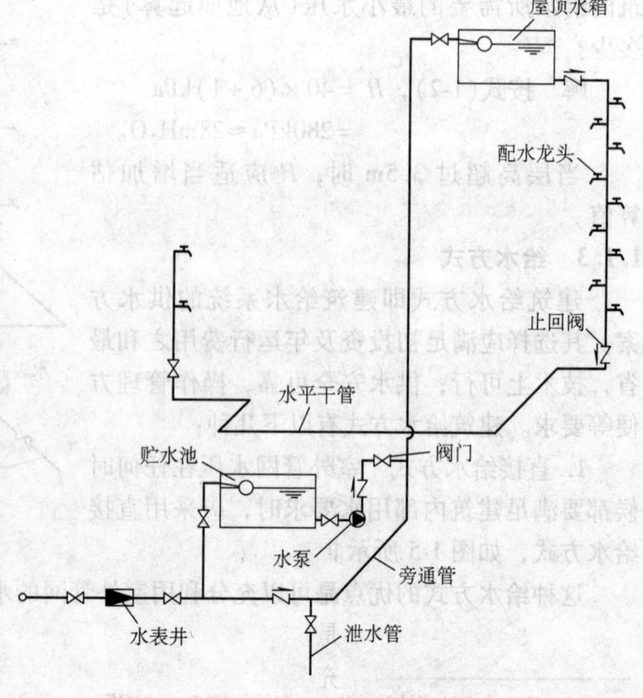

图 1-7　贮水池、水泵及水箱联合给水方式

4. 分区给水方式　建筑物层数较多或高度较大时，若室外管网的水压只能满足较低楼层的用水要求，而不能满足较高楼层用水要求时采用这种方式，如图 1-8 所示。下区采取直接供水方式；上区采取贮水池、水泵、水箱联合供水方式。两区之间设连通管、闸阀或减压阀。这种给水方式既可充分利用城市配水管网的压力，又可减少贮水池和水箱的容积，供水安全且经济。缺点是高区设置贮水池，水泵、水箱的一次性投资大，安装维护较复杂。

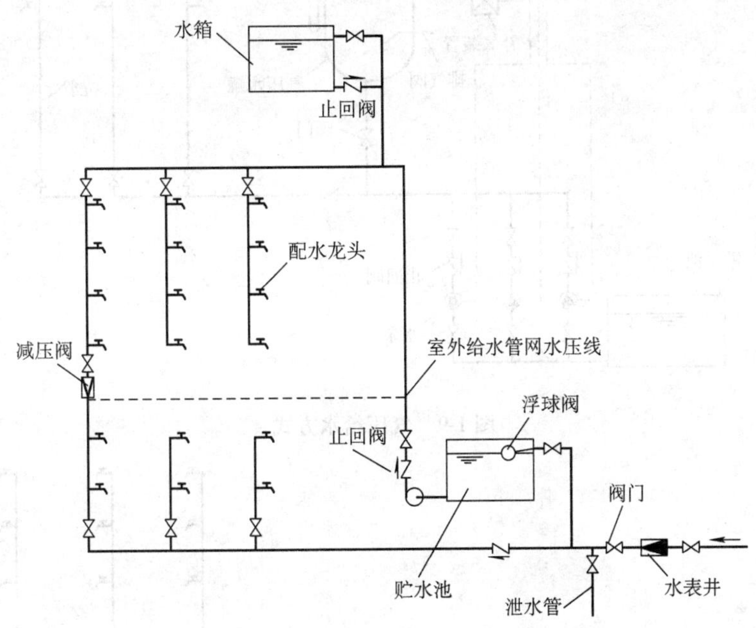

图 1-8　分区给水方式

5. 气压给水方式　气压给水方式是利用气压给水设备将水送到用水点的一种增压供水方式。气压给水设备一般由密闭气压水罐、水泵机组、管路系统、电控系统、自动控制箱(柜)等组成，补气式气压给水设备还有气体调节控制系统。密闭气压水罐是一种增压装置，相当于屋顶水箱或水塔，可以调节和贮存水量并保持所需水压，如图 1-9 所示。这种给水方式设置灵活方便，建设快，投资小，供水水质好。但容量小，调节水量小，罐内水压变化大，水泵开启频繁，耗电多。

6. 水泵、贮水池给水　当室外给水管网的水量能满足室内用水要求，而水压大部分时间不足时，宜采用这种给水方式，即室外管网供水至贮水池，由水泵将贮水池中的水抽升至室内管网各个用水点。水泵的选择在于室内用水的均匀程度。当一天用水量大而且均匀时，由于这种工况与送水曲线接近，可选用恒速水泵；当用水量不均匀时，宜采用变频调速水泵。如图 1-10 所示。该系统由贮水池、变频器、控制器、调速泵等组成。其工作原理为：用电动机变频调速，通过恒压控制器接收给水系统内压力信号，经分析运算后，输出信号控制水泵转速，达到恒压变流量的目的。

这种给水方式的优点是供水安全可靠，不设高位水箱，不增加建筑结构荷载。缺点是室外管网的供水水压未得到充分利用，浪费了能量。变频调速泵给水方式使用安全可靠，目前在居住小区的二次供水中较为常用。

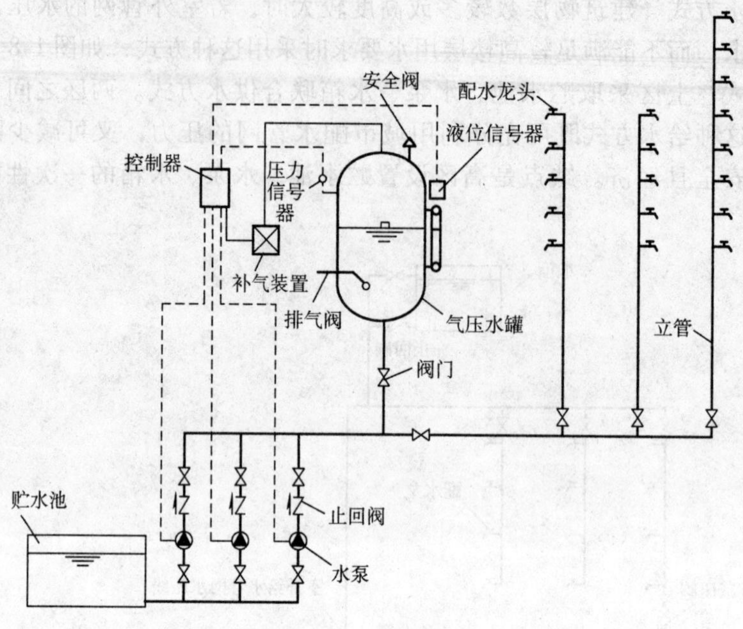

图 1-9　气压给水方式

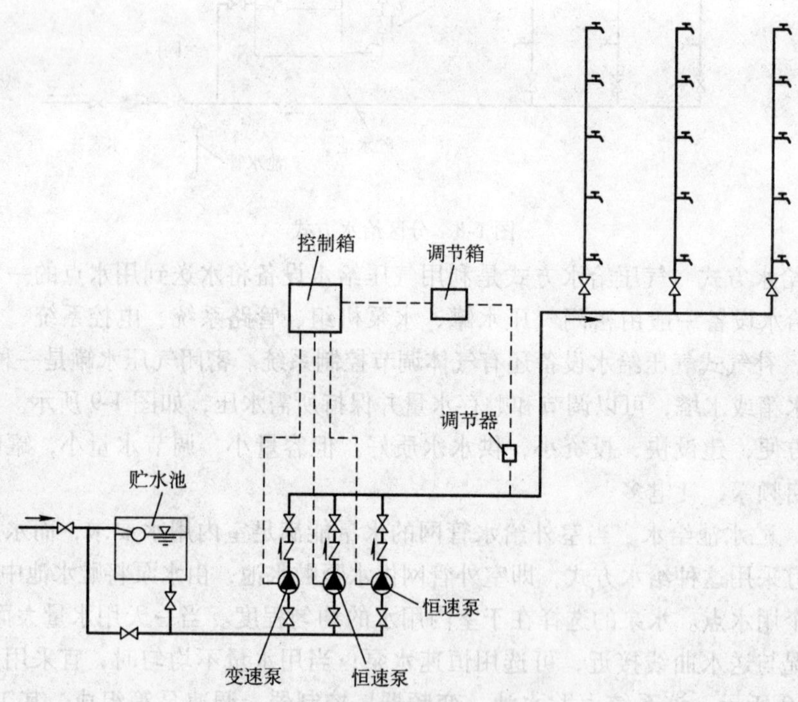

图 1-10　变频调速恒压给水方式

综上所述，当室外给水管网的供水压力大于或等于室内管网所需的压力要求时，可选择直接给水方式；当室外给水管网的压力不能满足室内管网所需的压力要求时，可根据实际情况，按照安全可靠，经济合理的原则选择其他几种给水方式。

1.2 建筑给水管材及附件

建筑给水、排水、采暖、燃气等系统的管网均是由管道及各种管件、附件连接而成。管道材料及管件、附件及接口形式的选用合适与否都将直接影响到工程的质量，使用效果及造价。本节主要介绍建筑给水系统常见管材性能、规格表示、适用情况及接头形式；管材及接头形式所对应的管道配件；管道控制附件、配水附件以及水表等。

1.2.1 常见管材

1. 钢管　含碳量(质量分数)小于或等于2.11%的铁碳合金称为钢。钢管强度高，承受流体的压力大，抗振性能好，长度大。重量比普通灰口铸铁管轻，接头少，加工安装方便，但造价较高，抗腐蚀性差。钢管一般使用年限为20年，采用了绝缘防腐后，使用年限可以适当延长。按钢管的制作工艺及强度又可以分为无缝钢管和焊接钢管。

(1) 无缝钢管

1) 分类及规格。无缝钢管是用一定尺寸的钢坯采用热轧(挤压,扩)或冷拔(轧)等工序制成的中空而横截面封闭的无焊接缝的钢管，一般能承受3.2~7.0MPa的压力。无缝钢管按制作工艺的不同又可分为热轧和冷拔无缝钢管两类。热轧的长度为3~12.5m。冷拔的无缝钢管按规格尺寸分为薄壁钢管、毛细钢管和异形钢管等，管径较小，冷拔管通常长度为1.5~9m。无缝钢管的强度与其厚度有关，因此无缝钢管的规格以D(外径)×δ(壁厚)来表示，单位为mm。如某无缝钢管的规格108×5表示该管道的外径为108mm，厚度为5mm。

2) 适用情况。无缝钢管承压能力较高，在普通焊接钢管不能满足水压要求时选用。无缝钢管主要适用中、高压流体输送，一般在0.6MPa的气压以上管路都应采用无缝钢管。其标准见GB/T 8163—2008《输送流体用无缝钢管》。

(2) 焊接钢管

1) 分类。焊接钢管又称卷焊钢管，水煤气管，或有缝钢管，是用钢板或钢带经过卷曲成形后焊接制成的钢管。焊接钢管生产工艺简单，生产效率高，品种规格多，设备投资少，但一般强度低于无缝钢管。焊接钢管按照是否镀锌处理分为非镀锌管(俗称黑铁管)和镀锌电焊钢管(俗称白铁管)；钢管按壁厚分为普通钢管和加厚钢管；焊接钢管按焊缝的形式分为直缝焊管和螺旋焊管。螺旋焊管的强度一般比直缝焊管高。较小口径的焊管大多采用直缝焊；大口径焊管则大多采用螺旋焊。

2) 规格。焊接钢管中带螺纹的镀锌或非镀锌钢管制造长度为3~12m。镀锌焊接钢管的规格用公称直径DN(nominal diameter)表示。公称直径是容器，管子或管件的标准化直径系列中的名义直径，一般公称直径常为管内径相近的某整数值，其单位为mm。如某镀锌钢管DN50，即其公称直径为50mm。工程上，管道尺寸习惯上以英寸[⊖](in)、英分表示，通常称为寸、分。1英寸=8英分。如½in、¾in分别叫做4分、6分，而1¼in、1½in分别称为寸二、寸半。½ in约为12.7 mm，对应的公称直径为15mm；¾ in约19.1mm，对应的公称直径为20mm，依此类推，1in，1¼ in，1½in，2in，4in的管子对应的公称直径为25mm，32mm，

⊖ 英寸(in)为非法定计量单位，1in=25.4mm，全书同。

40mm，50mm，100mm。其他焊接钢管的规格表示方法同无缝钢管。

3）适用情况。焊接钢管一般用于输送低压流体，即压强在 1.6MPa 以下的流体。其规格详见 GB/T 3091—2008《低压流体输送用焊接钢管》。

目前在城镇新建住宅中禁止冷镀锌钢管用于室内给水管道，推广应用铝塑复合管、交联聚乙烯(PE-X)管、三型无规共聚聚丙烯(PP-R)管等新型管材，有条件的地方也可推广应用铜管。

目前热镀锌钢管因其价格及强度优势仍可用于消防系统、热水采暖系统、建筑燃气系统。

(3) 钢管的连接形式　钢管采用螺纹联接以及焊接、法兰或沟槽式(卡箍)连接。

1）螺纹联接。镀锌钢管一般采用螺纹联接，也称丝扣联接，如图 1-11 所示。室内生活给水管道及燃气所用的镀锌(热镀锌)钢管须用螺纹联接，多用于明装管道。其密实材料有聚四氟乙烯生料带或生料液，燃气管道系统用石油密封蜡或厚白漆等。

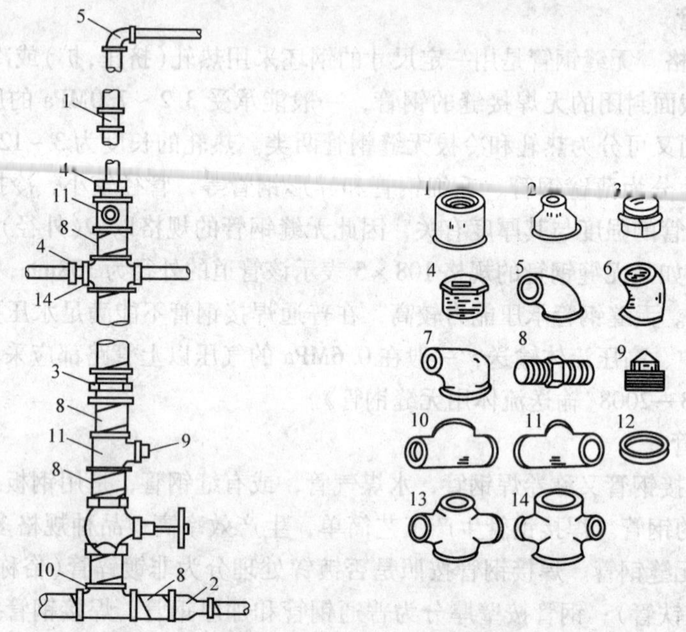

图 1-11　螺纹联接及连接配件

1—管箍　2—异径管箍　3—活接头　4—补心　5—90°弯头　6—45°弯头
7—异径弯头　8—内管箍　9—管塞　10—等径三通　11—异径三通
12—根母　13—等径四通　14—异径四通

2）焊接。钢管多采用焊接连接，焊接连接的方法有电弧焊和气焊两种。一般管径 $DN>32$mm 采用电弧焊连接，管径 $DN\leq32$mm 采用气焊。焊接的优点是接头紧密，不漏水，施工迅速，不需要配件。缺点是不能拆卸。镀锌钢管若采取焊接，会破坏接口处镀锌层而加速钢管的锈蚀，因而焊接部位需要作二次镀锌处理或者进行其他局部防腐处理。

3）法兰连接。需要拆卸或维修的地方采用法兰连接。它适用于管径 $DN\geq50$mm 的管道上，常将法兰盘焊接或用螺纹联接在管端，以螺栓联接它，中间以垫片密实。法兰连接一般用管与阀门、设备等处，以便拆卸和检修。建筑给水工程多采用钢制圆形平焊法兰，如图

1-12 所示。

4）沟槽式连接。沟槽式管接头是一种管道新型接头，如图 1-13 所示。它是将管材、管件等管道接头部位用专用滚槽机或开孔机加工成环形沟槽，用卡箍件、密封圈和紧固件等组成的套筒式快速接头。安装时，在相邻管端套上异形胶密封圈后，用拼合式卡箍件连接。卡箍件的内缘就位在沟槽内并用紧固件紧固后，可以保证管道的密封性能。这种连接方式不破坏钢管镀锌层，加工快捷，密封性能好，便于拆卸，广泛地应用于建筑设备管道系统中各种管道，如钢管、铜管、不锈钢管、衬塑钢管、球墨铸铁管、厚壁塑料管及带有钢管接头和法兰接头的软管和阀件等的连接。详见 CECS 151：2003《沟槽式连接管道技术规程》。

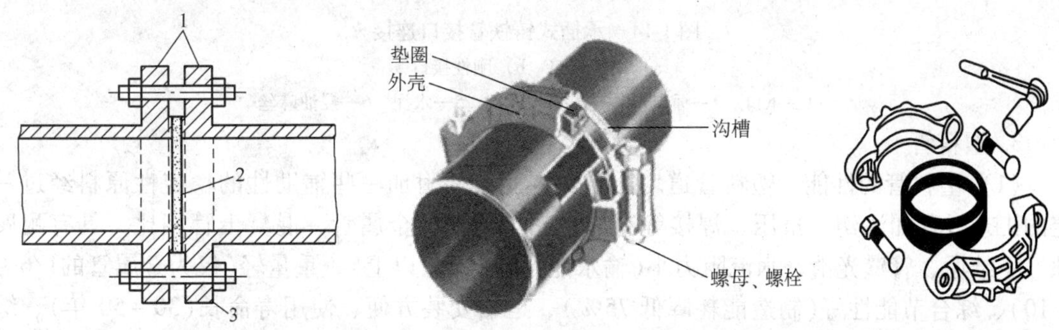

图 1-12　法兰连接示意图

1—法兰　2—垫片　3—螺栓

图 1-13　沟槽式连接示意图

2. 铸铁管　铸铁管以生铁铸成，其中含碳量(质量分数)在 2.11% 以上，与钢管相比，其杂质含量较高，管材较重，安装运输较麻烦，但耐腐蚀性能提高，适合埋地敷设。目前在高层建筑给水和排水工程，室外给水工程中有较为广泛的应用。

（1）铸铁管的分类与规格(见表 1-1)。

表 1-1　铸铁管分类表

<table>
<tr><th colspan="2">分类方法</th><th colspan="5">分类名称</th></tr>
<tr><td colspan="2">按用途分</td><td colspan="2">给水铸铁管</td><td colspan="3">排水铸铁管</td></tr>
<tr><td colspan="2">按制造材料</td><td colspan="2">普通灰铸铁管</td><td colspan="3">球墨铸铁管</td></tr>
<tr><td colspan="2">按接口形式</td><td colspan="2">承插铸铁管</td><td colspan="3">法兰铸铁管</td></tr>
<tr><td rowspan="4">按浇铸形式</td><td>分类</td><td colspan="2">砂型离心铸铁直管</td><td colspan="3">连续铸铁直管</td></tr>
<tr><td>按壁厚</td><td>P 级</td><td>G 级</td><td>LA 级</td><td>A 级</td><td>B 级</td></tr>
<tr><td>型号表示</td><td>砂型管
P—500—6000</td><td>砂型管
G—500—6000</td><td>连续管
LA—500—5000</td><td>连续管
A—500—5000</td><td>连续管
B—500—5000</td></tr>
<tr><td>代表意义</td><td colspan="2">P、G 为厚度分级，500mm 为公称直径，6000mm 为管长</td><td colspan="3">LA、A、B 为厚度分级，500mm 为公称直径，5000mm 为管长</td></tr>
</table>

离心铸造球墨铸铁管与连续铸造的灰铸铁管相比，它兼有铸铁的良好抗腐蚀性能和钢材的良好综合力学性能，综合经济费用低于钢管，使用寿命为钢管的 3 ~ 5 倍，且管壁更薄，重量更轻，能承受较高的压力。离心铸造球墨铸铁管是铸铁管材的发展方向，常用于高层建筑管道系统的立管。

（2）接口形式　铸铁管管与管及管件之间的连接通常采用承插式或法兰式；按功能又

可分为柔性接口和刚性接口两种。柔性接口用橡胶圈密封，允许有一定限度的转角和位移，因而具有良好的抗振性和密封性，比刚性接口安装简便快速，劳动强度小。给水球墨铸铁常用柔性连接，如图 1-14a 所示；灰口铸铁常用刚性连接，如图 1-14b 所示。

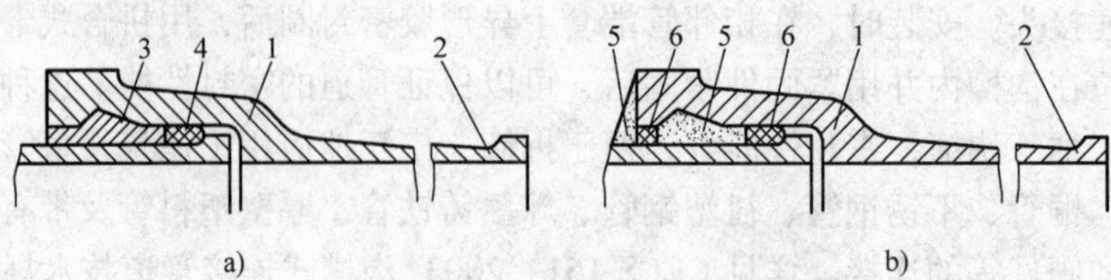

图 1-14　承插式铸铁管接口连接

a）柔性接口　b）刚性接口

1—承口　2—插口　3—铅　4—胶圈　5—水泥　6—浸油麻丝

3. 塑料管

（1）塑料管的性能　塑料管道均由合成树脂，并附加一些辅助性的稳定性原料经过一定的工艺过程如注塑、挤压、焊接等制成。它与传统的金属管、混凝土管相比，具有耐腐蚀、不结垢、管壁光滑、水流阻力小(输水能耗降低 5% 以上)、重量轻(仅为金属管的1/6 ~ 1/10)、综合节能性好(制造能耗降低 75%)、运输安装方便、使用寿命长(30 ~ 50 年)、综合造价低等优点。因此它被广泛应用于建筑给排水、供热采暖、城市燃气、化工用管以及电线电缆套管等诸多领域。

塑料管材主要缺点表现在线胀系数大，比金属管大好几倍；综合力学性能低，但某些塑料管材低温抗冲击性优异；耐温性差，受连续和瞬时使用温度及热源距离等的限制；刚度低，弯曲易变形等。受塑料管径的限制，大口径(300mm 以上)的给水管较少用到塑料管，因而在特定的场所使用受到一定限制。

（2）塑料管的分类　塑料管按化学成分的不同分类见表 1-2。

表 1-2　塑料管的化学分类

系　别	符　号	化学名称	系　别	符　号	化学名称
聚氯乙烯系	PVC-U	硬聚氯乙烯	聚烯烃系	PB	聚丁烯
	HIPVC	高冲击聚氯乙烯		PP	聚丙烯
	HTPVC	高温型聚氯乙烯	ABS 系	丁二烯	
聚烯烃系	HDPE	高密度聚乙烯		ABS 丙烯腈	
	LDPE	低密度聚乙烯			
	PE	交联聚乙烯		苯乙烯共聚树脂	

（3）常用的塑料管

1）PP-R 管。PP-R 是无规共聚聚丙烯的简称，是聚丙烯的第三型产品。PP-R 管道不腐蚀，不结垢，不滋生细菌，无毒；管材内壁光滑，保证水流畅通，降低水流阻力；接头牢靠；废弃或燃烧不会构成环境污染。因此 PP-R 管被称为绿色管材。自冷镀锌钢管淘汰使用后，它广泛应用于建筑冷热水给水系统中。作为冷水管(外壁有蓝色的纵线)的使用温度 $t \leqslant 40℃$；热水管(外壁有红色的纵线)的长期使用温度 $t \leqslant 60℃$。

PP-R 管规格以 dn(公称外径) × en(公称壁厚)表示。该规格以无量纲数值系列“S”表示。S 确定取决于系统的工作压力和输送的水温及工程的安全余量。根据 S 及可推导出 *en*。S 越小，管壁越厚，相应的承压能力越大；反之亦然。PP-R 管材尺寸有 S5、S4、S3.2、S2.5、S2 五个系列。具体规格及与公称直径 *DN* 的对应关系见表 1-3。

表 1-3　PP-R 管材管件系列和规格尺寸　　（单位：mm）

公称外径 *dn*（公称直径 *DN*）	平均外径		管系列				
			S5	S4	S3.2	S2.5	S2
	最小	最大	公称壁厚 *en*				
20(15)	20.0	20.3	—	2.3	2.8	3.4	4.1
25(20)	25.0	25.3	2.3	2.8	3.5	4.2	5.1
32(25)	32.0	32.3	2.9	3.6	4.4	5.4	6.5
40(32)	40.0	40.4	3.7	4.5	5.5	6.7	8.1
50(40)	50.0	50.5	4.6	5.6	6.9	8.3	10.1
63(50)	63.0	63.6	5.8	7.1	8.6	10.5	12.7
75(65)	75.0	75.7	6.8	8.4	10.3	12.5	15.1
90(80)	90.0	90.9	8.2	10.1	12.3	15.0	18.1
110(100)	110.0	111.0	10.0	12.3	15.1	18.3	22.1

注：管材长度一般为 4m 或 6m，也可根据用户要求双方协商确定，但是管材长度不应有负偏差，且壁厚不得小于上表的数值。

PP-R 管道的连接方式主要有热熔连接和电熔连接两种，也有专用螺纹联接或法兰连接。

热熔连接，是相同牌号的热塑性塑料制作的管材、管件的插口与承口之间相互连接时，采用专用热熔工具将连接部位表面加热熔融，承口与插口冷却后连接成为一个整体的连接方式，如图 1-15 所示。热熔工具由厂商提供或确认。一般用于 $dn \leqslant 110$mm 的 PP-R 管与管件之间的连接。

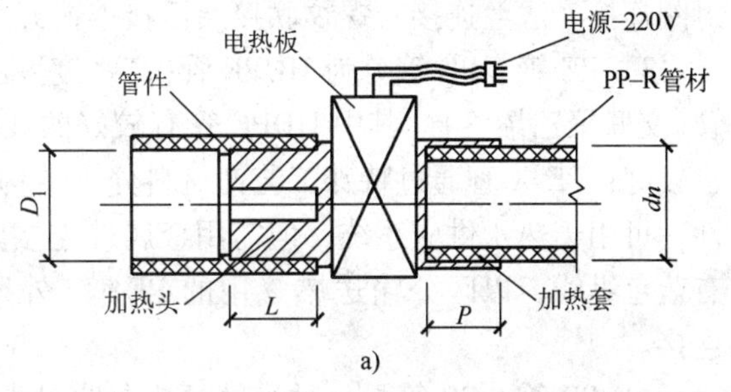

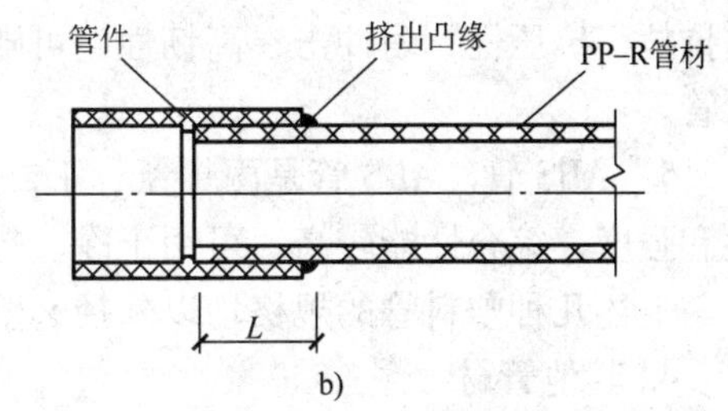

图 1-15　PP-R 管与管件热熔连接

a）承口、插口加热　b）管道连接剖面

电熔连接，是相同的热塑性塑料管材连接时，套上特制的电熔管件，由电熔连接机具对电熔管件进行通电，依靠电容管件内部预先埋设的电阻丝产生所需要的热量进行熔接，冷却后管材与电熔管件连接成为一个整体的连接方式。这种方式一般用于大口径（$dn \geqslant 110$mm）或管道最后连接或热熔施工困难的场合，如图 1-16 所示。

PP-R 管与小口径金属管件或卫生器具金属配件一般采用螺纹联接，宜使用带铜内螺纹或外螺纹嵌件的 PP-R 的过渡接头管件。

PP-R 管与大口径金属管或法兰阀门和管件连接时，采用套法兰管件。图 1-17 所示为 PP-R 管与钢管的法兰接口形式，图中所示尺寸详见标准图集 02SS405—2《PP-R 给水管安装》。但建筑给水 PP-R 管不得在建筑物内与消防给水管道相连。

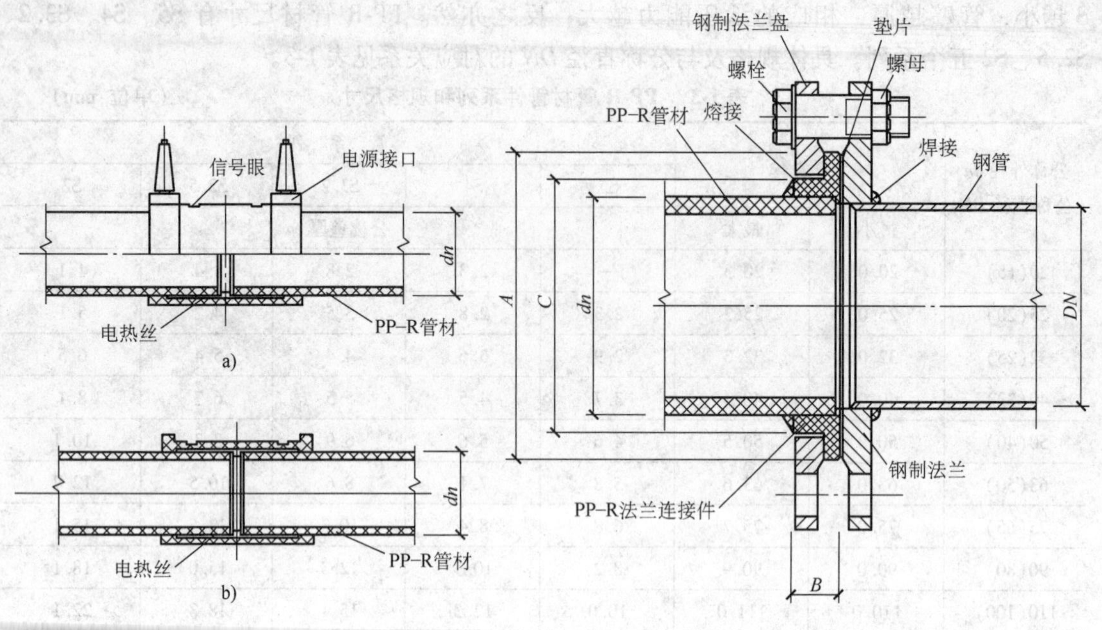

图 1-16 PP-R 管与管件电熔连接

a）电熔连接 b）管道连接剖面

图 1-17 PP-R 管与钢管件法兰连接

2）UPVC(或 PVC—U)管。因 UPVC 管在高温下有单体和添加剂渗出，只适用于输送温度不超过 45℃的给水系统中，目前建筑给水中使用较少。给水 UPVC 管采用粘接、弹性密封圈连接、法兰连接、螺纹联接及活接连接五大类。

3）PE 管。PE 管分为 HDPE 管(高密度聚乙烯管)、LDPE 管(低密度聚乙烯管)和 PE-X 管(交联聚乙烯管)。其中 HDPE 管有较好的疲劳强度和耐温度性能，可挠性和抗冲击性能也较好；PE-X 管通过特殊工艺使材料分子结构由链状转成网状，提高了管材的强度和耐热性，可用于热水供应系统，但需用金属件连接。PE 管常用作室外给水管及燃气管，且外壁有蓝色纵线，以区分输送燃气用的 PE 管(外壁有黄色纵线)。PE 管采用热熔对接或电熔连接。

4）PB 管。PB 管是一种半结晶热塑性树脂，耐腐蚀，抗老化，保温性能好，具有良好的抗拉、抗压性，耐冲击，高韧性，可随意弯曲等优点，使用年限 50 年以上。主要用作冷水管。

5）ABS 管。ABS 管是丙烯氰、丁二烯、苯乙烯的三元共聚物，具有良好的耐蚀性，韧性和强度，综合性能较高。可用于冷、热水系统中。

上述几种塑料管的规格均以外径 × 壁厚来表示，单位为 mm。

4. 其他管材

(1) 复合管　复合管是金属与塑料混合型管材，有铝塑复合管和钢塑复合管两类。它结合金属管材和塑料管材的优势。随着住房和城乡建设部对冷镀锌钢管禁令的发出，推广了新型塑料管材。但通过几年来的工程应用，塑料管或多或少暴露出一些问题和缺憾。由于塑料管的线膨胀系数较大，一些软性塑料管不适合于室内明敷，热胀冷缩弯曲变形，影响美观；其耐温、耐压能力随着被传输介质温度的升高和使用年限的增加逐渐下降；塑料给水管不宜在室外明敷，容易受阳光紫外线照射，加速老化；有些大口径塑料管因耗材且连接质量不易控制，既不适宜，也不经济。因此复合管材得以广泛应用。

1）铝塑复合管。铝塑复合管的结构如图 1-18 所示。它的中间为铝或铝合金层。按焊接方式其分为超声波搭接焊和氩弧对接焊，内外为塑料层。铝层与内外塑料层之间为热熔粘合剂（乙烯聚合物）层。铝塑复合管按照从外到内材料的不同分为以下几种：

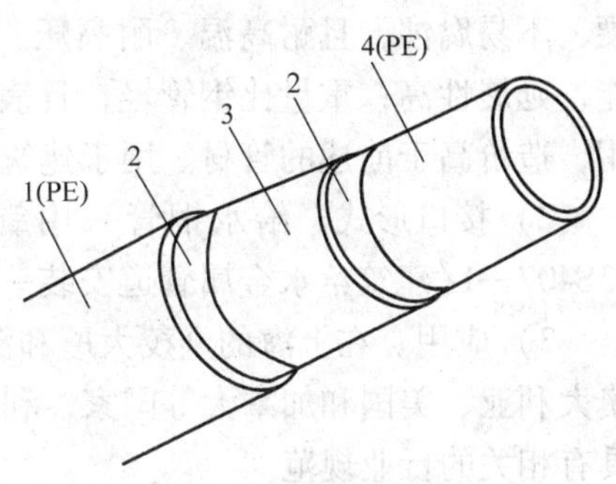

图 1-18　铝塑复合管结构
1—外层聚乙烯 PE　2—粘合剂
3—铝层　4—内层聚乙烯 PE 管

a. 搭接焊铝塑复合管。有聚乙烯/铝合金/聚乙烯（PAP）和交联聚乙烯/铝合金/交联聚乙烯（XPAP）两种结构。

b. 对接焊铝塑复合管：有聚乙烯/铝合金/交联聚乙烯（XPAP1）、交联聚乙烯/铝合金/交联聚乙烯（XPAP2）和聚乙烯/铝/聚乙烯（PAP3）三种结构。

这种管材具有重量轻、耐压强度好、输送流体阻力小、耐化学腐蚀性能强、接口少、安装方便、耐热、可挠曲、美观等优点，是一种可用于给水、供暖、煤气等方面的多用途管材。在欧洲，铝塑复合管主要用于建筑冷热水管和地面辐射采暖。

接头形式：卡压式（冷压式），采用不锈钢接头，专用卡钳压紧，适用于各种管径的连接；卡套式（螺纹压紧式），铸铜接头，采用螺纹压紧，可拆卸，适用于 $dn \leqslant 32$mm 的管道连接；螺纹挤压式，铸铜接头，接头与管道之间加塑料密封层，采用锥形螺母挤压形式密封，不能拆卸，适用 $dn \leqslant 32$mm 的管道连接。当铝塑复合管与其他管材、卫生器具金属配件、阀门连接时，采用带铜内螺纹或铜外螺纹的过渡接头，管螺纹联接。

2）钢塑复合管。钢塑复合管是世界上近年来发展的一种新型管道材料，在发达国家已比较成熟，如美国、日本等国的输水管道有 80%～90% 的管材采用钢塑复合管，是目前替代传统镀锌管的较佳产品，被誉为绿色环保管材。

它以钢管或钢骨架为基体，与各种类型的塑料（如 PP、PE、PVC、聚四氟乙烯等）经复合而成。按基本材料和制造工艺主要有三种：孔网钢带钢塑复合管、钢丝缠绕钢塑复合管、全钢带焊接钢塑复合管；按塑料与基体结合的工艺又可分为衬塑复合钢管和涂塑复合钢管两种。衬塑复合钢管是由镀锌管内壁涂一定厚度的塑料（PE、UPVC、PE-X 等）而成，因而同时具有钢管和塑料管材的优越性。涂塑复合钢管是以普通碳素钢管为基材，内涂或内外均涂塑料粉末，经加温熔融粘合形成。依据其用途不同，可分为两种，一种内壁涂敷 PE，外镀锌镍合金；另一种内、外壁均涂敷 PE。

建筑给水用钢塑复合管分冷、热水两大系列，有 *DN*15～*DN*250 共 14 个规格品种。冷水系列的工作温度小于 55℃，热水系列工作温度小于 95℃，适用于高、多、低层各类建筑给水工程给水立管及进户管，可明装或暗装。建筑给水用的钢塑复合管 $DN \leqslant 65$mm 时采用沟槽式连接，也可采用螺纹联接，热熔或法兰连接。详见 CECS 125：2001《建筑给水钢塑复合管管道工程技术规程》。

（2）铜管

1）性能。常见的有纯铜管、黄铜管两种。纯铜的材料牌号有 T2、T3、T4 和 TUP 等，黄铜的材料牌号有 H62、H85 等。铜管的外径 4～300mm，壁厚 0.5～50mm。铜管质地坚硬，不易腐蚀，且耐高温、耐高压，可在多种环境中使用，韧性好，具有良好的抗冲击性能，延展性高；重量比钢管轻，且表面光滑，流动阻力小；耐热、耐腐蚀、耐火、经久耐用，造价高于前述的管材。用于建筑作冷热水及直饮水系统中铜管不污染水质。

2）接口形式。给水铜管采用氧-乙炔焊接、螺纹联接及胀口连接等。其安装标准见03S407—1《建筑给水金属管道安装—铜管》。

3）应用。在上海的金茂大厦和深圳的帝王大厦等超高层建筑中采用了纯铜管管道。在澳大利亚、美国和加拿大等国家，利用铜管作为室内燃气管道已经十分普遍，技术成熟，并具有相关的行业规范。

（3）不锈钢管

1）不锈钢性能。不锈钢为耐空气、蒸汽、水等弱腐蚀介质和酸、碱、盐等化学浸蚀性介质腐蚀的钢。实际应用中，常将耐弱腐蚀介质腐蚀的钢称为不锈钢，而将耐化学介质腐蚀的钢称为耐酸钢。

2）接口形式。薄壁不锈钢管采用卡接和氩弧焊接。其他不锈钢管可采用螺纹联接和电弧焊接等形式。其标准详见03S407—2《建筑给水金属管道安装—薄壁不锈钢管》及CECS 153：2003《建筑给水薄壁不锈钢管道工程技术规程》。

3）应用。不锈钢管道不污染介质，一些城市在新建高层住宅和写字楼里，已采用了不锈钢管道供水及供应燃气，在小区的直饮水系统也有采用不锈钢管道。随着经济的发展和人们生活水平的不断提高，不锈钢管材将会得到广泛的应用。

1.2.2 管道配件

管道系统中管道配件主要是指用于直接连接转弯、分支、变径以及用作端部等的零部件，包括弯头、三通、四通、异径管接头、管箍、内外螺纹接头、活接头、快速接头、螺纹短接、加强管接头、管堵、管帽、盲板等，但不包括阀门、法兰、螺栓、垫片等。管件因材质不同，接头形式的不同而有较大区别。

1. 螺纹管件　图1-11所示为镀锌钢管螺纹联接及连接配件，用于螺纹联接的管道系统。它包括变向用的45°，90°弯头；直线连接用的内管箍（对丝）、管箍、补心，异径管箍；分叉用的（异径，等径）三通、四通；维修用的活接头，管塞。配件用可锻铸铁制成，抗蚀性及机械强度均较大，分为镀锌和非镀锌两种。钢制及塑料配件较少。建筑设备管道的螺纹管件应用镀锌配件。

2. 承插铸铁管件　铸铁管管件的特点是以承插连接为主，包括承插盘、承插渐缩管、（正、斜）三通、（正、斜）四通、90°弯头、45°弯头、乙字管、大小头、P弯、S弯、套筒、双承管等。从种类上分大体有渐缩管（大小头）、三通、四通、弯头等；从形式上可分为承插、双承、双盘及三承、三盘等。较为常见的

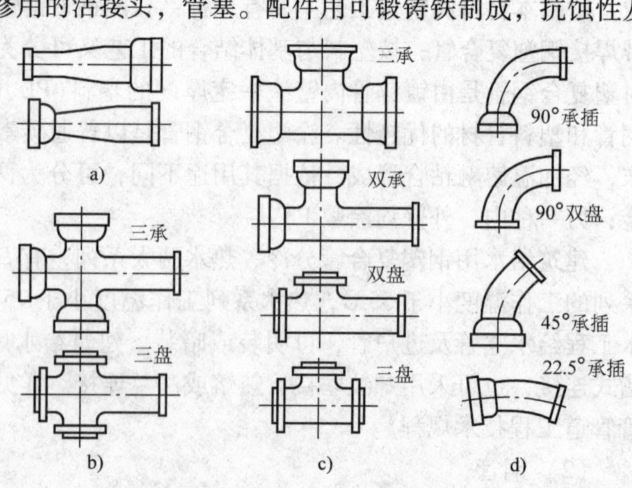

图1-19　常见的给水铸铁管管件

a）异径管　b）四通　c）三通　d）弯头

给水铸铁管管件如图1-19所示。

3. 塑料管件　塑料管件有注压管件和热加工焊接管件，硬聚氯乙烯管多为热加工焊接管件。给水硬聚氯乙烯(UPVC)管件及其规格见表1-4。其管材与管件的接口形式为承插粘接。

表1-4　硬聚氯乙烯(UPVC)管件及其规格　　(单位:mm)

品　种	公称直径							
管接螺母	25	32	40	50	65	80	100	
带凸缘接管	25	32	40	50	65	80	100	
带螺纹接管	25	32	40	50	65	80	100	
活套法兰	25	32	40	50	65	80	100	150
带螺纹法兰	25	32	40	50	65	80	100	
带承插口肘形90°弯头						80	100	
带承插口T形三通						80	100	
带螺纹肘形90°弯头	25	32	40	50	65			
带螺纹T形三通	25	32	40	50	65			
带螺纹大小头	25/32	32/40	40/50					

注：关节螺母、带凸缘接管及带螺纹接管应配套使用。

给水PP-R管道的管件如图1-20所示。PP-R管件与PP-R管之间常采用热熔连接；当与金属管进行连接时采用过渡接头如内螺纹联接、内螺纹直通、外螺纹直通等管件。

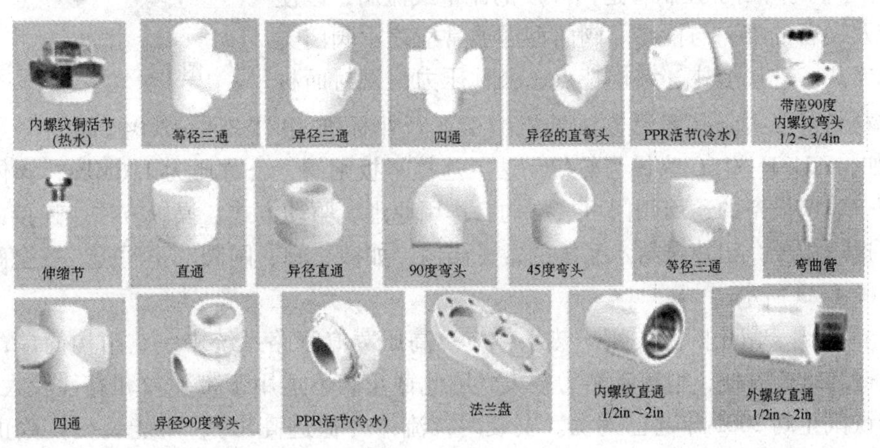

图1-20　PP-R给水管件举例

4. 卡箍、卡套管件

(1) 沟槽式连接管件　随着新材料、新技术、新工艺在建筑给水系统中的推广应用，沟槽式连接技术上已处于成熟阶段，属于比较先进的工艺之一。沟槽式连接管件也称为卡箍连接管件。沟槽连接管件包括两个大类产品：

1) 起连接密封作用的管件有刚性接头、柔性接头、机械三通和沟槽式法兰，如图1-21a所示。

2) 起连接过渡作用的管件有弯头、三通、四通、异径管、盲板等，如图1-21b所示。

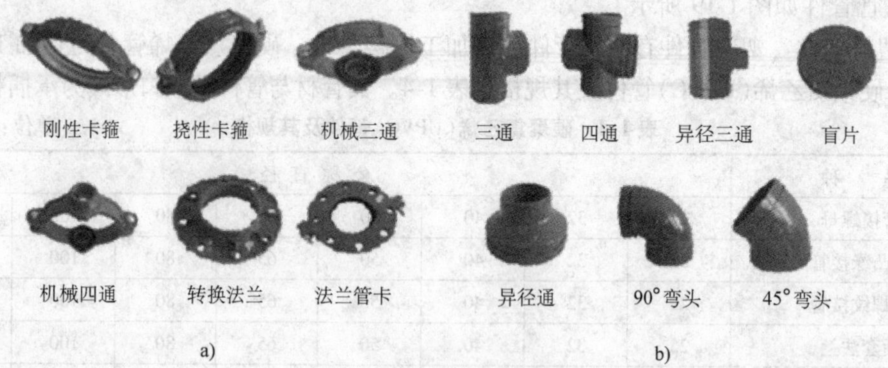

图 1-21 沟槽式连接管件

a）连接密封管件 b）连接过渡管件

（2）卡套连接管件 卡套连接是用锁紧螺母和螺纹管件将管材压紧于管件上的连接方式。该方式连接方便，相比螺纹联接要简单、美观。用于卡套连接的管件为铜制或钢制，应用范围仅限于 1/2in 以下的管。其品种规格如图 1-22 所示。卡套连接不适合高温、有振动的地方。其接头标准详见 GB/T 3765—2008《卡套接头的技术条件》。

图 1-22 卡套连接管件

1.2.3 管道附件

1. 阀门 阀门用于控制管道内介质的流量或流向，以便管道系统及设备的维护与检修。阀门型号通常应表示阀门类型、驱动方式、连接形式、结构特点、公称压力、密封面材料、阀体材料等要素。其表示方法见机械工业行业标准 JB/T 308—2004《阀门型号编制方法》。例如，Z543H—16C 为锥齿轮传动法兰连接平板闸阀，公称压力 1.6MPa，阀体材料为碳钢。用于建筑设备的通用阀门可按结构、作用原理、驱动方式、操纵方法、连接方式等进行分类。这里主要介绍建筑给水系统的常见阀门，如截止阀、闸阀、止回阀、安全阀、浮球阀等，如图 1-23 所示。

（1）截止阀 截止阀主要用于热水供应及高压蒸汽管路系统中，它结构简单，严密性较高，制造和维修方便，但流动阻力较大，因此截止阀不适用于带颗粒和黏性较大的介质。注意，铸铁截止阀 2005 年起已淘汰。安装时，流体“低进高出”，不能装反。截止阀一般用于 $DN \leqslant 50$mm 的常启闭的小管径管道系统。

（2）闸阀 又称为闸门或闸板阀。它是利用闸板升降控制开闭的阀门，流体通过阀门时流向不变，因此阻力小，广泛地应用于冷、热水管道系统。

闸阀与截止阀相比在开启和关闭时省力，水阻较小，阀体比较短，当闸阀完全开启时，其阀板不受流体介质的冲刷磨损。但是闸阀的严密性较差，尤其启闭频繁时，阀体与阀座之间的密封面受磨损；不完全开启时阻力仍然很大。因此闸阀一般只作为截断装置，即用于完全开启或完全关闭的管路中，而不宜用于频繁启闭或需要开启大小的管路上。无安装方向要求，但不宜单侧受压，主要适用于一些大口径（$DN > 50$mm）管道。

（3）止回阀 又名单向阀或逆止阀，是一种根据阀瓣前后的压力差而自从启闭的阀门。

它有严格的方向性，只允许介质向一个方向流通而阻止逆向流动。它用于不允许介质倒流的管路上，如用于水泵的出水管路上的止回阀作为水泵停泵的保护装置。

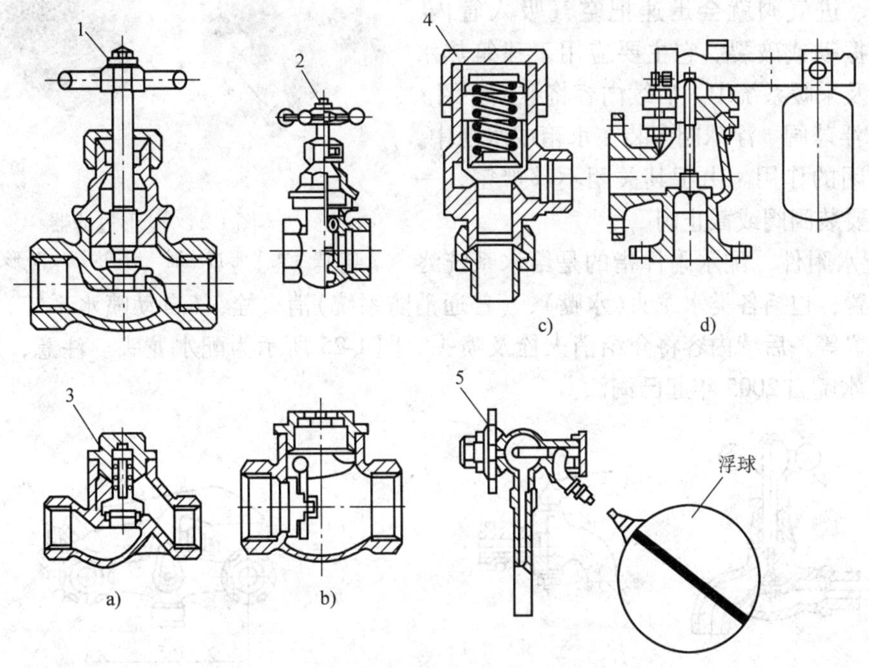

图 1-23　常见阀门

a）升降式　b）旋启式　c）弹簧式　d）杠杆式

1—截止阀　2—闸阀　3—止回阀　4—安全阀　5—浮球阀

止回阀按照结构的不同可分为升降式和旋启式。前者密封性好，噪声小，但阻力大，只装于水平管道；后者阻力小，但密封性差，噪声大，装于垂直或水平管道上，安装时须与阀门外壁的箭头同向。一般在较大管径上安装旋启式止回阀。

（4）旋塞阀　又称为考克或转心门。它主要由阀体和塞子（圆锥形或圆柱形）所构成。旋塞阀构造简单，启闭迅速，旋转 90°就全开或全关，阻力较小，但严密性不强，常用于温度和压力不高的管路上。热水龙头就属于旋塞阀的一种。

（5）安全阀　安全阀用于防止建筑设备管道系统超压，用于保护管道或设备的使用安全及人身安全。安全阀常设置于锅炉、消防水泵接合器的阀组，燃气及蒸汽管道系统，分为弹簧式和杠杆式两种。用于燃气系统的安全阀严密性要求更高，价格更贵。

（6）过滤器　又名除污器、过滤阀，安装在用户入口供水总管上，以及热源（冷源）、用热（冷）设备、水泵、调节阀等入口处。其内部设有过滤网（铜网和不锈耐酸钢丝网），用以阻留杂物和污垢，防止堵塞管道与设备，可保护设备的正常工作。其类型有立式除污器、卧式除污器、Y 形除污器等。它是输送介质的管道系统不可缺少的一种装置，当流体进入置有一定规格滤网的滤筒后，其杂质被阻挡，而清洁的滤液则由过滤器出口排出，当需要清洗时，只要将可拆卸的滤筒取出，处理后重新装入即可，使用维护方便。图 1-24 所示为 Y 形过滤器外形。

（7）排气阀　排气阀设置于管路上的最高点，或弯头，或有闭气的地方，来排除管内的气体以疏通管道，达到正常工作。如不装此阀，管道随时可出现气阻，使管道水容量达不到设计要求；其次，管道在运转时出现停电、停泵，管道及时出现负压力会引起管道振动或破裂，排、进气阀就会迅速把空气吸入管内，防止管道振动或破裂。它主要应用于建筑热水供应系统及采暖系统中，后续内容将继续介绍。

（8）浮球阀　浮球阀多装在水箱或水池中，起自动关闭的作用。由于其关闭不够严密，一般前面需要装闸阀或截止阀。

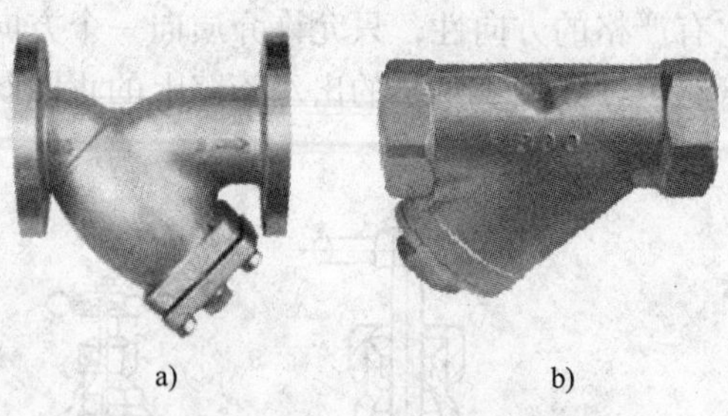

图 1-24　Y 形过滤器

a）法兰式 Y 形过滤器　b）内螺纹 Y 形过滤器

2. 配水附件　配水附件指的是给水系统终端用水装置，包括各类水龙头（水嘴）、（普通消防系统）消火栓，（自动喷水系统）喷头、生产配水装置等。后续内容将介绍消火栓及喷头。图 1-25 所示为配水龙头。注意，螺旋升降式（铸铁）水嘴自 2005 年起已淘汰。

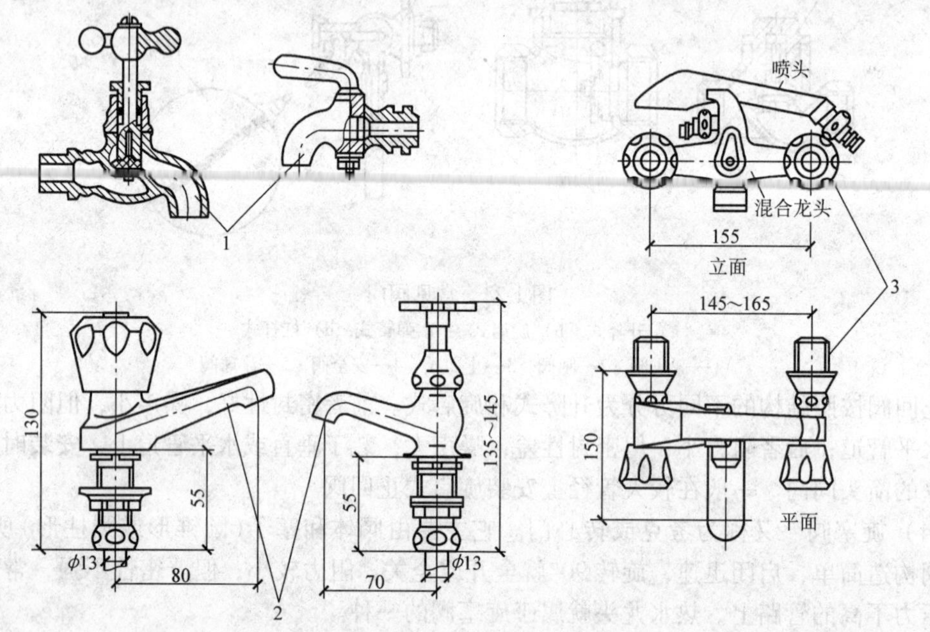

图 1-25　配水龙头

1—通喷放龙头　2—脸盆龙头　3—喷头的浴盆龙头

3. 水表　水表是用于测量水流量的仪表，且大多为水的累计流量测量。根据测量原理的不同一般分为容积式水表和流速式水表两类。前者的准确度较后者为高，但易被堵塞。建筑给水中多用流速式水表。流速式水表的基本原理是，当管道直径一定时，通过水表的水流速度与流量成正比，水流通过水表时推动翼轮转动，并通过一系列联动齿轮，记录出用水量。

（1）水表的分类　水表的分类很多，典型的流速式水表根据翼轮结构的不同有旋翼式水表、螺翼式水表、复式水表三种形式。

1）螺翼式水表　其翼轮转轴与水流方向平行，阻力小，适于大流量（大口径）的计量，如图 1-26a 所示。

2）旋翼式水表　其翼轮转轴与水流方向垂直，水流阻力大，用于小口径的流量计量，如图 1-26b 所示。

3）复式水表　它是螺翼式和旋翼式的组合，用于水流变化很大的流量的计量。

传统的旋翼式及螺翼式水表的计数器为模拟式。目前已广泛使用的智能 IC 卡水表是在传统水表的基础上开发出来的一种利用现代微电子技术、现代传感技术、智能 IC 卡技术对用水量进行计量，并进行用水数据传递及结算交易的数字式水表，如图 1-26c ~ f 所示。IC 卡水表的功能除了可对用水量进行记录和电子显示外，还可以按照约定对用水量自动进行控制，并且自动完成阶梯水价的水费计算，同时可以进行用水数据存储的功能。IC 卡交易系统交易方便，计算准确，可利用银行进行结算，因而管理方便。IC 卡水表的外观与一般水表的外观基本相似，连接形式及安装基本相同，安装费用略高于模拟式水表。远传水表、集中抄表系统和二次仪表相配套的智能 IC 水表是有发展前途的，我国部分地区实施一户一表时，也采用这种形式的水表。

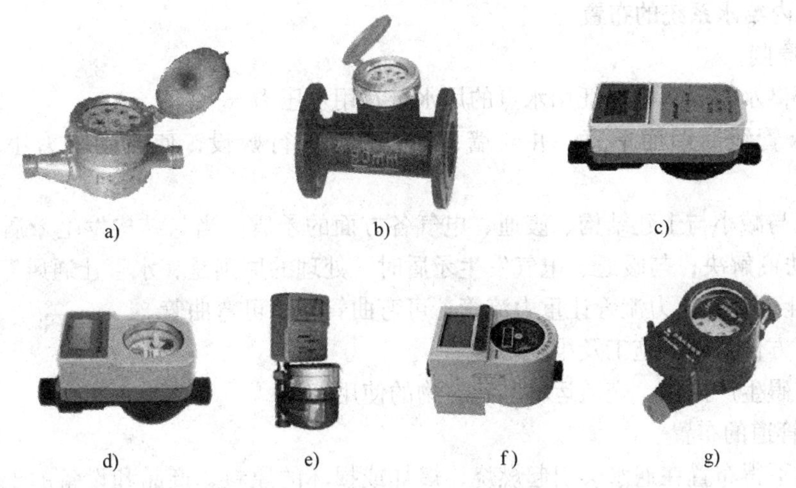

图 1-26　水表的类型举例

a）螺翼式水表　b）旋翼式水表　c）插卡式冷/热水表　d）射频冷/热水表
e）IC 卡立式冷热水表　f）IC 卡直饮水表　g）无线远传水表

（2）水表的性能参数

1）水表过载 Q_{max}。水表在规定的误差限使用的上限流量。在过载流量时，水表只能短时间使用而不至损坏。此时旋翼式水表的水头损失为 100kPa（$10mH_2O$）；螺翼式水表的水头损失为 10kPa（$1mH_2O$）。

2）常用流量 Q_n。水表在规定的误差限允许长期通过的流量。其值为过载流量的 1/2。

3）分界流量 Q_t。水表误差限改变时的流量。其值是公称流量的函数。

4）最小流量 Q_{min}。水表在规定的误差限使用的下限流量。其值是常用流量的函数。

5）始动流量 Q_s。水表开始连续指示时的流量。此时水表不计示值误差。但螺翼式水表没有始动流量。

6）示值误差。水表的度盘读数与实际流量之间的误差。

7）公称压力。水表的最大允许工作压力。

8）压力损失。水流经水表的能量损失。

9）示值误差限。技术标准给定的水表所允许的误差极限值，也称为最大允许误差。

（3）水表的安装

1）安装方式。水表的安装有水平安装及垂直安装两种方式。水平安装是指安装时其流向平行水平面的水表，在水表的度盘上用“H”代表水平安装。垂直安装是指安装时流向垂直于水平面，在水表的度盘上用“V”代表垂直安装。当水表名称不指明时，一般均为水平安装水表。此外，安装时还应注意水表的外壁的箭头方向须与水流方向一致。

2）水表与管道的连接形式。*DN*40mm 及以下水表与管道之间采用螺纹联接，如分户水表的安装，水表前带有截止阀；*DN*50mm 及以上水表与管道之间采用法兰连接，如建筑物引入管上的水表安装。如不能中断供水的建筑应带有旁通管及止回阀，如图 1-3 所示。

1.3 建筑内给水系统管道的布置与敷设

1.3.1 建筑内给水系统的布置

1. 布置原则

1）保证供水安全，即保证用水点的用水量及用水压力。

2）力求管线简短而平直，并与墙、梁、柱等平行敷设，使流动阻力小，布置整齐美观。

3）避免与减小与土建结构、暖通、电气各方面的矛盾。当与结构发生矛盾的时候应与结构工程师协商解决；与暖通、电气发生矛盾时，处理的原则是，水管让通风管；电气管让水管；小管让大管；压力流管让重力流管；可弯曲管让不可弯曲管。

4）使用方便，便于施工及维护管理。

5）不妨碍生产操作、交通运输和建筑物的使用。

2. 给水管道的布置

1）管道不得布置在遇水会引起燃烧、爆炸或损坏的原料、产品和设备的上面，并应避免在生产设备上面通过。

2）给水管道不得敷设在烟道、风道内，排水沟内，给水管不得穿过配电间；不宜穿过橱窗、壁柜、木装修，不得穿过大、小便槽，且立管离大、小便槽的端部不小于 0.5m。

3）不得直接敷设在建筑物结构层内。

4）给水管道不宜穿过伸缩缝、沉降缝，如必须穿过时，应 补偿及抗剪切变形装置。

5）给水埋地管道应避免布置在可能受重物压坏处 设备基础，必须穿越时，应采取有效的保护措施，如设钢套管。

6）塑料给水管不得布置在灶台的边缘 连接，应有不小于 0.4m 的金属管道过渡。

7）室内管道的各种阀门宜装设在便于

8）与热水管道上、下平行布置时， 行敷设时，冷水管应在热水管右侧。

3. 布置形式　给水管网的布置形式有 种。

（1）下行上给式　如图 1-5、图 1-6a、 设在底层地下室，专门地沟内或埋设在底层地面下。

（2）上行下给式　如图 1-6b 所示，水平干管敷设于顶层吊顶或屋面。

（3）环状式　干管连成水平环状或竖直环状。

环状式布置的管网水流可能有多个流向，供水安全性高，但管网长，造价相对高，而上行下给式或下行上给式枝状布置的管网各用水点的水流只有一个流向，供水的安全性相对环状管网低，造价相对低些。室内的生活给水管道宜布置成枝状，单向供水；消防给水宜布置成环状以增强消防时的安全可靠性。

1.3.2　室内管道的敷设

1. 敷设方式　建筑内给水管道敷设的方式有：明装及暗装两种。明装即管道外露，一般装设在墙角或吊装在顶棚下或屋面等地方。这种敷设方式施工，维修方便，造价低，但影响美观，易结露，积灰，不卫生。暗装管道敷设在墙槽、管道竖井、技术层、管沟及夹层、吊顶层，或直接埋地，或埋设在楼板的找平层内。暗装管道卫生，美观但施工复杂，维修不便，造价相对高。

2. 敷设要求

（1）引入管

1）给水引入管穿承重墙或基础应预留空洞，管顶和洞口间距不小于 0.15m，且不小于建筑物的最大沉降量。引入管的敷设情况如图 1-27所示。

2）穿越地下室或地下构筑物外墙时，应采取防水措施，根据情况采用柔性防水套管或刚性套管。其外形如图 1-28 所示。

3）引入管应有不小于 0.003 的坡度，坡向室外给水管网。

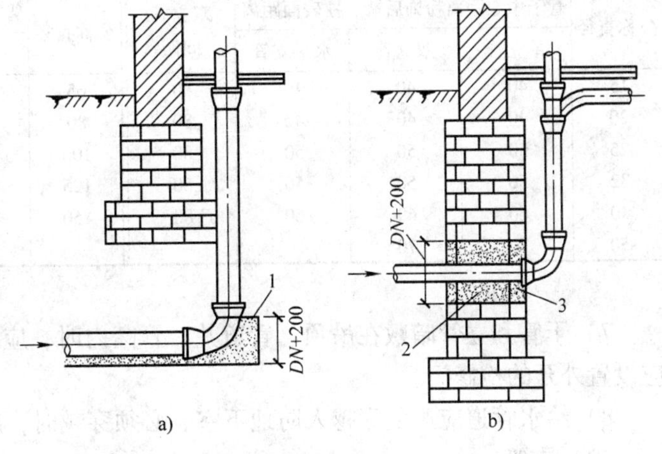

图 1-27　引入管穿承重墙或基础的做法

a）引入管穿浅基础　b）引入管穿承重墙

1—C5.5 混凝土支墩　2—黏土　3—M5 水泥砂浆封口

4）每条引入管上均应装设阀门和水表，必要时还需要设置泄水装置。

5）给水引入管与排水排出管应有一定的水平间距，在室内平行敷设时，其最小水平净距为 0.5m，在室外不得小于 1.0m；交叉敷设时，给水管应在上面，垂直净距为 0.15m。

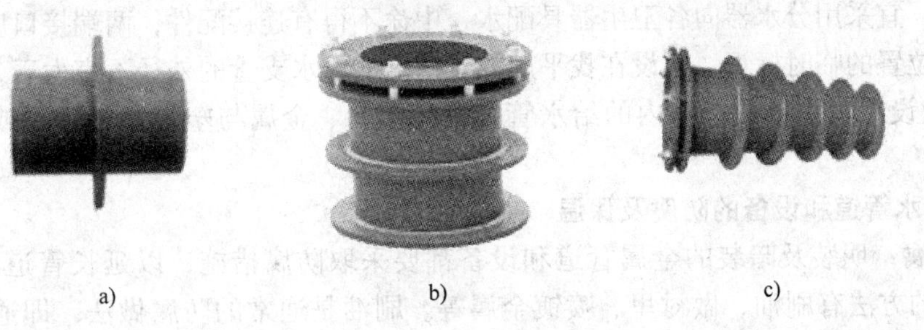

图 1-28　防水套管

a）刚性防水套管　b）柔性防水套管　c）加长加翼环防水套管

（2）干管和立管

1）给水立管和装有三个或三个以上配水点的支管，在始端均应装设阀门和活接口。

2）给水干管应有0.002～0.005的坡度，坡向泄水装置。

3）给水管不与输送有害、有毒介质的管道及易燃介质管道同沟敷设；与其他管道同沟或共支架敷设时，给水管道应在热水管道、蒸汽管道之下，在冷冻管或排水管之上。

4）立管穿楼板处应预留孔洞，若为圆形孔洞，应较立管直径大1～2号，如立管口径为*DN*100mm，则可以考虑预留孔洞为125mm或150mm；若为矩形孔洞，其规格要求见附录B。

5）立管穿楼板时要加套管，套管底面与楼板底面平齐，一般高出楼面20mm，在卫生间、食品加工间等可高出40～50mm。

6）明装不保温的给水管道时，离墙、柱应有一定的操作距离，以便于安装，见表1-5。

表1-5　明装不保温给水管道距墙、柱子尺寸及双立管间距　（单位：mm）

公称直径	管子中心距离粉饰后墙、柱表面距离			双立管间距	公称直径	管子中心距离粉饰后墙、柱表面距离			双立管间距
	单立管	双立管	水平支管			单立管	双立管	水平支管	
15	40	40	40	80	65	90			
20	40	40	40	80	80	100			
25	50	50	50	80	100	110			
32	50	50	50	80	125	130			
40	60	60	60	80	150	140			
50	70	70							

7）干管和立管暗敷在吊顶、管道井、管窿内时，应便于安装及维修，且管道井中每层应设置外开的检修门。

8）给水管道应避免穿越人防地下室，必须穿越时，应按人防工程要求设置防爆阀门。

（3）支管

1）明装支管沿墙敷设时，离墙、柱的距离见表1-5。

2）冷、热水支管平行敷设时，热水在面向的左侧，冷水管在面向右侧；卫生器具上的冷热水龙头，热水在面向的左侧，冷水管在面向右侧。

3）支管的敷设坡度应不小于0.002。

4）敷设在楼(地)面找平层或沿墙敷设在管槽内的管材，如采用卡套式或卡环式接口连接的管材，宜采用分水器向各卫生器具配水，中途不得有连接配件，两端接口应明露。地面宜有管道位置的临时标识。敷设在找平层或管槽内的给水支管的外径不宜大于25mm。

5）敷设在找平层或管槽内的给水管宜采用塑料、金属与塑料复合管材或耐腐蚀的金属管。

1.3.3　给水管道和设备的防腐及保温

1. 防腐　明装及暗装的金属管道和设备都要采取防腐措施，以延长管道的使用寿命。管道防腐的方法有刷油、做衬里、喷镀金属等。刷油是通常的防腐做法，即通过表面处理(管道除锈)后在外壁刷防腐涂料。

（1）刷油的通常做法

1）室内及地沟内的管道防腐。所采用的色漆应选用各色油性调和漆、各色酚醛磁漆、各色醇酸磁漆、防腐漆等。

2）室外管道绝热保护层防腐。应选择耐候性好且具有一定防水性能的涂料。绝热保护层采用非金属材料时，应涂刷两道各色酚醛磁漆或各色醇酸磁漆，也可涂刷一道沥青冷底子油再刷两道沥青漆。当采用薄壁钢板做保护层时，在薄壁钢板内外表面均应先刷两道红丹防锈漆，其外表面再刷两道色漆。

3）室内及通行地沟内明装管道防腐一般先刷两道红丹油性防锈漆或红丹酚醛防锈漆，其外表面再涂刷两道各色油性调和漆或各色磁漆。

4）室外明装管道、半通行或不通行地沟内明装管道，以及室内的冷水管道防腐。应选择具有一定防潮耐水性能的涂料。其底漆可用红丹酚醛防腐漆，面漆可用各色酚醛磁器，各色醇酸磁漆或沥青漆。

5）埋地金属管道采用防腐涂料为沥青，按照土壤的腐蚀等级，其防腐层结构可分为普通防腐层(三油二布)、加强防腐层(四油三布一薄膜)、特加强防腐层(五油四布一薄膜)三种。此处“油”指的是(建筑石油)沥青漆，“布”指的是“玻璃布”，“薄膜”指的是“聚氯乙烯(PVC)工业薄膜”。上述结构中均应包含底漆一层，设计时未作特别要求时，一层沥青漆厚度按照1.5mm考虑。

(2) 做衬里防腐　埋设在地下的钢管和铸铁管，很容易腐蚀，可在管内设置衬里材料以延长管子的使用寿命。根据介质的种类不同，设置不同的衬里材料，如橡胶、塑料、玻璃钢、涂料、水泥砂浆等，其中橡胶和水泥砂浆衬里最为常见。铸铁管及大口径钢管管内可采用水泥砂浆衬里防腐。

(3) 金属喷镀防腐　镀锌钢管即是钢管进行喷镀锌防腐处理，但埋地或明敷时仍然要按照设计要求进行刷油防腐。明装的热镀锌钢管应刷银粉两道(卫生间)或调和漆两道；明装的铜管应刷防护漆。

给水管道铺设与安装的防腐均按设计要求及国家验收规范施工。

2. 管道保温　敷设在有可能冻结的房间、地下室或管井、管沟、地(楼)面等地方的生活给水管道，为保证冬季安全使用应有防冻和保温措施。管道保温施工应在管道试压及刷油合格后进行。常用的保温材料有岩棉、玻璃棉、矿渣棉、珍珠岩、硅藻土、聚苯乙烯薄膜塑料、聚氨酯薄膜塑料等。根据保温材料的形状及特性，可采用涂抹式、缠包式、充填式、浇灌式施工或者采用预制保温结构。保温层之后应做保护层以保护保温层不受机械损伤。保护层可采用石棉石膏、石棉水泥、金属薄板及玻璃丝布材料等。

管道保温材质及厚度均按设计要求，质量应达到国家验收规范标准。

1.3.4　支、吊架

支、吊架的功能可概括为三个方面：承受管道载荷(包括管道内的介质荷重)、限制管道的位移和控制管道振动(管道内介质流动发生变化和设备运转变化时所产生的振动)。其中以承受管道重力荷载为支、吊架最主要、最普遍的功能。正确选用支、吊架，可以减小管道体系的应力及管道对设备的推力和力矩以使管道和设备能够长期安全运行。

1. 支、吊架的形式　图1-29所示为管卡、吊环及托架等支、吊架的部分形式。管道可沿墙壁、梁、柱，地板或在顶棚等地敷设，用钩钉(或管卡)支撑沿墙的立管、水平管，用吊环支撑悬吊顶棚下的水平管，以托架支撑沿墙的水平管。

2. 水平支架设置　水平支架按照“墙不作架，托稳转角，中间等分，不超最大”的原

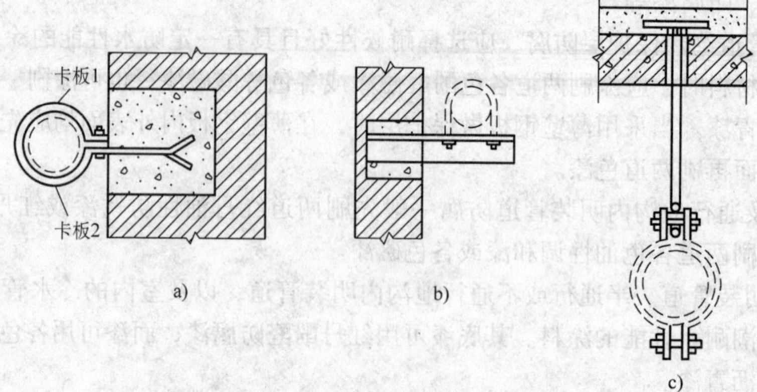

图 1-29　管道支、吊架部分形式

a）管卡　b）托架　c）吊环

则设置。表 1-6 为钢管管道支架的最大间距。

表 1-6　钢管管道支架的最大间距

公称直径/mm		15	20	25	32	40	50	70	80	100	125	150	200	250	300
支架的最大间距/m	保温管	1.5	2	2	2.5	3	3	4	4	4.5	5	6	7	8	8.5
	不保温管	2.5	3	3.5	4	4.5	5	6	6	6.5	7	8	9.5	11	12

在给水系统中，明装水表的前后和水嘴附近应设置固定支架；大于 *DN*50mm 的截止阀、闸阀、止回阀、减压阀、过滤器、电动阀等阀体两边的 150mm 处水平管道下应各设一个支架，便于今后管道使用和维修的需要；在大于 100mm 以上的管道阀体除在两边的 250mm 处水平管道下设置支架外，还应在这些阀体下设置专用的支架(支座)。

3. 立管的支架设置　给水(采暖)金属管道立管管卡安装应符合下列规定：

1）楼层高度小于或等于 5m，每层必须安装一个。

2）楼层高度大于 5m，每层不得少于两个。

3）管卡安装高度，距地面应为 1.5～1.8m，两个以上管卡应匀称安装，同一房间管卡应安装在同一高度上。

在管道井内安装管道时，应在进入管道井内的管道弯管下设置牢固的管支墩，并按施工规范的要求，隔开一定的距离设置一个固定支架，当钢制立管管径大于 *DN*150mm 时，应在每隔三层处的钢管上设置一个承重固定支架。塑料管、铜管、不锈钢管应采用配套的支架。支架的设置数量规格应按 03S402《室内管道支架及吊架》等相关标准及 GB 50242—2002《建筑给排水及采暖工程施工质量验收规范》规定，并按照相应规范安装验收。

1.3.5　防振

当管道水流速度过大或启闭水龙头、阀门过快，都会引起管道中压力波动，从而引起管道振动，产生噪声，严重时会造成管道附件及管件处漏水。因此给水系统需要采取防振措施。

1）在设计给水系统时应控制水流速度，尽量使用缓闭式阀门。

2）住宅建筑引入管的阀门后(沿水流方向)及在水泵的出水管路上，宜装设可曲挠的橡胶接头进行隔振，并在管支架、吊架内垫减振材料，以减少噪声，如图1-30及图1-34所示。

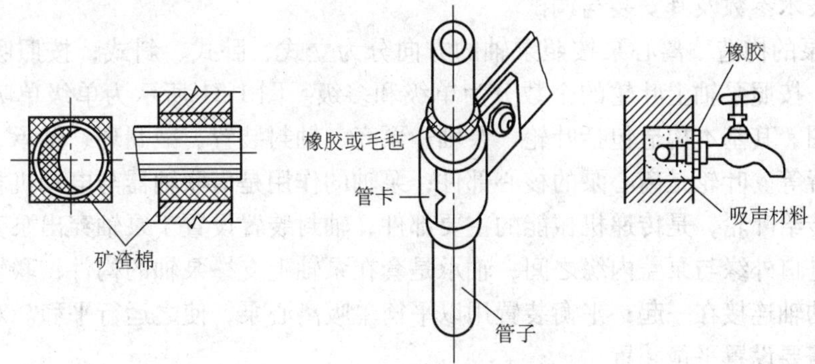

图1-30　给水管道的防噪声措施

1.3.6　水质污染预防措施

生活给水系统的水质应符合生活饮用的水质标准，生活杂用水系统的水质应符合现行行业标准CJ25.1—1989《生活杂用水质标准》的要求。在给水管道的布置与敷设时严禁这两个系统管道直接连接。除此以外为确保生活饮用水不受污染还应采取下列措施：

1）生活饮用水管道的配件(如水嘴)出口不得被任何液体或杂质所淹没，且出水口高出承接用水容器边缘的最小间隙，不得小于出水口直径的2.5倍。

2）当给水管道直接接出下列管道时，应在这些用水管道上设置管道倒流防止器，或其他有效地防止倒流污染的装置。

① 单独接出消防用水管道时，在消防用水管道的起端。

② 从城市给水管道上直接吸水的水泵，其吸水管起端。

③ 绿地等自动喷灌系统，当喷头为地下式或自动升降式时，其管道起端。

④ 从城市给水环状管网的不同管段向居住小区供水，且小区供水管与城市给水管形成环状管网时，其引入管上的总水表后。

⑤ GB 50015—2010《建筑给排水设计规范》规定的其他情况。

3）严禁生活饮用水管道与大便器(槽)直接连接。

4）生活饮用水贮水池周围10m内不得有化粪池及污水处理构筑物等污染源，2m以内不得有污水管和污染物。贮水池应采用独立的结构形式，不得利用建筑物的本体结构作为水池的壁板、底板或顶盖。

5）生活饮用水水池(箱)的构造及配管应符合本教材1.4.2节及1.4.3节的规定。

6）对于非饮用水管道上直接接出水嘴或取水短管时，应采取防止误饮误用的措施。

1.4　加压、贮水设备

1.4.1　水泵

水泵是一种输水提水的通用机械设备，广泛应用于农业水利、城市给排水等领域。其基本功能是给水增加机械能量。按照工作原理水泵分为叶片泵、容积泵和其他类泵。其中叶片泵在给排水工程中较为常见。叶片泵按照出水方向不同分为离心泵、轴流泵及混流泵。离心泵因其性能范围广、体积小、效率高而得到广泛应用。本节主要介绍离心泵基本构造及工作原理、主要技术参数及其安装与调试。

1. 离心泵的构造　离心泵按照泵轴的方向分为立式、卧式、斜式；按照吸水方向分为单吸和双吸；按照泵轴上叶轮的个数分为单级和多级。图 1-31 所示为单级单吸离心泵的基本构造示意图。其基本构造包括叶轮、泵轴、泵壳、轴封装置、减漏环、轴承、联轴器、轴向力平衡装置等。叶轮是离心泵的核心部件；泵轴的作用是借联轴器与电动机相连接，将电动机的转矩传给叶轮，是传递机械能的主要部件；轴封装置设置于泵轴穿出泵壳处；减漏环设置于叶轮进口外缘与泵盖内缘之间；轴承是套在泵轴上支撑泵轴的构件；联轴器用以将水泵和电动机的轴连接在一起；平衡装置用以平衡单吸离心泵，使之运行平稳。对于两侧吸水的双吸泵不需要设置平衡装置。

2. 离心泵的工作原理　离心泵在离心力的作用下工作，轴向进水，背离叶轮半径方向出水，如图 1-32 所示。

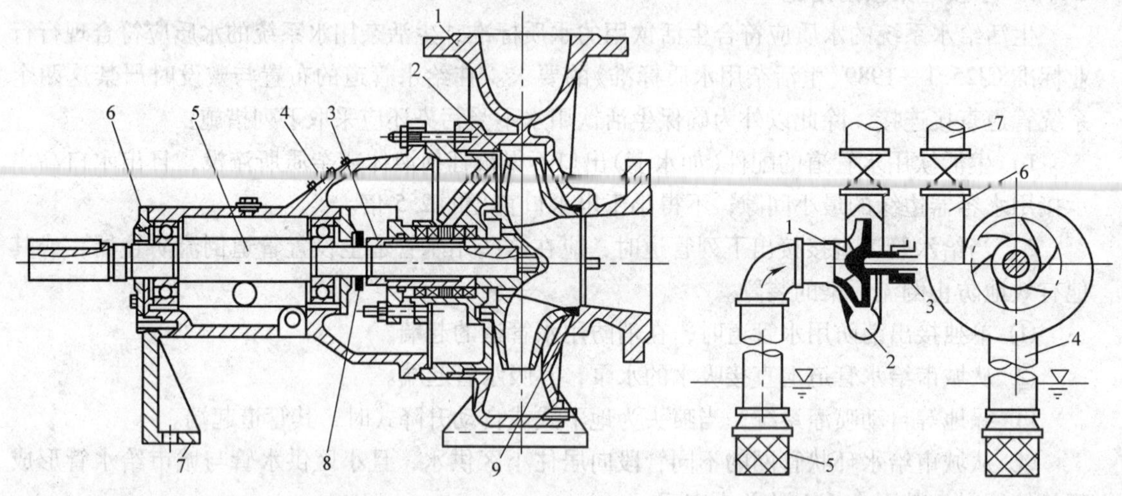

图 1-31　单级单吸离心泵的基本构造

1—泵壳　2—叶轮　3—轴套　4—轴承　5—泵轴　6—轴承端盖　7—支架　8—挡水圈　9—减漏环

图 1-32　单级单吸离心泵的工作原理图

1—叶轮　2—泵壳　3—泵轴　4—吸水管　5—底阀　6—扩散锥管　7—排出管

叶轮 1 安装在泵壳 2 内，并紧固在泵轴 3 上，泵轴由电动机直接带动。泵壳中央有一液体吸入与吸水管 4 连接。水经底阀 5 和吸入管进入泵内。泵壳上的水排出口(扩散锥管)6 与排出管 7 连接。在离心泵起动前，泵壳内灌满被输送的水；起动后，叶轮由轴带动高速转动，叶片间的液体也随着转动。在离心力的作用下，水从叶轮中心被抛向外缘并获得能量，以高速离开叶轮外缘进入蜗形泵壳。在泵壳中，水由于流道的逐渐扩大而减速，又将部分动能转变为静压能；最后以较高的压力流入排出管，送至需要场所。液体由叶轮中心流向外缘时，在叶轮中心形成了一定的真空，这样在大气压差的作用下，水池中水便被连续压入叶轮中。可见，只要叶轮不断地转动，水便会不断地被吸入和排出。由于空气的密度远小于水的密度，因此离心泵起动前，泵壳内必须灌满水，否则叶轮无论如何高速旋转，也不可能从吸水池中吸水。此外，为保证水泵能连续工作时，叶轮的吸水侧及吸水管路必须保持适当的真空状态。

3. 离心泵的技术参数　水泵的性能参数是用来表征泵性能的一组数据，也是水泵铭牌上的参数。这些参数包括流量、扬程、功率、允许吸上真空高度或必需的汽蚀余量。

(1) 扬程　扬程是指单位重量的水从水泵的进口至水泵出口所获得的能量增值，用 H 表示。

(2) 流量　即水泵的输水量，是指水泵在单位时间内输送液体的体积或重量，用 Q 表示。常用的计量单位为 m^3/h、m^3/s 或 L/s、t/h。

(3) 功率　功率表征水泵单位时间内所做功的物理量，单位为 kW。单位时间内流过水泵的液体由此获得的能量，称为水泵的有用功率或称为输出功率(单位为 kW)，以 N_e 表示，即

$$N_e = \frac{\gamma QH}{1000} \tag{1-3}$$

式中　γ——液体的容重(N/m^3)，水的容重为 $9800N/m^3$；

Q——水泵输出液体的流量(m^3/s)；

H——水泵的扬程(mH_2O)。

泵轴从电动机获得的功率称为水泵的轴功率或称为输入功率，以 N 表示。

与水泵配套的电动机的功率称为水泵配套功率，以 $N_{配}$ 表示。

(4) 效率　效率是指水泵的有效功率与轴功率的比值，用 η 表示。液体所具有的粘度导致液体在水泵内产生能量损失，因此水泵的输出功率小于水泵的轴功率，即轴功率与输出功率的差值用于克服液体在水泵内的能量损失。水泵的效率标志着水泵转换能量的有效程度，是水泵重要的技术经济指标。

$$\eta = \frac{N_e}{N} \times 100\% \tag{1-4}$$

(5) 允许吸水真空高度　允许吸水真空高度表示离心泵和卧式混流泵的吸水性能，以 H_S 表示，单位为 mH_2O。该值越大，水泵的吸水能力越强，但是水泵越容易发生汽蚀，因此必须控制在一定范围内。

(6) 转速　转速是指水泵的叶轮每分钟旋转的圈数，用 n 表示，单位为 r/min。

转速是影响水泵性能的一种重要参数，各种水泵都是按照一定的转速设计的，当水泵的实际转速不同于设计转速时，水泵的其他性能参数将按照一定规律变化。

在上述六个性能参数中有其内在的联系，水泵厂通常用性能曲线表示。在水泵产品样本中，除了对每种型号水泵的构造、用途、安装尺寸作出说明外，更主要的是提供了一套水泵的性能参数以及各性能参数之间相互关系的特性曲线，以便于用户全面了解水泵的性能及选择水泵。

4. 水泵的选择及布置　依据设计计算的流量(Q)、扬程(H)及其变化关系选择水泵，并依据水泵选择配套的电动机。选择水泵应遵守以下规定：

1) 水泵的特性曲线 Q—H，应随着流量的增加，扬程逐渐下降。

2) 水泵在高效区段内运行，即水泵的工况点在高效区段内。

3) 考虑备用。为满足安全供水的要求，生活及消防水泵应考虑备用水泵，生产用水可根据生产工艺要求设置备用泵。备用泵的供水能力不应小于最大一台运行水泵的供水能力。

水泵机组一般设置在水泵房内，水泵房内应有良好的通风、采光、防冻及排水措施。水泵的吸水宜采取自灌式，即吸水池中的最低水位高于水泵的轴线，这种方式便于自动化管

理。每台水泵宜设置单独的吸水管从水池(吸水总管上)吸水，每台水泵的出水管路上应设置压力表、止回阀和阀门，自灌式吸水管上应装设阀门，以便安装和检修。此外，吸水管及出水管应尽量短、直，且水泵的允许安装高度能满足良好的吸水条件。水泵机组的布置应便于安装、检修，如图1-33所示。其具体要求如下：

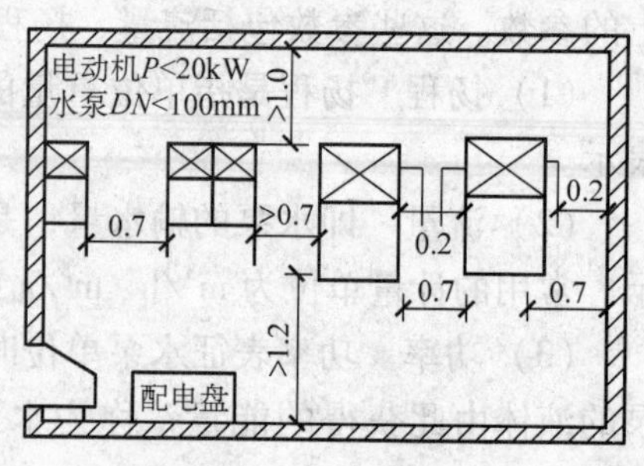

图1-33　水泵机组的布置

1）相邻两个机组及机组至墙壁间的净距。电动机容量不大于55kW时，不小于0.8m；电动机容量大于55kW时，不小于1.2m。

2）当就地检修时，至少在每个机组的一侧设水泵机组宽度加0.5m的通道，并保证泵轴和电动机转子在检修时能拆卸。

3）当电动机容量小于20kW时，或地下式、活动式泵房上述间距可适当减小。

水泵房内应采取下列减振防噪的措施：

1）应选择低噪声水泵机组。一般转速小的水泵相对噪声小些。

2）水泵装置设置减振装置。水泵的吸水管、出水管及水泵机组的基础均应设置减振的措施。如图1-34所示。

3）泵房墙壁及天花板有必要时采取隔音、吸音处理。

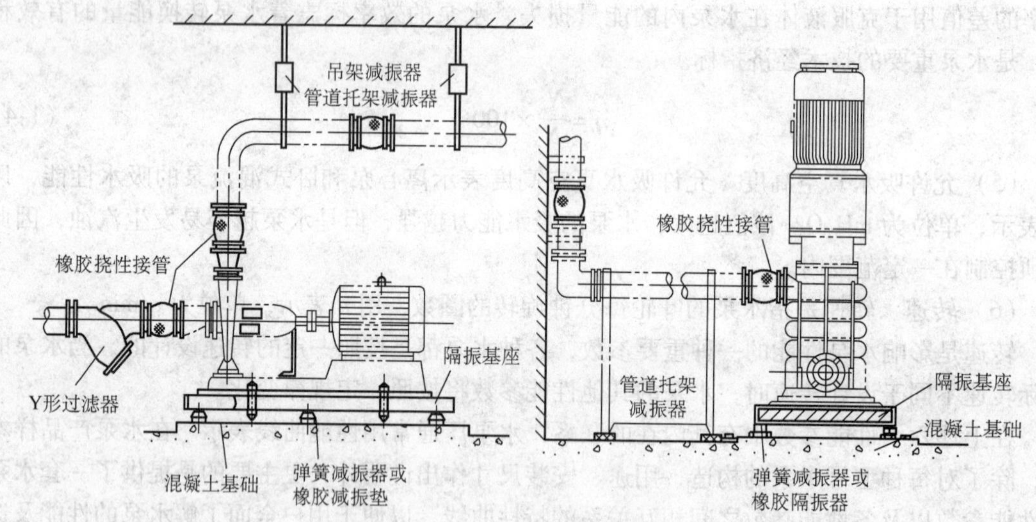

图1-34　水泵机组的减振装置图

5. 离心式水泵的安装与调试

（1）安装程序

安装前的检查 → 基础施工与验收 → 机座安装 → 水泵泵体安装 → 水泵电动机安装 → 水泵机组的调试

（2）安装水泵前应对水泵及其配套电动机进行检查

1）按设备技术文件的规定清点泵的零件和部件，应无缺件、损坏与锈蚀等；管口保护物和堵盖应完好。

2）按水泵、电动机上的铭牌，检查水泵的性能参数以及电动机的配套功率、转速等是否与工程设计一致。

3）核对泵的主要安装尺寸并应与工程设计相符。

4）核对输送特殊介质的泵的主要零件、密封件以及垫片的品种和规格。

5）用手盘动应灵活，无阻滞，卡住现象，无异常声音。

除了上述检查外，还应需按有关设备技术文件的规定对有关组件或部件拆卸、清洗并检查合格。

（3）基础的检查与验收　水泵安装之前，水泵基础验收的主要内容有基础的几何尺寸是否符合设计规定；外表是否平整光滑，浇筑和抹面是否密实；水泵基础混凝土强度等级是否符合设计要求；地脚螺栓的规格及埋入的位置和深度是否满足设计或有关技术文件要求。

小型水泵多为整体式，即在出厂时已把水泵、电动机与铸铁机座组合在一起，安装时只需将机座安装在混凝土基础上即可。另一类是水泵泵体与电动机分别装箱出厂的，安装时要分别将泵体和电动机安装在混凝土基础上。

水泵基础应按设计图样确定中心线、位置和标高，有机座的基础，其基础各向尺寸要大于机座100~150mm，无机座的基础，外缘应距水泵或电动机地脚螺栓孔中心150mm以上。基础顶面标高应满足水泵进出口中心高度要求，并不低于室内地坪100mm。水泵基础一般为钢筋混凝土，强度等级不低于C15。固定机座或泵体和电动机的地脚螺栓，可随浇筑混凝土同时埋入，此时要保证螺栓中心距准确，一般要依尺寸要求用木板把螺栓上部固定在基础模板上，螺栓下部用$\phi 6$圆钢相互焊接固定。另一种做法是，在地脚螺栓的位置先预留埋置螺栓的深孔，待安装机座时再穿上地脚螺栓进行浇筑，此法称为二次浇筑法。由于土建施工先做基础，水泵及管道安装后进行，为了安装时更为准确，所以常采用二次浇筑。

地脚螺栓直径是根据水泵底座上的螺栓孔直径确定的，一般直径比孔径小2~10mm，地脚螺栓埋入基础的尾部做成弯钩或燕尾式。螺栓埋入深度可参见表1-7确定。

表1-7　地脚螺栓直径及埋深　　（单位：mm）

螺孔直径	12~13	14~17	18~22	23~27	28~33	34~40	41~47	48~55
螺栓直径	10	12~14	16	20	24	30	36	42
埋深	200~400				500		600	700

水泵的基础深度一般比地脚螺栓埋深200mm。

水泵定位的基准线应以车间柱子纵横中心线或以墙角的边缘线为基准（应按设计图纸要求），设备的平面位置对基准线的距离及相对位置距离的允许偏差应符合规定的要求，基础表面的标高应符合设计图样或说明书的规定。

泵就位前应对基础混凝土强度进行测定，一般应在混凝土强度达到60%以上，水泵机组才可安装就位。设备找平调整时，拧紧地脚螺栓必须待混凝土达到设计强度才可进行。小型水泵机组采用“钢球撞痕法”测定混凝土强度；大型水泵安装前须进行基础预压，预压的重量为自重和允许加工件最大重量总和的1.25倍。

（4）水泵泵体的安装　水泵一般通过现场吊装就位，吊装设备多用桥式起重机，当起重能力不足时，可用到抱杆或其他吊装方式。机座中心应与基础中心线重合，吊装前应在基础上划出中心线位置。机座用垫铁调整找平。垫铁厚度依需要而定，在保证机座稳定和不影响灌浆的情况下，应尽量靠近地脚螺栓。每个垫铁组应尽量减少垫铁块数，一般不超过三块，并少用薄垫铁。放置垫铁时，最厚的放下面，最薄的放在中间，并将各垫铁焊接(铸铁可不焊接)以免垫铁间滑动影响机座稳固。

整体安装的水泵，通过泵的进出口法兰面或其他水平面上测量的纵向安装水平偏差不应大于0.10mm/m，横向安装水平偏差不应大于0.20mm/m。

解体安装的泵，在其水平中分面、轴的外露部分、底座的水平加工面上测量的纵向和横向安装水平偏差均不应大于0.05mm/m，机座的水平误差沿水泵轴方向不超过0.1mm/m，沿与水泵垂直方向，不超过0.3mm/m。

(5) 电动机的安装　电动机的安装主要是把电动机轴的中心调整到与水泵轴的中心线在一条直线上，一般用金属尺立在联轴器上做接触检查，转动联轴器，两个靠背轮与金属尺处处紧密接触为合格。这是水泵安装中最为关键的工序。另外，还要检查靠背轮之间的间歇是否能满足在两轴作少量自由窜动时，不会发生顶撞和干扰，规定其间隙为：小型泵为2～4mm，中型水泵为4～5mm，大型水泵为4～8mm。

(6) 水泵机组的验收及调试

1) 单台水泵机组验收。水泵的找平、找正应符合设备相关技术文件的规定，若无规定应参照 GB 50275—1998《压缩机、风机、泵安装施工及验收规范》及 GB 50231—2009《机械设备安装工程施工及验收规范》的相关规定执行。

2) 试运转。水泵机组单机安装合格后，应进行试运转以检查设计及安装质量。水泵长期停用，在运转前也应进行试运转。

① 泵的联动试运转前应做好相关准备工作，包括参与验收的建设单位、施工单位、监理单位、设计单位、设备的供应厂商，并制订试运转方案，以确定试运转人员的组织、试运转的操作规程、应达到的技术标准、记录的相关表格、安全措施等。并在试运转前作好下列检查：

a. 电动机的转向是否与水泵的转向一致。

b. 润滑油的规格、质量、数量应符合设备技术文件的规定；有润滑要求的部位应按设备技术文件的规定进行预润滑。

c. 检查各部位螺栓是否松动或不全；填料压盖松紧度要适宜。

d. 吸水池水位是否正常。

e. 盘车应灵活、正常，无异常声音。

f. 安全保护装置应灵活可靠。

g. 压力表、真空表、止回阀、蝶阀(闸阀)等附件是否安装正确并完好。

h. 离心泵安装前应检查吸水管路、底阀是否严密；传动带轮和紧定螺钉是否牢固；叶轮内有无东西阻塞。

② 泵起动前应符合下列要求：

a. 离心泵应打开吸水管路阀门，关闭出水管路阀门；高温泵和低温泵应按设备技术文件的规定执行。

b. 泵的平衡盘冷却水管路应畅通，吸水管路应充满输送液体，并应排尽空气，不能空转水泵，泵起动后应快速通过喘振区。

c. 转速正常后应打开出水管路的阀门，出水阀门的开启不宜超过3min，并将泵调节到设计工况，不得在性能曲线驼峰处运转。

③ 泵在试运转时应符合下列要求：

a. 各固定连接部位不应有松动。

b. 转子及各运动部件运转正常，不得有异常和摩擦现象。

c. 附属系统的运转应正常。

d. 管道连接应牢固无渗漏。

e. 滑动轴承的温度不应大于70℃；滚动轴承的温度不应大于80℃；特殊轴承的温度应符合设备技术文件的规定。

f. 各润滑点的润滑油温度、密封液和冷却水的温度均应符合设备技术文件的规定；润滑油不得有渗漏和雾状喷油现象。

g. 泵的安全保护和电控装置及各部分仪表均应灵敏、正确、可靠。

h. 机械密封的渗漏量不应大于5mL/h，填料密封的泄漏量不应大于规范的要求，且温升正常。

泵在额定工况点连续试运转的时间不应小于2h；高速泵及特殊要求的泵试运转的时间应符合设备技术文件的规定。

④ 泵停止运转后，应符合下列要求：

a. 离心泵应关闭泵的入口阀门，待泵冷却后应依次关闭附属系统的阀门。

b. 高温泵停车应按设备技术文件的规定执行；停车后应每隔20～30min盘车半圈直到泵体温度降至50℃为止。

c. 低温泵停车时，当无特殊要求时，泵内应经常充满液体；吸水管路阀门和出水管路阀门应保持常开状态；采用双端面机械密封的低温泵，液位控制器和泵密封腔内的密封液应保持泵的灌泵压力。

d. 输送易结晶、凝固、沉淀等介质的泵，停泵后，应防止堵塞，并及时用清水或其他介质冲洗泵和管道。

e. 应放净泵内积存液体，防止锈蚀和冻裂。

1.4.2 水箱（屋顶水箱）

1. 水箱的作用　水箱的作用是贮存、调节水量，由于设置在给水系统的最高处，故水箱还有保证压力的作用。如前所述，在单设水箱及水泵、贮水池、水箱的联合给水等方式中都设有屋顶水箱。其基本工况是，当系统中用水处于低峰时系统中多余的水进入水箱贮备起来，当用水高峰时，水箱重力自流式向给水管网供水。

2. 水箱的形状及结构　水箱的平面形状有圆形和矩形，矩形多见。矩形水箱可由不锈钢板、高强搪瓷钢板、热镀锌钢板、玻璃钢板等模压成形组合或焊接而成。详见02S101《矩形给水箱》标准。

水箱的配管有进水管、出水管、溢流管、水位信号装置、泄水管、通气管等，如图1-35所示。

（1）进水管　进水管位于溢流水位之上，进水管口的最低点高出溢流边缘的高度等于进水管管径，但最小不应小于25mm，最大可不大于150mm。进水管由水箱侧壁或顶部接入，并由浮球阀或其他信号控制水的注入。浮球阀前应设置闸阀以防浮球阀不灵便时使用。

（2）出水管　出水管由水箱侧壁或底部接出，生活给水出水管位置应高于池底100mm，以保证出水质量。

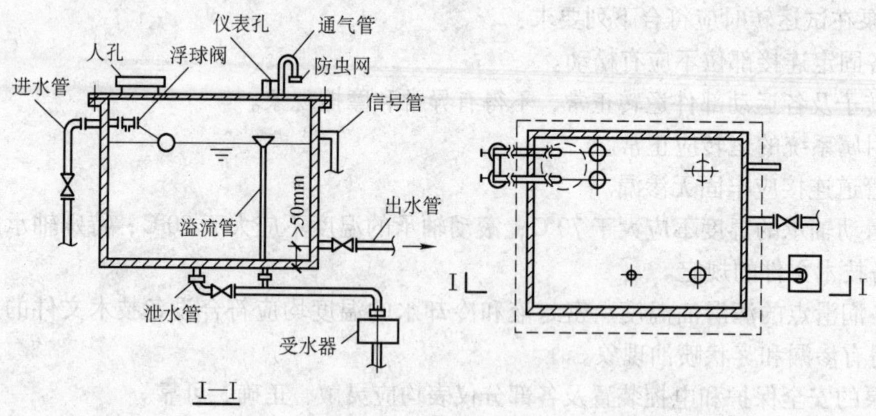

图 1-35　水箱的配管图

（3）溢流管　是防止水箱水满溢出而设，以避免浮球阀损坏时，水的浪费及水箱中水的卫生安全。溢流管的设置应注意以下事项：

1）管径比进水管大。

2）管口比控制水面略高。

3）下端不得直接接入下水管道或排水构筑物。

4）下端出口处应设防虫网。

（4）泄水管　用于放空水箱中的水，并用于清洗水箱和维修水箱。泄水管由水箱最低处接出，管径大于或等于 50mm，可与溢流管组合。溢流水或水箱放空水一般直接排至屋面，随建筑雨水排水系统排至室外。

（5）通气孔　用以使水箱中的水面与大气相通，设置在水箱盖上，管口下弯并设滤网，管径大于或等于 50mm。

（6）水位计、信号管　用以预告水箱水位，以控制水泵起闭或防止水箱溢流。

（7）人孔　即检修孔。

此外，屋顶水箱应设置内外爬梯，以便安装和检修。人孔、通气管也应有防止昆虫爬入的措施。

3. 水箱的调节容积的确定　屋顶水箱用作生活用水调节时，其有效调节容积与给水方式及水泵的起动方式有关，具体如下：

1）如水泵为自动开关时，不得小于日用水量的 5%。

2）如水泵为人工开关时，不得小于日用水量的 50%。

3）当采用直接给水方式时，水箱的调节容积按照用水人数和最高日用水定额确定；若水箱用作生产用水调节时，其有效调节贮量按照工艺要求确定；若用作消防用水调节时，其有效调节贮量为火灾发生头 10min 的室内消防水量。

4. 水箱的设置　水箱的设置高度（以底板面计）应满足最不利配水点的出流水头；另外还应满足下列规定：

（1）水箱的外壁与建筑本体墙面或其他池壁之间的净距应满足施工或装配的需要，无管道侧面，净距不宜小于 0.7m。

（2）安装有管道的侧面，净距不宜小于 1.0m，其管道外壁与建筑本体墙面之间的通道宽度不宜小于0.6m。

（3）设有人孔的箱顶，顶板面与上面建筑本体板底净空不应小于0.8m。

（4）当水箱底与水箱地面板之间有管道（如泄水管）安装时，其净距不宜小于0.8m。

1.4.3 贮水池

贮水池是贮存和调节水量的构筑物，一般为地下式或半地下式，其结构有混凝土或不锈钢水池，前者多见，且造价较低。贮水池与水箱的配管及卫生安全要求一致。贮水池应设进、出水管，溢流管，泄水管和水位信号装置等。溢流管管径宜比进水管管径大一号，泄空管管径应按水池泄空时间和泄水受体的排泄能力确定，一般可按照2h内将池内存水全部泄空进行计算，但最小不得小于100mm。顶部设有人孔，一般宜为800～1000mm，其布置位置及配管均应满足水质防护要求。仅贮备消防水量的水池，可兼做水景或人工游泳池的水源，但后者应采取净水措施。非饮用水与消防水共用一个贮水池应有消防水量平时不被动用的措施。贮水池的设置高度应利于水泵自吸抽水，且宜设深度大于或等于1m的集水坑，以保证其有效容积和水泵的正常运行。

1.5 建筑热水供应

1.5.1 热水供应系统的分类及组成

1. 热水供应系统的分类　建筑内部的热水供应是满足建筑内人们在生产或生产中对热水的需求。热水供应系统按供应范围的大小可分为局部热水供应系统、集中热水供应系统和区域热水供应系统。

（1）局部热水供应系统　局部热水供应系统适用于住宅、食堂、小型旅馆等热水用水点少且分散的建筑，可在用水点附近设置小型的加热设备，如小型燃气热水器、小型电热水器、蒸汽加热热水器、太阳能热水器等。其优点是设备系统简单，热水管路短，热能损失小，造价较低，使用灵活，易于建造；缺点是热效率较低，热水成本较高。

（2）集中热水供应系统　集中热水供应系统适用于热水用量较大，用水点比较集中的宾馆、医院、集体宿舍等建筑中，一般为楼层较多的一幢或几幢建筑物。热水的加热、贮存、输送等都集中于锅炉房，热水由统一管网配送，集中管理。其优点是热效率较高，热水成本较低，节省建筑面积，使用方便。但此系统设备较复杂，一次性投资大，管网较长，热耗大。

（3）区域热水供应系统　区域热水供应系统为区域中多栋建筑物统一供应热水，它是由城市热力网或小区锅炉房供热，经过热交换器获得热水后，再供应给各建筑的热水用水点。这种系统的优点是供水规模较大，热能利用效率高，设备集中，热水成本低，使用方便，对环境污染小；缺点是设备系统较复杂，管网较长，一次性投资较大。

选择热水供应系统应根据建筑物所在地区热源情况、建筑物性质、热水使用点的数量及分布情况、用户对热水使用的要求等因素确定。本节主要介绍集中热水供应系统。

2. 热水供应系统的组成　集中热水供应系统应用普遍，一般均由热水制备系统、热水管网系统和热水系统附件等三部分组成，如图1-36所示。

（1）热水制备系统　热水制备系统也称第一循环系统，由热源、热媒管网和水加热设备组成。其作用是制备热水。由锅炉生产的蒸汽或热水通过热媒管网送到水加热设备，经过交换将冷水加热。同时，蒸汽变成冷凝水，靠余压回到凝水池，与补充的软化水经过冷凝水泵提升再送回锅炉加热为蒸汽，如此循环完成水的加热。

（2）热水管网系统　热水管网系统也称第二循环系统，由热水配水管网和热水回水管网组成。其作用是将热水输送到各用水点并保证水温要求。在图 1-36 中，冷水由屋顶水箱送至水加热器，经与热媒进行热交换后变成热水，热水从加热器的出水管出来，经配水管网送至各用水点。为保证各用水点的水温要求，在配水立管和水平干管上设置回水管，使一定量的热水经循环泵回到水加热器中重新加热。对热水使用要求不高的建筑可不设置回水管。

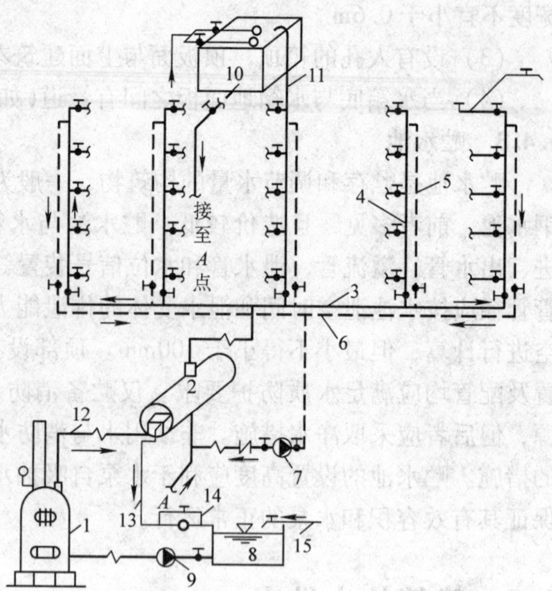

图 1-36　热媒为蒸汽的集中热水供应系统的组成

1—锅炉　2—水加热器　3—配水干管　4—配水立管　5—回水立管　6—回水干管　7—循环泵　8—凝结水池　9—冷凝水泵　10—给水水箱　11—透气管　12—热媒蒸汽管　13—凝水管　14—疏水器　15—冰水补水管

（3）热水系统附件　热水系统附件包括控制蒸汽和热水压力、流量、温度的控制附件、管道连接附件和保证系统安全运行的附件等，如温度自动调节器、闸阀、减压阀、安全阀、排气阀、膨胀罐、疏水器、管道伸缩补偿器等。

1.5.2　热水用水定额、水温与水质

1. 热水用水定额　集中热水供应时，热水用水定额与建筑物性质、卫生设备完善程度、当地气候条件、热水供应时间、生活习惯及水温有关，参见 GB 50015—2010《建筑给水排水设计规范》。

2. 热水水温

（1）热水使用温度　生活用热水水温应满足生活使用的各种需要，水温过低，满足不了生活使用需求；水温过高，会使热水系统的管道和设备腐蚀速度加快，并易发生烫伤人体事故。因此，需要规定锅炉和水加热器出口的最高温度和配水点的最低温度，见表 1-8。

（2）热水供应温度　在集中热水供应系统中，水加热设备至用水点之间的管道有热损失，为了保证热水管网最不利用水点水温要求，直接供应热水的热水锅炉或水加热器出口的水温应相应提高，见表 1-8。

表 1-8　热水锅炉或水加热器出口的最高水温和配水点的最低水温　（单位：℃）

水 质 处 理	热水锅炉或水加热器出口的最高水温	配水点最低水温
无需软化处理或有软化处理	≤75	≥60
需软化处理但无软化处理	≤65	≥50

（3）冷水计算温度　冷水计算温度应以当地最冷月平均水温确定，当无水温资料时，参见 GB 50015—2003《建筑给水排水设计规范》。

3. 热水水质要求

1）生活用热水的水质与生活饮用水卫生标准同。

2）生产用热水的水质应根据生产工艺要求确定。热水供应系统中的管道和设备的腐蚀与结垢是两个较普遍的问题，其直接影响了管道和设备的使用寿命。水在加热后，含钙镁离子的化合物受热析出，在设备和管道内结垢，水中的溶解氧也会析出，加速金属管材、设备的腐蚀。因此，集中热水供应系统的热水应根据水质、水量、水温和使用要求等因素，经过经济技术比较确定水质是否要软化处理。一般情况下，按65℃计算的日用水量小于10m³时，其原水可不进行软化处理。

1.5.3 热水供应方式

建筑内部热水供应方式，按其加热水的方法有直接加热与间接加热；按其管网有无循环管道，可分为全循环、半循环、不循环；按其循环的运作方式又分为机械循环和自然循环；按其配水干管在建筑内的位置，可分为上行下给式和下行上给式；按其是否与大气相通又可分为开式和闭式两种。

1. 直接加热与间接加热　直接加热也称一次换热，主要是利用热水锅炉把冷水直接加热到所需温度或通过蒸汽锅炉将蒸汽直接通入冷水，与冷水混合使之转换成热水。该方式具有设备简单，热效率高，节能等优点。但蒸汽直接加热供水方式存在噪声大，对蒸汽品质要求高，冷凝水不能回收，热源需大量经水质处理的补充水等缺点，适用于具有合格的蒸汽热媒，且对噪声无严格要求的公共浴室、洗衣房、工矿企业等用户，如图 1-37、图 1-38 所示。

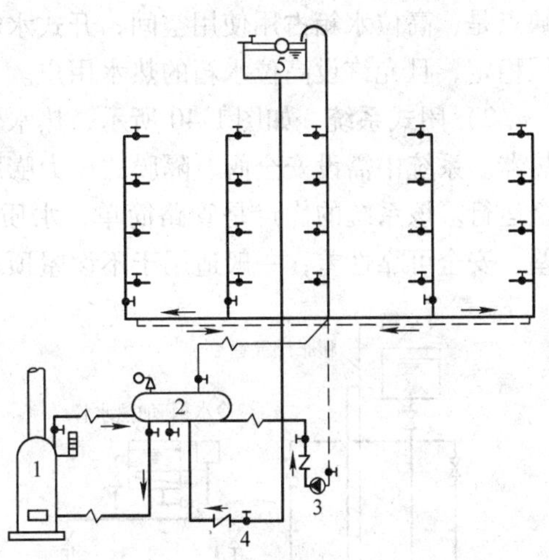

图 1-37　热水锅炉直接加热干管下行上给方式

1—热水锅炉　2—热水贮罐　3—循环泵　4—给水管　5—给水箱

间接加热也称二次换热，主要是利用热交换器，通过一定的传热面积将冷水加热到所需

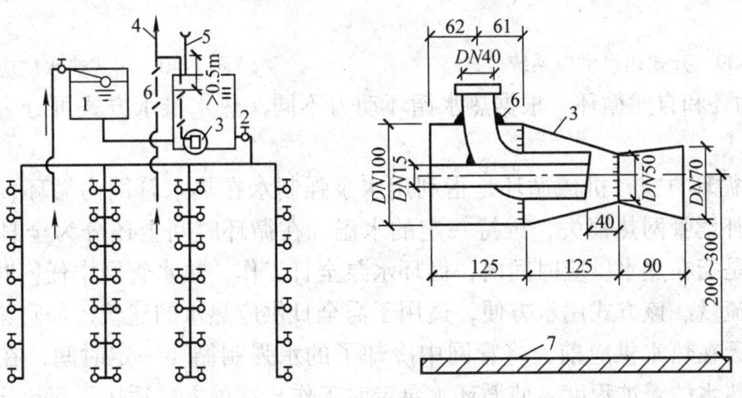

图 1-38　蒸汽直接加热上行下给方式

1—冷水箱　2—加热水箱　3—消声喷射器　4—排气阀　5—透气阀　6—蒸汽管　7—热水箱底

温度，如图1-36。该方式最大的特点是热媒与被加热水不直接接触。尽管其设备比直接加热复杂，热效率低，但由于蒸汽间接转换放热变成凝结水，可以回收重复利用，减轻热源锅炉所需补水的软化水处理量，并且热水水温和水量也较易调节，加热时不产生噪声，蒸汽对热水不会产生污染等优点，适用于要求供水稳定、安全，对噪声要求低的旅馆、住宅、医院、办公楼等建筑。

2. 开式和闭式　根据热水供应系统是否敞开可分为开式系统和闭式系统。

1）开式系统　如图1-39所示，热水供应系统中不需设置安全阀或闭式膨胀水箱，只需设置高位冷水箱和膨胀管或高位开式加热水箱等附件。管网与大气相通，系统内的水压主要取决于水箱的设置高度，不受室外给水管网水压波动的影响，系统运行稳定、安全可靠。其缺点是，高位水箱占用使用空间，开式水箱水质易受外界污染。因此，该系统适用于要求水压稳定，且允许设高位水箱的热水用户。

2）闭式系统　如图1-40所示，热水供应系统中管网不与大气相通，冷水直接进入水加热器。系统中需设安全阀、隔膜式压力膨胀罐或膨胀管、自动排气阀等附件，以确保系统安全运行。该系统的优点是管路简单，水质不易受外界污染。但由于系统供水水压稳定性较差，安全可靠性差，一般适用于不设屋顶水箱的热水供应系统。

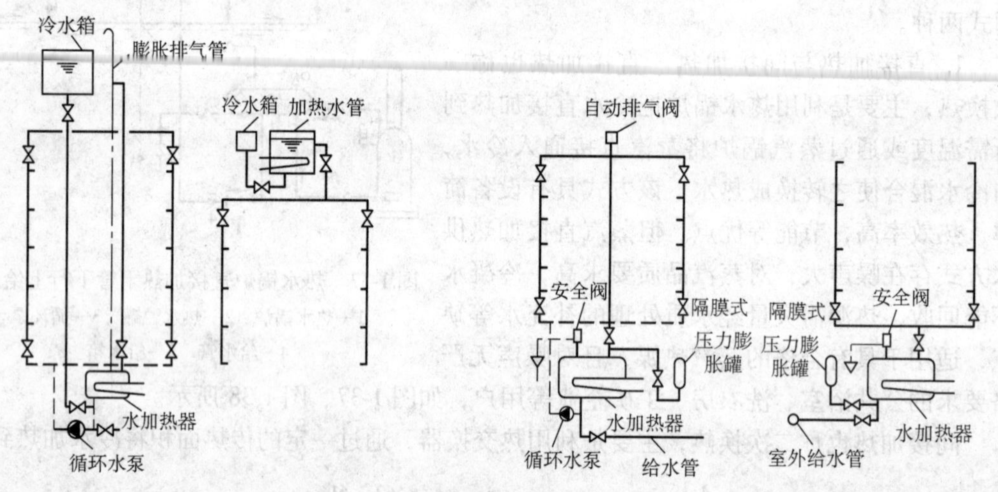

图1-39　开式热水供应系统

图1-40　闭式热水供应系统

3. 机械循环和自然循环　根据热水循环动力不同，热水供水方式可分为机械循环方式和自然循环方式。

(1) 机械循环方式　机械循环是指利用水泵强制水在热水管网内循环，造成一定量的循环流量，以补偿管网热损失，维持一定的水温。在循环时间上还分为全日循环和定时循环。全日循环是指在热水供应时间内，循环水泵全日工作，热水管网中任何时刻都维持着设计水温的循环流量。该方式用水方便，适用于需全日供应热水的建筑，如宾馆、医院等。定时循环是指每天在热水供应前，将管网中冷却了的水强制循环一定时间，在热水供应时间内，根据使用热水的繁忙程度，使循环水泵定时工作。这种方式适用于每天定时供应热水的建筑中，目前实际运行的热水供应系统一般多数采用这种循环方式。

(2) 自然循环方式　利用配水管和回水管中的水温差所形成的压力差，使管网维持一定的循环流量，以补偿配水管道热损失，保证用户对水温的要求。因一般配水管与回水管内的温度差仅为 10 ~ 15℃，自然循环作用水头值很小，故在大中型建筑中采用自然循环还存在一定的困难，一般用于小型或层数少的建筑中。

4. 全循环、半循环、无循环　根据设置循环管网的方式不同，又分为全循环、半循环、无循环管网的热水供应方式，如图 1-41 所示。

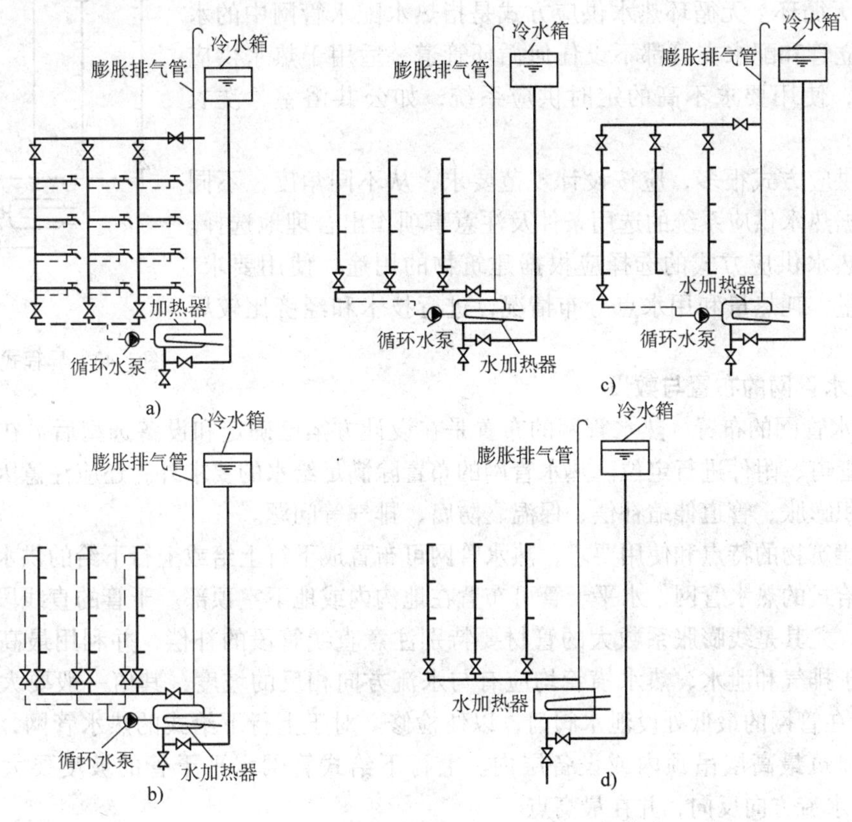

图 1-41　循环方式

a) 全循环　b) 立管循环　c) 干管循环　d) 无循环

(1) 全循环　全循环热水供应方式是指热水干管、立管及支管均能保持热水的循环，打开配水龙头均能及时得到符合设计水温要求的热水。该方式适用于有特殊要求的高标准建筑中。在全循环热水供应方式中，按各循环管路长度可布置成相等或不相等的方式，又可分为同程式和异程式。

1) 同程式。同程式是指每一个热水循环环路长度相等，对应管段管径相同，所有环路的水头损失相同，如图 1-42 所示。

2) 异程式。异程式是指每一个热水循环环路长度各不相等，对应管段的管径也不相同，所有环路的水头损失也不相同，如图 1-43 所示。

(2) 半循环　半循环热水供应方式又分为立管循环和干管循环的供应方式。立管循环是指热水干管和立管内均保持有循环热水，打开配水龙头只需放掉支管中少量的存水，就能获得规定水温的热水。该方式多用于设有全日供应热水的建筑和设有定时供

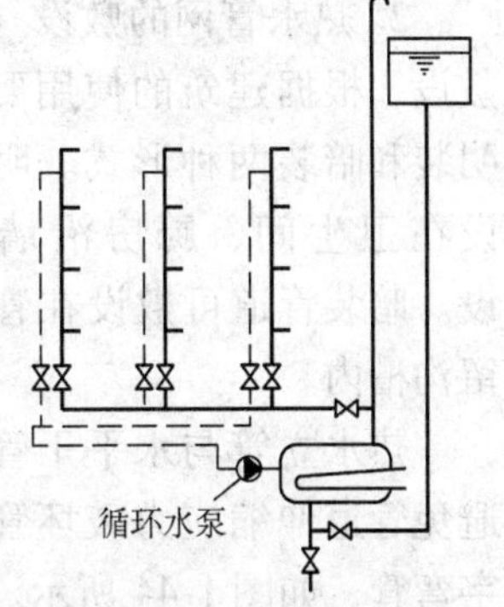

图 1-42　同程式全循环

应热水的高层建筑。干管循环是指仅保持热水干管内水的循环，使用前先用循环水泵把干管中已冷却的存水加热，打开配水龙头时只需放掉立管和支管内的冷水就可获得符合要求的热水，多用于采用定时供应热水的建筑。

(3) 无循环　无循环热水供应方式是指热水配水管网中的水平干管、立管和配水支管都不设任何循环管道，适用于热水供应系统较小，使用要求不高的定时供应系统，如公共浴室、洗衣房等。

热水供应方式很多，应按设计规范要求，从不同角度，不同侧面，根据热水供应系统的选用条件及注意事项作出合理地选择。建筑物内热水供应方式的选择应根据建筑物的用途、使用要求、热水用水量、耗热量和用水点分布情况，进行技术和经济比较后确定。

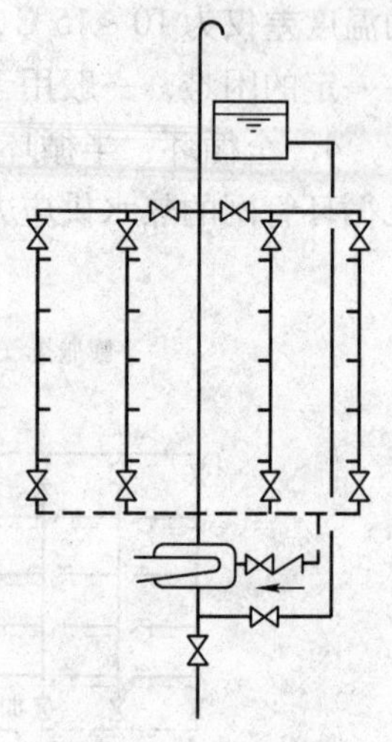

图 1-43　异程式自然循环

1.5.4　热水管网的布置与敷设

1. 热水管网的布置　热水管网的布置是在设计方案已确定和设备选型后，在建筑图上对设备、管道、附件进行定位。热水管网的布置除满足给水的要求外，还应注意因水温高而引起的休积膨胀、管道伸缩补偿、保温、防腐、排气等问题。

根据建筑物的特点和使用要求，热水管网可布置成下行上给或上行下给的供水方式。对于下行上给式的热水管网，水平干管可布置在地沟内或地下室顶部。干管的直线段应有足够的伸缩器，尤其是线膨胀系数大的管材要特别注意直线管段的补偿，并利用最高配水点排气。为便于排气和泄水，热水横管均应有与水流方向相反的坡度，其值一般要大于或等于0.003，并在管网的最低处设泄水阀门，以便检修。对于上行下给式的热水管网，水平干管可布置在建筑最高层吊顶内或设备层内。上行下给式管网水平干管的坡度要大于或等于0.003，与水流方向反向，并在最高点设自动排气阀排气。下行上给式系统设有循环管道时，其回水立管应在配水立管最高配水点以下大于或等于0.5m处连接；上行下给式系统只需将循环管道与各立管连接即可。

2. 热水管网的敷设　热水管网的敷设，根据建筑的使用要求，可采用明装和暗装两种形式。明装尽可能敷设在卫生间、厨房沿墙、梁、柱敷设。暗装管道可敷设在管道竖井或预留沟槽内。

热水立管与水平干管连接时，为避免管道伸缩应力破坏管网，应设乙字弯管，如图 1-44 所示。

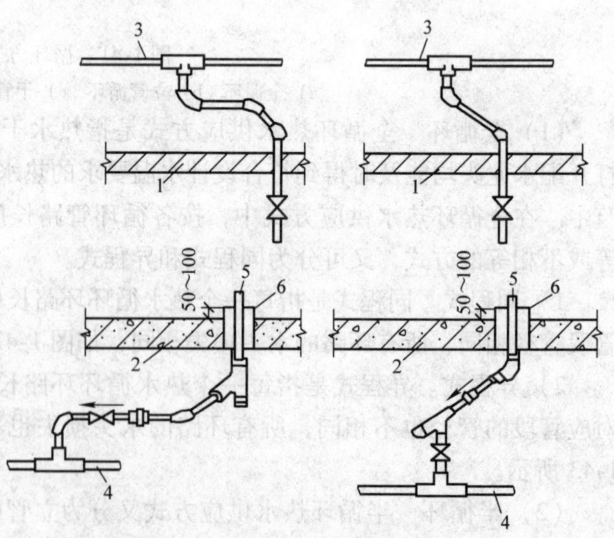

图 1-44　热水立管与水平干管的连接方式

1—吊顶　2—地板或沟盖板　3—配水横管

4—回水管　5—立管　6—套管

热水管道在穿楼板、基础和墙壁

处应设套管，保证其自由伸缩。穿楼板的套管应高出楼地面 50～100mm，以防沿套管缝隙向下流水。

1.5.5 热水供应系统的管材与附件

1. 管材 热水供应系统的管材选择应慎重，主要考虑保证水质，保证热水供应安全可靠、经济合理。热水系统管材应采用热浸镀锌钢管、薄壁金属管、聚丁烯管(PB 管)、聚丙烯管(PP 管)、钢塑复合管等。这些管材的优点是卫生指标优良，适用介质温度不低于 80℃，能保证水质，重量轻，接头少，施工方便；缺点是价格较贵，塑料管的热膨胀量大，个别厂家产品规格不齐全等。

当建筑物标准和使用要求较高时，热水管可使用铜管。

2. 附件及设备 热水系统中，需要装置一系列附件及设备，才能保证系统在正常状态下运行，其中常用的有以下几种：

(1) 疏水阀 又称为疏水器，属于自动阀门。疏水器用于蒸汽系统(第一蒸汽循环系统)迅速排出冷凝水及不溶性的气体，同时防止蒸汽通过，也是一种节能装置。安装时在疏水器的前后设置截止阀，且同时设置旁通管，以便疏水器的检修。疏水器与管之间可采用螺纹联接或焊接。它的种类有浮桶式、恒温式、热动力式和脉冲式等。图 1-45 所示为浮桶式疏水器。其工作原理是，管路和设备中的凝结水和少量蒸汽不断地流入疏水器内，疏水器体内的凝结水面升到一定的高度，就溢入浮桶，当浮桶内的凝结水积到一定数量，浮桶的重量超过浮力时，浮桶就下降，浮桶的下降又带动排水阀杆的下降，使排水阀开启，这时浮桶内的凝结水便由套桶经排水阀排出疏水器。当凝结水排到一定数量，浮桶重量小于浮力时，浮桶又被浮起，并带动排水阀杆上升，使排水阀关闭，凝结水停止排出。浮桶式疏水器就以这样的周期进行工作。以下型号热动力式疏水阀自 2005 年起已淘汰使用：S15H—16、S19—16、S19—16C、S49H—16、S49—16C、S19H—40、S49H—40、S19H—64、S49H—64 。

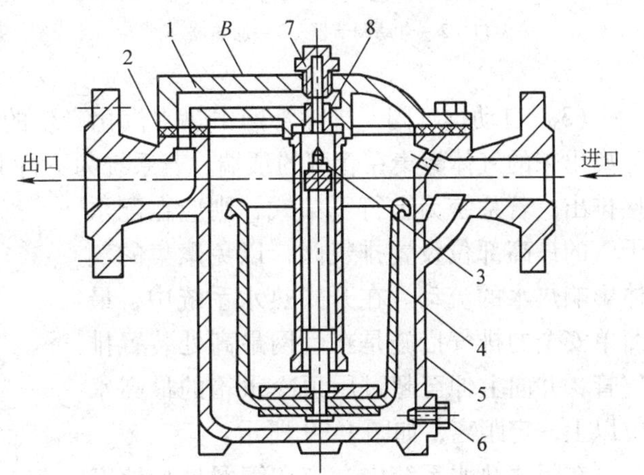

图 1-45 浮桶式疏水器

1—上盖 2—石棉橡胶板 3—截止阀 4—浮筒 5—壳体 6—堵头 7—调节阀 8—阀套

(2) 自动温度调节器 热水系统中热水温度的控制，主要是加热器出口温度的控制。一般大型热水供应系统中采用直接式自动温度调节器或间接式自动温度调节器控制温度。

图 1-46 所示为直接式自动温度调节装置。它由温包、感温元件和调压阀组成。温包安装在加热器出口处，内部装有沸点较低的液体，当温包内水温变化时，温包感受温度的变化，并产生压力升降，传导到装设在蒸汽管上的调压阀，自动调节进入水加热器的蒸汽量，达到控制温度的目的。

图 1-47 所示为间接式自动温度调节装置。它由温包、电触点温度计、电动调压阀组成。若加热器出口水温高于设计要求，电动阀门关小减少热媒进量；若加热器出口水温低于设计

要求，电动阀门开大，增加热媒进量，达到自动调节加热器出口水温的目的。

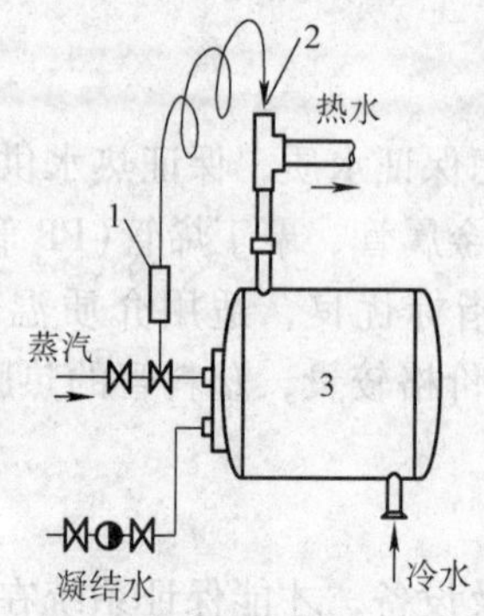

图 1-46　直接式自动调温装置

1—温包　2—自动调节器　3—加热器

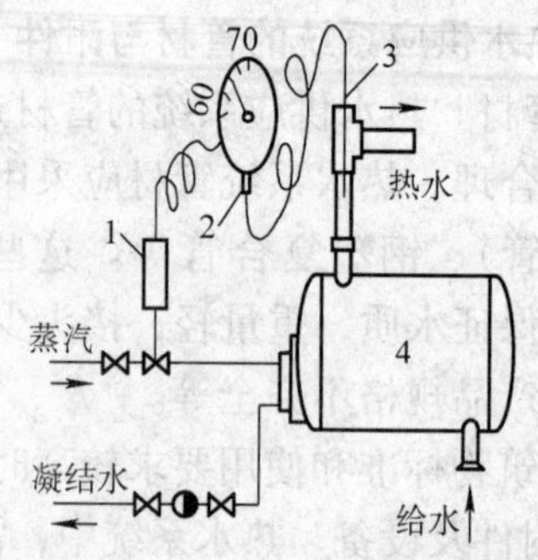

图 1-47　间接式自动调温装置

1—温包　2—电触点温度计

3—自动调节器　4—加热器

（3）自动排气阀　排除管网中热水汽化产生的气体以保证管网内热水畅通。从热水中分离出来的气体聚集在管网的顶端。若系统为下行上给式，则气体可通过最高处配水龙头直接排出；若系统为上行下给式，则应在配水干管的最高部位设置排气阀，以免聚集的气体影响热水的流动。在开式热水系统中，最简单安全的排气措施是在管网最高处装置排气管，并向上伸至超过屋顶冷水箱的最高水位以上一定距离，如图 1-39 所示。

在闭式热水系统中，应在管网最高处安装自动排气阀来排气。如图 1-48 所示为自动排气阀的构造及装置示意图。其构造如图 5-28所示。

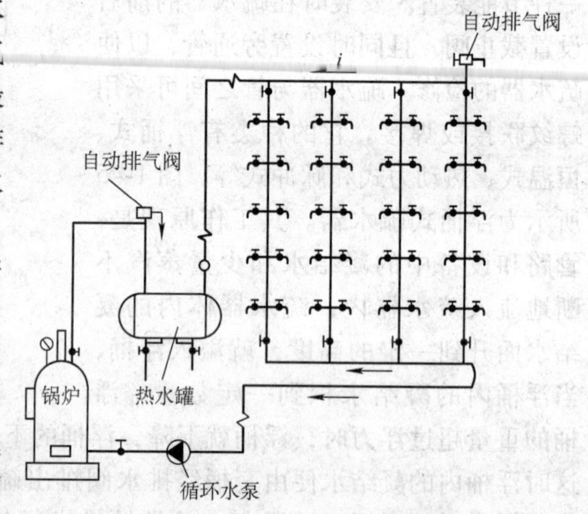

图 1-48　自动排气阀及其装置

（4）伸缩补偿装置　温度的变化会引起管道的伸长或缩短。温度的变化主要来自两个方面，一方面来自大气温度，即环境温度的变化；另一方面来自管道内介质温度的变化。如果管道的伸缩受到约束，就会在管壁产生由温度变化而引起的应力。在热水供应及热水采暖管道系统这种应力更明显，足以使管道自身和支架受到破坏。为了补偿管道的伸缩，减小热应力，以使系统安全稳定地工作，就必须设置伸缩补偿器。

伸缩补偿器有自然补偿器和制作的补偿器两种。自然补偿器有 L 形和 Z 形补偿器。制作的补偿器有方形补偿器（“Π”）、波形补偿器、套筒形补偿器、球形补偿器等。

管道系统设置补偿器，首先应考虑利用管道本身结构上的弯曲部分的补偿作用，即优先选择自然补偿器，其次是制作的补偿器。套筒补偿器、波形补偿器及球形补偿器等，均可根据热伸长量大小，根据产品样本进行选择。这几种制作的补偿器可简化管道结构，增加热力管道系统工作的可靠性，降低工程使用维护成本，但制造成本相对高些。

（5）膨胀管、释压阀和闭式膨胀水箱　设置膨胀管、释压阀和闭式膨胀水箱，主要是解决由于水量膨胀而使系统升压造成管道、设备破坏的问题。

1）膨胀管。膨胀管用于高位冷水箱向水加热器供应冷水的开式热水系统。

2）释压阀与膨胀水箱。从室外给水管道直接进水的闭式热水系统，可在加热器上设置释压阀。当热水系统的压力超过释压阀设定压力时，释压阀开启，排出一部分热水，使压力下降，而后释压阀关闭，如此往复。

膨胀水箱的构造类似于隔膜式气压水罐，适用于闭式热水系统，以吸收加热时的膨胀水量，一般安装在热水供水的总管上，也可安装在回水总管或加热器冷水进口管上。

（6）减压阀与节流阀　若蒸汽压力大于加热器所需蒸汽压力，则不能保证设备安全运行，此时应在蒸汽管上设置减压阀，以降低蒸汽压力。减压阀应安装在水平管段上，并配有必要的附件。节流阀用于热水供应系统回水管上，可粗略调节流量与压力。

1.5.6　加热设备

1. 加热设备的类型　在热水系统中，将冷水加热到所需温度的水，一般需通过加热设备来完成。加热设备是热水系统的重要组成部分，应根据当地所具备的热源条件和系统要求，合理地进行选择，以保证热水系统的安全、经济和适用。

热水供应系统的加热方式可分为一次换热和二次换热。一次换热是热源将冷水通过一次性热交换达到所需温度的热水。其主要加热设备有燃气热水器、电热水器及燃煤（燃油、燃气）热水锅炉等。二次换热是首先由热源产生热媒（蒸汽或高温热水），然后热媒再通过热交换器进行第二次热交换。用于第二次热交换的水加热设备有容积式水加热器、快速式水加热器、半容积式水加热器和半即热式水加热器等。

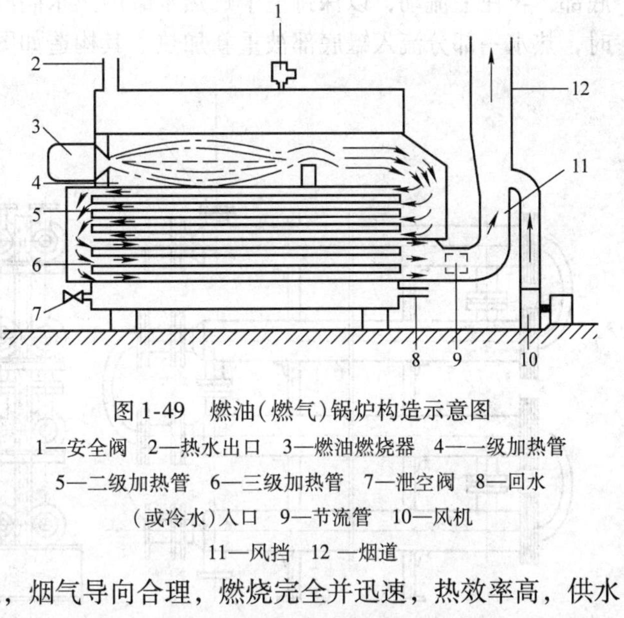

图 1-49　燃油（燃气）锅炉构造示意图

1—安全阀　2—热水出口　3—燃油燃烧器　4—一级加热管　5—二级加热管　6—三级加热管　7—泄空阀　8—回水（或冷水）入口　9—节流管　10—风机　11—风挡　12 —烟道

（1）燃油（燃气）热水锅炉　燃油（燃气）锅炉构造如图 1-49 所示。其具有体积小、燃烧器工作全部自动化，烟气导向合理，燃烧完全并迅速，热效率高，供水系统简单，排污总量少，管理方便等优点。目前，随着城镇对环境的要求不断提高，燃油（燃气）热水锅炉的应用已较广。

（2）容积式加热器　容积式加热器是一种间接式加热器设备，内部设有换热管束并具有一定贮热容积，即可加热冷水又能贮备热水。常采用的热媒为饱和蒸汽或高温水，为了满足不同场所对容积式加热器的选择，一般有立式和卧式之分。图 1-50 所示为卧式容积式加热器构造示意图。卧式

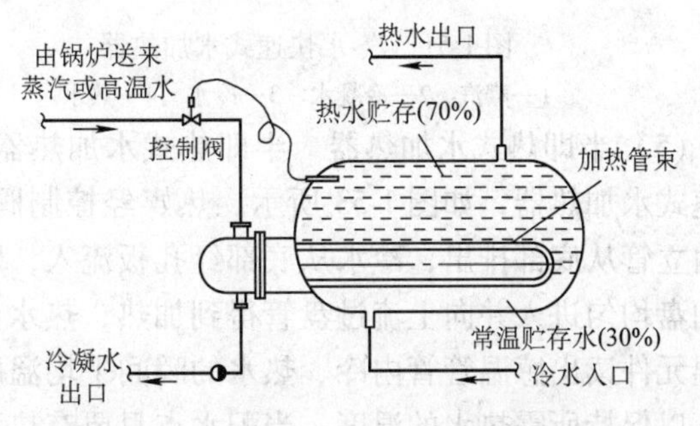

图 1-50　卧式容积式加热器构造示意图

容积式水加热器的容积为0.5～15m^3，换热面积为0.86～50.82m^2，共有10种型号。立式容积式水加热器的容积为0.53～4.28m^3，换热面积为1.42～6.46m^2。

容积式水加热器的主要优点是具有较大的贮存和调节能力，可替代高位热水箱的部分作用，被加热水通过时压力损失较小，出水水温较为稳定，供水较为安全。但此种加热器传热系数小，热交换效率较低，且体积庞大占用过多的建筑空间，在散热管束下方的常温贮存水中易产生军团菌等缺点。

（3）快速式水加热器　快速式水加热器是通过提高热媒和被加热水的流动速度进行快速换热的一种间接式加热器。新型快速式水加热器通过增加热媒和被加热水流动中的湍流脉动运动，减薄了传热边界层，传热系数得到提高，强化了传热的效果。

根据采用热媒的不同，快速式水加热器有汽-水（蒸汽和冷水），水-水（高温水和冷水）两种类型。根据加热导管的构造不同，又有单管式、多管式、板式等多种形式。汽-水快速式水加热器如图1-51所示。

（4）半容积式水加热器　半容积式水加热器是带有适量贮存和调节容积的内藏式容积式水加热器。被加热水首先进入快速换热器被迅速加热，然后由下降管强制送至贮热水罐的底部，再往上流动，以保持整个贮热水罐内热水同温。当管网中热水用水量小于设计用水量时，热水一部分流入罐底部被重新加热。其构造如图1-52所示。

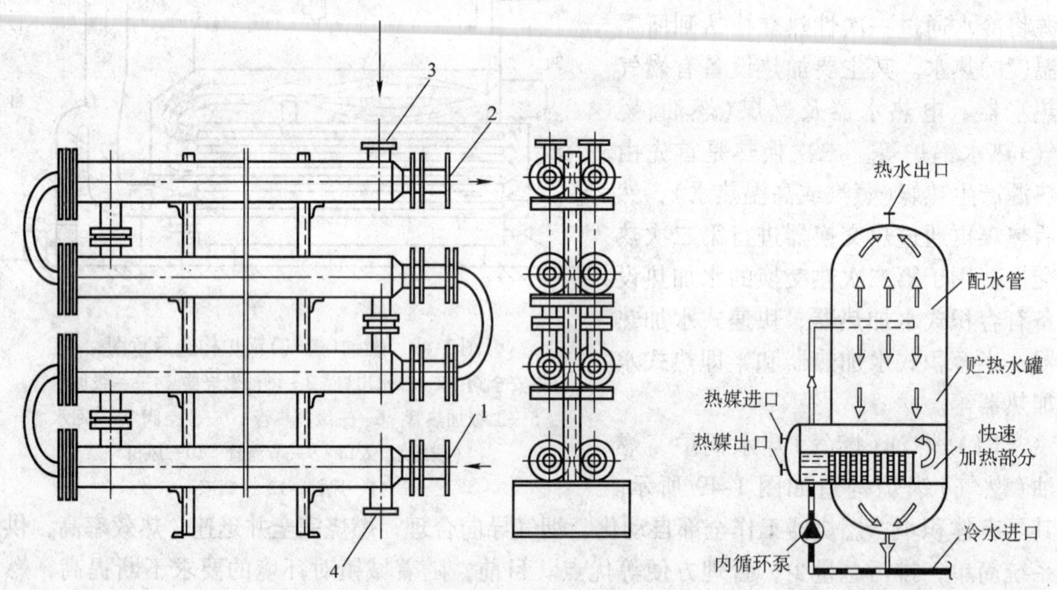

图1-51　汽-水快速式水加热器

1—蒸汽　2—冷凝水　3—冷水　4—热水

图1-52　半容积式水加热器构造示意图

（5）半即热式水加热器　半即热式水加热器是带有超前控制，并具有少量贮存容积的快速式水加热器，如图1-53所示。热媒经控制阀从底部入口经立管进入各并联盘管，冷凝水由立管从底部排出，冷水从底部经孔板流入，同时有少量冷水经分流管至感温管。冷水经转向盘均匀进入并向上流过盘管得到加热，热水由上出口流出，同时部分热水进入感温管。感温元件读出感温管管内冷、热水的瞬间平均温度，即向控制阀发送信号，按需要调节控制阀，以保持所需热水的温度。当配水点只要有热水需求，热水出口水温尚未下降，感温元件就能发出信号开启控制阀，即具有了预测性。

（6）太阳能热水器　太阳能热水器是将太阳能转换成热能并将水加热的装置，主要由集热器、贮热水箱等组成，如图 1-54 所示。其具有结构简单、维护方便、使用安全、节省燃料、运行费用低、无环境污染等优点。但易受天气、季节和地理位置的影响不能稳定连续运行。太阳能热水器一般在燃料价格较高的地区，具备一定条件时可以选用。

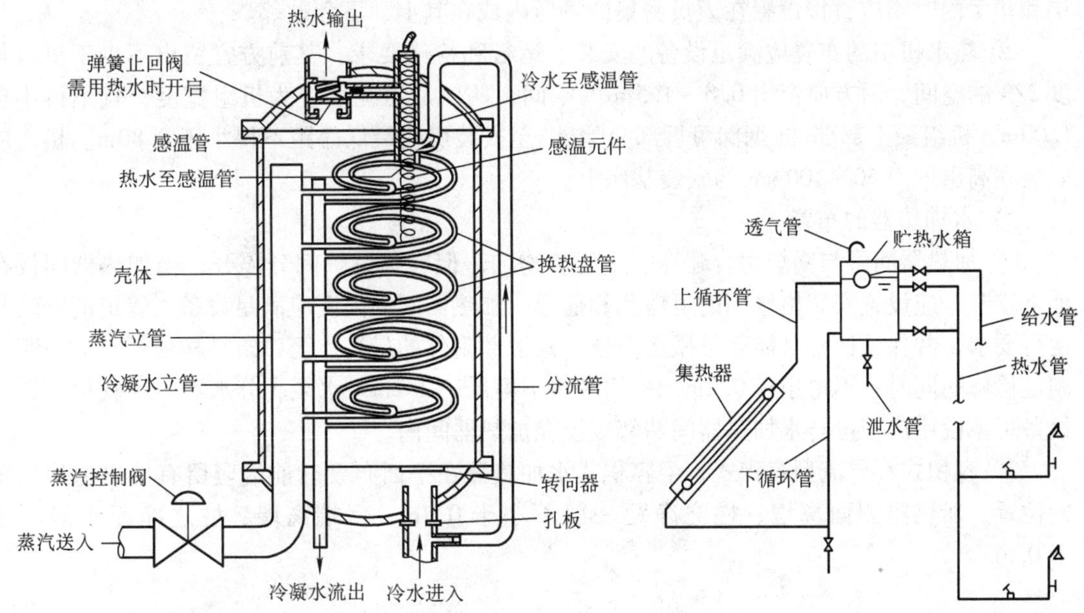

图 1-53　半即热式水加热器构造示意　　图 1-54　太阳能热水器组成

2. 加热设备的选择和布置

（1）加热设备的选择原则　集中热水供应系统的加热和贮热设备应根据用户的特点、水质情况、加热方式、耗热量、热源、维护管理、卫生防菌等因素选择，一般应考虑下列要求：

1）效率高、换热效果好，节省设备用房、附属设备简单，节能、环保性能好。

2）构造简单、安全可靠、操作管理维修方便。

3）采用自备热源时，宜采用一次加热直接供应热水的燃气、燃油为燃料的热水机组，并可采用二次加热间接供应热水的自带换热器的机组或外配容积式、半容积式水加热器的热水机组。间接水加热设备的选型应结合用水均匀性、贮热容积、给水水质硬度、热源供应能力及系统对冷、热水压力平衡稳定等要求，经技术经济比较后确定。

4）当采用蒸汽或高温水为热源时，有条件时尽可能利用工业余热、废热和地热。加热设备宜采用导流型容积式水加热器、半容积式加热器；当热源充足且有可靠灵敏的温控调节装置，也可采用半即热式、快速式水加热器。

5）燃气热水器、电热水器必须带有保证使用安全的装置。严禁在浴室内安装直接排气式燃气热水器等易在使用空间内积聚有害气体的加热设备。

6）当无蒸汽、高温水等热源和无条件利用燃气、燃油等燃料时，电力充沛的地区可采用电热水机组成电蓄热设备。

7）当热源利用太阳能时，宜采用集热管、真空管式太阳能热水器。

（2）加热设备的布置要求　加热设备的布置应满足相关规范、产品样本等的有关规定。

1）燃油燃气热水机组的布置

① 机组不宜露天布置，机组设备间宜与其他建筑物分离独立设置。当机组设备间设在高层和多层建筑内时，应布置在靠外部位，并应设置对外的安全出口；当机组设备间设在高层和裙房内时不应直接设置在人员密集的场所内或在其上、下和贴邻。

② 热水机组的布置应满足设备的安装、运行和检修要求，其前方宜留出不少于机组长度2/3的空间，后方应留出0.8～1.5m的空间，两侧通道宽度应为机组宽度，且不得小于1.00m，机组最上部部件（烟囱可拆部分除外）至安装房间最低净距不得小于0.80m。机组应安装在高出地面50～100mm的安装基座上。

2）水加热器的布置

① 加热器间可与锅炉房合建在一个建筑物内，但宜与锅炉间分隔开；当加热器间设在地下室时，应设置安装检修用的运输孔和通道。加热器间的高度应满足设备、管道的安装与运行要求，并保证检修时能起吊搬运设备，其上部附件的最高点至建筑结构最低点的净距在满足检修的同时，不得小于0.2m，房间净高不得低于2.2m。水泵、分水器、水软化等辅助设备可单设用房，可与水加热器间贴邻或设在加热器间内。

② 容积式、导流型容积式、半容积式水加热器在平面布置时前端应留有抽出加热盘管的位置。加热器侧面离墙、柱之净距一般不小于0.7m，后端离墙、柱之净距一般不小于0.5m。

1.6 高层建筑给水

我国的建筑给排水工程设计，一般是依据建筑消防要求来划分高、低层建筑的界限。因目前我国登高消防车的工作高度约24m，大多数城市常用的普通消防车，直接从室外消防管道或消防水池抽水，扑救火灾的最大高度也约为24m，故以24m作为高层建筑的起始高度，即建筑高度超过24m的公共建筑为高层建筑。住宅建筑因为有较好的防火隔墙且每个单元的防火分区不大，火灾发生时火焰蔓延扩大受到一定的限制，危害性不大，同时高层住宅在高层建筑中所占的比例较大，防火的提高将增加工程总投资。因此，高层住宅的起始线与公共建筑略有差别，一般以10层及10层以上的住宅为高层建筑（包括首层设置商业服务网点的住宅）。高层建筑根据其使用性质、火灾危险性、疏散和扑救难度等进行分类，并应符合附录C的规定。

1.6.1 高层建筑给水的特点

高层建筑层数多，每栋建筑的面积大，使用功能多，建筑内生活、工作的人数多，要求有较完善的保障设施和卫生、舒适、安全的生活条件。因此，高层建筑内的管线多，管径大，设备多，标准高，施工较复杂。

因为高层建筑的高度大，层数多，供水压力需求大，靠市政管网压力难以实现建筑系统对压力的需求。高层建筑的供水和消防供水都必须自设供水系统。为了克服由高层建筑的上下高差大而造成的下层用水设备的水压过高，使得用水时出水流速过高，产生噪声和水花喷溅，甚至损坏用水设备，以及上层还会形成压力不足甚至出现负压抽吸现象，以保证高层供水的安全可靠性。因此，在高层建筑给水设计中常采用竖向分区的供水方式，以减小各供水区内的水压差。

高层建筑的竖向分区供水，是在建筑物的垂直方向按层分段，各段为一区，分别组成各自的供水系统。确定分区范围时应充分利用室外给水管网的水压，以节约运行费用，并应结合其他建筑设备工程安装情况进行综合考虑，尽量将给水分区的设备层与其他相关工程所需设备层共同设置，以节约土建费用，同时保证各区最低卫生器具或用水设备配水装置的零件不至于因静水压力过大而损坏。

我国建筑给水设计规范规定高层建筑生活给水系统应竖向分区，各分区最低卫生器具配水点处的静水压强不宜大于 0.45MPa，特殊情况下不宜大于 0.55MPa，对于水压大于 0.35MPa 的住宅入户管宜设置减压装置。

1.6.2　高层建筑给水的方式

高层建筑给水系统可分为生活给水系统、中水系统、生产给水系统、消防给水系统等。消防给水系统将在后续内容中介绍。

高层建筑给水系统竖向分区有多种方式。

1. 利用外网水压的分区给水　见 1.1 节相关内容，如图 1-8 所示。

2. 垂直分区并联给水方式

（1）并联水泵—水箱给水方式　联水泵—水箱给水方式是，每一分区分别设置一套独立的水泵和高位水箱，分别给各区供水。其中水泵一般设置在建筑的地下室或底层，如图 1-55 所示。这种给水方式的优点是，各区自成一体、互不影响，水泵集中、维护管理方便，运行费用较低。缺点是，分区水箱占用楼房空间多，水泵数量多、耗用管材多、设备费用较高。

（2）无水箱并联水泵给水方式　据不同高度分区采用不同的水泵机组供水，如图 1-56 所示。

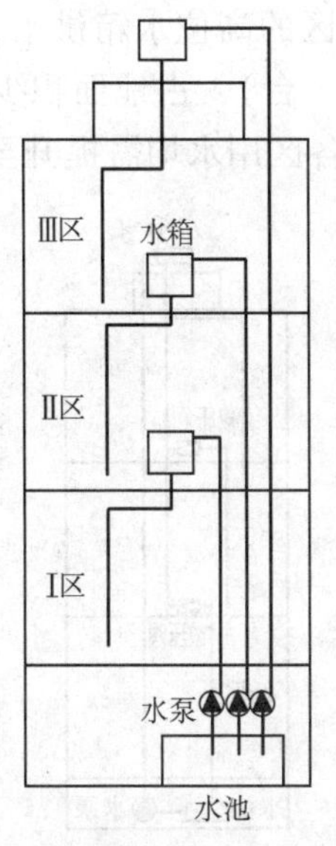

图 1-55　并联水泵—水箱给水方式

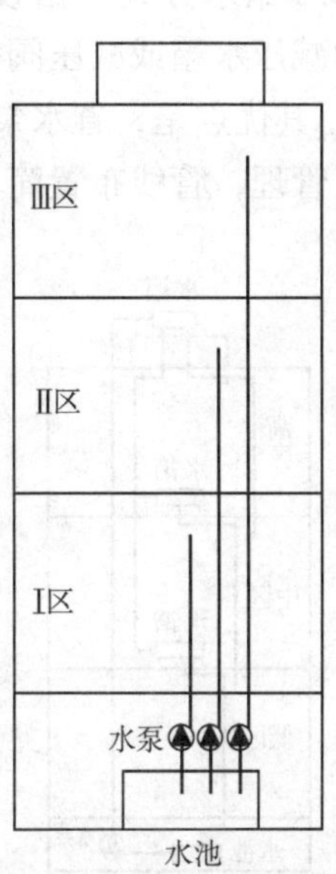

图 1-56　无水箱并联水泵给水方式

（3）并联气压给水设备给水方式　每个分区有一个气压水罐，如图 1-57 所示。这种给水方式一般适用于建筑高度不超过 100m 的生活给水系统。其缺点是初期投资较大。

3. 串联水泵—水箱给水方式　这种给水方式是水泵分散设置在各区的楼层之中，下一区的高位水箱兼作上一区的贮水池，如图 1-58 所示。其优点是，无高压水箱和高压管道。其缺点是，下部发生故障将影响上部的供水，水泵设置分散，连同水箱所占楼房的空间较大，水泵设在楼层内造成防振与隔声要求高。这种给水方式一般适用于建筑高度不超过 100m 的生活给水系统。

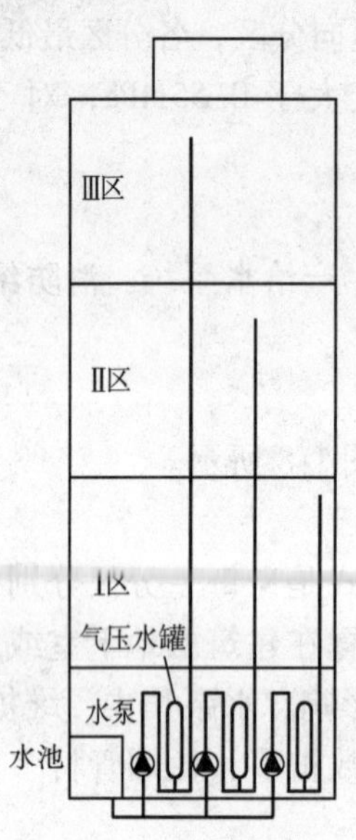

图 1-57　并联气压给水设备给水方式

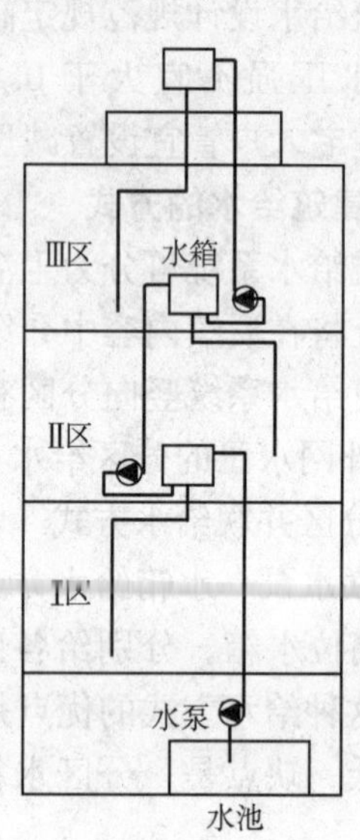

图 1-58　串联水泵—水箱给水方式

4. 分区减压给水方式　由设在底层泵房内的高扬程水泵，直接将水提升至屋顶水箱，再通过各区的减压水箱或减压阀等减压装置依次逐级向下一区的高位水箱供水，如图 1-59、图 1-60 所示。其优点是，省水泵（一般设工作泵和备用泵各一台），占地面积少，且集中设置便于维修、管理，管线布置简单，投资较省。其缺点是，各区用水均需提升至屋顶水箱，

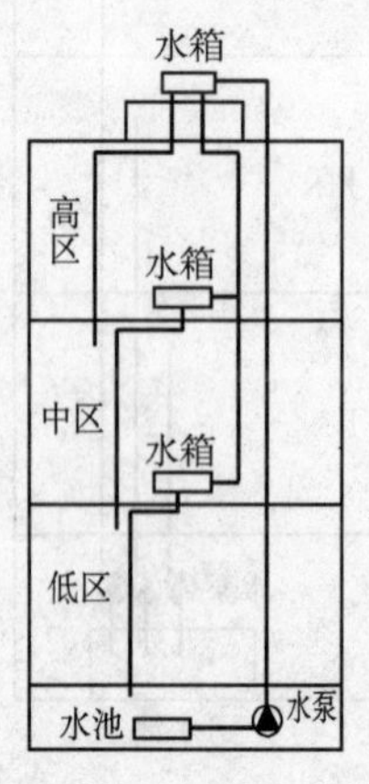

图 1-59　减压水箱给水方式

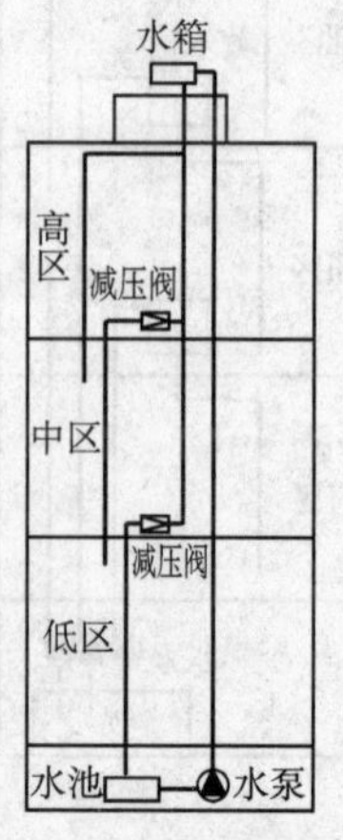

图 1-60　减压阀给水方式

水箱容积大，增加了结构荷载，对建筑结构与抗振不利；水泵向高位水箱供水，然后逐渐减压供水，增加了中、低区的耗能，提高了运行成本；而且不能保证供水安全可靠，若上部任一区管道和水泵或屋顶水箱等设备故障都将影响下部各区的供水。

复习思考题

1. 建筑给水系统的任务是什么？根据用水对象的不同一般分为哪几种系统？
2. 建筑给水系统一般由哪几部分组成？
3. 什么是水表节点？水表节点有哪些形式？
4. 什么是室内给水管网所需要的压力？用公式如何表示？
5. 对于一幢建筑层高为 3.2m，建筑层数为 6 层的办公楼，其最小自由水压是多少 kPa(mH_2O)？若室外管网的供水压力为 180kPa($18mH_2O$)，为了安全给水，此办公楼可采取的给水方式有哪些？
6. 给水系统的常见管材有哪些？各有何性能？分别采用何种接口形式？
7. 冷镀锌钢管在哪些场合禁用？热镀锌钢管现时在哪些场合使用？
8. PP-R 给水管的规格如何表示？有何优良性能？采用何种接口形式？
9. 目前用于暖卫设备系统的绿色管材有哪些？
10. 阀门的型号反映哪些内容？试查找相关资料明确 J11X-16、Z41H-16C 表达的含义。
11. 给水系统中哪些阀门可安装在双向流管道上？哪些有安装方向要求？
12. 给水管道布置的原则及要求有哪些？
13. 给水管网布置的形式有哪些？管道敷设的方式有哪些？
14. 给水管网如何敷设？
15. 给水系统中支架的作用有哪些？如何设置？
16. 离心泵是如何工作的？
17. 离心泵的性能参数有哪些？如何选择水泵？
18. 简述离心泵的安装程序。
19. 简述离心泵的试运转的程序及停泵的程序
20. 水箱的作用是什么？需设置哪些配管？溢流管的设置有哪些要求？
21. 热水供应系统有哪几部分组成？各部分的功能是什么？
22. 热源是如何选择的？
23. 热水的供应方式有哪些种类？
24. 试简述各种热水供应系统具有的特点。
25. 怎样解决开式和闭式热水供应系统的排气？
26. 热水供应系统的附件有哪些？如何设置？
27. 热水管网应如何敷设？
28. 高层建筑给水有何特点？
29. 高层建筑给水方式有哪些？
30. 建筑给水有哪些方式？分别在什么情况下采用？

第 2 章　建筑消防给水

消防即消灭、预防火灾。建筑消防系统设置的目的首先是为了预防火灾的发生，其次是在发生火灾时用于扑灭火灾，以保护人民生命及财产安全。灭火的机理一是要隔绝氧气；再次是要降低环境温度。常用的灭火剂有水、泡沫、酸碱、卤代烷、二氧化碳、干粉等。水具有较大的比热容，用于灭火时，能够较快地吸收环境及燃烧物体放出的热量，迅速地降低环境温度，且水汽化后形成的水蒸气是“惰性”气体，占据燃烧的区域空间，减少了该区域中空气中的氧气含量。水也易获得，易于输送，应用简便，因此建筑水消防系统应用最为广泛。

建筑消防系统根据建筑物的重要程度、人员密集程度、物体燃烧的难易程度、外部增援的难易程度等不同可分为普通消防系统和自动灭火系统。普通消防系统即消火栓给水系统，是将室外给水系统提供的水量，经过加压(外网压力不满足需要时)输送到建筑物内用于扑灭其中的火灾而设置的固定灭火设备，是建筑物最基本的灭火设施。自动灭火系统根据灭火剂的不同分为自动喷水灭火系统和气体灭火系统，主要用于人员密集，不易疏散，外部增援灭火难度大或火灾危险性大，发生火灾损失巨大的建筑物扑灭初期火灾。上述普通消防系统及自动灭火系统属于固定设施，此外建筑消防还需按照 GB 50140—2005《建筑灭火器配置设计规范》等规定要求配备移动设施，如手提式灭火器，拖车式灭火器或拖车式消防炮等。

2.1　普通消防系统

2.1.1　普通消防系统的分类及组成

1. 系统分类

(1) 低压制给水系统　管网内保持一般建筑内的生活用水压力，室外消火栓栓口处的水压从室外设计地面算起不应小于 0.1MPa(或 10.0mH_2O)。管网的设计保证消防水量要求，消防时，由消防车上的水泵加压供水或泵站内消防水泵加压满足消防水压要求。

(2) 高压制给水系统　给水管网内的压力应保证当消防用水量达到最大，且水枪在任何位置时，其水枪充实水柱仍不小于 10.0m。由于高压制需用耐高压管材，且需要消耗较大的能量来维持管网压力，不经济，因而我国建筑水消防系统较少采用。

(3) 临时高压制给水系统　泵站内加设消防水泵，平时低压供水，火灾时，起动消防水泵，大量用于住宅小区、工厂，或高层建筑等各种消防系统中。

2. 系统组成　消火栓系统也称为普通消防系统，由水源、管网、消火栓设备、消防水泵接合器、加压贮水设备等组成。

(1) 水源　消防用水可由城市给水管网，天然水源或消防水池供给。利用天然水源(如河流，湖泊)时，其保证率不应小于 97%，且应设置可靠的取水设施。城市给水管网是最常用的消防用水水源。大多城市的给水管网是生活、消防、生产给水的合用系统。对于耐火等级不低于二级，且建筑物体积小于或等于 3000m^3 的戊类厂房或居住区人数不超过 500 人，且建筑物层数不超过两层的居住区，可不设置消防给水。

（2）管网　消火栓给水管网由消防竖管、干管、支管组成，管网布置成环状或枝状，如图2-1所示。

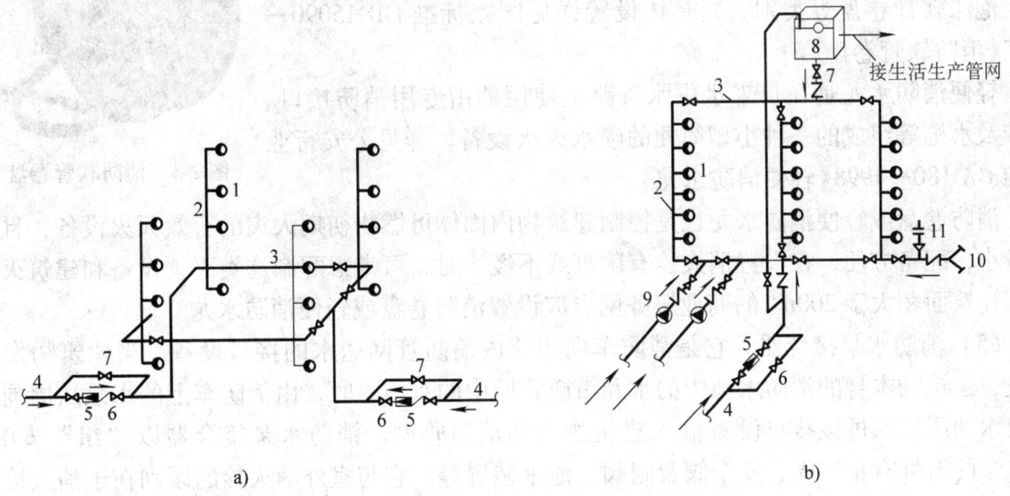

图2-1　消水栓给水管网

a）直接供水的室内消火栓给水系统：1—室内消火栓　2—室内消防立管　3—干管　4—进户管　5—水表井　6—止回阀　7—旁通管及阀门

b）设有消防水泵及水箱的室内消火栓给水系统：1—室内消火栓　2—消防立管　3—干管　4—进户管　5—水表井　6—旁通管及阀门　7—止回阀　8—水箱　9—水泵　10—水泵接合器　11—安全阀

（3）消火栓设备　消火栓设备有消火栓（也称为消防龙头）、水带和水枪，一般安装于消防箱内，并应设置永久性固定标识。一幢建筑物的消火栓设备必须用同样的规格，以备应急替换。消防箱可明装或嵌入墙体敷设。

1）消火栓。是控制水流的阀门，栓口离地面或操作基面高度宜为1.1m，其出水方向宜向下或与设置消火栓的墙面成90°；栓口与消火栓箱内边缘的距离不应影响消防水带的连接；栓口口径有50mm，65mm两种，且有单、双出口两种龙头形式。图2-2所示为单口消火栓。

2）水带。导引水的软管，有尼龙编织、帆布等材料织成，有衬胶和不衬胶之分，衬胶水带阻力较小。水带直径有50mm，65mm两种，长度一般为15m，20m，25m，30m。

3）水枪。是一种锥形喷嘴，规格有13mm，16mm，19mm三种尺寸。材质为铜制、铝合金材料、工程塑料等。

（4）消防软管卷盘及轻便消防水龙　又名消防水喉、消防卷盘。消防软管卷盘是由阀门、输入管路、卷盘、软管、喷枪等组成，并能在

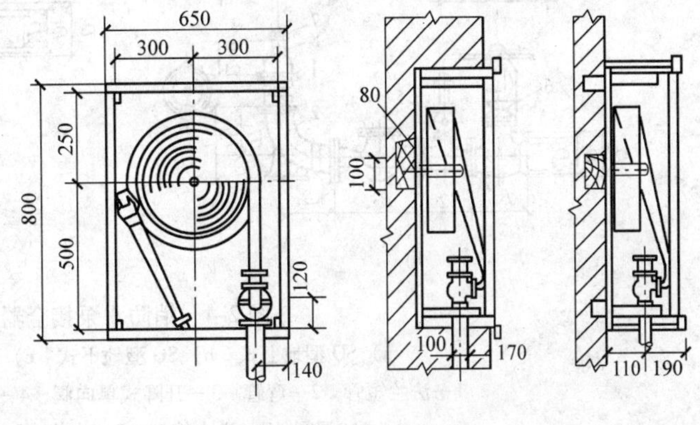

图2-2　单口消火栓

迅速展开软管的过程中喷射灭火剂的灭火器具，如图 2-3 所示。若与软管卷盘相连的部件上已设有相同功能的阀门，则软管卷盘中的阀门可省略。软管卷盘按其所使用的灭火剂分为水、干粉、二氧化碳、泡沫软管卷盘等类别。其具体设置详见国家标准 GB 15090—2005《消防软管卷盘》。

图 2-3　消防软管卷盘

轻便消防水龙是在自来水供水管路上使用的由专用消防接口、水带及水枪等组成的一种小型简便的喷水灭火设备。详见公安行业标准 GA 180—1998《轻便消防水龙》。

消防卷盘或轻便消防水龙也是控制建筑物内固体可燃物初期火灾的有效灭火设备，且用水量小，配备方便，在设置消火栓有困难或不经济时，可考虑配制这类灭火设备和建筑灭火器。建筑面积大于 200m^2 的商业服务网点应设置消防卷盘或轻便消防水龙。

（5）消防水泵接合器　它是消防车向建筑内消防管网送水的接口设备。当建筑物发生火灾，建筑物本身的消防水池中的水和市政管网中的水不足时，由消防车上的水泵从周围水源取水加压后通过该接口设备输入建筑物内的消防管网。消防水泵接合器以“组”安装，所包含的附件有止回阀、安全阀及闸阀、泄水装置等。它与室外消火栓的区别在于消火栓是室外消防时的取水口，而消防水泵接合器则依靠水泵向此处输入消防水。每个接合器的输送量为 10～15L/s。消防水泵接合器设置于消防车方便取水的位置，距室外消火栓或贮水池 15～40m 的范围内。其形式有地上式，地下式及墙壁式三种，如图 2-4 所示。

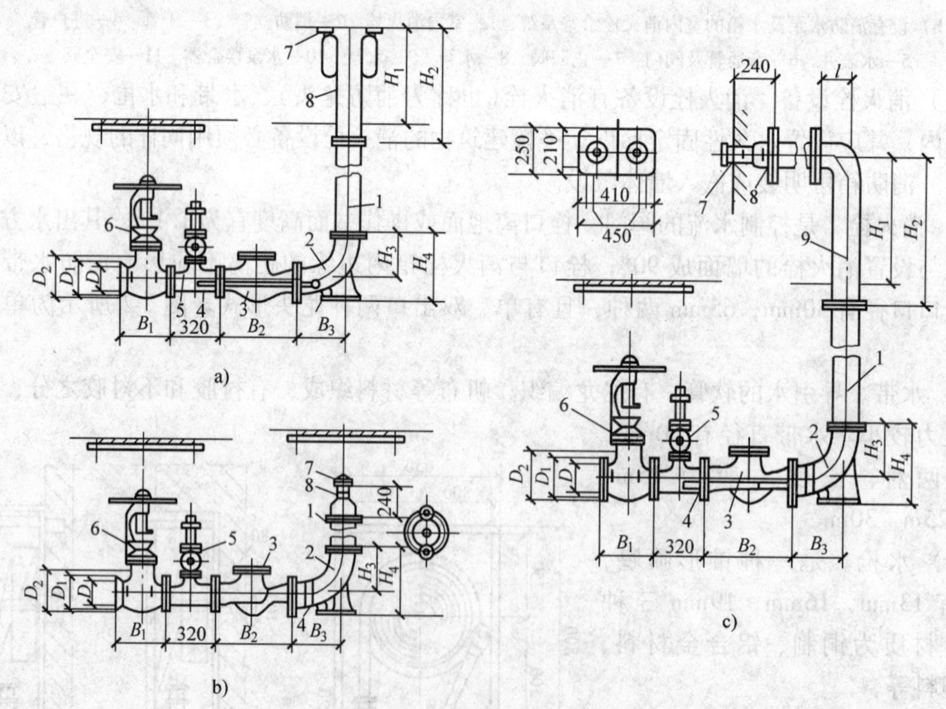

图 2-4　消防水泵接合器

a）SQ 型地上式　b）SQ 型地下式　c）SQ 型墙壁式

1—法兰短管　2—弯管　3—升降式单向阀　4—放水阀　5—安全阀

6—闸阀　7—进水接口　8—本体　9—法兰弯管

(6) 加压贮水设备

1) 消防贮水池　当生产、生活用水量达到最大时，市政给水管道或天然水源不能满足室内外消防用水量，或市政给水管道为枝状(只有一条进水管)，且室内外消防用水量之和大于25L/s时，应设置消防贮水池。其有效调节容积的确定按照以下原则考虑：

① 当室外给水管网能保证室外消防用水量时，消防贮水池的有效容量应满足在火灾延续时间内室内消防用水量的要求。

② 当室外给水管网不能保证室外消防用水量时，消防贮水池的有效容量应满足在火灾延续时间内室内消防用水量与室外消防用水量不足部分之和的要求。

③ 当室外给水管网供水充足，且在火灾情况下能保证连续补水时，消防贮水池的容量可减去火灾延续时间内补充的水量。补水量应经计算确定，且补水管的设计流速不宜大于2.5m/s。消防贮水池的补水时间不宜超过48h，对于缺水地区或独立的石油库区，不应超过96h。

2) 消防水箱　设置临时高压给水系统的建筑物应设置消防水箱，包括气压水罐、水塔、分区给水系统的分区水箱。消防水箱设置在建筑的最高部位，且应贮存10min的室内消防用水量。消防用水与其他用水合用的水箱应采取消防用水不作他用的技术措施。发生火灾后，由消防水泵供给的消防用水不应进入消防水箱。

消防贮水池及消防水箱的配管要求及构造如前所述，这里不赘述。

3) 消防水泵　消防水泵应设置备用泵，其工作能力不应小于最大一台消防工作泵。当工厂、仓库、堆场和贮罐的室外消防用水量小于或等于25L/s，或建筑的室内消防用水量小于或等于10L/s时，可不设置备用泵。一组消防水泵的吸水管不应少于两条，当其中一条关闭时，其余的吸水管应仍能通过全部用水量。消防水泵应采用自灌式吸水，并应在吸水管上设置检修阀门。消防水泵应保证在火警后30s内起动。

2.1.2 室内消火栓的设置范围

按照GB 50016—2006《建筑设计防火规范》(下称为"建规")规定，下列建筑应设置*DN*65mm的室内消火栓：

1) 建筑占地面积大于300m^2的厂房(仓库)。

2) 体积大于5000m^3的车站、码头、机场的候车(船、机)楼、展览管、商店、旅馆、病房楼、门诊楼、图书馆等建筑。

3) 特等、甲等剧场，超过800个座位的其他等级的剧场和电影院等，超过1200个座位的礼堂、体育馆等。

4) 超过五层或体积大于10000m^3的办公楼、教学楼、非住宅类居住建筑等其他民用建筑。

5) 超过七层的住宅应设置室内消火栓系统，当确有困难时，可只设置干式消防竖管和不带消火栓箱的*DN*65mm的室内消火栓。消防立管的直径不应小于*DN*65mm。

2.1.3 室内消火栓管网的布置

按照"建规"的要求，室内消防管网的布置应符合以下要求：

1) 室内消火栓给水管网宜与自动喷水灭火系统的管网分开设置，当合用消防泵时，供水管路应在报警阀前分开设置。

2) 室内消火栓超过10个，且室外消防用水量大于15L/s时，其消防给水管道应连成环状，如图 2-1b 所示，且至少应有两条进水管与室外管网或消防水泵连接。当其中一条进水管发生事故时，其余的进水管应仍能供应全部消防用水量。

3）室内消防立管直径不应小于 100mm。

4）室内消防给水管道应采用阀门分成若干独立段。对于单层厂房(仓库)和公共建筑，检修停止使用的消火栓不应超过五个；对于多层民用建筑和其他厂房(仓库)，室内消防给水管道上阀门的布置应保证检修管道时关闭的竖管不超过一根，但设置的立管超过三根时，可关闭两根。阀门应保持常开，并应有明显的启闭标志或信号。

5）高层厂房(仓库)、设置室内消火栓且层数超过四层的厂房(仓库)、设置室内消火栓且层数超过五层的公共建筑，其室内消火栓给水系统应设置消防水泵接合器。

6）消防用水与其他用水合用的室内管道，当其他用水达到最大小时流量时，应仍能保证供应全部消防用水量。

7）允许直接吸水的市政给水管网，当生产、生活用水量达到最大，且仍能满足室内外消防用水量时，消防泵宜直接从市政给水管网吸水。

8）严寒和寒冷地区非采暖的厂房(仓库)及其他建筑的室内消火栓系统，可采用干式系统(管道中充满空气)，但在进水管上应设置快速启闭装置，管道最高处应设置自动排气阀。

2.1.4 室内消火栓的布置

1. 消火栓的保护半径　按照灭火的要求，从水枪喷出的水流不仅应该达到火焰产生处，而且应该能够击灭火焰。因此，设计计算时，要求水枪出流有一股密实的水柱作为消防射流，此股射流的长度称为充实水柱。由于消防员必须距离着火点有一定的安全距离，设计规范中规定了充实水柱长度：甲、乙类厂房、层数超过六层的公共建筑和层数超过四层的厂房(仓库)，不应小于 10.0m；高层厂房(仓库)、高架仓库和体积大于 25000m^3 的商店、体育馆、影剧院、会堂、展览馆，车站、码头、机场等建筑，不应小于 13.0m；其他建筑，不宜小于 7.0m。

根据水带的长度和水枪充实水柱长度，每个消火栓的保护半径可通过下列公式求得：

$$R = CL + h \tag{2-1}$$

式中　R——消火栓的保护半径(m)；

L——水龙带的长度(m)；

C——考虑水龙带转弯曲折的折减系数，一般取 0.8～0.9；

h——水枪充实水柱倾斜 45°时的水平投影距离(m)，$h = 0.71H_m$，对于一般建筑，由于两楼板间的限制，一般取 $h = 3.0$m；

H_m——充实水柱长度(m)。

根据每个消火栓的保护半径和规范要求的同时灭火水柱股数，结合建筑物的形状就可确定消火栓的设置间距。

2. 消火栓的设置间距　如图 2-5 所示，室内消火栓的布置形式有单排单股水柱、单排两股水柱、多排两股、多排单股等形式。

1）建筑高度小于或等于 24.0m，且体积小于或等于 5000m^3 的多层仓库，可采用单支水枪充实水柱到达室内任何部位。采取单排布置时(见图 2-5a)，消火栓的布置间距为

$$S_1 \leqslant 2\sqrt{R^2 - b^2} \tag{2-2}$$

式中　S_1——单股水柱达到室内任何部位时消火栓的间距(m)；

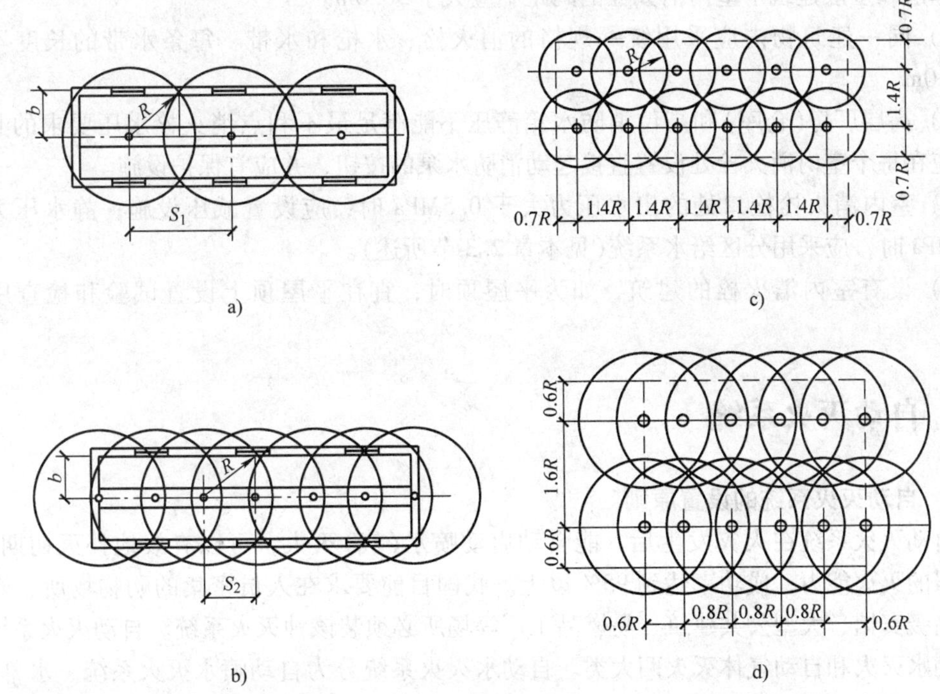

图 2-5　消火栓的设置间距

a）单排单股水柱达到室内任何部位　b）单排两股水柱达到室内任何部位
c）多排单股水柱达到室内任何部位　d）多排两股水柱达到室内任何部位

R——消火栓的保护半径(m)；

b——消火栓的最大保护宽度，应为一个房间的长度加走廊的宽度(m)。

2）其他建筑，应保证两股充实水柱达到室内任何部位，当采取单排布置时(见图 2-5b)，消火栓的布置间距为

$$S_2 \leqslant \sqrt{R^2 - b^2} \tag{2-3}$$

式中　S_2——两股水柱达到室内任何部位时消火栓的间距(m)；

R，b 同式(2-2)。

对于多排单股以及多排两股达到室内任何部位的情况，消火栓的布置间距分别如图 2-5c、d 所示。

3. 消火栓的布置　室内消火栓应布置在显而易见，易于操作的部位，且能保证所设置的消火栓水枪的充实水柱达到室内任何着火点。其具体要求如下：

1）除无可燃物的设备层外，设置室内消火栓的建筑物，其各层均应设置消火栓。

2）单元式、塔式住宅的消火栓宜设置在楼梯间的首层和各层楼层休息平台上，当设两根消防竖管确有困难时，可设一根消防竖管，但必须采用双口型消火栓。干式消火栓竖管应在首层靠出口部位设置，便于消防车供水的快速接口和止回阀装接。

3）消防电梯间前室内应设置消火栓。

4）冷库内的消火栓应设置在常温穿堂或楼梯间内。

5）高层厂房(仓库)，高架仓库和甲、乙类厂房中室内消火栓的间距不应大于 30.0m；

其他单层和多层建筑中室内消火栓的间距不应大于50.0m。

6）同一建筑物内应采用统一规格的消火栓、水枪和水带。每条水带的长度不应大于25.0m。

7）高层厂房(仓库)和高位消防水箱静压不能满足最不利点消火栓水压要求的其他建筑，应在每个室内消火栓处设置直接起动消防水泵的按钮，并应有保护设施。

8）室内消火栓栓口处的出水压力大于0.5MPa时，应设置减压设施；静水压力大于1.00MPa时，应采用分区给水系统(见本章2.3节所述)。

9）设有室内消火栓的建筑，如为平屋顶时，宜在平屋顶上设置试验和检查用的消火栓。

2.2 自动灭火系统

2.2.1 自动灭火系统的设置原则

自动灭火系统在火灾发生后，能自动启动喷水(气)灭火，可以有效地扑灭初期火灾，有较强的灭火能力，成功率达到95%以上。我国目前要求在人员密集的购物场所、娱乐场所、高级宾馆、大型公共建筑、易燃品工厂等场所必须装该种灭火系统。自动灭火系统主要有自动水灭火和自动气体灭火两大类。自动水灭火系统分为自动喷水灭火系统、水幕系统、雨淋喷水系统、喷雾灭火系统；自动气体灭火系统有七氟丙烷灭火系统、二氧化碳气体灭火系统、混合气体灭火系统等。

按照GB 50084—2001《自动喷水灭火设计规范》(下称为“喷规”)的规定，自动灭火系统的设置原则见表2-1。

表2-1 自动灭火系统设置原则

自动灭火系统	设置原则
自动喷水灭火系统	1. 大于或等于50000纱锭的棉纺厂的开包、清花车间；大于或等于5000锭的麻纺厂的分级、梳麻车间；火柴厂的烤梗、筛选部位；泡沫塑料厂的预发、成型、切片、压花部位；占地面积大于1500m^{2}的木器厂房；占地面积大于1500m^{2}或总建筑面积大于3000m^{2}的单层、多层制鞋、制衣、玩具及电子等厂房；高层丙类厂房；飞机发动机试验台的准备部位；建筑面积大于500m^{2}的丙类地下厂房
	2. 每座占地面积大于1000m^{2}的棉、毛、丝、麻、化纤、毛皮及其制品的仓库；每座占地面积大于600m^{2}的火柴仓库；邮政楼中建筑面积大于500m^{2}的空邮袋库；建筑面积大于500m^{2}的可燃物品地下仓库；可燃、难燃物品的高架仓库和高层仓库(冷库除外)
	3. 特等、甲等或超过1500个座位的其他等级的剧院；超过2000个座位的会堂或礼堂；超过3000个座位的体育馆；超过5000人的体育场的室内人员休息室与器材间等
	4. 任一楼层建筑面积大于1500m^{2}或总建筑面积大于3000m^{2}的展览建筑、商店、旅馆建筑，以及医院中同样建筑规模的病房楼、门诊楼、手术部；建筑面积大于500m^{2}的地下商店
	5. 设置有送回风道(管)的集中空气调节系统，且总建筑面积大于3000m^{2}的办公楼等
	6. 设置在地下、半地下或地上四层及四层以上或设置在建筑的首层、二层和三层，且任一层建筑面积大于300m的地上歌舞娱乐、放映游艺场所(游泳场所除外)
	7. 藏书量超过50万册的图书馆

（续）

自动灭火系统	设 置 原 则
水幕系统	1. 特等、甲等或超过1500个座位的其他等级的剧院和超过2000个座位的会堂或礼堂的舞台口，以及与舞台相连的侧台、后台的门窗洞口 2. 应设防火墙等防火分隔物而无法设置的局部开口部位 3. 需要冷却保护的防火卷帘或防火幕的上部
雨淋喷水灭火系统	1. 火柴厂的氯酸钾压碾厂房；建筑面积大于$100m^2$生产、使用硝化棉、喷漆棉、火胶棉、赛璐珞胶片、硝化纤维的厂房 2. 建筑面积超过$60m^2$或储存量超过2t的硝化棉、喷漆棉、火胶棉、赛璐珞胶片、硝化纤维的仓库 3. 日装瓶数量超过3000瓶的液化石油气储配站的灌瓶间、实瓶库 4. 特等、甲等或超过1500个座位的其他等级的剧院和超过2000个座位的会堂或礼堂的舞台的葡萄架下部 5. 建筑面积大于或等于$400m^2$的演播室，建筑面积大于或等于$500m^2$的电影摄影棚 6. 乒乓球厂的轧坯、切片、磨球、分球检验部位
水喷雾灭火系统	1. 单台容量在40MVA及以上的厂矿企业油浸电力变压器；单台容量在90MVA及以上的油浸电厂电力变压器，或单台容量在125MVA及以上的独立变电所油浸电力变压器 2. 飞机发动机试验台的试车部位
气体灭火系统	1. 国家、省级或人口超过100万人的城市广播电视发射塔楼内的微波机房、分米波机房、米波机房、变配电室和不间断电源(UPS)室 2. 国际电信局、大区中心、省中心和一万路以上的地区中心内的长途程控交换机房、控制室和信令转接点室 3. 两万线以上的市话汇接局和六万门以上的市话端局内的程控交换机房、控制室和信令转接点室 4. 中央及省级治安、防灾和网局级及以上的电力等调度指挥中心内的通信机房和控制室 5. 主机房建筑面积大于或等于$140m^2$的电子计算机房内的主机房和基本工作间的已记录磁(纸)介质库 6. 中央和省级广播电视中心内建筑面积不小于$120m^2$的音像制品仓库 7. 国家、省级或藏书量超过100万册的图书馆内的特藏库；中央和省级档案馆内的珍藏库和非纸质档案库；大、中型博物馆内的珍品仓库；一级纸绢质文物的陈列室 8. 其他特殊重要设备室

2.2.2 自动喷水灭火系统分类

自动喷水灭火系统由洒水喷头、报警阀组、水流报警装置(水流指示器或压力开关)等组件，以及管道、供水设施组成，并在发生火灾时，能自动打开喷头喷水灭火，并同时发出火警信号的自动灭火设施。它具有自动探火报警和自动喷水控制灭火的优良性能，是当今国际上应用范围最广，用量最多，且造价低廉的自动灭火系统。自动喷水灭火系统不适用于存在较多下列物品的场所：①遇水发生爆炸或加速燃烧的物品。②遇水发生剧烈化学反应或产生有毒有害物质的物品。③洒水将导致喷溅或沸溢的液体。

自动喷水灭火系统按照喷头的开闭情况分为闭式和开式系统，具体分类如图2-6所示。

自动喷水灭火系统的主要特点是，以建筑物“自救”为原则设计，用于扑灭初期火灾，灭火效率高；较消火栓系统复杂，附件多且带火灾报警及警报控制系统。下面简要介绍几种系统的工作原理及适用条件：

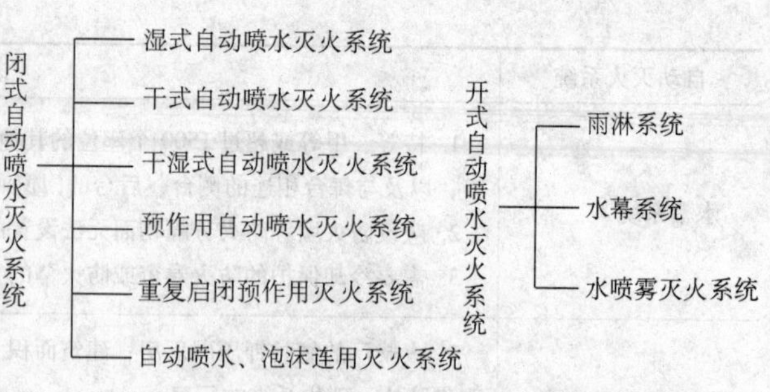

图 2-6　自动喷水灭火系统分类

1. 湿式自动喷水灭火系统　湿式系统由闭式洒水喷头、水流指示器、湿式报警阀组，以及管道和供水设施等组成，准工作状态时管道内充满用于启动系统的有压水的闭式系统，如图 2-7 所示。湿式系统具有以下特点与功能：①与其他自动喷水灭火系统相比较，结构相对简单。②处于警戒状态时，由消防水箱或稳压泵、气压给水设备等稳压设施维持管道内充水的压力。③发生火灾时，由闭式喷头探测火灾，水流指示器报告起火区域，报警阀组或稳压泵的压力开关输出起动供水泵信号，完成系统的启动。④系统启动后，由供水泵向开放的喷头供水，开放的喷头将供水按不低于设计规定的喷水强度均匀喷洒，实施灭火。⑤为了保证扑救初期火灾的效果，喷头开放后，要求在持续喷水时间内连续喷水。设计自动喷水时间按 1h 计。

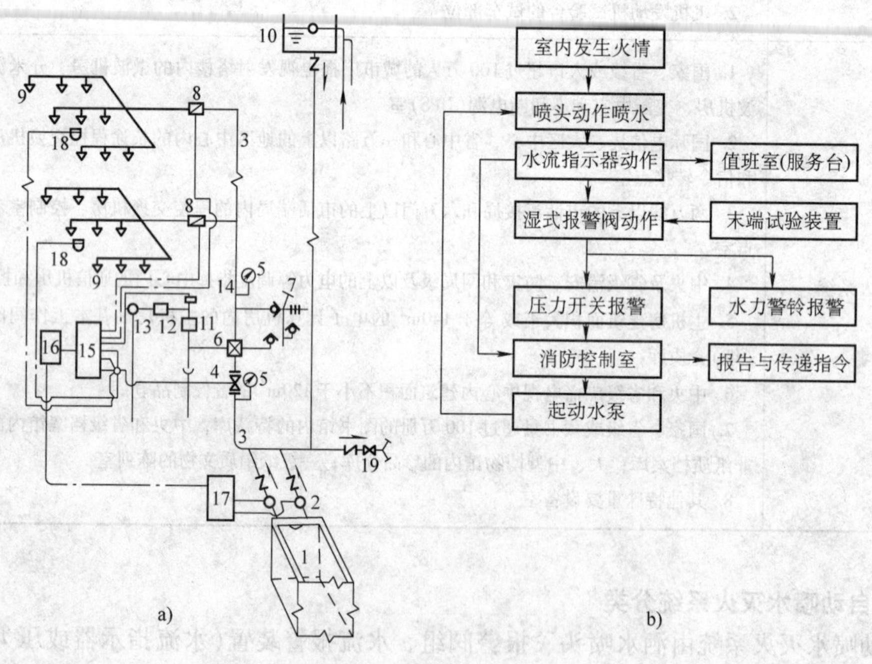

图 2-7　湿式自动喷水灭火系统

a）系统组成示意图　b）工作流程图

1—消防水池　2—消防泵　3—管网　4—控制蝶阀　5—压力表　6—湿式报警阀　7—泄放试验阀　8—水力指示器　9—喷头　10—高位水箱、稳压泵或气压给水设备　11—延时器　12—过滤器　13—水力警铃　14—压力开关　15—预警控制器　16—非标控制箱　17—水泵起动箱　18—探测器　19—消防水泵接合器

经常低于 4℃的场所有使管内充水冰冻的危险；高于 70℃的场所管内充水汽化的加剧则有破坏管道的危险。所以湿式系统适合在温度不低于 4℃并不高于 70℃的环境中使用，因此

绝大多数的常温场所采用此类系统。

2. 干式自动灭火系统　准工作状态时配水管道内充满用于启动系统的有压气体的闭式系统。其组成如图2-8所示。该系统为喷头常闭的灭火系统，管网中平时不充水，充有有压空气(或氮气)。当建筑物发生火灾火点温度达到开启闭式喷头时，喷头开启排气，充水灭火。

该系统管网中平时不充水，对建筑物装饰无影响，对环境温度也无要求，适用于采暖期长而建筑内无采暖的场所。但是该系统灭火时需先排气，故喷头出水灭火不如湿式系统及时。该系统适用于环境温度低于4℃，或高于70℃的场所。

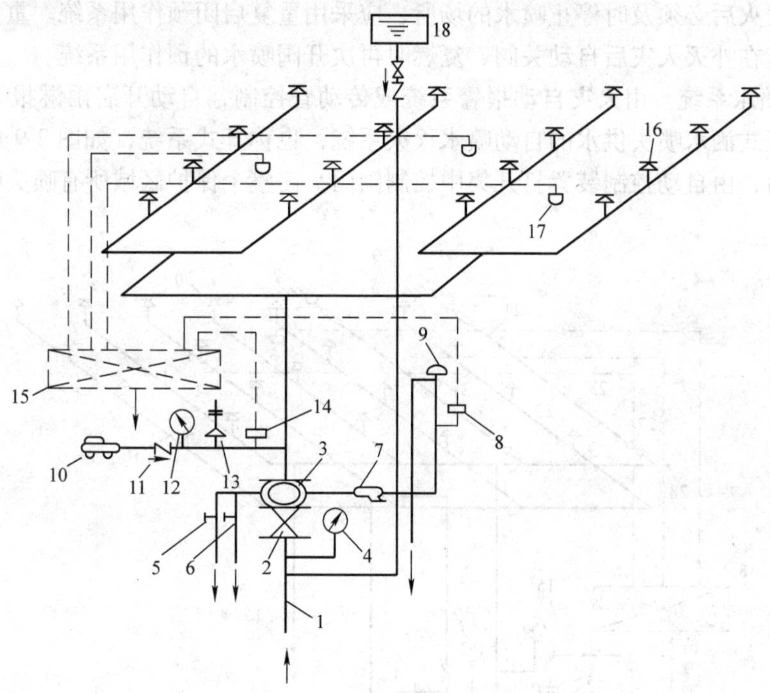

图2-8　干式自动灭火系统

1—供水管　2—总闸阀　3—干式报警器　4—供水压力表
5—试验用截止阀　6—排水截止阀　7—过滤器　8—报警压力开关
9—水力警铃　10—空压机　11—止回阀　12—系统压力表　13—安全阀
14—压力控制器　15—火灾收信机　16—闭式喷头　17—火灾报警装置　18—水箱

3. 预作用自动喷水灭火系统　该系统主要由闭式喷头、管网系统、预作用阀组充气设备、供水设备、火灾探测报警系统等组成。

平时，预作用阀后管网充以低压压缩空气或氮气(也可以是空管)，火灾时，由火灾探测系统自动开启预作用阀，使管道充水呈临时湿式系统。因此，要求火灾探测器的动作先于喷头的动作，而且应确保当闭式喷头受热开放时管道内已充满了压力水。从火灾探测器动作并开启预作用阀开始充水，到水流流到最远喷头的时间，应不超过3min，水流在配水支管中的流速不应大于2m/s，以此来确定预作用系统管网最长的保护距离。

发生火灾时，由火灾探测器探测到火灾，通过火灾报警控制箱开启预作用阀，或手动开启预作用阀，向喷水管网充水，当火源处温度继续上升，喷头开启迅速出水灭火。如果发生火灾时，火灾探测器发生故障，没能发出报警信号启动预作用阀，而火源处温度继续上升，使得喷头开启，于是管网中的压缩空气气压迅速下降，由压力开关探测到管网压力骤降的情况，压力开关发出报警信号，通过火灾报警控制箱也可以启动预作用阀，启动灭火动作。因此，对于充气式预作用系统，即使火灾探测器发生故障，预作用系统也能正常工作。

预作用系统同时具备了干式系统和湿式系统的特点：①克服了干式喷水灭火系统控火灭火率低，湿式系统产生水渍的缺陷，可以代替干式系统提高灭火速度。②也可代替湿式系统，用于管道和喷头易于被损坏而产生喷水和漏水，造成严重水渍的场所。③还可用于对自动喷水灭火系统安全要求较高的建筑物中。

该系统灭火后必须及时停止喷水的场所，应采用重复启闭预作用系统。重复启闭预作用系统是为了能在扑灭火灾后自动关阀、复燃时再次开阀喷水的预作用系统。

4. 雨淋喷水系统　由火灾自动报警系统或传动管控制，自动开启雨淋报警阀和起动供水泵后，向开式洒水喷头供水的自动喷水灭火系统，也称开式系统，如图 2-9 所示。当建筑物发生火灾时，由自动控制装置打开集中控制闸门，使整个保护区域所有喷头喷水灭火，形似下雨降水。

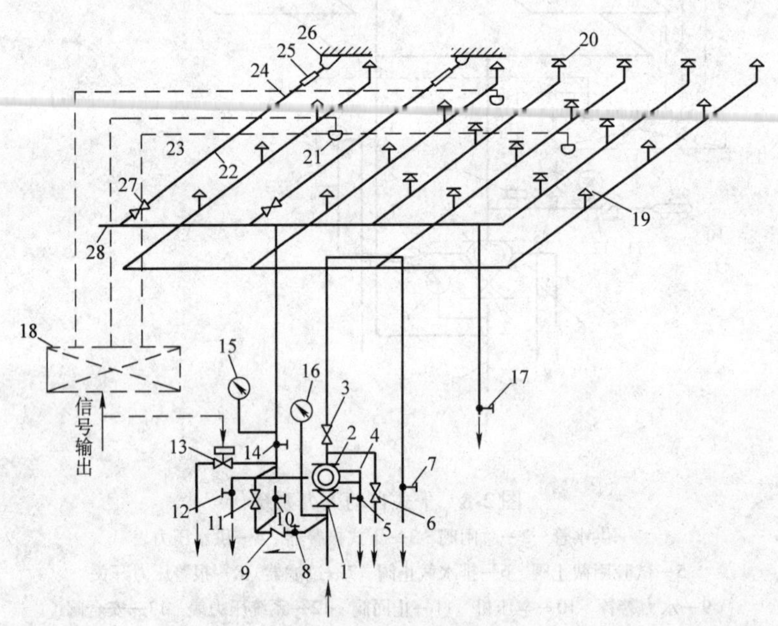

图 2-9　雨淋喷水系统

1—供水闸阀　2—雨淋阀　3—出水闸阀　4—雨淋管网充水截止阀　5—放水截止阀
6—试水闸阀　7—溢流截止阀　8—检修截止阀　9—稳压止回阀　10—传动管网注水截止阀
11—$\phi 3$ 小孔闸阀　12—试水截止阀　13—电磁阀　14—传动管网检修截止阀
15—传动管网压力表　16—供水压力表　17—泄压截止阀　18—火灾收信控制器
19—开式喷头　20—闭式喷头　21—火灾探测器　22—钢丝绳　23—易熔锁片
24—拉紧弹簧　25—拉紧连接器　26—固定挂钩　27—传动阀门　28—放气截止阀

该系统出水量大，灭火及时。它适用于：①火灾的水平蔓延速度快、闭式喷头的开放不能及时使喷水有效覆盖着火区域的场所或部位。②内部容纳物品的顶部与顶棚或吊顶的净距大，发生火灾时，能驱动火灾自动报警系统，而不易迅速驱动喷头开放的场所或部位。③严重Ⅱ级场所。

5. 水幕系统　该系统由开式洒水喷头或水幕喷头、雨淋报警阀组或感温雨淋阀，以及水流报警装置(水流指示器或压力开关)等组成，用于挡烟阻火和冷却分隔物的喷水系统。

其特点是，系统喷头沿线状布置，喷出水帘作为防火墙；发生火灾时主要起阻火、冷却、隔离作用。适用场所为，需防火隔离的开口部位，如舞台的前缘，防火卷帘，应设防火墙而无法设置的开口部位。

6. 水喷雾灭火系统　该系统是固定式自动灭火系统的一种类型，是在自动喷水灭火系统的基础上发展起来的。其灭火原理是，系统采用喷雾喷头把水粉碎成细小的水雾滴之后喷射到正在燃烧的物质表面，通过冷却、窒息以及乳化、稀释的同时作用实现灭火。水雾的自身具有电绝缘性能，可安全地用于电气火灾的扑救。其具体适用情况见 GB 50219—1995《水喷雾灭火系统设计规范》。

此外，存在较多易燃液体的场所，宜按下列方式之一采用自动喷水—泡沫联用系统：

1）采用泡沫灭火剂强化闭式系统性能。

2）雨淋系统前期喷水控火，后期喷泡沫强化灭火效能。

3）雨淋系统前期喷泡沫灭火，后期喷水冷却防止复燃。系统中泡沫灭火剂的选型、储存及相关设备的配置，应符合现行国家标准 GB 50151—1992《低倍数泡沫灭火系统设计规范》的规定。

2.2.3　气体灭火系统简介

1. 七氟丙烷(HFC-227ea)灭火系统

(1) 特点　灭火剂七氟丙烷 HFC-227ea 的化学分子式为 CF_3CHFCF_3，其质量应符合表 2-2的要求。

表 2-2　灭火剂七氟丙烷的技术指标

性　能	技术指标	性　能	技术指标
纯度	≥99.6%(摩尔/摩尔)	不挥发残留物	≤0.01%
酸度	$\leqslant 3\times10^{-6}$	悬浮或沉淀物	不可见
水含量	$\leqslant 10\times10^{-6}$		

HFC-227ea 灭火剂是一种无色、无味、低毒性、绝缘性好、无二次污染的气体，对大气臭氧层无任何破坏作用，是目前卤代烷 1211、1301 最理想的替代品。

(2) 适用范围　七氟丙烷灭火系统可用于扑救电气火灾、液体火灾以及可熔化的固体火灾、固体表面火灾、灭火前应能切断气源的气体火灾。它主要适用于电子计算机房、电信中心、地下工程、海上采油、图书馆、档案馆、珍品库、配电房等重要场所的消防保护。

七氟丙烷灭火系统不得用于扑救下列物质的火灾：①含氧化剂的化学制品及混合物，如硝化纤维、硝酸钠等。②活泼金属，如钾、钠、镁、钛、锆、铀等。③金属氢化物，如氢化钾、氢化钠等。④能自行分解的化学物质，如过氧化氢、联胺等。

(3) 系统工作原理　该系统根据使用要求，分为单元独立自动灭火系统和组合分配系统。

1）单元独立自动灭火系统。即一个保护区设立一套系统，用于有特殊要求的场所、独立的保护区。该系统主要由火灾报警气体灭火控制系统、七氟丙烷(HFC-227ea)灭火剂钢瓶、容器阀、电磁型驱动器、气动型机械型组合驱动器、液流单向阀、信号反馈装置、高压软管、集流管、安全阀、喷嘴、管道系统等主要设备组成，如图2-10所示。

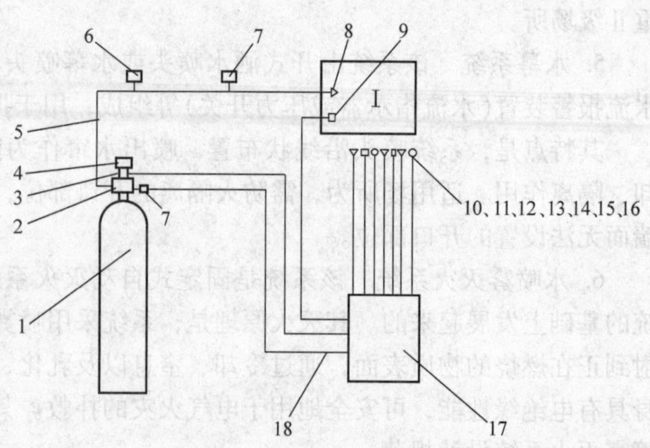

图2-10　单元独立自动灭火系统示意图

1—灭火剂钢瓶　2—容器阀　3—电磁型驱动器
4—气动型机械型组合驱动器　5—灭火剂管道　6—安全阀
7—信号反馈装置　8—喷嘴　9—火灾探测器　10—警铃
11—手动报警按钮　12—紧急离开现场警告闪灯
13—手动释放开关(锁匙型)　14—系统暂停开关
15—警报器　16—气体释放警告闪灯
17—火灾报警气体灭火控制盘　18—控制线路　I—火灾保护区

2）组合分配灭火系统。指用一套七氟丙烷储存装置保护两个或两个以上防护区的灭火系统。该系统主要由：火灾报警气体灭火控制系统、七氟丙烷(HFC-227ea)灭火剂钢瓶、容器阀、气动型机械型组合驱动器、选择阀、液流单向阀、气体单向阀、信号反馈装置、启动钢瓶、闸刀式电磁型驱动气体容器阀、高压软管、集流管、安全阀、喷嘴、管道系统等主要设备组成，如图2-11所示。该系统的灭火剂用量，可按所有保护区中最大的单区用量作为系统储存量，因而灭火剂用量省，但该系统不具备对各保护区同时灭火的功能。

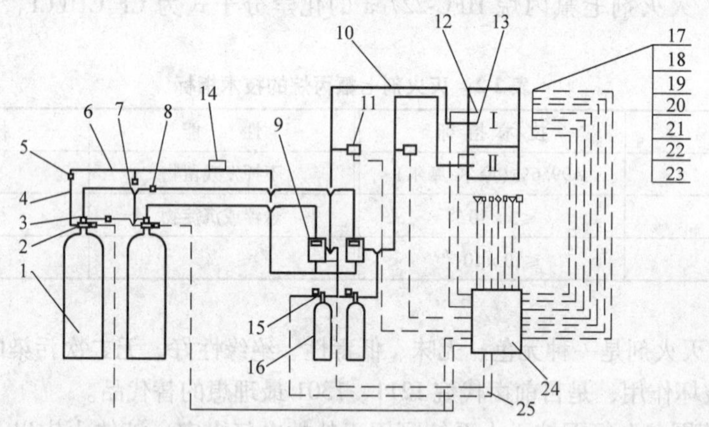

图2-11　组合分配灭火系统示意图

1—灭火剂钢瓶组　2—容器阀　3—气动型机械型组合驱动器　4—高压软管　5—液流止回阀
6—集流管　7—启动软管　8—气体止回阀　9—选择阀　10—灭火剂管道　11—信号反馈装置
12—火灾探测器　13—喷嘴　14—安全阀　15—闸刀式电磁型驱动气体容器阀　16—启动钢瓶
17—警铃　18—手动报警按钮　19—紧急离开现场警告闪灯　20—手动释放开关(锁匙型)
21—系统暂停开关　22—警报器　23—气体释放警告闪灯　24—火灾报警气体灭火控制盘
25—控制线路　I—1号火灾保护区　II—2号火灾保护区

采用七氟丙烷灭火系统的防护区，应按现行国家标准《火灾自动报警系统设计规范》的规定设置火灾自动报警系统。探测的灵敏度宜采用一级。在灭火设计含量大于9%的防护区，应增设手动与自动控制的转换装置，当有人进入防护区时，将灭火系统转换到手动控制位；当人离开时，恢复到自动控制位。自动控制装置应在接到两个独立的火灾信号后才能启动。手动控制装置和手动与自动转换装置应设在防护区疏散出口的门外便于操作的地方。机械应急操作装置应设在储瓶间内或防护区疏散出口门外便于操作的地方。

（4）安全要求

1）防护区应有足够宽的疏散通道和出口，保证人员在30s内能撤出防护区。

2）经常有人工作的防护区，当人员不能在30s内撤出时，防护区七氟丙烷的灭火设计含量必须不大与9%。

3）防护区的疏散通道及出口，应设应急照明与疏散指示标志。防护区内应设火灾声音报警器，必要时，可增设闪光报警器。

4）防护区的入口处应设火灾声、光报警器和灭火剂喷放指示的门灯，以及防护区采用了七氟丙烷保护的标志牌。喷放门灯指示，应保持到防护区通风换气后手动去除。

5）防护区的门应向外开启，并能自行关闭；疏散出口的门，必须能从防护区内打开。

6）灭火后的防护区应通风换气，地下防护区和无窗或设固定窗扇的地上防护区，应设机械排风装置，排风口宜设在防护区的下部并应直通室外。

7）地下储瓶间应设机械排风装置，排风口应设下部直通室外。

8）凡经过有爆炸危险的场所的管网系统，应设防静电接地。

2. IG541混合气体自动灭火系统

（1）特点：IG541混合气体灭火剂是由(体积分数)52%氮、40%氩、8%二氧化碳三种气体组成，是一种无色、无味、无毒、不导电的气体。这些气体都是在大气层中自然存在的，对大气臭氧层没有损耗，也不会对地球的“温室效应”产生影响，而且混合气体无毒、无色、无味、无腐蚀性、不导电，既不支持燃烧，喷放时不会形成浓雾而影响视野，利于逃生，且防护区内的工作人员仍能正常地呼吸，便于火灾发生后能及时扑救，减少损失。这种灭火剂不与大部分物质产生反应，是一种十分理想的环保型灭火剂。

（2）适用范围　IG541混合气体灭火系统可用于扑救电气火灾、液体火灾或可熔化的固体火灾、固体表面火灾及灭火前能切断气源的气体火灾。但不能用于扑救活泼金属、含有氧化物的化合物火灾。它主要适用于电子计算机房、通信机房、配电房、油浸变压器、自备发电机房、图书馆、档案室、博物馆及票据、文物资料库等经常有人工作的场所。

（3）系统组成　该系统由灭火剂储瓶组(含压力表、瓶头阀)、气动手动启动头、选择阀、止回阀、气控止回阀、集流管安全阀、低压泄压阀、减压装置、压力继电器、电磁先导阀、启动气瓶组(含气瓶阀、压力表)、喷嘴、瓶组架、管道系统及自动报警灭火控制系统等组成。根据用户要求及工程需要，利用上述设备可方便地组成单元独立系统和组合分配系统，实施对单区或多区的消防保护。

3. 二氧化碳自动灭火系统　二氧化碳灭火剂具有毒性低、不污损设备、绝缘性能好、灭火能力强等特点。

二氧化碳灭火剂可用于扑灭气体、液体或可熔化的固体(如石蜡、沥青等)火灾，固体表面火灾及部分固体(如棉花、纸张)的深位火灾、电气火灾等。它适用于计算机房、图书馆、档案馆、珍品库、配电房、电信中心等重要场所的消防保护。

二氧化碳灭火系统是常温储存系统，主要由自动报警控制器、储存装置、阀驱动装置、选择阀、止回阀、压力记号器、称重装置、框架、喷头、管网等部件组成。其灭火方式可分为全淹没保护方式和局部保护方式。根据用户要求及工程需要组成单元独立系统、组合分配系统分别实施对单区和多区的消防保护。

上述气体灭火系统的性能参数要求详见 GB 50370—2005《气体灭火系统设计规范》和《七氟丙烷(HFC-227ea)洁净气体灭火系统设计规范》及相关技术标准。

2.2.4 自动喷水灭火系统主要部件

1. 喷头

(1) 闭式喷头(见图 2-12) 其封闭方式有两种。

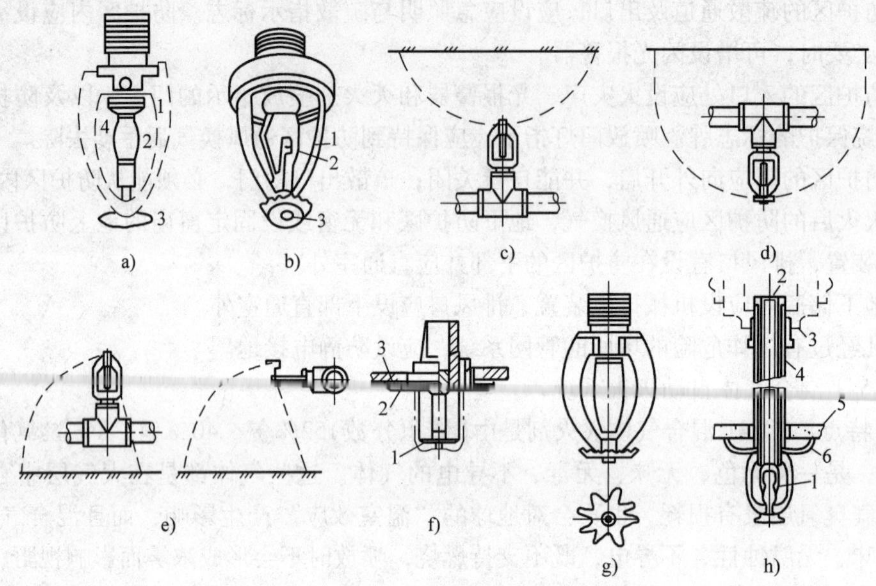

图 2-12 闭式喷头构造示意图

a) 玻璃球洒水喷头：1—支架 2—玻璃球 3—溅水盘 4—喷水口
b) 易熔合金洒水喷头：1—支架 2—合金锁片 3—溅水盘 c) 直立型 d) 下垂型
e) 边墙型(立式、水平式) f) 吊顶型：1—支架 2—装饰罩 3—吊顶
g) 普通型 h) 干式下垂型：1—热敏感元件 2—钢球 3—钢球密封圈 4—套筒 5—吊顶 6—装饰罩

1) 低熔点合金锁片封闭式。用于无腐蚀性气体的各种建筑，动作温度为 72℃，98℃，142℃。

2) 玻璃球式。球内装有易膨胀液体，经温升、液胀、玻璃破裂，水流流出。动作温度为 57℃，68℃，79℃，93℃，141℃。设置的环境温度大于 10℃，否则有液体结晶、玻璃被胀裂。

此外，闭式喷头按溅水盘的形式和安装位置有直立型、下垂型、边墙型、普通型、吊顶型和干式下垂型洒水喷头之分。

(2) 开式喷头 按用途分为开启式、水幕式、喷雾式，如图 2-13 所示。

(3) 特殊型 有适用于需降低水渍损失场所的自动启闭洒水喷头、适用于要求启动时间短，且场所要求快速反应洒水喷头、适用于高架库房等火灾危险等级高的场所的大水滴洒水喷头等。

2. 报警阀 其作用原理是，开启和关闭管网的水流，传递控制信号至控制系统并启动水力警铃直接报警。报警阀有湿式、干式、干湿式和雨淋式四种类型。湿式用于湿式自动喷

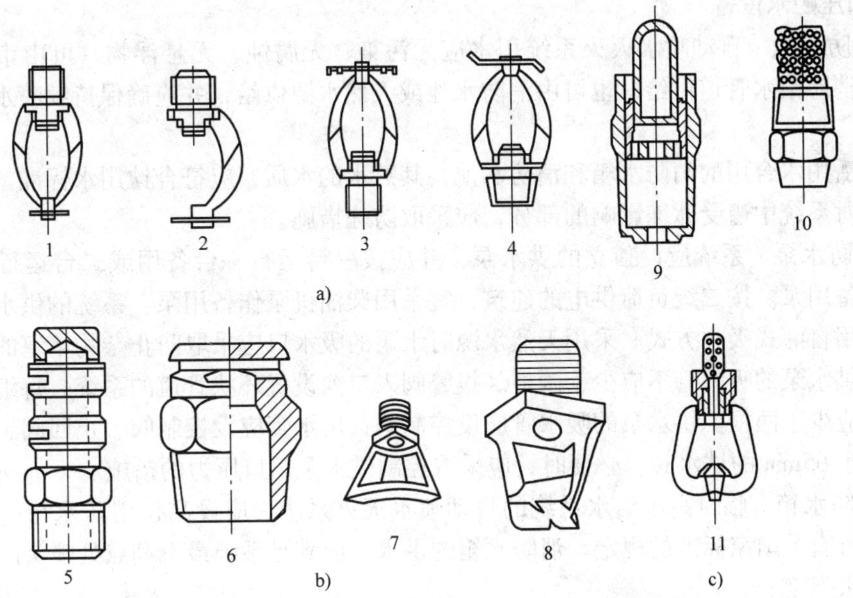

图 2-13　开式喷头构造示意图

a）开启式洒水喷头　b）水幕喷头　c）喷雾喷头

1—双臂下垂型　2—单臂下垂型　3—双臂直立型　4—双臂边墙型

5—双隙式　6—单隙式　7—窗口式　8—檐口式　9、10—高速喷雾式　11—中速喷雾式

水灭火系统；干式用于干式自动喷水灭火系统；干湿式由湿式、干式报警阀依次连接而成，在温暖季节用湿式装置，在寒冷季节则用干式装置；雨淋阀用于雨淋、预作用、水幕、水喷雾自动喷水灭火系统。

3. 水流报警装置　水流报警装置主要有水力警铃、水流指示器和压力开关。

（1）水力警铃　它主要用于湿式喷水灭火系统，宜装在报警阀附近(连接管不宜超过6m)。其作用原理是，当报警阀打开消防水源后，具有一定压力的水流冲动叶轮打铃报警。水力警铃不得由电动报警装置取代。

（2）水流指示器　其作用步骤：①某个喷头开启喷水或管网发生水量泄漏时，管道中的水产生流动。②引起水流指示器中桨片随水流而动作。③接通延时电路后，继电器触电吸合发出区域水流电信号，送至消防控制室。

（3）压力开关　其作用原理是，在水力警铃报警的同时，依靠警铃管内水压的升高自动接通电触点，完成电动警铃报警，向消防控制室传送电信号或起动消防水泵。

4. 延迟器　延迟器是一个罐式容器，安装于报警阀与水力警铃(或压力开关)之间，用于防止由于水压波动原因引起报警阀开启而导致的误报。报警阀开启后，水流需经 30s 左右充满延迟器后方可冲打水力警铃。

5. 火灾探测器　它是自动喷水灭火系统的重要组成部分，目前常用的有感烟探测器、感温探测器。感烟探测器利用火灾发生地点的烟雾浓度进行探测；感温探测器通过火灾引起的温升进行探测。火灾探测器布置在房间或走道的顶棚下面，其数量应根据探测器的保护面积和探测区面积计算而定。火灾探测器在本教材第 8 章有详细的介绍。

2.2.5 加压贮水设备

1. 消防水池　自动喷水灭火系统用水应无污染、无腐蚀、无悬浮物，可由市政或企业的生产、消防给水管道供给，也可由消防水池或天然水源供给，并应确保持续喷水时间内的用水量。

与生活用水合用的消防水箱和消防水池，其贮水的水质，应符合饮用水标准。严寒与寒冷地区，对系统中遭受冰冻影响的部分，应采取防冻措施。

2. 消防水泵　系统应设独立的供水泵，并应按一台运行一台备用或二台运行一台备用比例设置备用泵。按二级负荷供电的建筑，宜采用柴油机泵作备用泵。系统的供水泵、稳压泵，应采用自灌式吸水方式。采用天然水源时水泵的吸水口应采取防止杂物堵塞的措施。

每组供水泵的吸水管不应少于两根。报警阀入口前设置环状管道的系统，每组供水泵的出水管不应少于两根。供水泵的吸水管应设控制阀；出水管应设控制阀、止回阀、压力表和直径不小于65mm的试水阀。必要时，应采取控制供水泵出口压力的措施。

3. 消防水箱　临时高压给水系统的自动喷水灭火系统，应设高位消防水箱，其贮水量应符合现行有关国家标准的规定。消防水箱的供水，应满足系统最不利点处喷头的最低工作压力和喷水强度。

不设高位消防水箱的建筑，系统应设气压供水设备。气压供水设备的有效水容积，应按系统最不利处四只喷头在最低工作压力下的10min用水量确定。干式系统、预作用系统设置的气压供水设备，应同时满足配水管道的充水要求。

消防水箱的出水管，应符合下列规定：

1）应设止回阀，并应与报警阀入口前管道连接。

2）轻危险级、中危险级场所的系统，管径不应小于80mm；严重危险级和仓库危险级系统的管径不应小于100mm。

2.2.6 自动喷水灭火系统的布置与敷设

1. 管网

（1）布置要求

1）自动喷水灭火系统中设有两个及以上报警阀组时，报警阀组前宜设环状供水管道。

2）配水管道的工作压力不应大于1.2MPa，并不应设置其他用水设施。

3）配水管道的布置，应使配水管入口的压力均衡。为避免水头损失过大，系统中配水管两侧每根配水支管设置的喷头数需控制在一定范围内。配水管两侧每根配水支管控制的标准喷头数，对轻危险级、中危险级场所不应超过八只，同时在吊顶上下安装喷头的配水支管，上下侧均不应超过八只，相应的喷头数不应超过表2-3的规定。严重危险级及仓库危险级场所均不应超过六只。

表2-3　轻危险级、中危险级场所中配水支管、配水管控制的标准喷头数

公称直径/mm		25	32	40	50	65	80	100
控制的标准喷头数/只	轻危险级	1	3	5	10	18	48	—
	中危险级	1	3	4	8	12	32	64

4）为控制管道的水头损失和防止杂物堵塞管道，短立管及末端试水装置的连接管的最小管径不小于25mm。

5）水平管道的安装宜有坡度，并坡向泄水装置。充水管道的坡度不宜小于0.002，准工作状态下不充水管道的坡度不宜小于0.004。

（2）管材及接口要求　为保证配水管道的质量，避免不必要的检修，要求报警阀出口后的管道采用热镀锌钢管或符合现行国家或行业标准及经过其他防腐处理的钢管、铜管以及薄壁不锈钢管。报警阀入口前的管道，当采用内壁未经防腐涂覆处理的钢管时，要求在这段管道的末端，即报警阀的入口前，设置过滤器。过滤器的规格应符合国家有关标准规范的规定。

报警阀出口后的热镀锌钢管，采用沟槽式管道连接件（卡箍）、螺纹或法兰连接，不允许管段之间焊接。报警阀入口前的管道，采用内壁不防腐钢管时，可焊接连接。

系统中 $DN \geqslant 100$mm 的管道，应分段采用法兰或沟槽式连接件（卡箍）连接。水平管道上法兰间的管道长度不宜大于20m；立管上法兰间的距离不应跨越三层及以上楼层。净空高度大于8m 的场所内，立管上应有法兰。

2. 系统组件的布置与敷设

（1）喷头

1）喷头的布置要求：在所保护的区域内的任何部位发生火灾都能得到一定强度的水量，且布水均匀。根据顶棚、吊顶的装修要求，喷头的布置可布置成正方形、长方形和菱形三种形式，如图2-14所示。

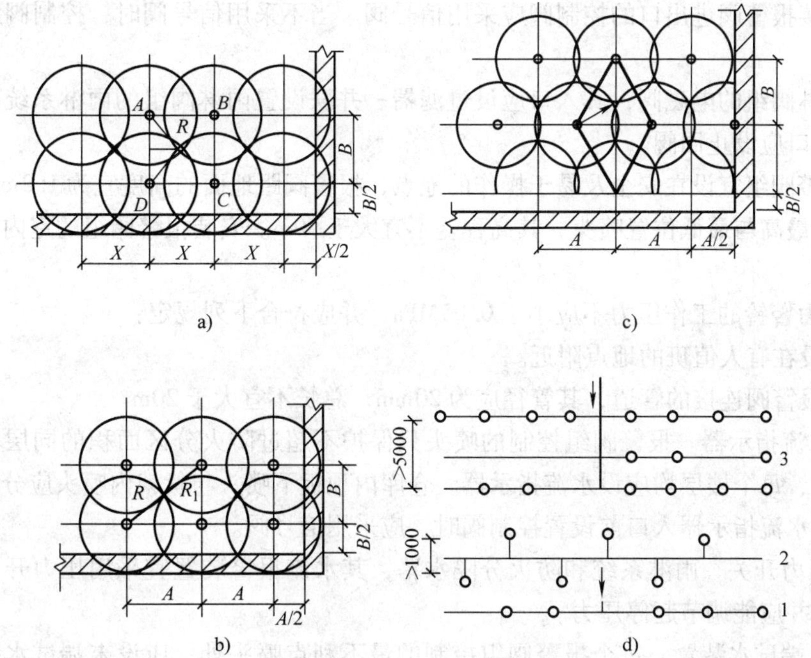

图2-14　喷头布置的几种形式

a）正方形布置　b）长方形布置　c）菱形布置　d）双排及水幕防火带平面布置

1—单排　2—双排　3—防火带

X—喷头间距　R—喷头喷水半径　A—长边喷头的间距　B—短边喷头的间距

喷头正方形布置即要求
$$X = B = 2R\cos 45° \tag{2-4}$$

喷头长方形布置时要求
$$A^2 + B^2 \leqslant 4R^2,\ B = 2R\cos 30°\sin 30° \tag{2-5}$$

喷头菱形布置时要求 $A = 4R\cos30°\sin30°$ (2-6)

2）喷头敷设

① 敷设在易损伤处时，应加设喷头防护罩。

② 喷头的溅水盘与吊顶、门、窗、洞口，或障碍物（梁、通风管道、排管、桥架或不到顶的隔断）等应符合“喷规”及 GB 50261—2005《自动喷水灭火系统施工及验收规范》的相关要求。

③ 当喷头的公称直径小于 10mm 时，在配水干管或支管上安装过滤器。

（2）报警阀组　自动喷水灭火系统应设报警阀组。其安装应在供水管网试压合格后进行。其设置应符合以下要求：

1）保护室内钢屋架等建筑构件的闭式系统，应设独立的报警阀组。

2）水幕系统应设独立的报警阀组或感温雨淋阀。

3）串联接入湿式系统配水干管的其他自动喷水灭火系统，应分别设置独立的报警阀组，其控制的喷头数计入湿式阀组控制的喷头总数。

4）一个报警阀组控制的喷头数应符合下列规定：

① 湿式系统、预作用系统不宜超过 800 只；干式系统不宜超过 500 只。

② 当配水支管同时安装保护吊顶下方和上方空间的喷头时，应只将数量较多一侧的喷头计入报警阀组控制的喷头总数。

5）连接报警阀进出口的控制阀应采用信号阀。当不采用信号阀时，控制阀应设锁定阀位的锁具。

6）雨淋阀组的电磁阀，其入口应设过滤器。并联设置雨淋阀组的雨淋系统，其雨淋阀控制腔的入口应设止回阀。

7）报警阀组宜设在安全及易于操作的地点，报警阀距地面的高度宜为 1.2m。每个报警阀组供水的最高与最低位置喷头，其高程差不宜大于 50m。安装报警阀组的室内地面应设有排水设施。

8）水力警铃的工作压力不应小于 0.05MPa，并应符合下列规定：

① 应设在有人值班的地点附近。

② 与报警阀连接的管道，其管径应为 20mm，总长不宜大于 20m。

（3）水流指示器　报警阀组控制的喷头只保护不超过防火分区面积的同层场所外，每个防火分区、每个楼层均应设水流指示器。仓库内顶板下喷头与货架内喷头应分别设置水流指示器。当水流指示器入口前设置控制阀时，应采用信号阀。

（4）压力开关　雨淋系统和防火分隔水幕，其水流报警装置宜采用压力开关，使其控制稳压泵，并应能调节起停压力。

（5）末端试水装置　每个报警阀组控制的最不利点喷头处，应设末端试水装置，其他防火分区、楼层均应设直径为 25mm 的试水阀。末端试水装置和试水阀应便于操作，且应有足够排水能力的排水设施。末端试水装置应由试水阀、压力表以及试水接头组成。末端试水装置的出水，应采取孔口出流的方式排入排水管道。

（6）减压装置　控制管道静压的区段宜分区供水或设减压阀，控制管道动压的区段宜设减压孔板或节流管（其结构见图 2-15），以使各配水支管的水压均衡。

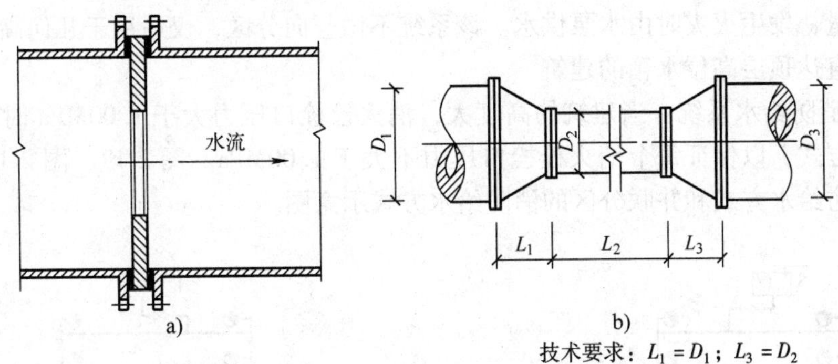

图 2-15　减压孔板、节流管结构示意图

a）减压孔板结构示意图　b）节流管结构示意图

2.3　高层建筑消防

2.3.1　高层建筑消防的特点

由于高层建筑功能复杂、室内装饰要求高、电器设备多、人员物资不易疏散、火灾安全隐患多，故高层建筑一旦着火，会造成重大的人员伤亡和财产损失。在这方面，国内外均有过惨痛的教训。对于高层建筑的消防应十分重视，在高层消防给水设计时，依据 GB 50045—2005《高层民用建筑设计防火规范》，必须切实贯彻“以防为主、防消结合”的工作方针，采取有效的技术措施，确保消防安全。

目前，我国登高消防车的工作高度约为 24m，消防云梯一般为 30 ~ 48m。普通消防车通过水泵接合器，向室内消防系统输水的供水高度约为 50m，因此发生火灾时，建筑的高层部分已无法依靠室外消防设施协助救火，应立足于“自救”，即立足于室内消防设施来扑救火灾。这是高层建筑消防与低(多)层建筑消防的主要区别，也是高层建筑消防的核心。但高层建筑发生火灾时，为尽快灭火以减少损失，仍应充分利用和发挥室外消防设施的救火能力，采取“外救”、“自救”协同工作，以提高灭火效力。一般高度在 24m 以下的裙房在“外救”的能力范围内，应以“外救”为主；高度在 24 ~ 50m 的部位，室外消防设施仍可通过水泵接合器升压送水，应立足“自救”并借助“外救”两者同时发挥作用；高度在 50m 以上部位，则应完全依靠“自救”发挥灭火作用。

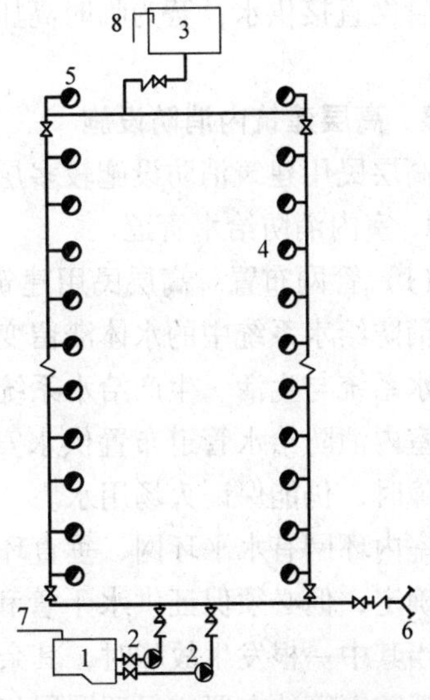

图 2-16　不分区的消防给水系统

1—水池　2—消防水泵　3—水箱　4—消火栓　5—试验消火栓　6—水泵接合器　7、8—进水管

2.3.2　高层建筑消防给水系统的给水方式

高层建筑消防给水系统采用高压或临时高压给水，其给水方式有不分区和分区两种。

1. 不分区消防给水系统　单幢建筑采用同一消防给水系统供水，如图 2-16 所示。它属于临时高压消防给水系统，通常管网中的水压由高位水箱提供，压力不足时，可设增压设备。水箱中贮有可供 10min

的消防用水量，发生火灾时由水泵供水。该系统不做竖向分区，仅适用于几何高差小于80m消防泵供水直达顶层高位水箱的建筑。

2. 分区消防给水系统　当建筑的高度大，消火栓栓口压力大于1.00MPa时，应采用分区消防给水方式，以保证每个消火栓栓口压力不大于1.00MPa。图2-17、图2-18分别为串联分区的消防给水方式和并联分区的消防给水方式示意图。

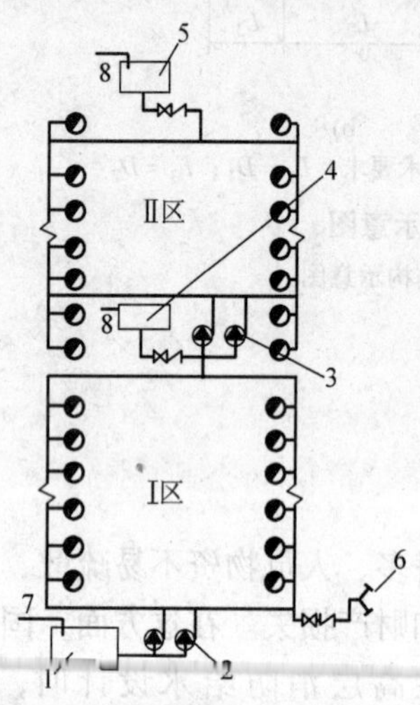

图2-17　串联分区的消防给水系统

1—水池　2—Ⅰ区消防水泵

3—Ⅱ区消防水泵　4—Ⅰ区水箱

5—Ⅱ区水箱　6—消防水泵接合器

7、8—进水管

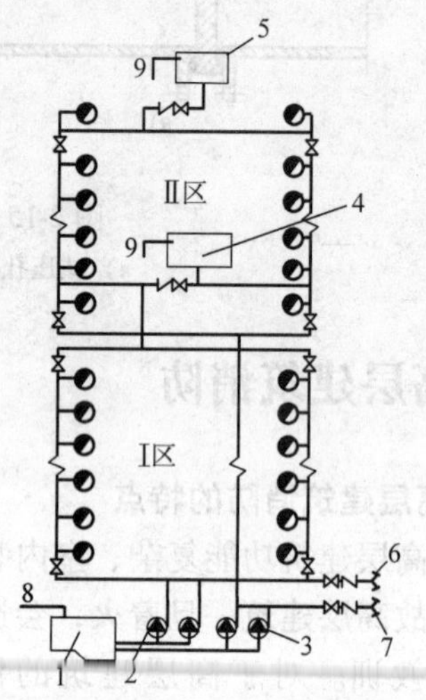

图2-18　并联分区的消防给水系统

1—水池　2—Ⅰ区消防水泵

3—Ⅱ区消防水泵　4—Ⅰ区水箱

5—Ⅱ区水箱　6、7—消防水泵接合器

8、9—进水管

无论是不分区或分区的消防给水系统，若为高压消防给水系统均不需设置水箱，由室外高压管网直接供水；若为临时高压消防供水系统，为确保消防初期灭火用水，均需设置高位水箱。

2.3.3　高层建筑内消防设施

高层民用建筑消防设施较多层或低层建筑更加安全可靠，具体情况如下：

1. 室内消防给水管道

（1）管网布置　高层民用建筑室内消防给水系统由于水压与生活、生产系统有较大差别，消防给水系统中的水体滞留变质对生活、生产给水系统也有不利影响，因此要求室内消防给水系统与生活、生产给水系统分开独立设置。高层民用建筑消防对可靠性要求高，因此要求室内消防给水管道布置供水安全性高的环状管网(见图2-16、图2-17、图2-18)，以便发生故障时，仍能保证火场用水。

室内环网有水平环网、垂直环网和立体环网，可根据建筑体型、消防给水管道和消火栓布置确定，但必须保证供水干管和每根消防立管都能双向供水。管网的引入管不应少于两根，当其中一根发生故障时，其余的进水管或引入管应能保证消防用水量和水压的要求。

消防立管的布置应保证同层相邻两个消火栓的水枪的充实水柱同时达到被保护范围内的任何部位。每根消防立管的直径经计算确定，但不应小于100mm。

室内消火栓给水系统应与自动喷水灭火系统分开设置，有困难时，可合用消防泵，但在自动喷水灭火系统的报警阀前(沿水流方向)必须分开设置。

(2) 阀门设置　消防管网的分隔阀门采用双向流阀门(闸阀或蝶阀)，消防给水管道应采用阀门分成若干独立段。阀门的布置，应保证检修管道时关闭停用的竖管不超过一根。当立管超过四根时，可关闭不相邻的两根，如图2-19所示。要求阀门处于常开状态，且应设有明显的启闭标志。

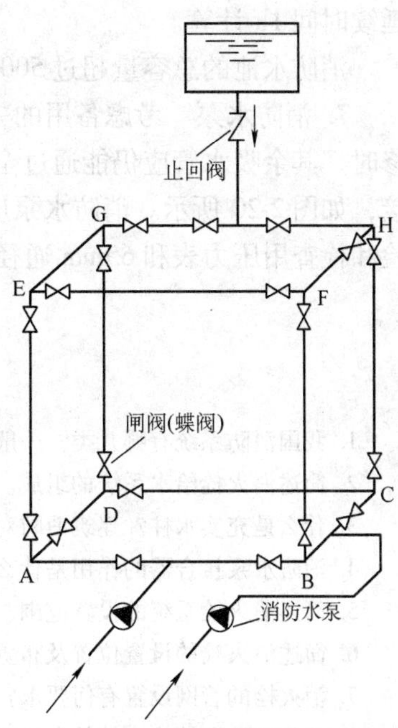

图 2-19　高层消防室内管网布置图

2. 消火栓　消火栓的设置间距应由计算确定，且高层建筑不应大于30m，裙房不应大于50m。

消火栓应采用同一型号规格。消火栓的栓口直径应为65mm，水带长度不应超过25m，水枪喷嘴口径不应小于19mm。临时高压给水系统的每个消火栓箱内或壁龛内设置直接起动消防水泵的按钮，并加以保护。

3. 消防卷盘　高级旅馆、重要的办公楼、一类建筑的商业楼、展览楼、综合楼等和建筑高度超过100m的其他高层建筑，应设消防卷盘。消防卷盘的间距应保证有一股水流能到达室内地面任何部位，消防卷盘的安装高度应便于取用。消防卷盘的栓口直径宜为25mm；配备的胶带内径不小于19mm；消防卷盘喷嘴口径不小于6mm。

4. 水泵接合器　高层建筑消火栓给水系统与自动喷水灭火系统的消防水泵接合器分别设置，且有标记加以区分。在分区给水中每个分区应设置水泵接合器。只有采用串联分区时，上区用水是从小区水箱抽水供给，可仅在下区设水泵接合器供全楼使用。其他设置情况前文已述。

5. 消防水箱　消防水箱的消防贮水量，一类公共建筑不应小于18m³；二类公共建筑和一类居住建筑不应小于12m³；二类居住建筑不应小于6.00m³。消防用水与其他用水合用的水箱，应采取确保消防用水不作他用的技术措施。

临时高压系统中的高位消防水箱的设置高度应保证最不利点消火栓静水压力。当建筑高度不超过100m时，高层建筑最不利点消火栓静水压力不应低于0.07MPa；当建筑高度超过100m时，高层建筑最不利点消火栓静水压力不应低于0.15MPa。当高位消防水箱不能满足上述静压要求时，应设增压设施(气压罐或稳压泵)。

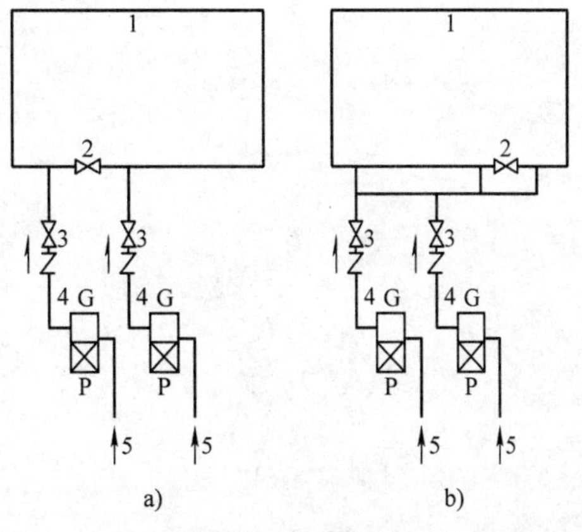

图 2-20　消防水泵与室内管网的连接方法图
a) 正确的布置方法　b) 错误的布置方法
P—电动机　G—消防水泵
1—室内管网　2—消防分隔阀门(闸阀或蝶阀)
3—阀门和止回阀　4—出水管　5—吸水管

6. 消防水池　消防水池的补水时间不宜超过48h。商业楼、展览楼、综合楼、一类建筑的财贸金融楼、图书馆、书库，重要的档案楼、科研楼和高级旅馆的火灾延续时间应按3h计算；其他高层建筑可按2h计算；自动喷水灭火系统可按火灾延续时间 1h 计算。

消防水池的总容量超过 500m^3 时，应分成两个能独立使用的消防水池。

7. 消防水泵　考虑备用的一组消防水泵，吸水管不应少于两条，当其中一条损坏或检修时，其余吸水管应仍能通过全部水量。消防水泵房应设不少于两条的供水管与环状管网连接，如图 2-20 所示。消防水泵应采用自灌式吸水，其吸水管应设阀门。供水管上应装设试验和检查用压力表和 65mm 通径的放水阀门。

复习思考题

1. 我国消防系统有哪几类？一般采用哪些类型？为何？
2. 简述消火栓给水系统的组成。
3. 什么是充实水柱？建筑消防对充实水柱有何要求？
4. 消防水泵接合器的作用是什么？其设置有哪些形式？何如设置？
5. 简述消火栓系统的设置范围。
6. 简述消火栓的设置位置及布置形式。
7. 消火栓的管网设置有何要求？
8. 消防水池及消防水箱的有效容积如何确定？
9. 自动喷水火火系统的特点是什么？由哪些部分组成？由哪些主要部件？
10. 自动喷水灭火系统的有哪些类型？
11. 预作用系统的原理是什么？与湿式、干式系统有何不同？
12. 在哪些自动喷水灭火系统中用开式喷头？在哪些系统中用到雨淋阀组？
13. 不同类型的喷头分别如何布置？
14. 简述高层建筑消防的特点及给水方式。
15. 高层民用建筑的给水管网布置有何特点？
16. 高层建筑的水泵接合器应如何设置？

第3章 建 筑 排 水

建筑排水是建筑给排水工程的主要组成部分之一。建筑排水系统的任务是将建筑内的卫生器具或生产设备收集的生活污水、工业废水和屋面的雨雪水，有组织地、及时地排至室外排水管网、室外污水处理构筑物或水体。

3.1 建筑排水系统的分类及组成

3.1.1 建筑排水系统的分类

根据所排除污水的性质，建筑内排水系统可分为三类。

1. 生活污水排水系统　排除人们日常生活过程中产生的污(废)水的管道系统，包括粪便污水排水管道及生活废水排水管道。

(1) 粪便污水排水管道　排除从大小便器(槽)及用途与此相似的卫生设备排出的污水，其中含有粪便、便纸等较多的固体物质，污染严重。

(2) 生活废水排水管道　排除从洗脸盆、浴盆、洗涤盆、淋浴器、洗衣机等卫生设施排出的废水，其中含有一些洗涤下来的细小悬浮杂质，比粪便污水干净一些。

2. 工业废水排水系统　排除生产过程中产生的污(废)水的管道系统，包括生产废水排水管道及生产污水排水管道。

(1) 生产废水排水管道　排除使用后未受污染或轻微污染，以及水温稍有升高经过简单处理即可循环或重复使用的工业废水，如冷却废水、洗涤废水等。

(2) 生产污水排水管道　排除在生产过程受到各种较严重污染的工业废水，如酸、碱废水、含酚、含氰废水等，也包括水温过高，排放后造成热污染的工业废水。

3. 屋面雨水排水系统　排除降落在屋面的雨水、冰雪融化水的管道系统。

3.1.2 建筑排水体制的选择

与城市排水管网相同，建筑物内的各种污水、废水，如果分别设置管道排出，称为建筑分流制排水；如果将其中两类或者三类污水、废水用同一条管道排出，则称建筑合流制排水。建筑内部排水分流或合流体制的确定，应根据污水性质，污染程度，结合建筑物外部的排水体制，综合考虑经济技术情况、中水系统的开发、污水的处理要求、有利于综合利用等方面因素。

1) 建筑内下列情况下，应采用分流制，建筑物内设置单独管道将污、废水排出：

① 生活污水需经化粪池处理后才能排入市政排水管道。

② 生活废水需回收利用。

③ 建筑物的使用性质对室内卫生标准要求较高。

2) 下列情况下，建筑排水应单独排至水处理或回收构筑物：

① 含有大量油脂的餐饮业和厨房洗涤水。

② 含有大量致病菌或含有放射性元素超过排放标准规定含量的医院污水。

③ 含有大量机油类的汽车修理间排出废水。

④ 水温度超过40℃的锅炉、水加热器等设备排水。

⑤ 用作中水源的生活排水。

3）下列情况下，可采用合流制：

① 城镇有污水处理厂时，生活废水不考虑回用，生活污水和生活废水宜采用统一管道排出。

② 工业建筑中生产废水与生活污水性质相似时。

4）建筑雨水管道一般单独设置，在水源紧缺地区，可设置雨水贮存池。

3.1.3 建筑排水系统的组成

建筑排水系统的任务是安全、迅速地将污废水排除到室外，并能维持系统气压稳定，同时将管道系统内有毒、有害气体排到一定空间，以防止对室内环境产生一定的污染。

建筑内排水系统一般由卫生器具或生产设备受水器、排水管系、通气管系、清通设备、污水抽升设备、室外排水管道及污水局部处理设施等部分组成，如图3-1所示。

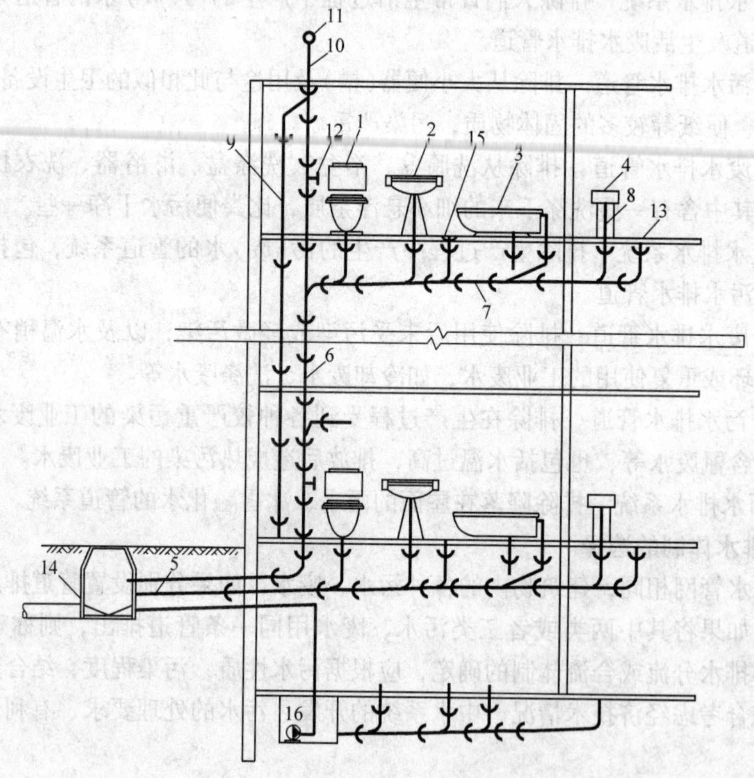

图3-1 建筑内排水系统的组成

1—大便器 2—洗脸盆 3—浴盆 4—洗涤盆 5—排出管 6—立管 7—横支管 8—卫生器具支管 9—通气立管 10—伸顶通气管 11—网罩 12—检查口 13—清扫口 14—检查井 15—地漏 16—污水提升泵

1. 卫生器具或生产设备受水器 卫生器具是建筑内部排水系统的起点，接纳各种污、废水后经过存水弯和卫生器具支管流进排水横支管。后续内容将详述。

2. 排水管系 其作用是安全、迅速地输送、排出建筑内的污水。由卫生器具支管（连接卫生器具和横支管之间的一段短管,除坐式大便器以外,其间包括存水弯)、有一定坡度的横支管、立管、干管和排出管(出户管)等组成。

3. 通气管系 通气管系是与大气相通并与排水管系相贯通的一个系统，其内只通气、不通水，主要功能为加强排水管系内部气流循环流动，控制排水管系内压力的变化，保证排水管系良好的工作状态，即实现重力流稳定排水。

(1) 通气管系的作用 向排水补充空气，减少气压波动，保护水封；排出有毒有害气体，满足室内卫生条件；管道内经常有新鲜空气流通，可减轻管道内废气对管道的腐蚀，延长管道使用寿命。

(2) 通气管系的类型 根据建筑物层数、卫生器具数量、卫生标准等情况的不同，通气管系可分为如下几种类型(见图3-2)：

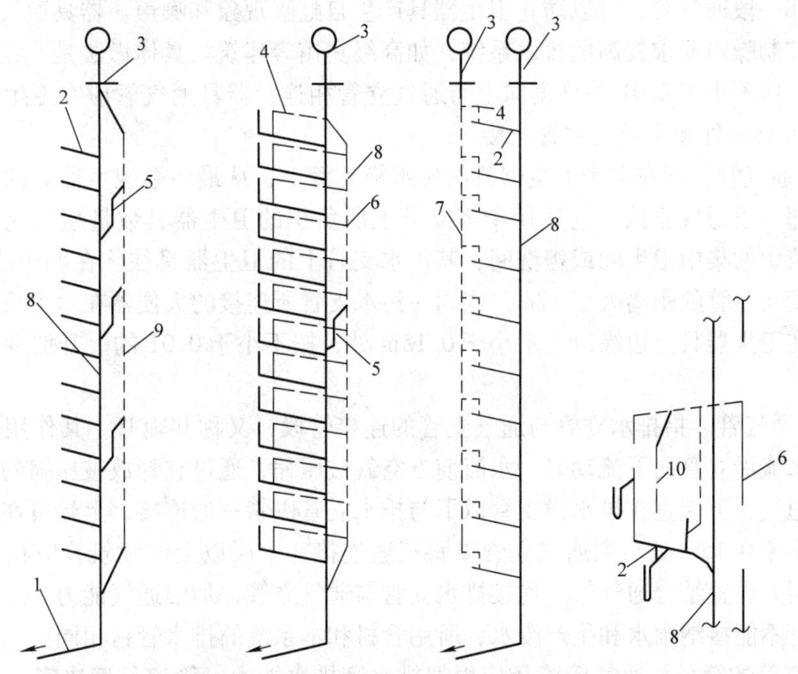

图3-2 几种典型通气形式

1—排出管 2—污水横支管 3—伸顶通气管 4—环行通气管 5—结合通气管 6—主通气立管 7—副通气立管 8—污水立管 9—专用通气管 10—器具通气管

1) 伸顶通气管。对于建筑层数不高、卫生器具不多的建筑物，一般将排水立管上端延伸出屋面。污水立管顶端延伸出屋面的管段(自立管最高层检查口向上算起)称为伸顶通气管，为排水管系最简单，最基本的通气方式。

伸顶通气管应高出屋面0.3m以上，并应大于当地最大积雪厚度。对于平屋顶，若经常有人逗留活动，则通气管应高出屋面2m。在通气管出口4m以内有门、窗时，通气管应高出门、窗顶0.6m或引向无门、窗的一侧。通气管出口不宜设在建筑物的屋檐檐口、阳台、雨篷等的下面，以免影响周围空气的卫生条件。为防止雨雪或脏物落入排水立管，通气管顶端应装网形或伞形通气帽(寒冷地区应采用伞形通气帽)，通气管穿越屋顶处应有防漏措施。

2) 专用通气立管。指仅与排水主管连接，为污水主管内空气流通而设置的垂直通气管道。它适用于立管总负荷超过允许排水负荷时，起平衡立管内正负压的作用。实践证明，这种做法对于高层民用建筑的排水支管承接少量卫生器具时，能起保护水封的作用，采用专用通气立管后，污水立管排水能力可增加1倍。专用通气管应每隔二层设结合通气管与排水立管连接，其上端可在最高层卫生器具上边缘或检查口以上与污水立管通气部分以斜三通连接，下端应在最低污水横支管以下与污水立管以斜三通连接。

3）主通气立管。指为连接环形通气管和排水立管，并为排水支管和排水主管内空气流通而设置的垂直管道。当主通气管通过环形通气管，每层都已和污水横管相连时，就不必按专用通气立管和污水立管的连接要求，而可以每隔八至十层设结合通气管与污水立管相连。

4）副通气立管。指仅与环形通气管连接，为使排水横支管内空气流通而设置的通气管道。其作用同专用通气管，设在污水立管对侧。

5）器具通气管。是指一端与卫生器具存水弯出口相连，另一端在卫生器具顶缘以上至通气立管的那一段通气管，可以防止卫生器具产生自虹吸现象和噪声。器具通气管适用于对卫生标准和控制噪声要求较高的排水系统，如高级宾馆等建筑。具体做法是，在卫生器具存水弯出口端，按不小于0.01的坡度向上与通气立管相连，器具通气管应在卫生器具上边缘以上不少于0.15m处和主通气主管连接。

6）环形通气管。指在多个卫生器具的排水横支管上，从最始端卫生器具的下游端接至通气立管的那一段通气管段。它适用于横支管上所负担的卫生器具数量超过允许负荷的情况，公共建筑中的集中卫生间或盥洗间，其污水支管上的卫生器具往往在四个或四个以上，且污水管长度与主管的距离大于12m，或同一污水支管所连接的大便器在六个或六个以上。

该管应在卫生器具上边缘以上不小于0.15m处，按不小于0.01的上升坡度与主通气立管相连。

7）结合通气管。指排水立管与通气立管的连接管段，又称共轭管。其作用是当上部横支管排水，水流沿立管向下流动时，水流前方空气被压缩，通过它释放被压缩的空气至通气立管。结合通气管下端宜在排水横支管以下与排水立管以斜三通连接，上端可在卫生器具上边缘以上不小于0.15m处与主通气立管以斜三通连接。十层以上的建筑，应在自顶层以下每隔六至八层处设置结合通气管，连接排水立管与通气立管，加强通气能力。

通气立管不能接纳雨水和生产废水，所用管材和本系统的排水管材相同。

（3）通气管的管径　通气管管径应根据排水管排水能力、管道长度决定，一般不小于排水管管径的1/2，其最小管径可按表3-1确定。

表3-1　通气管最小管径　（单位:mm）

污水管管径	32	40	50	75	100	150
通气立管管径			40	50	75	100
环形通气管管径			32	40	50	
器具通气管管径	32	32	32		50	

4. 清通设备　为了保持室内排水管道排水畅通，必须加强经常性的维护管理，为了检查和疏通管道，在排水管道系统上需设清通设备，一般有检查口、清扫口、检查井及带有清通门(盖板)的90°弯头或存水弯等设备。

（1）检查口　检查口一般设在立管及较长的水平管段上，如图3-3a所示。它供立管或立管与横支管连接处有异物堵塞时清掏用。多层或高层建筑的排水立管上，每隔二层设一个，检查口间距不大于10m。但在立管的最低层和设有卫生器具的两层以上，坡顶建筑物的最高层必须设置检查口。平顶建筑可用通气口代替检查口。检查口设置高度一般距地面1m，并应高于卫生器具上边缘0.15m。

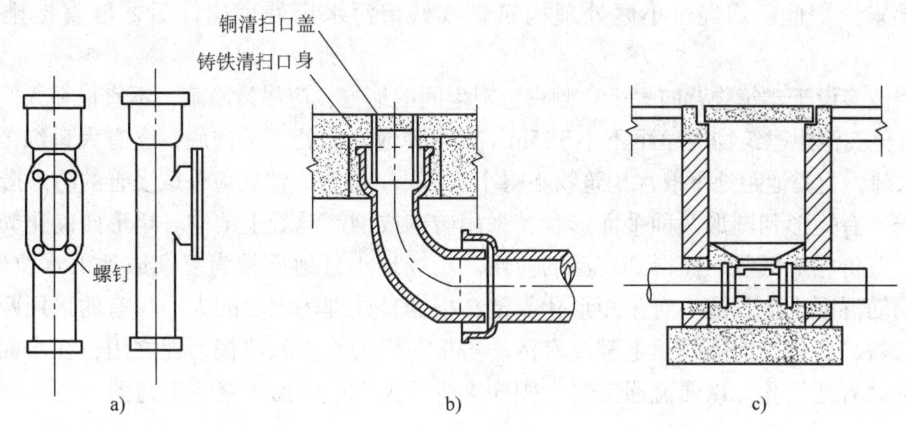

图3-3　清通设备

a）检查口　b）清扫口　c）室内检查井

（2）清扫口　清扫口一般设于横支管，如图2-52b所示。当污水横管连接两个及两个以上的大便器或三个及三个以上的卫生器具时，应在横管的起端设置清扫口，也可采用带螺栓盖板的弯头、带堵头的三通配件作清扫口。清扫口安装不应高出地面，必须与地面平，为了便于清掏与墙面应保持一定距离，一般不宜小于0.15m。

（3）检查井　对于不散发有害气体或大量蒸汽的工业排水管道，在管道转弯、变径处和坡度改变及连接支管处，可在建筑物内设检查井，如图3-3c所示。在直线管段上，排除生产废水时，检查井的距离不宜大于30m；排除生产污水时，检查井的距离不宜大于20m。对生活污水管道，在建筑物内不宜设检查井。室内检查井的施工见给排水标准图集04S519《小型排水构筑物》。

5. 污水抽升设备　当建筑物内的污、废水不能自流排至室外时，要设置污水抽升设备。

6. 室外排水管道　自排出管接出的第一检查井后至城市排水管网或工业企业排水主干管间的排水管段为室外排水管道。其任务是将室内的污、废水排至市政或工厂的排水管道中去。

7. 污水局部处理设备　当建筑内排出的污水不允许直接排入室外排水管道或水体时（水中某些污染物指标不符合排入城市排水管道或水体的水质标准），需在建筑物内或附近设置局部处理设施对所排污水进行必要的处理。根据污水的性质，可以采用不同的污水局部处理设备，如沉淀池、除油池、化粪池、降温池、中和池、毛发集污井等。这些都是常用的污水局部处理设备。这里主要介绍化粪池、除油池、降温池。

（1）化粪池　化粪池主要用于处理生活污水，尤其是粪便污水，是最初级的污水处理构筑物，具有结构简单、便于管理、不消耗动力和造价低等优点。建筑物中所有的生活污水均应经过化粪池初级处理后进入小区的排水管网或市政排水管网。

化粪池的作用主要是厌氧降解有机物，并沉淀污水中的悬浮物。为了保证的沉淀效率，污水在池中的停留为12~24h，经处理后的污水，出水较清，水质得到了一定改善。沉淀下来的污泥经三个月以上时间的厌氧消化，将污泥中的有机物进行氧化降解，转化为稳定的无机物，易腐败的生污泥转化为熟污泥，改变了污泥结构，便于清掏外运并可运作肥料。但是化粪池去除有机物的能力较差，且由于污水与污泥接触，出水有臭味、呈酸性，尚不符合卫生要求。因此还需经过小区处理构筑物或城市污水厂处理达标后才能直接排放水体或回用。

化粪池多设于建筑物背向大街一侧靠近卫生间的地方，应尽量隐蔽，不宜设在人们经常活动之处。化粪池距建筑物的净距不小于5m，因化粪池出水处理不彻底，含有大量细菌，为防止污染水源，化粪池距地下取水构筑物不得小于30m。池壁、池底应采取妥善的防渗措施。

化粪池有矩形和圆形两种平面形状，采用砖砌或钢筋混凝土结构。矩形砖砌化粪池因施工容易，造价相对低些，而得到广泛的应用。当场地小且地质较为复杂或地下水位较高时，可采用钢筋混凝土化粪池。对于矩形化粪池，根据日处理污水量的大小，有的采用两格，有的采用三格，各化粪池隔间顶上都设有活动盖板，作为检查和清掏污泥之用，在水面以上的间壁部分设有通气孔，以便流通空气。图3-4所示为矩形砖砌化粪池构造图。

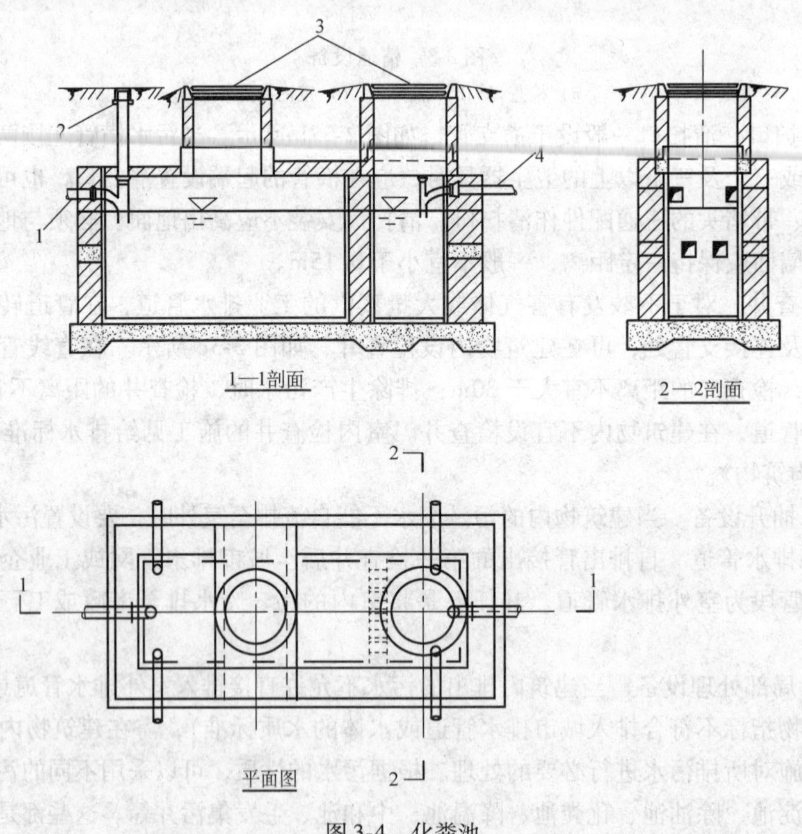

图3-4 化粪池

1—进水管(三个方向任选一个) 2—清扫口 3—井盖 4—出水口(三个方向任选一个)

化粪池的有效容积按照建筑物的性质、使用人数、用水定额、清掏周期(分90天、180天、360天)、排水体制(分流还是合流制)、有无地下水、有无覆土、是否过汽车等选型。具体见给水排水国家标准图集02S701《砖砌化粪池》以及03S702《钢筋混凝土化粪池》，以选用化粪池的型号及相应的标准图。

(2) 隔油池(井) 食堂、餐饮业的厨房排放的污水中，均含有较多的植物油和动物油脂，随着水温的下降，污水中挟带的油脂颗粒便开始凝固并黏附于管壁上，缩小了管道的断面积，最终堵塞管道。由汽车库排出的汽车冲洗污水和其他一些生产污水中，含有的汽油等轻油类进入排水管道后，挥发并聚集于检查井处，达到一定含量时，易发生爆炸或引起火灾，以致破坏管道和影响维修人员健康。因此，上述两类污水需进行除油处理后才可排入排水系统。目前，一般采用隔油池(井)进行处理。

其工作原理是，当含油污水进入隔油井后，过水断面增大，水平流速减小，污水中密度小的可浮油自然上浮至水面，由隔板阻拦在池内并收集后去除，经分离处理后的水从下方流出。经过隔油池的初步处理的水还应经过化粪池处理后进入小区的排水管网或城市排水管网。

隔油井构造可采用砖砌或钢筋混凝土形式，详见给水排水标准图集 04S519《小型排水构筑物》。

（3）降温池　对温度高于 40℃的污、废水，如锅炉排污水，排入城镇排水管道前应采取降温措施，否则，会影响维护管理人员身体健康和管材的使用寿命，一般可采用降温池进行处理，如图 3-5 所示。降温池降温的方法主要有二次蒸发、水面散热和加冷水降温三种。

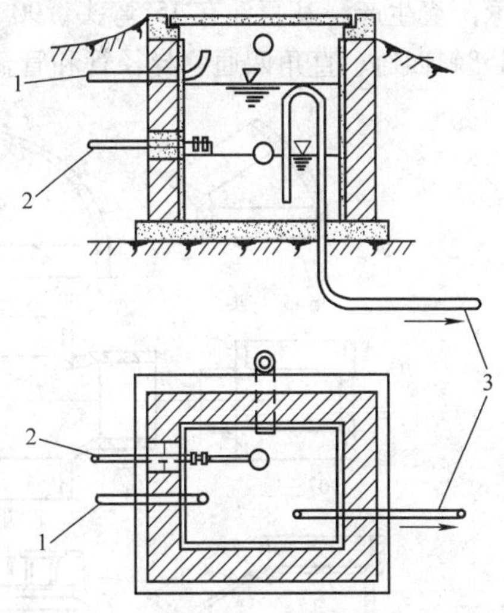

图 3-5　虹吸式降温池

1—锅炉排污管　2—冷却水管　3—排水管

一般可在室外设降温池，用冷水(尽可能利用废水)加以混合冷却。对温度较高的污、废水，应尽可能将其所含热量回收利用。

对于设在室内的降温池应密封，并应设有人孔和通向室外的排气管。间断排水的降温池，其容积应按最大排水量与所需冷却水量的总和计算；连续排水的降温池，其容积应保证冷热水充分混合。

降温池选型及构造参照上述小型排水构筑物的标准图集。

3.2　建筑排水管材及卫生器具

3.2.1　建筑排水管材及管件

1. 建筑排水管材概述　由于排水管道中的污水对金属管材有较强的腐蚀作用，因此建筑排水管材所采用的金属管中一般情况下不采用钢管，而由于铸铁管的耐腐蚀性能相对钢管强，且价格便宜，因此在我国曾经很长一段时间选择铸铁管作为建筑排水管材。

由于追求价廉，过去所用的建筑排水铸铁管多为手工铸造的灰口铸铁管。这种铸铁管外壁粗糙，承插刚性接口不牢靠，引起接口处滴漏及锈蚀严重，使用寿命不长，而且这种铸铁管脆性大，重量大，给安装带来较大的不便。因此，自 2000 年 6 月起在我国新建的城镇住宅中，已开始禁用手工铸造的灰口铸铁管，取而代之的是排水 UPVC 管。排水 UPVC 管采用的接头形式为承插式粘接。这种接头形式采用由同一厂商配套供应的专用粘合剂粘接，接头快捷便利，施工进度快，且材料价格相对金属管材便宜，目前在低层及高层建筑排水(污水温度 $t \leqslant 45$℃)系统中应用广泛，且有成熟的国家标准图集 96S406《建筑排水用硬聚氯乙烯管道安装》作为安装与验收的依据。

排水 UPVC 管自20 世纪 90 年代初广泛使用以来，也有自身的问题。主要问题是耐温的能力较差，容易老化；轴向线性变形较金属管显著；强度较金属管差；高层抗振的能力也相对较弱。因此目前在高层建筑中，普遍使用柔性接口的机制排水铸铁管。

对于其他管材，如石棉管、玻璃钢管、玻璃管、铅管、混凝土管等耐腐蚀性较强的管材，在工业污水的排水系统中也有其相应的用途，这里受篇幅所限不再赘述。

2. 排水 UPVC 管　排水 UPVC 管具有塑料管质轻、水力条件好、便于运输安装的优点。其缺点前已述。其管材和管件之间采用承插式胶粘合剂接。粘合剂与管材、管件应有同一厂家配套生产。其管件有 45°弯头、90°弯头、90°顺水三通、45°斜三通、瓶型三通、正四通、45°斜四通、直角四通、异径管和管箍、清扫口、检查口、地漏等，如图 3-6 所示。

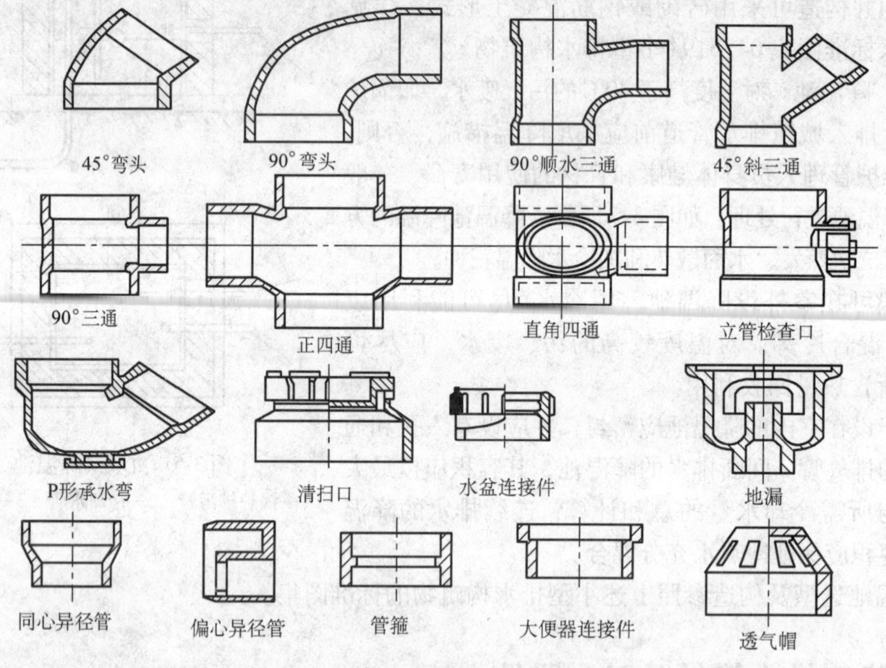

图 3-6　排水 UPVC 管件举例

3. 柔性接口机制排水铸铁管　这种管材在下列场合有较广泛的利用：①排水管道易受人为机械损坏的场所(如拘留所、精神病院等)。②对排水管道耐热、防火、耐压，或降噪声要求较高的建筑。③要求管材使用寿命较长的建筑。④建筑高度超过 24m 的高层建筑。⑤抗震设防 8 度及 8 度以上地区的建筑。⑥管道接口需要拆卸、移动的场所。

(1) 性能及接口形式　柔性接口机制排水管采用离心浇铸，3m 长，口径 50 ~ 300mm 的铸铁管，壁厚度仅为 3.5mm，管材的材质密实、管壁薄、外观美观，重量轻，接口采用I型卡箍(见图 3-7)接口和法兰承插式接口(见图 3-8)，装卸方便。内表面喷涂环氧煤沥青，耐酸碱、废水盐雾等腐蚀；外表喷涂防锈漆。接口形式有国家标准 04S409《建筑排水用

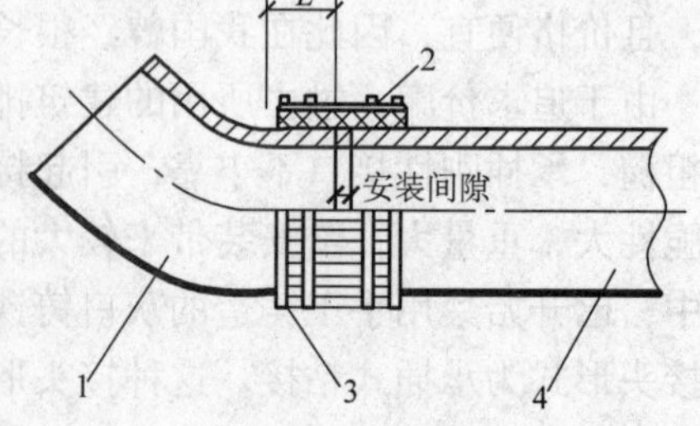

图 3-7　I型卡箍接口形式(DN50 ~ 300mm)
1—管件　2—橡胶密封圈
3—不锈钢卡箍　4—直管

柔性接口铸铁管安装》，可参照。

（2）管件　柔性接口机制排水铸铁管管件按照接口形式不同分为卡箍连接管件及法兰承插式接口管件，前者分为 W、I 型接口，后者分为 A、B、RC 型接口。部分管件如图 3-9 所示。其标准应符合 04S409《建筑排水用柔性接口排水铸铁管安装》和 GB/T 12772—2008《排水用柔性接口铸铁管、管件及附件》规定。

5 4 3 2 1
安装间隙5mm

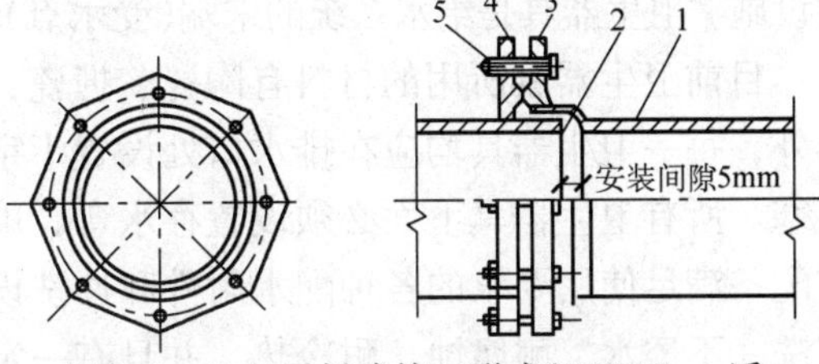

图 3-8　法兰承插式接口形式（*DN*300mm 适用于 RC、B 型接口）

1—承口端　2—插口端　3—橡胶密封圈　4—法兰压盖（分为三耳、四耳、六耳、八耳，此图中为八耳）　5—紧固螺栓

3.2.2　卫生器具

1. 卫生器具的选用　卫生器具是用于收集并排除生活或工业生产中使用后的污水或废水

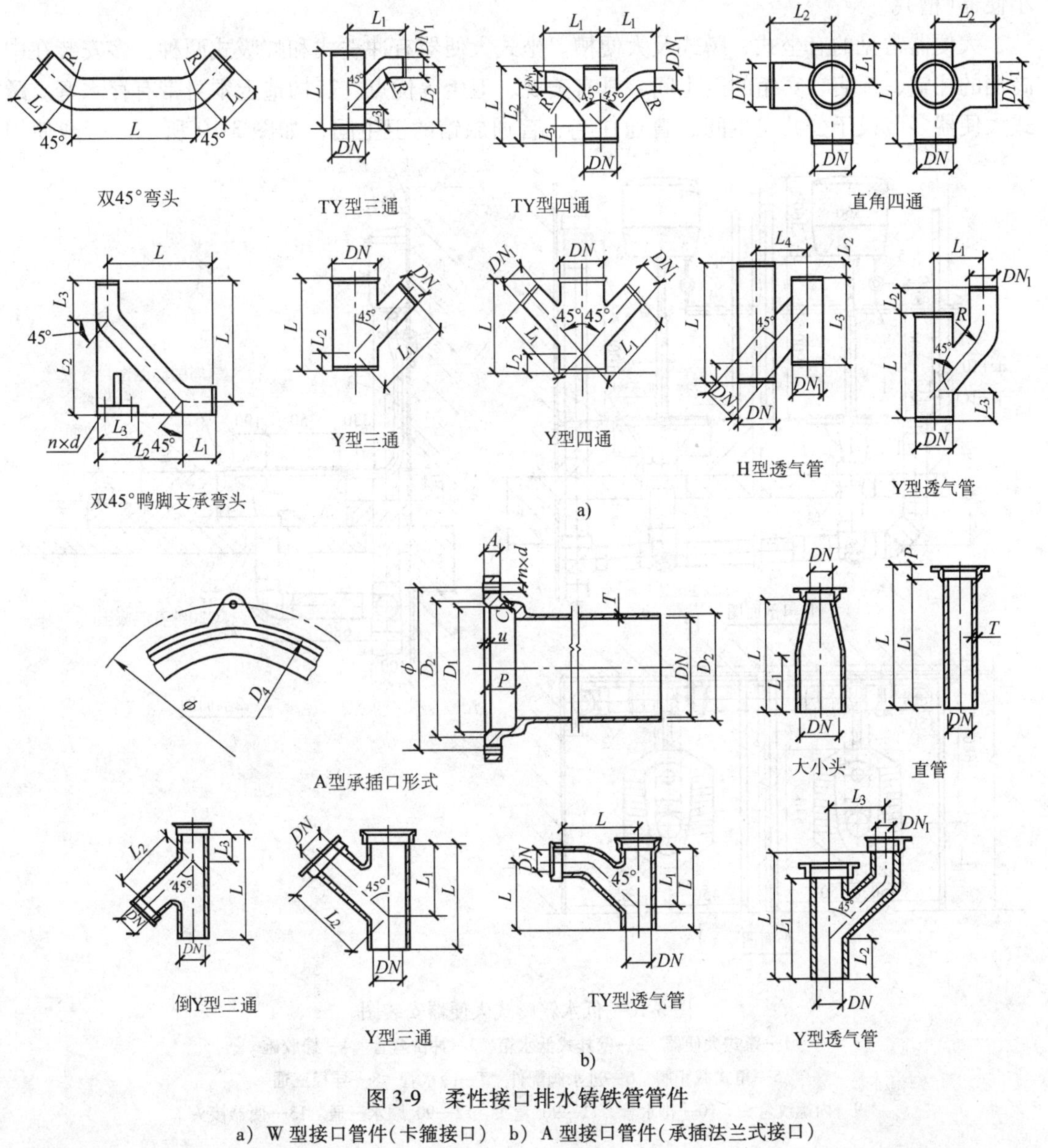

双45°弯头
TY型三通
TY型四通
直角四通
双45°鸭脚支承弯头
Y型三通
Y型四通
H型透气管
Y型透气管
a)
A型承插口形式
大小头
直管
倒Y型三通
Y型三通
TY型透气管
Y型透气管
b)

图 3-9　柔性接口排水铸铁管管件

a）W 型接口管件（卡箍接口）　b）A 型接口管件（承插法兰式接口）

的设施。卫生器具是给水系统的末端(受水点)，同时也是建筑排水系统的起端装置(收水点)。

目前卫生器具所用的材料有陶瓷、搪瓷、不锈钢、人造玛瑙、塑料、玻璃钢等。除大便器外，每一卫生器具均应在排水口处设置十字栏栅，以防粗大污物进入排水管道，引起管道阻塞。所有卫生器具下面必须设置存水弯，以防排水系统中的有害气体窜入室内。卫生器具应配备满足使用要求的各种配水附件和冲洗设备。卫生器具选择的要求是，表面光滑、易于清洗、不透水、耐腐蚀、耐冷热，并且有一定强度，此外还应满足冲洗水噪声小、节水，并且款式、色彩与建筑物的装饰格调或建筑标准相协调。卫生器具在量大面广的公共建筑和民用住宅内，则偏重于节能、节水以及使用上的方便可靠。

2. 卫生器具分类　卫生器具按其用途可分为四类。

(1) 便溺用卫生器具　用于厕所或卫生间中收集和排除粪便污水，包括大便器(槽)、小便器(槽)。

大便器常见的有坐式、蹲式及大便槽。坐式大便器有冲洗式和虹吸式两种，多安装在中高档的住宅、饭店、宾馆的卫生间，具有美观、卫生等优点。其构造上本身带有存水弯。蹲式大便器多装设于公共卫生间、普通住宅、普通旅馆的卫生间，如图 3-10 所示，一般使用

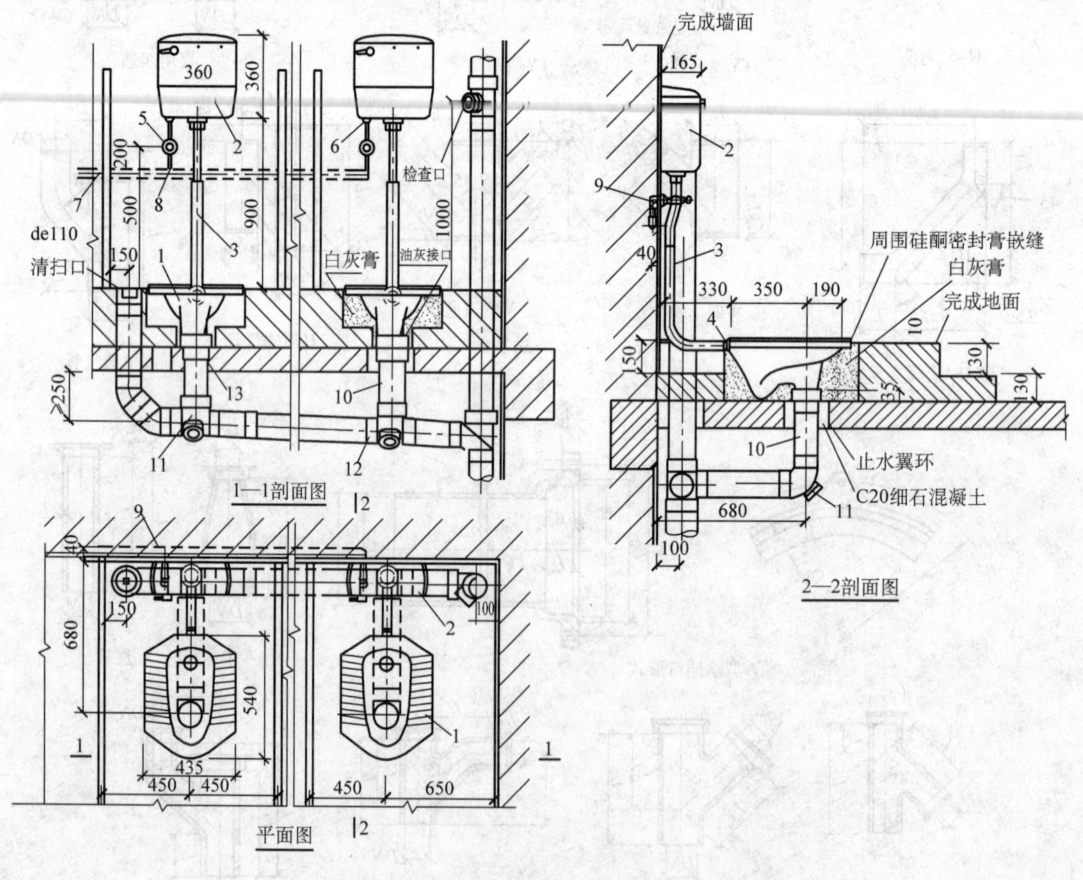

图 3-10　低水箱蹲式大便器安装图

1—蹲式大便器　2—壁挂式低水箱　3—冲洗弯管　4—橡胶碗

5—角式截止阀　6—进水阀配件　7—冷水管　8—异径三通

9—内螺纹弯头　10—排水管　11—90°弯头　12—90°顺水三通　13—便器接头

水箱或冲洗阀冲洗。大便槽则在一些建筑标准较低的卫生间使用，其构造简单、成本低、卫生条件较差、耗水量大，冲洗设备一般采用自动冲洗水箱定时冲洗或采用红外线数控冲洗装置。

小便器常设于公共建筑的男厕内，有挂式、立式和小便槽三类。挂式小便器和立式小便器用于建筑标准较高的建筑，其中立式小便器价格更高些。小便槽构造简单、成本低、卫生条件差，可供多人使用，常用于工业企业、公共建筑和集体宿舍等标准较低的建筑内，采用穿孔管冲洗。公共场所设置小便器时，应采用延时自闭式冲洗阀或自动冲洗装置冲洗。

（2）盥洗淋浴用卫生器具　用于收集和排除盥洗和淋浴用水，包括洗脸盆、洗手盆、盥洗槽、浴盆、淋浴器、净身盆等。

洗脸盆设于卫生间、盥洗室、浴室、理发室中，其平面形状有长方形、椭圆形和三角形等形式，安装方式有托架式、背挂式、立柱式、台上式、台下式等形式。

洗手盆用于公共建筑的卫生间，外观及安装标准同洗脸盆，但宜用限流节水型装置。

盥洗槽一般设于同时多人使用的地方，如建筑标准不高的集体宿舍、公共建筑中，多为现场砌筑而成。

浴盆一般设在宾馆、住宅、医院的卫生间及公共浴室内，供淋浴使用。浴盆配有冷热水管或混合龙头，有的还配有淋浴喷头等。

淋浴器用于集体宿舍、公共浴室等室内，是一种占地小、造价低、耗水量小的淋浴设备，可购买成品安装或现场制作。

净身盆是一种针对女性生理结构特征专门设计的洁具产品，供使用者局部清洁下身，所以又叫妇洗器。净身盆上像台盆似的安装着龙头喷嘴，这水龙头喷嘴可灵活调整角度，有冷、热水供选择和调节，并且还有直喷式和下喷式两种出水方式，非常方便实用。随着居住条件的改善，卫生观念的更新，净身盆会走进越来越多的家庭，成为继洗脸盆、大便器、淋浴器三大件之后的卫浴第四大件。图 3-11 所示为净身盆安装标准图。

（3）洗涤用卫生器具　洗涤用卫生器具是供人们洗涤器物之用，有污水盆、洗涤盆、化验盆等。通常污水盆设置在公共建筑的厕所、卫生间、集体宿舍盥洗室中，供洗涤拖把及倾倒污水等用；洗涤盆装设于厨房或公共食堂内，以用作清洗碗碟、食物等用。

（4）专用卫生器具　如医疗、科学研究实验室等特殊需要的卫生器具。

3. 冲洗设备　卫生器具的冲洗设备有冲洗水箱及冲洗阀。其选择要求是，冲洗设备能少耗水量，能冲洗干净，造价较低，安装维护比较便利。冲洗水箱有高位水箱和低位水箱之分，公共建筑中多用高位水箱，家庭用低位水箱较多。冲洗阀可采用普通阀或延期自闭式冲洗阀，后者更节水及方便使用。相对于水箱冲洗，冲洗阀冲洗需要更大的水压且消耗更多的水量，且冲洗水管管径较低水箱的进水管大，而且维修量较水箱大。但是冲洗阀相对节省空间。一次冲洗用水量 9L 以上的便器冲洗水箱已经淘汰使用，推荐使用 6L 的节能水箱作为蹲便器的冲洗设备。

4. 地漏　地漏设置于室内地面须经常清洗（如食堂、餐厅）或地面有积水须排泄处（卫生间、厕所、浴室、盥洗室、厨房等）的地面最低处，其顶面应比地面低 5 ~ 10mm，并且地面有不小于 0.01 的坡度坡向地漏。地漏从场所上分，有普通淋浴区地漏、洗衣机专用地漏、两用地漏、手盆、洗菜盆下水专用防臭下水接头及地漏改造用的防臭地漏芯等；按照特殊用途分

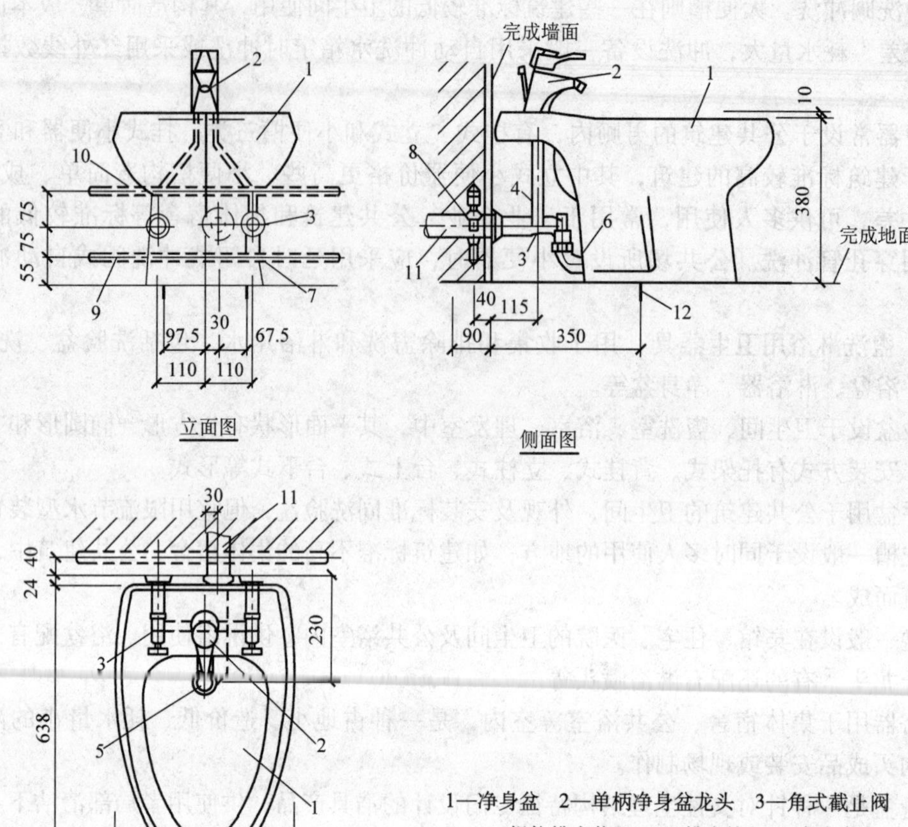

图 3-11 净身盆安装标准图

为普通地漏、防臭地漏、防爆地漏等；按照构造原理来分有：水封地漏和无水封地漏两大类，按材质来分主要有铸铁、PVC、锌合金、铸铝、不锈钢、黄铜等地漏。地漏有 *DN*50mm、*DN*75mm、*DN*100mm、*DN*150mm、*DN*200mm 五种规格。地漏的选择应符合下列要求：

1）应优先采用直通式地漏。

2）卫生标准要求高或非经常使用地漏排水的场所，应设置密闭式地漏。

3）食堂、厨房和公共浴室等排水宜设置网框式地漏。

4）带水封的地漏水封深度不得小于 50mm。

5. 存水弯　存水弯是室内排水管的管道配件之一，是一种水封装置。它在里面存有一定高度水，这部分存水高度称为水封高度，其作用是阻止排水管内各种污染气体以及小虫进入室内。存水弯设在卫生器具的排水支管上，但本身具有水封的卫生器具则不需设存水弯，如坐便器及部分地漏。

构造内无存水弯的卫生器具与生活污水管道或其他可能产生有害物的排水管道连接时，

必须在排水口以下设置存水弯，其水封深度不得小于50mm。

常用的存水弯有P形和S形两种，如图3-12所示。

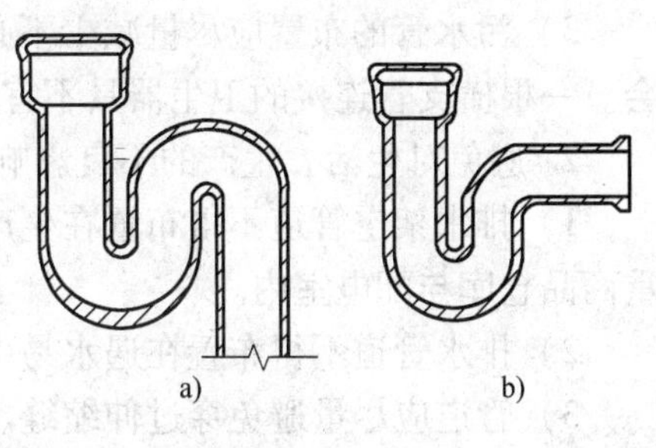

图3-12 存水弯
a) S形存水弯 b) P形存水弯

6. 整体式卫生间 整体式卫生间是将浴缸、坐式大便器、洗脸盆等卫生器具及附件通过模压成型、配套安装等方式组合而成的卫浴间。图3-13所示为某品牌的整体式卫生间。其中尺寸标注详见给排水图集99S304《卫生设备安装》。一套整体卫生间还包括完备的给排水管道配件及成套安装零件，而且底板，顶棚，浴室门一体安装，连化妆镜、照明灯具、换气扇、水嘴、纸卷器、毛巾架、浴巾架等小零碎等一应俱全；此外，整体卫生间是一种实用新型的整体式卫生间，它解决了现有技术存在的占用空间大，不可移动，造价高或现有整体式卫生间存在的体积较大，使用不甚方便等问题。它具有占用空间小（可不足$2m^2$）、可移动、造价低、体积较小、使用方便等特点。整体卫生间的浴缸与底板一次模压成形，无拼接缝隙，从而根本解决了普通卫生间地面易渗漏水的问题。

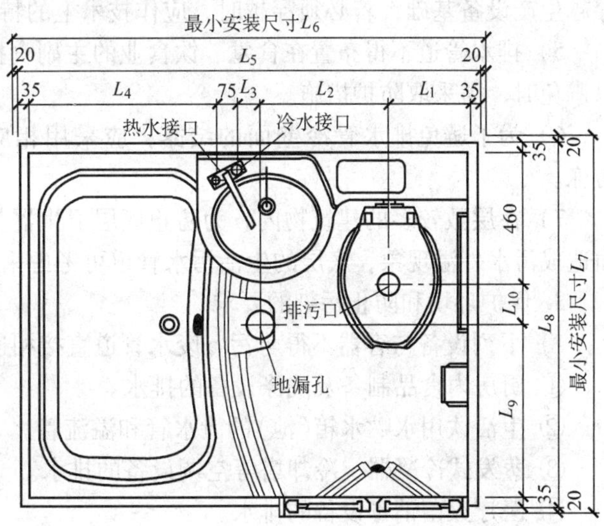

图3-13 某品牌整体式卫生间平面布置图

3.3 建筑排水管道的布置及敷设

建筑内部排水系统的布置与敷设是影响人们日常生活和生产环境的因素之一。为创造一个良好的生活、生产环境，建筑内排水管道布置和敷设应遵循以下原则：①排水及时、通畅，满足最佳水力条件的要求。②总管线短，占地面积小，工程造价低。③使用安全可靠，同时满足室内环境卫生及美观的要求。④施工安装及维护管理方便。

3.3.1 排水管道的布置

1. 满足良好的水力条件与美观条件

1）排水横支管是接受各卫生器具的排水支管来水的，所以一般在楼板下或本层地面上布置。若考虑其建筑美观的影响，可暗设于吊顶内。

2）排水立管应设置在靠近杂质最多及排水量最大的排水点处，以便尽快地接纳横支管的污水而减少管道堵塞的机会，排水立管常设在大便器附近。排水立管不得穿过卧室、病房，并避免靠近与卧室相邻的内墙。对高层建筑和要求较高的宾馆等，排水立管一般暗设在专门的管道井内。

3）污水管的布置应尽量减少不必要的转角及曲折，尽量作直线连接，以减少堵塞的机会。一根横支管连接的卫生器具不宜太多，排出管应以最短距离通至室外。

2. 避免对生活、生产的不良影响以及便于管道维护的要求。

1）排水架空管道不得布置在生产工艺或卫生有特殊要求的生产厂房内，以及食品和贵重商品仓库与配电室内。

2）排水管道不得布置在遇水易引起燃烧、爆炸或损坏的原料、产品的设备上方。

3）管道应尽量避免穿过伸缩缝、沉降缝、风道、烟道等，当受限制必须穿越时应采取相应的技术措施，以防止管道因建筑物的沉降或伸缩而受到破坏。

4）埋地排水管道应避免布置在有可能受设备振动影响或重物压坏处。因此，管道不得穿越生产设备基础，若必须穿越时，应作技术上的特殊处理。

5）排水管道不得布置在食堂、饮食业的主副食操作烹调的上方，如果受到条件限制难以避免时，需采取防护措施。

6）为了避免排水管冷壁面的结露，应采用相应的防结露措施，另外还应注意防腐、防冻。

7）在层数较多的建筑物内，为防止底层卫生器具因受立管底部出现过大的正压等原因而造成污水外溢现象，底层的生活污水管道可考虑采取单独排出方式。

3. 保护环境和防止污染的要求。

1）下列设备与容器不得与污、废水管道直接相连，应采取间接排水的方式：

① 厨房内食品制备及洗涤设备的排水。

② 生活饮用水贮水箱(池)的泄水管和溢流管。

③ 蒸发式冷凝器、冷却塔等空调设备的排水。

④ 医疗灭菌消毒设备的排水。

⑤ 储存食品或饮料的冷藏间、冷藏库房的地面排水和冷水机溶霜水盘的排水等。

2）设备间接排水宜排入邻近的洗涤盆，如不可能时，可设置排水明沟、排水漏斗或容器。间接排水口最小空气间隙宜按表 3-2 确定(见图 3-14)。

饮料用贮水箱的间接排水最小空气间隙，不得小于 250mm。间接排水的漏斗或容器不得溅水、溢流，并应布置在容易检查、清洁的位置。

表 3-2　间接排水口最小空气间隙　　（单位:mm）

间接排水管径	排水口最小空气间隙	间接排水管径	排水口最小空气间隙
≤25	50	>50	150
32 ~ 50	100		

3.3.2　排水管道的敷设

建筑内排水管道的敷设可明装或暗装。对室内美观程度要求较高的建筑物或管道种类较多时，可采用暗装方式，可在管槽、管道井、管沟或吊顶内暗设，但应便于安装和检修。排水管的敷设应处理好与建筑结构的关系。

1）排水立管管壁与墙壁、柱等表面的净距为 25 ~ 35mm。排水管与其他管道共同敷设时的最小距离，水平向净距为 1.0 ~ 1.3m，竖向净距为 0.15 ~ 0.20m。若排水管平行设在给水管之上并高出净距 0.5m 以上时，其水平净距不得小于 5m。交叉埋设时，垂直净距不得小于0.4m，且给水管应有套管。

2）为防止埋设在地下的排水管道受机械破坏，应规定各种材料管道的最小埋深为0.40～1.0m。

3）排水立管需要穿楼板应预留孔洞尺寸或设置套管，其规格应比管径大一至二号。排水立管穿越屋面时应设置防水套管；对于塑料管材，还应在适当的场合设置阻火圈或防火套管。

4）埋地管穿越承重墙或基础处，应预留孔洞，且管顶上部净空不得小于建筑物的沉降量，一般不宜小于0.15m。排出管与室外排水管连接处应设检查井，检查井中心到建筑物外墙的距离不宜小于3m，但也不宜大于10m。

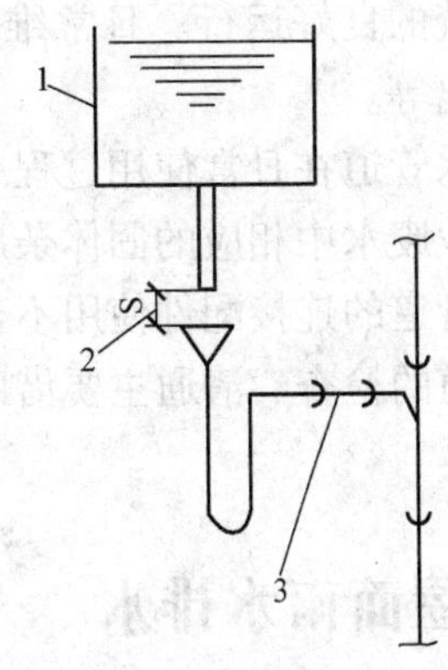

图3-14 间接排水口最小空气间隙

1—卫生设备 2—最小空气间隙 3—排水支管

5）为了建筑内排水管道系统中水流的通畅，减少排水管道堵塞机会，排水管道的连接应符合以下规定：

① 卫生器具排水管与排水横管垂直连接，应采用90°斜三通。

② 排水管道的横管与立管连接时，宜采用45°斜三通或45°斜四通和顺水三通或顺水四通。

③ 排水立管与排出管端部的连接，宜采用两个45°弯头或采用弯曲半径不小于4倍管径的90°弯头。

④ 排水管应避免在轴线偏置，当受条件限制时，宜用乙字管或两个45°弯头连接。

⑤ 支管接入横干管、立管接入横干管时，宜在横干管顶端或其两侧45°接入。

⑥ 靠近排水立管底部的排水支管的连接，应符合下列要求：

排水立管仅设置伸顶通气管时，最低排水横支管与立管连接处距排水立管底部垂直距离不得小于表3-3的规定。

表3-3 最低横支管与立管连接处至立管管底的垂直距离

立管连接卫生器具的层数	垂直距离/m	立管连接卫生器具的层数	垂直距离/m
≤4	0.45	13～19	3.0
5～6	0.75	≥20	6.0
7～12	1.2		

注：当与排出管连接的立管底部放大一号管径或横支管与之连接的立管大一号管径时，可将表中所列的垂直距离减小一档。

排水支管连接在排出管或排水横干管上时，连接点距立管底部下游水平距离不宜小于3.0m，且不得小于1.5m。

6）排水管道的固定措施比较简单，排水立管用管卡固定，其间距最大不得超过3m。在承插管接头处必须设管卡。横管一般用吊箍设在楼板下，间距视具体情况不得大于1m。

3.3.3 排水管道的维护

建筑内排水管道不仅要有完善的设计和优质的施工，必须辅以全面的日常维护管理才能保证系统的良好运行。日常维护工作的主要内容是检查、清通和维修，适时进行防冻、防露、防腐等。

排水管道在日常使用过程中，由于生活污水中的粪便、尿垢、油脂、菜叶、泥沙；以及各种工业废水中相应的固体杂质的存在，加上用户使用不当等原因，常常会造成管道堵塞。此外，管道的连接配件使用不当也是造成管道堵塞的原因之一。

管道的检查、清通主要借助于设置在管道系统上的清通（检查口、清扫口、检查井）设备来完成。

3.4 屋面雨水排水

降落在屋面上的雨水和融化的雪水，如果不能及时排除，会对房屋的完好性和结构造成不同程度的损坏，并影响人们的生活和生产活动。因此需设置专门的雨水排水系统，系统地、有组织地将屋面雨雪水及时排除。

屋面雨水排水系统的设置，应根据建筑结构形式、生产使用要求及气候条件来确定。按雨水管道布置的位置分为外排水系统、内排水系统和混合排水系统。

3.4.1 屋面雨水外排水系统

在技术经济合理的情况下，屋面雨水排水系统应尽量采用外排水。外排水根据设置的形式不同可分为檐沟外排水和天沟外排水。

1. 檐沟外排水　也称水落管外排水，由檐沟和水落管组成，如图 3-15 所示。适用于一般性的居住建筑、屋面面积较小的公共建筑和单跨工业建筑。雨水常采用屋面檐沟汇集，然后流入隔一定间距沿外墙设置的水落管排泄至地下管沟或地面。

水落管多由铸铁、镀锌薄钢板、玻璃钢或 UPVC 材料制作，现在多采用 UPVC 管，管径多为 75 ~ 100mm。根据设计地区的降雨量以及管道的通水能力确定一根水落管服务的屋面面积，再根据屋面面积和形状确定水落管设置间距。一般民用建筑水落管间距为 8 ~ 16m，工业建筑为18 ~ 24m。阳台上一般要求设置直径为 50mm 的排水管。

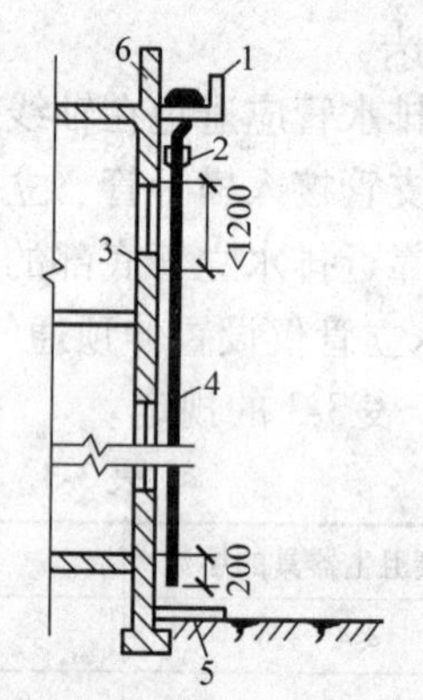

图 3-15　檐沟外排水

1—檐沟　2—承雨斗　3—管卡
4—水落管　5—散水　6—山墙

该系统敷设于室外，室内不会因雨水系统的设置而产生屋面渗漏、地面冒水而产生水患。其缺点是排水较分散，不便于有组织排水。

2. 天沟外排水　该系统是利用屋面天沟汇水，使雨雪水向建筑物两端（山墙、女儿墙方向）汇集，进入雨水斗，并经墙外立管排至地面或室外雨水管渠，进行有组织地排水。

天沟外排水系统由天沟、雨水斗和排水立管组成，如图 3-16 所示。

天沟的断面形式根据屋面结构情况确定，一般为矩形和梯形。为了在保证排水顺畅的同时又不过度增加屋面结构的负荷，天沟坡度一般为 0.003 ~ 0.006。天沟应以建筑物伸缩缝或沉降缝为分水线，防止天沟通过伸缩缝或沉降缝漏水，由于一般屋面的伸缩缝长度为40 ~ 60mm，故天沟的长度一般不宜大于 50m。

雨水立管应设检查口，其中心距地面一般为 1.0m；立管直接排水到地面时，需采取防冲措施；为了防止天沟内过量积水，应在女儿墙、山墙上或天沟末端壁处设置溢流口。

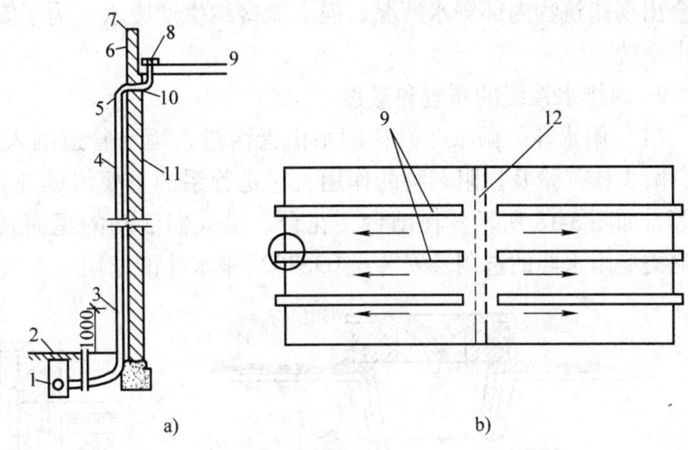

图 3-16　屋面天沟排水

a）天沟排水管系　b）屋面天沟布置图

1—室外雨水管道　2—检查井　3—检查口　4—立管　5—管卡　6—溢流口　7—山墙　8—雨水斗　9—天沟　10—连接管　11—外墙　12—变形缝

天沟外排水一般用于大面积多跨度工业厂房、厂房内不允许进雨水而且又不允许在厂房内设置雨水管道的雨水排水设计。采用天沟外排水方式可有效地避免内排水系统在使用过程中建筑内部检查井冒水的问题，而且节约投资、节省金属材料、施工简便(相对于内排水而言不需留洞、不需搭架安装悬吊管)、有利于合理地使用厂房空间和地面，可减小厂区雨水管道埋深等优点。其缺点是由于天沟长又有一定坡度，导致结构负荷增大；晴天屋面集灰多，雨天天沟排水不畅等。

对于某些厂房较长，如果全部采用天沟外排水，建筑结构设计有困难时，也可采用内外排水相结合的排水方式，两端为外排水，厂房中间部分为内排水。

3.4.2　内排水系统

对于屋面有天窗、多跨度、锯齿形屋面或壳形屋面等工业厂房，其屋面面积大或曲折，采用檐沟外排水或天沟外排水的方式排除屋面雨雪水有困难，因此必须在建筑内部设置内排水系统。高层大面积平屋面民用建筑，特别是处于寒冷地区的建筑物，均应采取建筑内排水系统。

1. 内排水系统的分类　建筑内排水系统由雨水斗、连接管、悬吊管、排出管、埋地管和附属构筑物等部分组成。根据悬吊管所连接的雨水斗的数量不同，建筑内排水系统可分为单斗和多斗两种。为了安全起见，在进行建筑内排水系统的设计时应采用单斗系统，如图 3-17 所示。根据建筑物内部是否设置雨水检查井，又可分为敞开和密闭系统。敞开系统的建筑物内部设置检查井，该系统可接纳生产废水，方便清通和维修，但有可能出现检查井冒水的现象，雨水漫流室内地面，造成危害。密闭系统是压力排水，埋地管在检查井内用密闭的三通连接，有检查和清通措施，

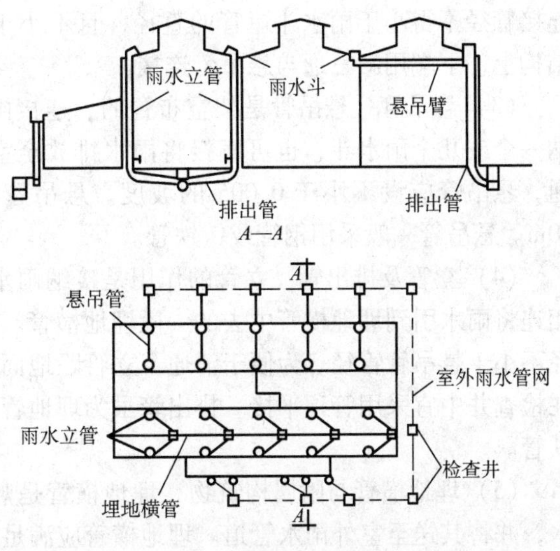

图 3-17　屋面内排水系统示意图

不会出现建筑物内部冒水情况，但不能接纳生产废水。为了安全可靠，一般应采用密闭式内排水系统。

2. 内排水系统的布置和敷设

（1）雨水斗　雨水斗设在雨水由天沟进入雨水管道的入口处。具有泄水、稳定天沟水位、减少掺气量及拦阻杂物的作用，它是管系的重要组成部分。常用的雨水斗有65型、79型等，如图3-18所示。在阳台、花台、供人们活动的屋面及窗井处可采用平箅式雨水斗。其他类型雨水斗的选用及安装见09S302《雨水斗的选用及安装》

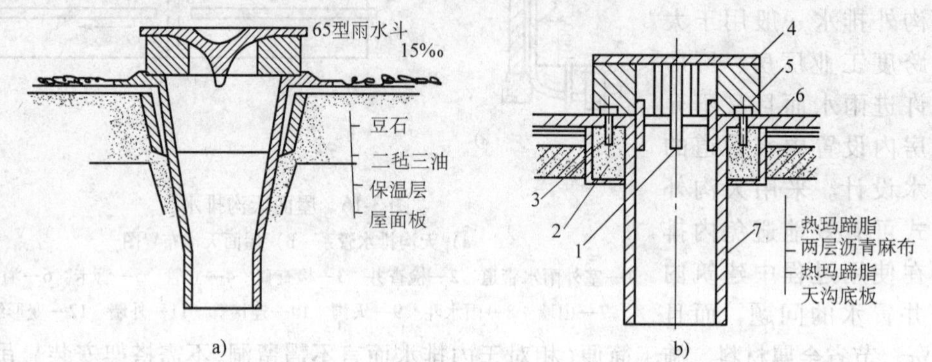

图3-18　雨水斗安装示意图

a）65型雨水斗　b）79型雨水斗

1—定位销子　2—热沥青　3—螺栓　4—顶板　5—导流罩　6—压板　7—短管

雨水斗应满足最大限度地迅速排除屋面雨、雪水的要求。布置雨水斗时，应以伸缩缝，防火墙或沉降缝作为天沟排水分水线，各自自成排水系统。当分水线两侧两个雨水斗连接在同一根立管或悬吊管上时，应采用伸缩接头并保证密封不漏水。采用多斗排水系统时，为使泄流量均匀，雨水斗宜将立管对称布置，一根悬吊管上连接的雨水斗不得多于四个，雨水斗不能设在立管顶端。

（2）连接管　连接管是接纳雨水斗流来的雨水，并将其引入悬吊管中的一段短竖管。连接管径不得小于雨水斗短管的直径，且不小于100mm，并应牢固地固定在建筑物的承重结构上，下端用斜三通与悬吊管连接。

（3）悬吊管　悬吊管是架空布置的、连接雨水斗和排水立管的横敷管段，悬吊管可承纳一个或几个雨水斗，也可直接将雨水排放至室外而不设立管。为满足水力条件和便于清通，悬吊管应设不小于0.005的坡度。悬吊管宜布置在靠近柱、墙处，其间距不得大于20m。悬吊管一般采用钢管或铸铁管。

（4）立管及排出管　立管的作用是接纳雨水斗或悬吊管中的水流。排出管则是与立管相连将雨水引到埋地横管中去的一段埋地横管。一根立管连接的悬吊管不多于两根，立管管径不小于悬吊管管径。为便于清通，立管距地面约1m处应设检查口。排出管与下游埋地管在检查井中宜采用管顶平接。排出管虽为埋地管，但因该管段属压力流，故排出管应采用铸铁管。

（5）埋地横管与附属构筑物　埋地横管是敷设于室内地下的横管，接纳立管排来的雨水，并将其送至室外雨水管道。埋地横管应满足最小敷设坡度的要求。埋地横管一般可用非金属管材，为便于清通，埋地横管的直径不宜小于200mm，最大不超过600mm。

3.5 高层建筑排水

3.5.1 高层建筑排水系统的特点

高层建筑与低层建筑所产生的生活污水按照性质可分为冲厕污水、洗涤污水和盥洗污水。排出污水的方式有分流排水系统和合流排水系统。近年来由于水源日趋紧张，在一些缺水城市，规定建筑面积大于或等于 20000m^2 的建筑或建筑群，需建立中水系统。建筑排水一般就需采用分流排水系统，将分流排出盥洗污水与洗涤污水收集处理后再供冲厕和浇洒使用，以提高城市用水的利用率。故高层建筑一般采用污水分流排水系统。

还有，高层建筑中卫生器具多、排水立管长、排水量大，且排水立管连接横支管多，多根横管同时排水，由于水舌的影响和横干管起端产生的强烈冲击流使得水跃高度增加，造成管道中的压力波动较大，导致水封破坏，影响了室内环境卫生。为了保护水封，高层建筑排水系统必须解决好通气问题，稳定管道内气压，以保持系统运行的良好工况。

3.5.2 高层建筑排水系统的方式

高层建筑中管道、设备数量多，管线长，相互之间关系复杂，装饰标准要求高，并且常将立管管道设于管井中，管井上下贯穿各层，其面积要保证管道的间距和检修时所需的空间。

高层建筑排水系统常采用特殊单立管排水系统，常有的几种新型单立管排水系统有苏维脱排水系统、旋流排水系统、芯型排水系统和 UPVC 螺旋排水系统等。它们共同的特点是，在排水系统中安装特殊的配件，当水流通过时，可降低流速和避免水舌的干扰，不设专用通气管，既可保持管内气流畅通，又可控制管内压力波动，有效地防止了水封破坏，提高了排水能力，节约了管材，方便了施工。采用新型单立管排水系统，也是解决排水管道通气问题的有效途径。

建筑内部排水系统下列情况适宜设置特殊单立管排水系统：①排水流量超过了普通单立管排水系统排水立管最大排水能力时。②横管与立管连接点较多时。③同层接入排水立管的横支管数量较多时。④卫生间或管道井面积较小时，难以设置专用通气管的建筑。

1. 苏维脱排水系统　该系统是 1961 年由瑞士苏玛研究成功的，它具有两个特殊配件。

(1) 气水混合器　它装设在立管和各楼层的横管连接处，如图 3-19 所示。由上流入口、乙字管、隔板、隔板上小孔、横支管流入口、混合室和排出口等组成。自立管下降的污水，经乙字管时，水流撞击分散与周围空气混合成水沫状气水混合物，密度变小，下降速度变慢，降低了抽吸力。横支管排出的水受到隔板的阻挡，不能形成水舌，能保持立管中气流通畅，维持气压稳定。

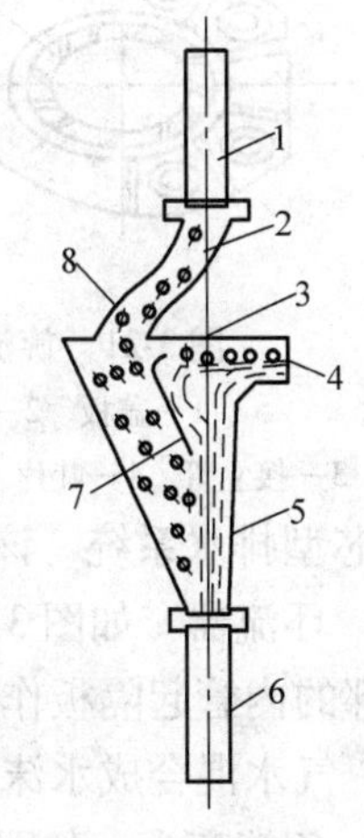

图 3-19　气水混合物

1、6—立管　2—乙字管　3—孔隙　4—空气　5—混合室　7—隔板　8—气水混合物

(2) 气水分离器　如图 3-20 所示，由流入口、顶部通气口、突块、分离室、跑气管、排出口组成。从立管下落的气水混合液，遇突块后溅散并冲向对面斜内壁上，发挥消能

和分离气、水的作用，分离处的气体经跑气管引入干管下游一段距离，减轻了水跃，底部正压减小，维持了气压稳定。

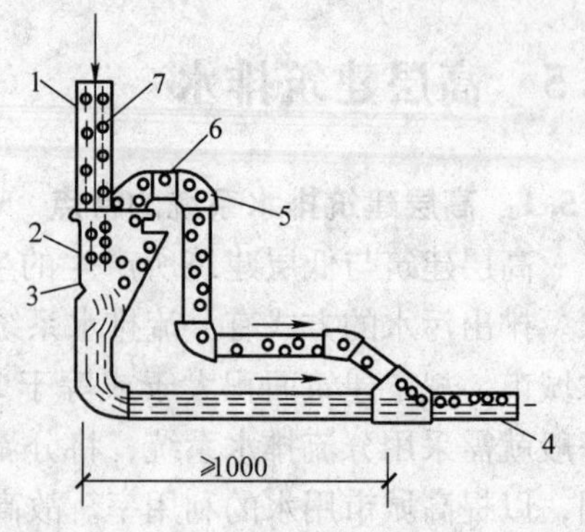

图 3-20　气水分离器

1—立管　2—空气分离室　3—突块　4—横管　5—跑气管　6—空气　7—气水混合物

2. 旋流排水系统　该系统是 1967 年由法国勒格、理查和鲁夫共同研究成功的，它有两个特殊配件。

（1）旋流接头　如图 3-21 所示，由底座、盖板等组成，盖板上设有固定的导旋叶片，底座支管和立管接口处，沿立管切线方向设有导流板。横支管污水经过导流管沿立管切线方向以旋流状态进入立管，立管下降水流经固定旋流叶片沿壁旋转下降，当水流下降一定距离后，旋流作用减弱，但流过下层旋流接头时，经旋流叶片导流，又可增加旋流作用，直至底部，使管中间形成气流畅通的空气芯，立管气流上下通畅，维持立管中气压稳定。

（2）导流排水弯头　如图 3-22 所示，为内部装有导向叶片的 45°弯头。立管下落的水流经过导向叶片后，流向弯头对壁，使水流沿弯头下部流入横干管或排出管，避免或减轻水跃，也避免过大正压的形成。

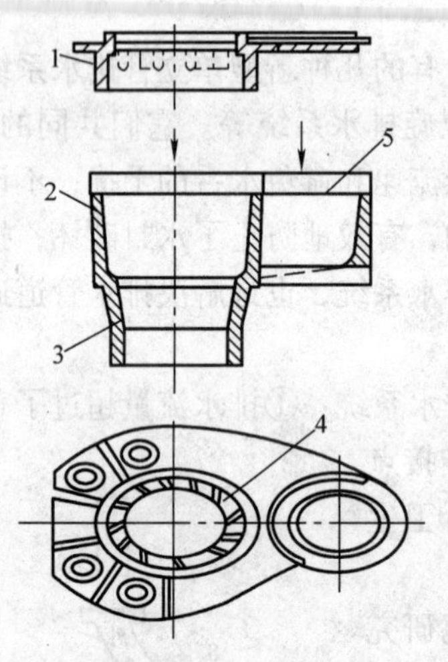

图 3-21　旋流接头

1—盖板　2—底座

3—接立管　4—叶片　5—接大便器

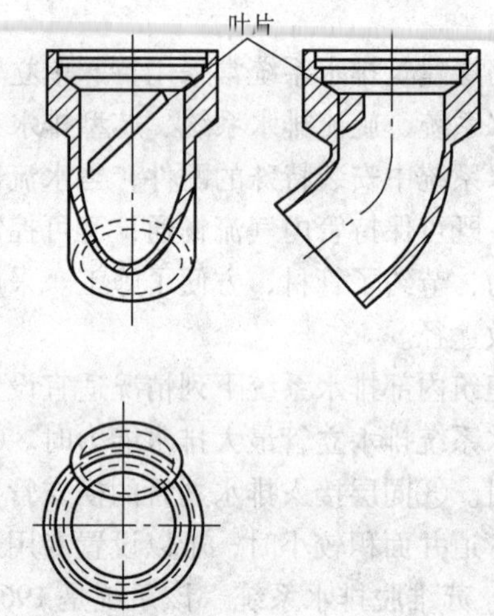

图 3-22　导流排水弯头

3. 芯型排水系统　该系统是 1973 年由日本小岛德厚研究开发的，它有两个特殊配件。

（1）环流器　如图 3-23 所示，由上部立管插入内部的倒椎体和两至四个横向接口组成。插入内部的内管起隔板作用，防止横支管出水形成水舌，立管污水经环流器进入倒椎体后形成扩散，气水混合成水沫，密度减小、下落速度减缓，立管中心气流通畅，气压稳定。

（2）角笛弯头　如图 3-24 所示，是一个大小头带检查口的 90°弯头，设置在立管底部转弯处。自立管下落的水流因过水断面扩大，流速减小，夹杂在污水中空气释放，同时能消除水跃和涌水，避免形成过大正压。

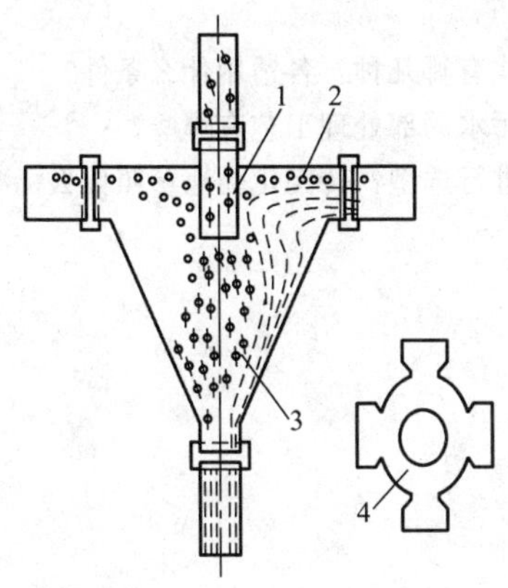

图 3-23　环流器

1—内管　2—空气　3—气水混合物　4—环形通路

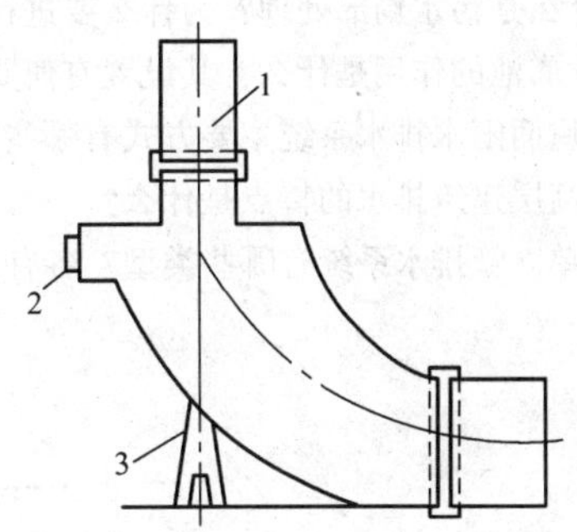

图 3-24　角笛弯头

1—立管　2—检查口　3—支墩

4. UPVC 螺旋排水系统　　该系统是 1990 年由韩国开发研制的，由特殊配件偏心三通和内壁带有六条间距 50mm 呈三角形突起的螺旋线导流突起组成，如图 3-25 和图 3-26 所示。偏心三通设置在立管与横管的连接处，由横管流入的污水经偏心三通从周围切线方向进入立管，旋转下降，立管中的污水在螺旋线导流突起的引导下，在内管壁形成较为稳定而密实的水膜旋流，旋转下落使管中心气流通畅，减小了管道内压力波动。同时由于立管旋流与横管切线进入的水流减小了撞击，有效克服了排水塑料管噪声大的缺点。

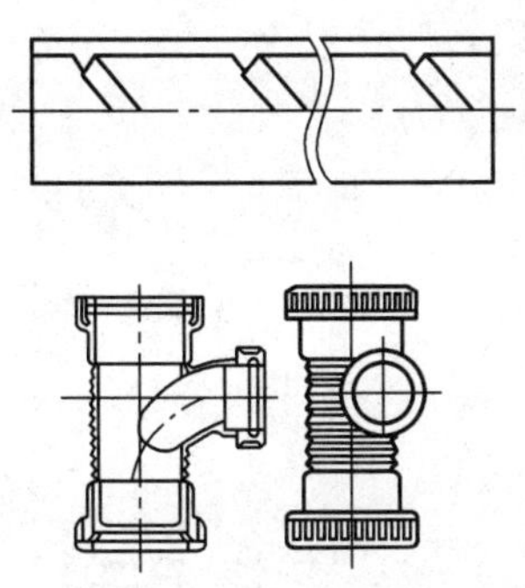

图 3-25　偏心三通

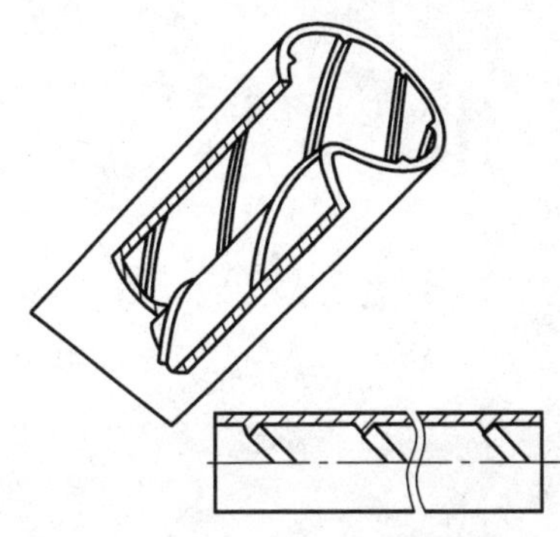

图 3-26　有螺旋导流突起的 UPVC 管

以上新型单立管排水系统在我国高层建筑排水工程中已有应用，但目前尚不普遍，随着特殊配件的定型化、标准化及有关规范的制定和完善，新型单立管排水系统将得到进一步推广使用。

复习思考题

1. 建筑排水系统由哪几部分组成？各有什么作用？
2. 什么是排水体制？建筑内排水特征如何确定？
3. 建筑排水系统常用的管材有哪些？各有什么特点？
4. 清通设备有哪些形式？如何设置？
5. 简述建筑排水管道布置和敷设的原则和要求。

6. 水封的作用是什么？如何保护其不受破坏？
7. 建筑排水系统中通气管道的作用是什么？常用的通气方式有哪几种？各适用什么条件？
8. 什么是污水局部处理？为什么要进行局部处理？常用的污水局部处理工艺有哪些？
9. 化粪池的作用是什么？其设置有何要求？按照哪些要素进行选型？砖砌化粪池参照什么标准图集？
10. 屋面雨水排水系统主要方式有哪些？如何选择？
11. 高层建筑排水的特点是什么？
12. 单立管排水系统有哪些类型？各有何重要部件？

第4章　建筑给排水工程施工图识读与施工

4.1　建筑给排水施工图的识读

4.1.1　建筑给排水施工图的组成

工程施工图既是施工的重要依据，又是施工合同的重要组成部分，也是确定工程造价及结算的依据。施工图除了设计人员签字及设计单位相关负责人审定签字外，还须盖有设计单位的签章及相关部门的图样审查签章，否则不能称之为施工图。一幢房屋建筑的施工图由建筑施工图(简称“建施”(JS)、结构施工图(简称“结施”(GS))、建筑给排水施工图(简称“水施”(SS)、建筑电气施工图(简称为“电施”DS)、建筑采暖施工图(简称为“暖施”(NS))等组成。“水施”、“电施”、“暖施”等均属于建筑设备系统的施工图。本节内容主要介绍“水施(SS)”。其他设备系统施工图后续内容将介绍。

“水施”依据 GB 50015—2010《建筑给排水设计规范》、GB 50016—2006《建筑设计防火规范》、GB 50045—2005《高层民用建筑设计防火规范》、GB 50084—2001(2005 年版)《自动喷水系统灭火规范》、GB 50370—2005《建筑灭火器配置设计规范》、《 GB 50219—1995 水喷雾灭火系统设计规范》等国家规范设计，并依据 GB/T 50106—2001《给排水制图标准》等国家现行的有关标准的规定绘制而成。其组成如下：图样目录、设计及施工说明、平面图、剖面图、大样图、系统原理图(简称为系统图)、轴测图、详图。

1. 图样目录　图样目录为识读图样的方便，列出图样内容名称、图号、张数和图幅及相应的顺序号，以便查找。一套完整的建筑给排水施工图的排列顺序依次为图样目录、平面图、剖面图、大样图、轴测图(系统图)、详图。平面图排列顺序为地下各层在前，地上各层依次在后。

2. 设计及施工说明　此内容中主要以文字、表格等形式简明清晰地表明：图样设计范围、设计依据、介质的压力、所采用的管材及接口形式、管道敷设情况、管道防腐及保温方法、套管及预留孔洞的规格、施工及验收标准、图例、主要设备器材表等。此外，还应说明需要参看的有关专业的施工图号或采用的标准图号，以及设计上对施工的特殊要求和其他不易表达清楚的问题。

3. 平面图　平面图是各类管道、卫生器具及设备(如开水炉、水箱等)、消火栓、喷头、雨水斗、阀门等附件和立管位置，按照图例以正投影法绘制于建筑平面图上而成。管道均以粗单线绘制，建筑物的轮廓线、轴线号、房间名称、绘制比例等均应与建筑施工图一致，且用细实线绘制。安装在下层空间或埋设在地面下面为本层使用的管道，可绘制于本层平面上；如有地下层，排出管、引入管、排水横支管可绘于地下层内。

屋面雨水平面图应反映雨水斗位置及编号、汇水天沟及屋面坡向、每个雨水斗汇水范围、分水线位置等，雨水管管径、坡度，无剖面图时应在平面图上注明起始及终止点管道标高。屋面雨水外排水系统因其系统组成简单，屋面雨水平面图通常只出现在“建施”上。

按照以上叙述，平面图应反映以下内容：

1）建筑物轴线编号及尺寸。±0.000m 标高层平面图应在右上方绘制指北针。

2）各设备的编号及数量、名称、定位尺寸及接管方向等。

3）各路管线的编号、规格、介质的名称、坡度、坡向、平面定位尺寸及附件的位置。立管按管道类别和代号自左至右分别进行编号，且各楼层应一致。

4）各管线的起点、终点，管线与管线之间、管线与建筑物之间以及管线与设备之间的关系。

4. 剖面图　当设备、构筑物布置复杂，管道交叉多，轴测图不能表达表示清楚时，宜辅以剖面图。剖面图上表达的内容有：

1）设备、构筑物、管道、阀门等附件位置、形式和相互关系。

2）管径、标高、设备及构筑物有关定位尺寸。

5. 大样图　管道较多，正常比例表示不清楚时，可绘制大样图。当比例等于或大于1∶30时，设备和器具按照原形用细实线，管道用双线以中实线绘制。比例小于1∶30时，可按照图例绘制。

6. 系统原理图　系统原理图反映系统中各种管道之间的空间关系。多层建筑、中高层建筑和高层建筑管道以立管为主要表示对象，平面左端立管为起点，顺时针自左向右按编号依次顺序均匀排列，按管道类别（给水管道、消防管道、排水管道）分别绘制（不按比例绘制）立管系统原理图。如绘制立管在某层偏置（不含乙字管）设置，该层偏置立管宜另行编号。系统图上应标明下列内容：

1）楼地面线、屋面线及相应的标高。在图样左端注明楼层层数和建筑标高。若有夹层、跃层、同层升降部分也应以楼层线及相应的标高标明。

2）立管的管径、横支管接入立管的位置及管径。如横支管上的用水或排水器具另有详图时，其支管可在分户水表后断掉，并注明详见图号。

3）管道阀门、过滤器、检查口、通气帽、固定支架、伸缩补偿装置等，以及水池、水箱、加压水泵、气压罐、仪表等各种设备及构筑物的示意图及位置。

4）系统的引入管、排出管穿墙轴线的编号及相应的标高。

7. 轴测图　也称为透视图。轴测图一般按 45°正面斜轴测投影法绘制。

管道布图方向与平面一致且按一定比例绘制。楼地面线、管道上的阀门和附件应予以标明；管径、立管编号与平面一致。

管道应注明管径、标高（也可标注距楼地面尺寸），接出或接入管道的设备、器具宜编号或注字表示。重力流如排水管道宜按照坡度方向绘制。

8. 详图　详图有标准图集。当无标准设计图可供选择的设备、器具安装图及非标准设备制造图，宜绘制详图。安装或制造总装图上，应对零部件进行编号。

零部件应按照实际形状绘制，并标注各部尺寸、加工精度、材质要求和制造数量、编号。

4.1.2　建筑给排水施工图的识读

1. 给水排水制图的一般规定

（1）图线　线宽以 b 计，b 宜为 0.7mm 或 1.0mm。粗实线（虚线）线宽均为 b，中粗实线（虚线）为 $0.75b$，中实线（虚线）为 $0.5b$，细实线（虚线）为 $0.25b$。

1）新设计的各种排水和重力流可见管线线型为粗实线，不可见以粗虚线表示。

2）新设计的各种给水和其他压力流可见管线以中粗实线表示，不可见以中粗虚线表示。

3）给排水设备、零件（附件）的可见轮廓线、总图中新建的建筑物和构筑物的可见轮廓线、原有的各种给水和其他压力流管线均以中实线表示，不可见轮廓线以中虚线表示。

4）建筑物的可见轮廓线、总图中原有的建筑物和构筑物的可见轮廓线、制图中的各种标注线以细实线表示。

（2）比例　建筑给水平面布置图的比例：1∶200、1∶150、1∶100；建筑给排水轴测图比例：1∶150、1∶100、1∶50；详图比例：1∶50、1∶30、1∶20、1∶10、1∶5、1∶2、1∶1、2∶1。

（3）标高

1）标高符号及一般标注方法应符合 GB 50001—2001《房屋建筑制图统一标准》中的相关规定。

2）室内工程应标注相对标高。室外工程宜标注绝对标高。当无绝对标高资料时，可标注相对标高，但应与总图专业一致。

3）给水管道（压力管）的标高应为管中心标高；排水管（重力流管）或沟渠宜标注管（沟）内底标高。

4）标高的标注方法。轴测图中的标高如图 4-1 所示。

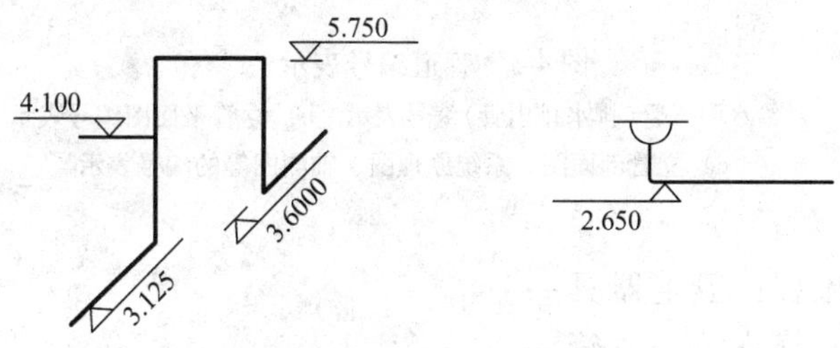

图 4-1　标高的表示法

（4）管径　管径以 mm 为单位。

1）镀锌钢管、铸铁管管径以公称直径表示，符号为 *DN*，如 *DN*15。

2）无缝钢管、焊接钢管（直缝或螺旋缝）、铜管、不锈钢管等管材，管径宜以外径 *D*×壁厚表示，如 *D*108×4。

3）塑料管材的管径宜按产品标准的方法表示，PP-R 管的规格表示前已述，UPVC 也是以公称外径×壁厚表示，如 ϕ110mm×3.2mm。

4）当设计用公称直径时，应与相应的产品规格对照，给水 PP-R 管的公称外径与公称直径的对照见表 1-3；排水 UPVC 管的公称外径与公称直径的对照见表 4-1。

表 4-1　UPVC 管的公称外径与公称直径的对照表　（单位：mm）

公称外径	160	110	75	50
公称直径	150	100	75	50

5）管径的标注方法如图 4-2 所示。

（5）管道编号（见图 4-3）。

2. 图例　给排水工程图例分为管道、管道附件、管道连接、管件、阀门、给水配件、消防设施、卫生设备及水池、小型给排水构筑物、给排水设备、专用仪表图例 11 种。这些图例一般会在图样的设计说明中根据工程实际情况列出。这里不赘述。

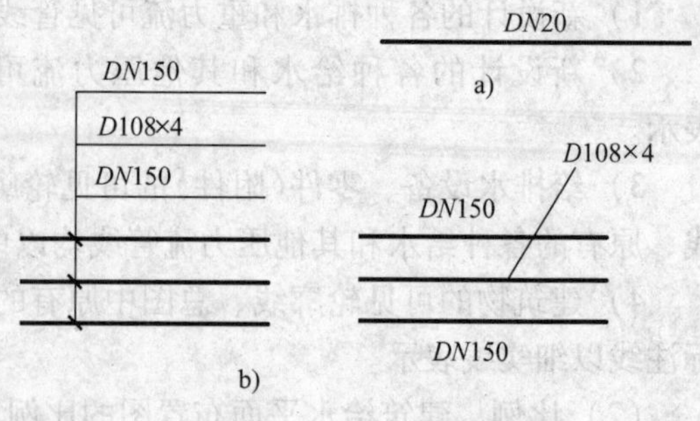

图 4-2　管径的表示法

a）单管管径表示法　b）多管管径表示法

3. 识读方法　“水施”可按照不同系统的水的流程识读，具体如下：

建筑给水系统流程：室外给水管→引入管→干管→立管→横支管→配水附件（水嘴、消火栓、喷头等）。

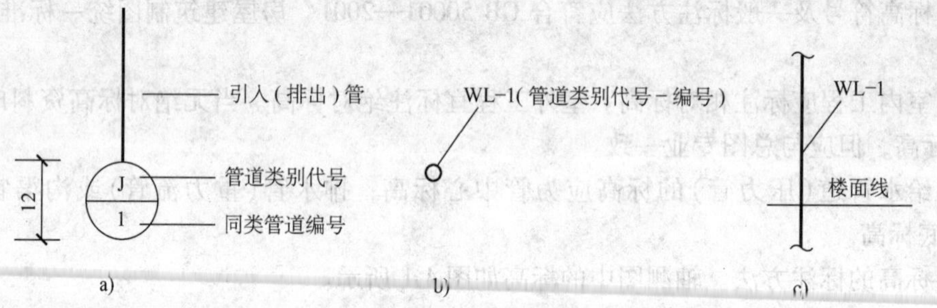

图 4-3　管道编号表示法

a）给水引入管（排水排出管）编号表示　b）立管平面图编号表示

c）立管剖面图、系统原理图、轴测图等的编号表示

建筑排水系统流程：卫生器具→卫生器具支管→ 排水横支管→立管→干管→ 出户管（排出管）→室外检查井→室外排水管网。

识读方法：首先看图样设计及施工说明，明确工程范围等，然后找到系统图或轴测图，对照平面、剖面及（卫生间）大样图等，可知引入管及出户管的位置管径及埋深，卫生器具、设备及构筑物等的布置位置及数量，各种管道管径的大小及相应的位置，管道附件的位置及数量，管道敷设的方式，管道支架的设置情况，保温及金属管道的防腐方法，验收标准等。

4. 识读举例　本例为一幢三层办公楼的给排水施工图。图 4-4、图 4-5 为平面图，图 4-6 为系统透视图。

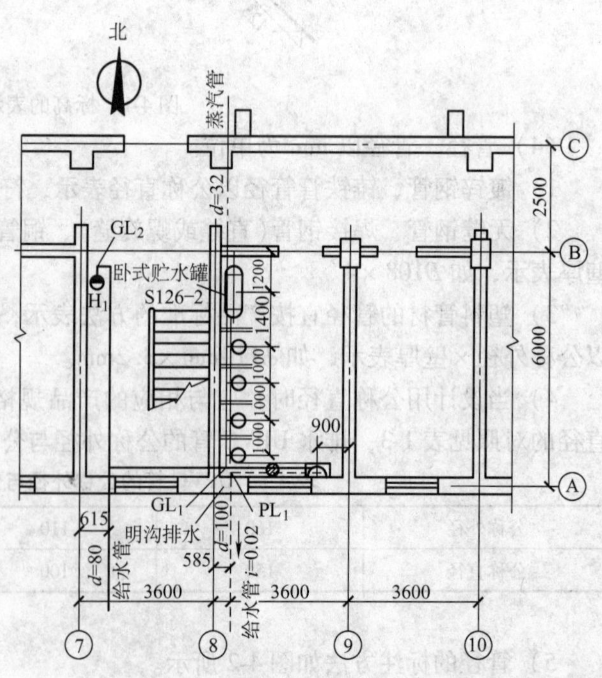

图 4-4　办公楼底层给排水施工平面图

(1) 平面图识读　通过各层平面图可知：底层(见图4-4)有淋浴间，二层三层(见图4-5)有洗手间。在±0.000的平面图上，给水管(用粗实线表示)在⑦轴线东面615mm处，由南向北进房屋，进屋后分两路，一路由西向东进入淋浴间，进入淋浴间的立管GL_1位于轴线⑧与外墙轴线Ⓐ交汇的内墙角处，且在淋浴间内又分两路，一路由南向北经过四组淋浴器再进入卧式贮水罐(型号为S126-2)，另一路由东到洗脸盆；进屋后另一路继续向北作为消火栓给水，其消防给水立管位于轴线⑦与轴线Ⓑ交汇的内墙角处，消火栓的编号为H_1。

排水管用粗虚线表示，淋浴间的地面积水，通过明沟收集到地漏，由地漏进入排水横支管，再进入立管PL_1，然后以0.02的坡度出户，进入室外的检查井。立管PL_1离轴线⑧的距离为585mm，且靠墙设置。

蒸汽管(用双点画线表示)在⑧轴线处东面进屋，由北向南进入S216-2型贮水罐。

热水管(用点画线表示)从贮水罐出来到四套淋浴器，然后朝东拐去在⑨轴线西900mm处进入洗脸盆。

在标高为3.600m的平面上，来自±0.000的平面图GL_1立管分两路，一路由南向北给拖布池、大便器水箱和洗脸盆给水，另一路再由西向东再朝北拐，往小便器水箱给水。GL_2为一楼过来的消防立管给二楼消火栓H_2供水。

排水立管PL_1走向与GL_1同，也从一层来。二层的洗手间有两个地漏、一个拖布池、一组大便器、一组洗脸盆的污水通过其支管到横支管进入PL_1立管。清扫口及地漏的位置如图4-5所示。

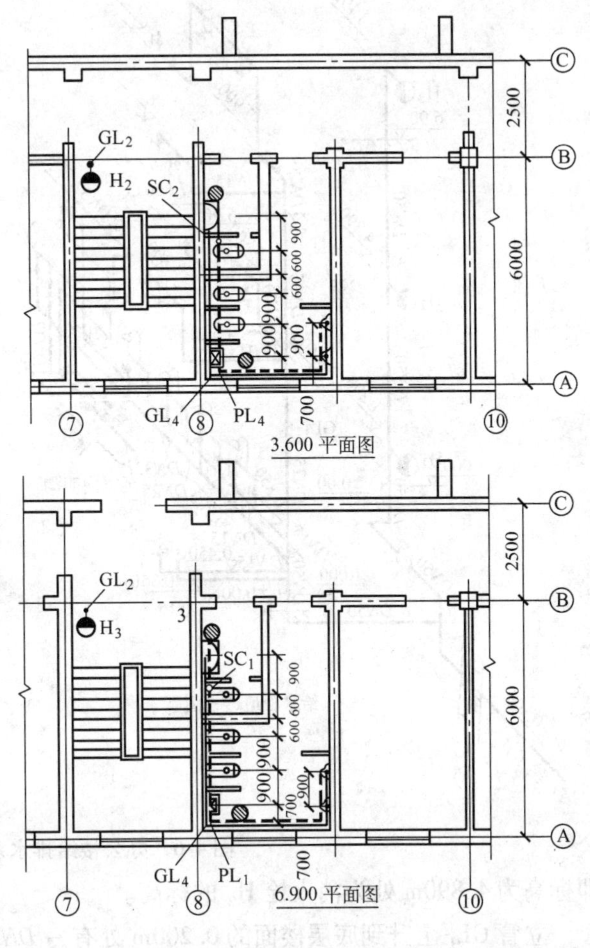

图4-5　办公楼二、三层给排水施工平面图

6.900m平面上卫生间的布置与3.600m的相同。

通过平面图的识读大体了解了整幢办公楼卫生器具布置情况及引入管及排出管的位置、给水及排水立管的位置。若要弄清楚支管接入立管的位置及管径，还有卫生器具、设备的安装尺寸情况，还必须通过透视图(轴测图)或详图(卫生器具安装标准图集等)才能解决。

(2) 透视图(轴测图)的识读　在给水透视图里，可看清给水引入管管径为*DN*80mm，标高为-0.800m，即管的中心轴线位于底层地坪下0.800m处，由南向北进屋，然后向上拐弯，通过三通分出两路，管径为*DN*50mm。

立管GL_2管径一直为*DN*50mm，离地坪1.000m处，有一阀门，是这一路消防用水管线的总阀门。在标高1.290m处是底层消火栓H_1的标高，在二层地面3.600m以上1.290m处

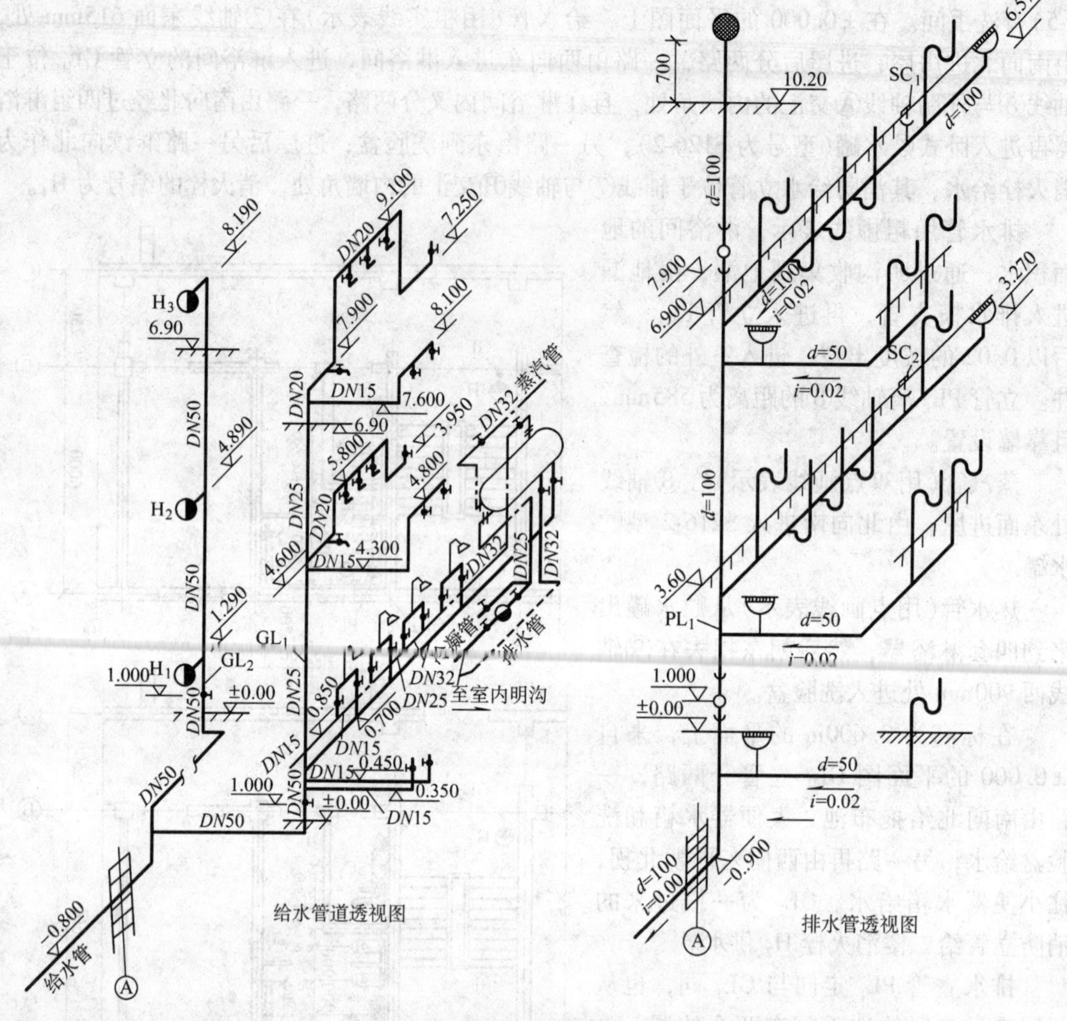

图 4-6　办公楼给排水系统透视图

即标高为 4. 890m 处为消火栓 H_2 的标高。

立管 GL_1 上升到底层楼面的 0. 200m 处有一 *DN*50mm 的阀门。是这路立管及分支管的总阀门。立管 GL_1 有五路分支，在标高 0. 350 处从 *DN*50mm 的总管上分出 *DN*15mm 的支管由西往东向洗脸盆给水。在标高 0. 700m 处，再次从 *DN*50mm 的总管上分出 *DN*32mm 的支管，由南向北进入卧式贮水罐底部供应冷水。在 *DN*50mm 的总管上分出 *DN*32mm 的支管后可用补心或大小头将原 *DN*50mm 管变为 *DN*25mm 管，至标高 4. 300 处从 *DN*25mm 的总管上分出 *DN*15mm 的支管，由西向东并沿墙拐弯向上至 4. 800 处，然后再由南向北向小便器给水。在标高 4. 600m 处，从 *DN*25mm 的总管上分出 *DN*15mm 支管一路由南向北向拖布池供水。立管继续向上朝北为大便器水箱供水，之后下拐至 3. 950m 处为洗脸盆供水。

三层给水管道走向基本与二层相同。

在给水透视图中，在卧式贮水罐 S216-2 上有五路管线与之相连，罐端部的上口是蒸汽管入口，下口是蒸汽冷凝水出口，且设置一组疏水装置，以便及时排除冷凝水，同时又可防止蒸汽散失。

贮水罐的底部是冷水入口，顶部热水出罐。在底部还有一路排污管至室内明沟，罐底冷水管是从 GL_1 立管上分出的，标高为 0. 700m，管径为 *DN*32mm，由南向北先为四套淋浴器供水，然后继续向北朝上进罐。

热水管从罐顶接出，拐弯向下至 0. 850 处，由北向南向四套淋浴器供应热水，并继续向南朝下转弯至 0. 450m 处由西向东给洗脸盆供应热水。热水管的管径变化如下：热水从罐顶出来经过两套淋浴器的管径为 *DN*32mm，后两套淋浴器的管径为 *DN*25mm，去洗脸盆的管段管径为 *DN*15mm。

在排水透视图中，PL_1 立管的管径为 100，底层及三层分别设检查口，检查口离本层楼面 1. 0。伸顶通气管管径为 100，伸出屋面 700，顶设通气帽。二层、三层连接四组大便器横支管管径为 100mm，起端以低于楼面 0. 330m，坡度 0. 02，与 PL_1 立管相连。排出管管径为 100mm，埋深为 0. 900m，坡度为 0. 005。

上述办公楼的给排水施工图中消火栓、洗脸盆、淋浴器、地漏、清扫口的安装尺寸详见国家现行的给排水标准图集。

4. 2　建筑给排水系统的施工及验收

4. 2. 1　建筑给排水系统的施工

1. 施工工艺流程　建筑给排水系统施工工艺流程因系统组成内容不同也有所不同，具体如下：

给水管道系统：安装准备(技术、组织、物资)→预制加工→干管安装→立管安装→支管安装→管道防腐和保温(塑料管不需要)→管道冲洗消毒。

消防系统：安装准备→预制加工→ 干管安装→报警阀安装→立管安装→喷洒分层干支管、消火栓及支管安装→水流指示器、消防水泵、高位水箱、水泵结合器安装→管道试压→管道冲洗→喷洒头支管安装(系统综合试压及冲洗)→节流装置安装→报警阀配件、消火栓配件、喷洒头安装→系统通水调试。

排水管道系统：安装准备→预制加工→干管安装→立管安装→支管安装→卡件固定→封口堵洞→闭水试验→通水试验。

卫生器具：安装准备→卫生洁具及配件检验→卫生洁具安装→卫生洁具配件预装→卫生洁具稳装→卫生洁具与墙、地缝隙处理→卫生洁具外观检查→通水试验。

2. 施工准备

(1) 材料、设备要求

1) 卫生设备、钢材、管材、管件及附属制品等，在进场后、使用前应认真检查，必须符合国家或部颁标准有关质量、技术要求，并有产品出厂合格证明。

2) 各种连接管件不得有砂眼、裂纹、偏牙、乱牙、螺纹不全和角度不准等现象。

3) 各种阀门的外观要规整无损伤，阀体严密性好，阀杆不得弯曲，安装前应按设计要求或施工规范、规定进行强度试验及严密性试验。

4) 石棉橡胶垫、油麻、线麻、水泥、电、气焊条等质量都必须符合设计及规范要求。

(2) 主要机具

1）机：套丝机、热熔机、砂轮锯、煨弯机、砂轮机、电焊机、台钻、手电钻、电锤、电动水压泵等。

2）具：套丝板、圆丝板、管钳、链钳、活扳子、手锯、手锤、大锤、錾子、捻凿、麻钎、螺纹板、压力案、台虎钳、刻丝钳、螺钉旋具、气焊工具等。

3）量具：水平尺、钢卷尺、线坠、焊口检测器、卡尺、小线等。

（3）作业条件

1）根据施工方案安排好适当的现场工作场地、工作棚、料具库，在管道层、地下室、地沟内操作时，要接通低压照明灯。

2）配合土建施工进度做好各项预留孔洞、管槽。稳栽各种型钢托、吊卡架及预埋套管，浇注楼板孔洞和堵抹墙洞工作应在土建装修工程开始前完成。

3）在各项预制加工项目进行前要根据安装测绘草图及材料计划，将需用材料、设备的规格型号、质量、数量确认合格并准备齐全，运到现场。

3. 管道预制加工

（1）管道螺纹连接

1）断管。根据现场测绘草图，在选好的管材上画线，按线断管。

① 用砂轮锯断管，应将管材放在砂轮锯卡钳上，对准画线卡牢，进行断管。断管时压手柄用力要均匀，不要用力过猛，断管后要将管口断面的铁膜、毛刺清除干净。

② 用手锯断管，应将管材固定在压力案的压力钳内，将锯条对准画线，双手推锯，锯条要保持与管的轴线垂直，推拉锯用力要均匀，锯口要锯到底，不许扭断或折断，以防管口断面变形。

2）套丝。即套螺纹。将断好的管材，按管径尺寸分次套制螺纹，一般以管径15～32mm者套二次，40～50mm者套三次，70mm以上者套三至四次为宜。套螺纹的数量见表4-2。

① 用套丝机套丝。将管材夹在套丝机卡盘上，留出适当长度将卡盘夹紧，对准板套号码，上好板牙，按管径对好刻度的适当位置，紧住固定板机，将润滑剂管对准螺纹头，开机推板，待螺纹套到适当长度，轻轻松开板机。

② 用手工套丝板套丝。先松开固定板机，把套丝板板盘退到零度，按顺序号上好板牙，把板盘对准所需刻度，拧紧固定板机，将管材放在压力案压力钳内，留出适当长度卡紧，将套丝板轻轻套入管材，使其松紧适度，而后两手推套丝板，带上两至三牙，再站到侧面扳转套丝板，用力要均匀，待螺纹即将套成时，轻轻松开板机，开机退板，保持螺纹应有锥度。

3）配装管件。根据现场测绘草图，将已套好螺纹的管材，配装管件。

① 配装管件时应将所需管件带入管螺纹，试试松紧度（一般用手带入三牙为宜），在螺纹处涂铅油、缠麻后带入管件，然后用管钳将管件拧紧，使螺纹外露两至三牙，去掉麻头，擦净铅油，编号放到适当位置等待调直。

② 根据配装管件的管径的大小选用适当的管钳。

4）管段调直。将已装好管件的管段，在安装前进行调直。

① 在装好管件的管段螺纹处涂铅油，连接两段或数段，连接时不能只顾预留口方向而要照顾到管材的弯曲度，相互找正后再将预留口方向转到合适部位并保持正直。

表 4-2　管子螺纹长度尺寸表

序号	公称直径		普通螺纹		长螺纹(连接设备用)		短螺纹(连接阀类用)	
	mm	in	长度/mm	螺纹牙数	长度/mm	螺纹牙数	长度/mm	螺纹牙数
1	15	1/2	14	8	50	28	12.0	6.5
2	20	3/4	16	9	55	30	13.5	7.5
3	25	1	18	8	60	26	15.0	6.5
4	32	11/4	20	9	—	—	17.0	7.5
5	40	11/2	22	10	—	—	19.0	8.0
6	50	2	24	11	—	—	21.0	9.0
7	70	21/2	27	12	—	—	—	—
8	80	3	30	13	—	—	—	—
9	100	4	33	14	—	—	—	—

注：螺纹长度均包括螺尾在内。

② 管段连接后，调直前必须按设计图样核对其管径、预留口方向、变径部位是否正确。

③ 管段调直要放在调管架上或调管平台上，一般两人操作为宜，一人在管段端头目测，一人在弯曲处用手锤敲打，边敲打，边观测，直至调直管段无弯曲为止，并在两管段连接点处标明印记，卸下一段或数段，再接上另一段或数段直至调完为止。

④ 对于管件连接点处的弯曲过死或直径较大的管道可采用烘炉或气焊加热到 600～800℃(火红色)时，放在管架上将管道不停的转动，利用管道自重使其平直，或用木板垫在加热处用锤轻击调直，调直后在冷却前要不停的转动，等温度降到适当时在加热处涂抹机油。凡是经过加热调直的螺纹，必须标好印记，卸下来重新涂铅油缠麻，再将管段对准印记拧紧。

⑤ 配装好阀门的管段，调直时应先将阀门盖卸下来，将阀门处垫实再敲打，以防振裂阀体。

⑥ 镀锌钢管不允许用加热法调直。

⑦ 管段调直时不允许损坏管材。

（2）管道法兰连接

1）凡管段与管段采用法兰盘连接或管道与法兰阀门连接者，必须按照设计要求和工作压力选用标准法兰盘。

2）法兰盘的连接螺栓直径、长度应符合规范要求，紧固法兰盘螺栓时要对称拧紧，紧固好的螺栓外露螺纹应为两至三牙，不宜大于螺栓直径的1/2。

3）法兰盘连接衬垫，一般给水管(冷水)采用厚度为 3mm 的橡胶垫，供热、蒸汽、生活热水管道应采用厚度为 3mm 的石棉橡胶垫。垫片要与管径同心，不得放偏。

（3）管道焊接

1）根据设计要求，钢管可采用电、气焊连接。

2）管道焊接时应有防风、雨雪措施，焊区环境温度低于 -20℃，焊口应预热，预热温度为 100～200℃，预热长度为 200～250mm。

3）一般管道的焊接为对口形式及组对，焊接壁厚、间隙、钝边、坡口角度应符合相关规定。

4）焊接前要将两管轴线对中，先将网管端部点焊牢，管径在 100mm 以下可点焊三个点，管径在 150mm 以上以点焊四个点为宜。

5）管材壁厚在 5mm 以上者应对管端焊口部位铲坡口，如用气焊加工管道坡口，必须除去坡口表面的氧化皮，并将影响焊接质量的凹凸不平处打磨平整。

6）管材与法兰盘焊接，应先将管材插入法兰盘内，先点焊两至三点再用角尺找正、找平后方可焊接，法兰盘应两面焊接，其内侧焊缝不得凸出法兰盘密封面。

（4）管道承插口连接

1）水泥捻口。一般用于室内、外铸铁排水管道的承插口连接。

① 为了减少捻固定灰口，对部分管材与管件可预先捻好灰口，捻灰口前应检查管材、管件有无裂纹、砂眼等缺陷，并将管材与管件进行预排，校对尺寸有无差错，承插口的灰口环形缝隙是否合格。

② 管材与管件连接时可在临时固定架上进行，管材与管件按图样要求将承口朝上，插口向下的方向插好，捻灰口。

③ 捻灰口时，先用麻钎将拧紧的比承插口环形缝隙稍粗一些的青麻或扎绑绳打进承口内，一般打两圈为宜(约为承口深度的 1/3)，青麻搭接处应大于 30mm 的长度，而后将麻打实，边打边找正、找直并将麻须捣平。

④ 将麻打好后，即可把捻口灰(水与水泥重量比 1:9)分层填入承口环形缝隙内，先用薄捻凿，一手填灰，一手用捻凿捣实，然后分层用手锤、捻凿打实，直到将灰口填满，用厚薄与承口环形缝隙大小相适应的捻凿将灰口打实打平，直至捻凿打在灰口上有回弹的感觉即为合格。

⑤ 拌和捻口灰，应随拌和随用，拌好的灰应控制在 1.5h 内用完为宜，同时要根据气候情况适当调整用水量。

⑥ 预制加工两节管材或两个以上管件时，应将先捻好灰口的管材或管件排列在上部，再捻下部灰口，以减轻其振动。捻完最后一个灰口应检查其余灰口有无松动，如有松动应及时处理。

⑦ 预制加工好的管材与管件应码放在平坦的场所，放平垫实，用湿麻绳缠好灰口，浇水养护，保持湿润，一般常温 48h 后方可移动运到现场安装。

⑧ 冬季严寒季节捻灰口应采取有效的防冻措施，拌灰用水可加适量盐水，捻好的灰口严禁受冻，存放环境温度应保持在 5℃以上，有条件也可采取蒸汽养护。

2）石棉水泥接口。

① 准备石棉水泥填料。一般室内、外铸铁给水管道敷设均采用石棉水泥捻口，即在水泥内掺适量的石棉绒拌合，石棉水泥接口的材料重量配合比为石棉: 水泥 =3: 7，石棉应采用 4 级或 5 级石棉绒，水泥采用不低于 32.5 级的硅酸盐水泥。石棉与水泥搅拌均匀后，再加入总重量 10% ~12% 的水，揉成潮润状态，能以手捏成团儿不松散、扔在地上即散为合适。

② 打麻。将插口插入承口中(排水管插到底部，给水管和煤气管道插口与承口的档口间应留 3 ~9mm 的间隙)，然后将两管对正找平，调匀间隙，将油麻拧成管口间隙 1.5 倍左右的麻辫，由接口下方逐渐向上塞入缝隙中，然后用捻凿填打，打实后的油麻应占间隙深度的 1/3 左右。

③ 填塞石棉水泥。用捻凿将拌和好的石棉水泥由下而上地填入打好油麻地承插口内，填满后，打实，一般需打四至六层，每层至少打两遍，直到填料的凹入深度符合要求：给水管道填料表面凹入2mm以下，排水管道5mm以下。每个接口一次打完，不能中途间断。

④ 养护与修补。捻口结束后，应进行养护，养护的时间一般为三天。捻口完成后应进行试压，若漏水应及时修补。

3）橡胶圈接口。一般用于室外铸铁给水管敷设、安装的管与管接口。管与管件仍需采用石棉水泥捻口。

① 首先清理承插口端部，并涂上润滑剂。

② 将橡胶圈压成心形，放入承口槽内，再用力一推即可，然后检查并调整橡胶圈的位置使之符合要求后，将插口推入承口内。

③ 安装完毕后，应保证橡胶圈距承口外侧的距离一致，否则应重新安装。

4）铅接口。一般用于工业厂房室内铸铁给水管敷设，设计有特殊要求或室外铸铁给水管紧急抢修，以及管道碰头急于通水的情况或管道抗振要求高的时候可采用铅接口。

① 首先要打承口深度约一半的油麻，然后用卡箍或涂抹黏土的麻辫封住承口，并在上部留出烧铅口。卡箍用帆布做的，宽度和厚度各约40mm，卡箍内壁斜面与管壁接缝处用黏土抹好。

② 灌铅液：铅在铅锅内加热熔化至表面呈紫红色，铅液表面漂浮的杂质应在浇注前除去。向承口内灌铅使用的容器进行预热。向承口内灌铅应徐徐进行，使其中的空气能顺利排出。一个接口灌铅一次完成。

③ 拆除卡箍或麻辫。带铅液完全凝固后，即可拆除卡箍或麻辫，再用锤子或捻凿打实，直至表面光滑并凹入承口内2~3mm。

（5）管道热熔连接

1）热熔工具接通电源，等到工作温度指示灯亮后方能开始操作。

2）按安装的实际尺寸计算出管材的切割长度，其中管材的熔接深度可按照GB/T 50349—2005《建筑给水聚丙烯管道工程技术规范》(后称为“技术规范”)中规定取值。

3）切割管材应使用管子剪或管道切割机，如使用锋利的钢锯，切割后必须清除断口的毛边和毛刺，切割的端面必须垂直于管材轴线。

4）管材与管件连接熔接面必须清洁无异物、干燥、无油污。

5）熔接弯头或三通前应按设计图的方向，宜先进行预装，校正走向后标出定位安装线。

6）连接时，管材应无旋转地将管端导入加热套内，插到所需要的熔接深度，同时无旋转地把管件推到加热头上，达到规定深度标志处。加热时间必须符合“技术规范”规定。

7）达到加热时间后，立即把管材与管件从加热套和加热头上同时取下，迅速无旋转地直线均匀插到所标定的深度，使接头处形成均匀的凸缘。

8）符合“技术规范”规定的加工时间内，刚熔接的接头还可以校正，但严禁旋转。在规定的冷却时间内，应扶好管材和管件，使它不受到扭转、弯曲和受拉。

（6）承插粘合剂粘接

1）根据图样要求并结合实际情况，按预留口位置测量尺寸，绘制加工草图。

2）根据草图量好管道尺寸，进行断管。断口要平齐，用铣刀或刮刀除掉断口内外飞刺，外棱铣出15°角。

3）粘接前应对承插口先进行插入试验，不得全部插入，一般为承口的3/4深度。试插合格后，用棉布将承插口需粘接部位的水分、灰尘擦拭干净。如有油污需用丙酮除掉。

4）用毛刷涂抹粘合剂，先涂抹承口后涂抹插口，随即垂直用力插入，插入粘接时将插口稍作转动，以使粘合剂分布均匀，约30～60s即可粘接牢固。粘牢后立即将溢出的粘合剂擦拭干净。多口粘接时应注意预留口方向。

4. 预留孔洞及预埋件

1）在混凝土楼板、梁、墙上预留孔、洞、槽和预埋件时，应有专人按设计图样将管道及设备的位置、标高尺寸测定，标好孔洞的部位，将预制好的模盒、预埋件在绑扎钢筋前按标记固定牢，盒内塞入纸团等物，在浇注混凝土过程中应有专人配合校对，看管模盒、预埋件，以免移位。

2）凡属预制墙板、楼板需要剔孔洞，必须在装修或抹灰前剔凿，其直径与管外径的间隙不得超过30mm，遇有剔混凝土空心楼板的肋或钢筋时，必须预先征得有关部门的同意，及时采取相应补救措施后，方可剔凿。

3）在外砖内模和外挂板内模工程中，对个别无法预留的孔洞，应在大模板拆除后及时进行制凿。

4）用电锤或手锤、錾子剔凿孔洞时，用力要适度，严禁用大锤操作。

5）留孔应配合土建进行，其尺寸如设计无要求时应按附录B的规定执行。

5. 套管安装

(1) 钢套管　根据所穿构筑物的厚度及管径尺寸确定套管规格、长度，下料后套管内刷防锈漆一道，用于穿楼板套管应在适当部位焊好架铁。管道安装时，把预制好的套管穿好，套管上端应高出地面20mm，厨房及厕浴间套管应高出地面50mm，下端与楼板面平。预埋上下层套管时，中心线需垂直，凡有管道煤气的房间，所有套管的缝隙均应按设计要求作填料严密处理。

(2) 防水套管　根据构筑物及不同介质的管道，按照设计或施工安装图册中的要求进行预制加工，将预制加工好的套管在浇注混凝土前按设计要求部位固定好，校对坐标、标高，平正合格后一次浇注，待管道安装完毕后把填料塞紧捣实。

6. 支架安装

(1) 型钢吊架安装

1）在直段管沟内，按设计图样和规范要求，测定好吊卡位置和标高，找好坡度，将吊架孔洞剔好，将预制好的型钢吊架放在洞内，复查好吊孔距沟边尺寸，用水冲净洞内砖碴灰面，再用C20细石混凝土或M20水泥砂浆填入洞内，塞紧抹平。

2）用22号镀锌钢丝(标准线规为0.711mm)或小线在型钢下表面吊孔中心位置拉直绷紧，把中间型钢吊架依次栽好。

3）按设计要求的管道标高、坡度结合吊卡间距、管径大小、吊卡中心计算每根吊棍长度并进行预制加工，待安装管道时使用。

(2) 型钢托架安装

1）安装托架前，按设计标高计算出两端的管底高度，在墙上或沟壁上放出坡线或按土建施工的水平线，上下量出需要的高度，按间距画出托架位置标记，剔凿全部墙洞。

2）用水冲净两端孔洞，将C20细石混凝土或M20水泥砂浆填入洞深的1/2，再将预制好的型钢托架插入洞内，用碎石塞住，校正卡孔的距墙尺寸和托架高度，将托架栽平，用水泥砂浆将孔洞填实抹平，然后在卡孔中心位置拉线，依次把中间托架栽好。型钢托架的间距应符合表4-3的要求。

3）U形活动卡架一头套螺纹，在型钢托架上下各安一个螺母；U形固定卡架两头套丝，各安一个螺母，靠紧型钢在管道上焊两块止动钢板。

7. 双立管卡安装

1）在双立管位置中心的墙上画好卡位印记，其离地面高度是，层高3m及以下者为1.4m；层高3m以上者为1.8m；层高4.5m以上打平分三段栽两个管卡。

2）按印记剔直径60mm左右、深度不少于80mm的洞，有水冲净洞内杂物，将M50水泥砂浆填入洞深的1/2，将预制好的ϕ10mm×170mm带燕尾的单头丝棍插入洞内，用碎石卡牢找正，上好管卡后再用水泥砂浆填塞抹平。

8. 立支单管卡安装　先将位置找好，在墙上画好印记，剔直径60mm左右、深度100～120mm的洞，卡子距地面高度和安装工艺与双立管卡相同。

9. 填堵孔洞

1）管道安装完毕后，必须及时用不低于结构标号的混凝土或水泥砂浆把孔洞堵严、抹平，为了不致因堵洞而将管道移位，造成立管不垂直，应派专人配合土建堵孔洞。

2）堵楼板孔洞宜用定型模具或用木板支搭牢固后，往洞内浇点水再用C20以上的细石混凝土或M50水泥砂浆填平捣实，不许向洞内填塞砖头、杂物。

10. 管道试压

1）管道试压一般分单项试压和系统试压两种。单项试压是在干管敷设完后或隐蔽部位的管道安装完毕后，按设计和规范要求进行水压试验。系统试压是在全部干、立、支管安装完毕，按设计或规范要求进行水压试验。

2）连接试压泵一般设在首层，或室外管道入口处。

3）试压前应将预留口堵严，关闭入口总阀门和所有泄水阀门及低处放风阀门，打开各分路及主管阀门和系统最高处的放风阀门。

4）打开水源阀门，往系统内充水，满水后放净冷风并将阀门关闭。

5）检查全部系统，如有漏水处应做好标记，并进行修理，修好后再充水进行加压，而后复查，如管道不渗、漏，并持续到规定时间，压力降在允许范围内，应通知有关单位验收并办理验收记录。

6）拆除试压水泵和水源，把管道系统内水泄净。

7）冬季施工期间竣工，而又不能及时供暖的工程进行系统试压时，必须采取可靠措施把水泄净，以防冻坏管道和设备。

11. 闭水试验

1）室内排水管道的埋地敷设或在吊顶内敷设，以及管井内隐蔽工程在封顶、回填土前都应进行闭水试验；内排水雨水管道安装完毕也要进行闭水试验。

2）闭水试验前应将各预留口堵严，在系统最高点留出灌水口。

3）由灌水口将水灌满后，按设计或规范要求的规定时间对管道系统的管材、管件及捻口进行检查，如有渗漏现象应及时修理，修好后再进行一次灌水试验，直到无渗漏现象后，请有关单位验收并办理验收记录。

4）楼层吊顶内管道的闭水试验应在下一层立管检查口处用橡胶气胆堵严，由本层预留口处灌水试验。

12. 管道系统冲洗

1）管道系统的冲洗应在管道试压合格后，调试、运行前进行。

2）管道冲洗进水口及排水口应选择适当位置，并能保证将管道系统内的杂物冲洗干净为宜。排水管截面积不应小于被冲洗管道截面60%，排水管应接至排水井或排水沟内。

3）冲洗时，以系统内可能达到的最大压力和流量进行，直到出口处的水色和透明度与入口处目测一致为合格。

4.2.2 建筑给排水工程的施工质量验收

1. 质量标准

（1）主控项目

1）各种管道安装完毕所进行的水压试验、闭水试验和系统冲洗必须符合设计和施工规范要求。

2）各种管道隐蔽工程必须分部位在隐蔽前进行验收，各项指标必须符合设计要求和施工规范规定。

3）管道固定支架的位置和构造必须符合设计要求和规范规定。

4）管道的坡度必须符合设计要求和施工规范规定。

5）管道的对口焊缝处及弯曲部位严禁焊接支管，接口焊缝距起弯点支、吊架边缘必须大于50mm。

（2）一般项目

1）管螺纹加工精度符合相关国家标准规定，螺纹清洁、规整，无断牙，联接牢固，管螺纹根部有外露螺纹，无外露麻头，防腐良好，镀锌钢管和管件的镀锌层无破损、无焊接口等缺陷。

2）钢管道的法兰连接应对接平行、紧密，与管道中心线垂直，螺母在同侧，螺杆露出螺母长度一致，且不大于螺杆直径的1/2，法兰衬垫材质符合设计要求或施工规范规定，且无双层垫。

3）非镀锌钢管的焊接应做到：焊口平直度、焊缝加强面符合施工规范规定。焊口表面无烧穿、裂纹、结瘤、夹渣和气孔等缺陷，焊缝均匀一致。

4）金属管道的承插和套箍接口应做到接口结构和所用填料符合设计要求和施工规范规定，灰口密实、饱满，环缝间隙均匀，灰口平整、光滑，养护良好，胶圈接口回弹间隙符合施工规范规定。

5）管道支架制作正确，埋设平整、牢固，排列整齐。采用压制弯头要求与管道同径。支架间距应符合规定。塑料排水管支架间距应符合表4-3的规定。

表4-3 塑料排水管支架间距

管径/mm	50	75	110	125	160
立管/m	1.2	1.5	2.0	2.0	2.0
横管/m	0.5	0.75	1.10	1.03	1.6

6）卫生洁具安装高度如设计无要求时，应符合附录 D 的规定。

上述项目的检查方法及允许偏差应符合 GB 50242—2002《建筑给排水及采暖工程施工质量验收规范》及相关规范的规定。

2. 成品保护

1）预制加工好的管段，应加临时管箍或用水泥袋纸将管口包好，以防螺纹头部生锈腐蚀。

2）预制加工好的干、立、支管，要分项按编号排放整齐，用木方垫好，不许大管压小管码放，并应防止脚踏、物砸。

3）经除锈、刷油防腐处理后的管材、管件、型钢、托吊、卡架等金属制品，宜放在有防雨、雪措施、运输畅通的专用场地，其周围不应堆放杂物。

3. 应注意的质量问题和措施

1）管道断口不应有飞刺、铁膜。用砂轮锯断管后应铣口。

2）要避免锯口不平、不正，出现马蹄形，锯管时站的角度要合适或锯条要上紧。

3）要避免丝头缺扣、乱扣，套螺纹时不能只套一板，应加润滑剂。

4）管段表面有飞刺和环形沟，主要是管钳失灵，压力失调，压不住管材，致使管材转动滑出横沟，应及时修理工具或更换。

5）管段局部凹陷是由于调直时手锤用力过猛或锤头击管部位太集中，因此调直时发现管段弯曲过死或管径过大，则应加热调直。

6）托、吊、长梁不牢固是由于剔洞深度不够，卡子燕尾被切断，埋设卡架洞内杂物未清理净，又不浇水致使固定不牢。

7）焊接管道错口，焊缝不匀，主要是由于焊接管道时未将管口轴线对准，厚壁管道未认真开出坡口造成的。

8）捻口环形缝隙大小不均、灰口不饱满，是由于捻灰口时承插口环形缝隙不均匀，灰口内灰没填满引起的。

9）排水管段及管件连接处有弯曲现象，打麻时应认真将管与管件找正、找直。

4. 质量验收

（1）质量验收的依据　依据 GB 50300—2001《建筑工程施工质量验收统一标准》及 GB 50242—2002《建筑给排水及采暖工程施工质量验收规范》及相关技术规范的规定进行。

（2）验收单位的划分　建筑工程质量验收应划分为单位（子单位）工程、分部（子分部）工程、分项工程和检验批。

具备独立施工条件并能形成独立使用功能的建筑物及构筑物为一个单位工程。建筑规模较大的单位工程，可将其能形成独立使用功能的部分划分为一个子单位工程。

分部工程的划分应按专业性质、建筑部位确定。当分部工程较大或较复杂时，可按材料种类、施工特点、施工程序、专业系统及类别等划分为若干子分部工程。

分项工程应按主要工种、材料、施工工艺、设备类别等进行划分。分项工程可由一个或若干检验批组成。分项工程划分成检验批进行验收有助于及时纠正施工中出现的质量问题，确保工程质量，也符合施工实际需要。

检验批可根据施工及质量控制和专业验收需要按楼层、施工段、变形缝等进行划分。

所谓检验批就是“按同一生产条件或按规定的方式汇总起来供检验用的，由一定数量样本组成的检验体”。检验批是工程验收的最小单位，是分项工程乃至整个建筑安装工程质量验收的基础。

建筑工程的分部工程中的建筑给水排水工程包括室内给水系统、室内排水系统、室内热水供应系统、卫生器具安装、建筑中水系统，以及游泳池系统、室外给水管网、室外排水管网等七个子分部工程，下列若干分项工程，参见附录 E。室外工程可根据专业类别和工程规模划分单位（子单位）工程。室外给水排水子单位工程包括分部（子分部）工程——室外给水工程和室外排水工程。

（3）质量验收程序　在施工单位自行质量检查评定合格的基础上，参与工程建设活动的有关单位按照建筑工程检验批、分项、分部（或子分部）、单位（子单位）的程序进行质量抽样复验，根据相关标准以书面形式对工程质量达到合格与否作出确认。

1）检验批合格质量应符合下列规定

① 主控项目和一般项目的质量经抽样检验合格。

② 具有完整的施工操作依据、质量检查记录。

有关质量检查的内容、数据、评定，由施工单位项目专业质量检查员填写，监理工程师（建设单位项目专业技术负责人）组织项目专业质量检查员等进行验收，并按附录 F 表格格式填写记录。

2）分项工程质量验收合格应符合下列规定：

① 分项工程所含的检验批均应符合合格质量的规定。

② 分项工程所含的检验批的质量验收记录应完整。

根据 GB 50300—2001《建筑工程施工质量验收统一标准》的要求，分项工程质量应由监理工程师组织项目专业技术负责人等进行验收，并按附录 G 表格格式填写记录。

3）分部（子分部）工程质量验收合格应符合下列规定：

① 分部（子分部）工程所含分项工程的质量均应验收合格。

② 质量控制资料应完整。

③ 分部工程中有关安全及功能的检验和抽样检测结果应符合有关规定。

④ 观感质量验收应符合要求。

分部工程的质量验收在其所含各分项工程验收的基础上，应由总监理工程师组织施工项目经理和有关勘察、设计单位项目负责人进行验收，应核查下列各项质量控制资料，且检查分项工程质量验收记录和分部子分部质量验收记录应正确，责任单位和责任人的签章齐全，并按附录 H 的表格格式填写验收记录。

4）单位（子单位）工程质量验收合格应符合下列规定：

① 单位（子单位）工程所含分部（子分部）工程的质量均应验收合格。

② 质量控制资料应完整。

③ 单位（子单位）工程所含分部工程有关安全和功能的检测资料应完整。

④ 主要功能项目的抽查结果应符合相关专业质量验收规范的规定。

⑤ 观感质量验收应符合要求。

（4）建筑给水排水工程的检验和检测内容

1）承压管道系统、设备及阀门水压试验。

2）排水管道灌水、通球及通水试验。

3）雨水管道灌水及通水试验。

4）给水管道通水试验及冲洗、消毒检测。

5）卫生器具通水试验，具有溢流功能的器具满水试验。

6）地漏及地面清扫口排水试验。

7）消火栓系统测试。

8）安全阀及报警联动系统动作测试。

（5）工程质量验收文件和记录

1）开工报告。

2）图样会审记录、设计变更及洽商记录。

3）施工组织设计或施工方案。

4）主要材料、成品、半成品、配件、器具和设备出厂合格证及进场验收单。

5）隐蔽工程验收及中间试验记录。

6）设备试运转记录。

7）安全、卫生和使用功能检验和检测记录。

8）检验批、分项、子分部、分部工程质量验收记录。

9）竣工图。

复习思考题

1. “水施”有哪几部分组成？
2. “水施”平面图上反映哪些内容？轴测图上反映哪些内容？
3. 简述“水施”的识图方法。
4. 简述建筑给水排水工程施工流程。
5. 简述镀锌钢管螺纹联接、PP-R 热熔连接及 UPVC 排水管道粘合剂粘接的工艺要点。
6. 建筑给排水工程质量验收的依据是什么？
7. 简述建筑给排水工程的验收程序。

第5章　建筑采暖

5.1 采暖系统的形式与特点

在冬季，室外空气温度低于室内空气温度，因而房间的热量会不断地传向室外，为使室内空气保持要求的温度，则必须向室内供给所需的热量，以满足人们正常生活和生产的需要。这种向室内供给热量的工程设施，叫采暖系统。采暖系统的形式可以根据其作用范围及使用热介质的种类分类。

（1）根据其作用范围划分

1）局部采暖系统。热源、管道系统和散热设备在构造上连成一个整体的采暖系统，如烟气采暖(火炉、火炕、火墙)、电热暖气片和燃气红外线暖气片等。

2）集中采暖系统。热源和散热设备分别设置，用热媒管道相连接，由热源向各个房间和各个建筑物供给热量的采暖系统。集中采暖系统由以下三大部分组成：热源、热网和热用户。热源制备热水或蒸汽，由热网输配到各热用户使用。目前最广泛的热源是锅炉房和热电厂，此外也可以利用核能、地热、太阳能、电能、工业余热作为采暖系统的热源。热网是由热源向热用户输送供热介质的管道系统，热用户是指从采暖系统获得热能的用热装置。

（2）根据其使用热介质的种类划分

1）热水采暖系统。采暖系统的热介质是热水。

2）蒸汽采暖系统。采暖的热介质是水蒸气。

3）热风采暖系统。采暖的热介质是热空气。热风采暖适用于耗热量大的建筑物、间歇使用的房间和有防火防爆要求的车间，具有热惰性小、升温快、设备简单、投资省等优点。热风采暖系统主要有集中送风系统、热风机采暖系统、热风幕系统和热泵采暖系统。

5.1.1　热水采暖系统

1. 热水采暖系统的分类

1）按热媒参数区分　可分为低温热水采暖系统和高温热水采暖系统。习惯上，水温低于或等于100℃的热水叫低温水；水温高于或等于100℃的热水叫高温水。室内热水采暖系统，大多采用低温水，设计供回水温度为95℃/70℃(也有采用85℃/60℃)。高温水采暖系统宜用于工业厂房内，设计供回水温度为(110～130℃)/(70～80℃)。

2）按热水系统的循环动力分　可分为自然循环系统(重力循环系统)和机械循环系统。

3）按系统的每组立管根数分　可分为单管系统和双管系统。

4）按系统的管道敷设方式分　可分为垂直式系统和水平式系统。

2. 热水采暖系统的图式

（1）自然循环热水采暖系统

1）自然循环热水采暖系统的组成。自然循环热水采暖系统由锅炉、散热器、供水管道、回水管道和膨胀水箱组成，如图5-1所示。

2）自然循环热水采暖系统的工作原理。自然循环热水采暖系统是依靠由于水温的不同而产生的密度差所形成的压力来推动水在系统中循环流动的。自然循环采暖系统中水的流速度较慢，水平干管中水的流速小于0.2m/s；干管中气泡的浮升速度为0.1～0.2m/s，而立干管中约为0.25m/s。所以水中的空气能够逆着水流方向向高处聚集。系统中若积存空气，就会形成气塞，影响水的正常循环。在上供下回自然循环热水采暖系统充水与运行时，空气经过供水干管聚集到系统最高处，再通过膨胀水箱排往大气。因此，系统的供水干管必须有向膨胀水箱方向上升的坡度，其坡度为0.005～0.01。为了使系统顺利排除空气和在系统停止运行或检修时能通过回水干管顺利地排水，回水干管应有向锅炉方向的向下坡度。

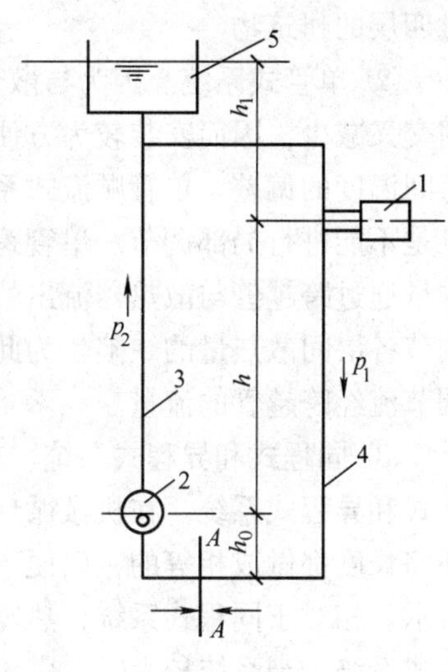

图5-1　自然循环热水采暖系统的工作原理图

1—散热器　2—锅炉　3—供水管路　4—回水管路　5—膨胀水箱

这种系统水的循环作用压力很小，因而其作用半径(总立管到最远立管沿供水干管走向的水平距离)不宜超过50m。但是，由于这种系统不消耗电能，运行管理简单，当有可能在低于室内地面标高的地下室、地炕中安装锅炉时，一些较小而独立的建筑中可采用自然循环热水采暖系统。

（2）机械循环热水采暖系统　在密闭的采暖系统中靠水泵作为循环动力的称机械循环热水采暖系统。机械循环热水采暖系统主要有热水锅炉、循环水泵、膨胀水箱、排气装置、散热设备和连接管路等组成。机械循环热水采暖系统的作用压力远大于自然循环热水采暖系统。因此管道中热水的流速快，管径较小，启动容易，采暖方式多，应用广泛。

1）上供下回式热水采暖系统。如图5-2所示，在采暖工程中，“供”指供出热媒，“回”指回流热媒。上供下回式，即供水干管布置在上面，回水干管布置在下面。在这种系统中，供水干管应采用逆坡敷设，即水流方向与坡度方向相反，空气会聚集在干管的最高点处，在此处设置排气装置排出系统内的空气。水泵装在回水干管上，膨胀水箱依靠膨胀管连接在水泵吸入端，膨胀水箱位于系统最高点，它的作用是容纳水受热后膨胀的体积，并且在水泵吸入端膨胀管与系统连接处维持恒定压力(高于大气压)。由于系统各点的压力均高于此点的压力，所以整个系统处于正压下工作，保证了系统中的水不至于汽化。

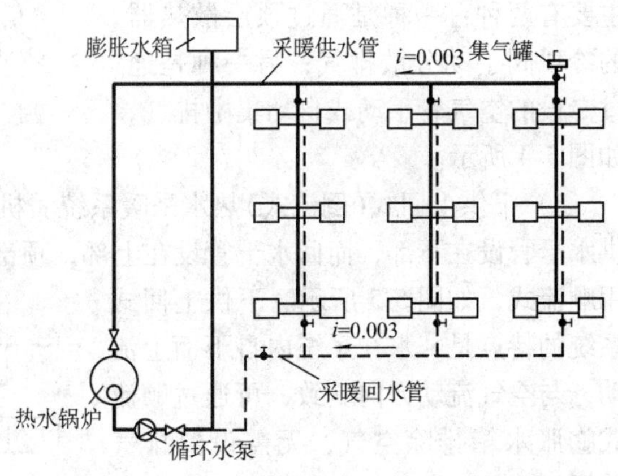

图5-2　机械循环上供下回式热水暖系统图

① 双管式系统。除主要依靠水泵所产生的压头外，同时也存在自然压头，它使上层散热器的流量大于下层散热器的流量，从而造成上层散热器房间温度偏高，下层房间温度偏低，称为系统的垂直失调，而且楼层越高，这种现象越严重。因此，双管系统一般用于不超

过四层的建筑物。

② 单管式系统。因为与散热器相连的立管只有一根，比双管式系统少用立管，立支管间交叉减少，因而安装较为方便，不会像双管系统因存在自然压头而产生垂直失调，造成各房间温度的偏差。单管顺流式系统的特点是立管中的全部的水量顺流进入各层的散热器；缺点是不能进行局部调节。单管跨越式系统的特点是立管的一部分水量流进散热器，另一部分水量通过跨越管与散热器流出的回水混合，再流入下一层散热器，可以消除顺流式系统无法调节各层间散热量的缺陷。为此，一般在上面几层加装跨越管，并在跨越管上加装阀门，以调节流经跨越管的流量。

③ 同程式和异程式系统　在热水采暖系统中，按热媒的流程长短是否一致，可分为同程式和异程式系统。在机械循环系统中，由于系统的作用半径一般较大，热媒通过各立管的环路长度都做成相等的，以便于各环路的压力平衡。这样的系统称为同程式系统，如图 5-3 所示。相对于同程式系统，热媒通过环路的长度不相等，就是异程式系统。图 5-2 所示为异程式系统。当系统较大时，由于各环路不易做到压力平衡，从而造成近处流量分配过多，远处流量不足，引起水平方向冷热不均，称为系统的水平失调。

同程式系统管道长度较大，管径稍大，因而比异程式系统多耗管材，在较小的多层建筑中不宜采用。

2）下供下回式热水采暖系统。机械循环下供下回式热水采暖系统的供、回水干管都要敷设在底层散热器之下。在设有地下室的建筑物，或顶层房间难以布置供水干管时，常采用此种采暖系统。

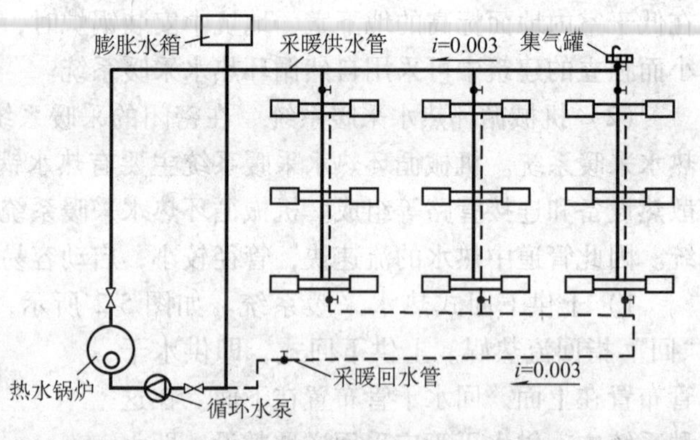

图 5-3　同程式热水采暖系统

下供下回式系统排除空气的方式主要有两种：一种是通过顶层散热器的冷风阀手动分散排气；另一种是通过专设的空气管手动或自动集中排气，如图 5-4 所示。

3）下供上回式(倒流式)热水采暖系统。机械循环下供上回式(倒流式)热水采暖系统的供水干管设在下部，而回水干管设在上部，顶部还设置有顺流式膨胀水管。立管布置主要采用顺流式，如图 5-5 所示。下供上回式系统的特点是，水在系统内自下而上流动，与空气流动方向一致，可通过顺流式膨胀水箱排除空气，无需设置排气装置。

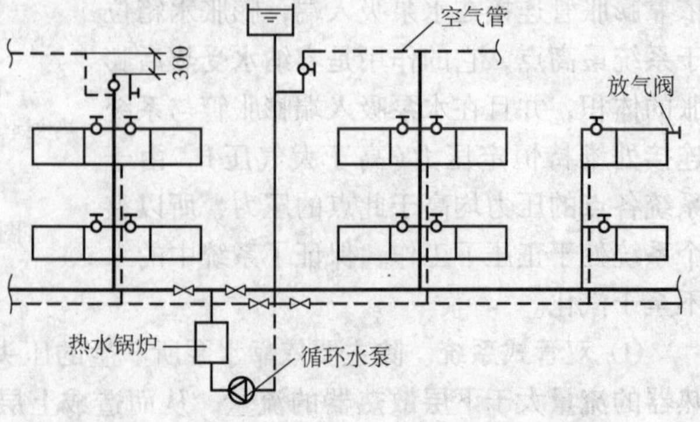

图 5-4　机械循环下供下回式热水采暖系统

4）中供式热水采暖系统。机械循环中供式热水采暖系统是把总立管引出的供水干管设在系统的中部。对于下部系统来说是上供下回式，对于上部系统来说可以采用下供下回式系统，也可采

用上供下回式 。这种系统可避免由于顶层梁底标高过低，致使供水干管挡住顶层窗户的问题，同时也可适当地缓解垂直失调现象。如图 5-6 所示。

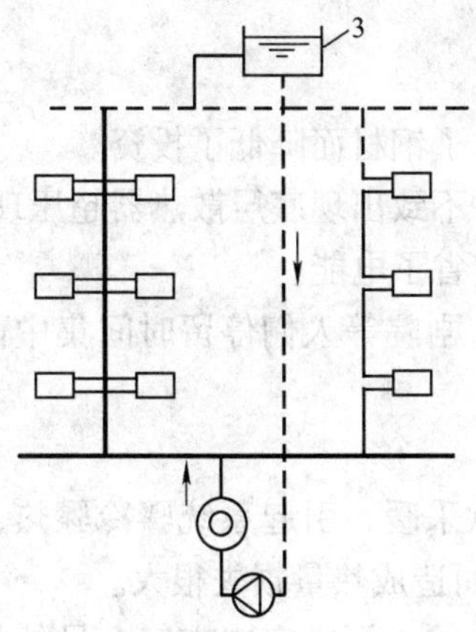

图 5-5　机械循环下供上回式热水采暖系统

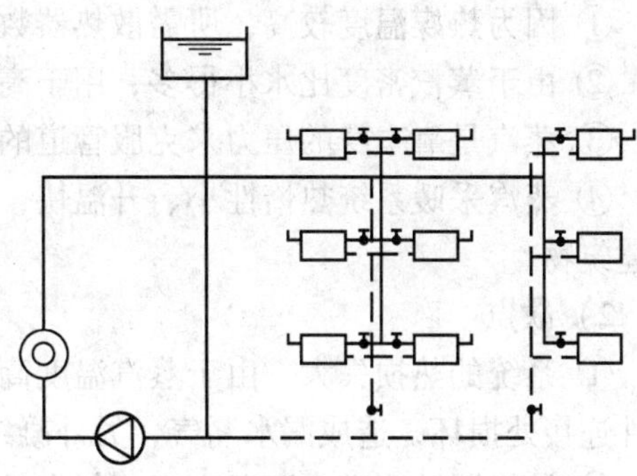

图 5-6　机械循环中供式热水采暖系统

5）水平式系统。水平式系统按供水管与散热器的连接方式，可分为顺流式和跨越式两种。水平式系统的结构简单，便于施工和检修，热力稳定性好。但缺点是需在每组散热器上设置冷风阀分散排气或在同一层散热器上部串联一根空气管集中排气。此种连接形式适用于机械热水循环和重力热水循环系统，如图 5-7 所示。

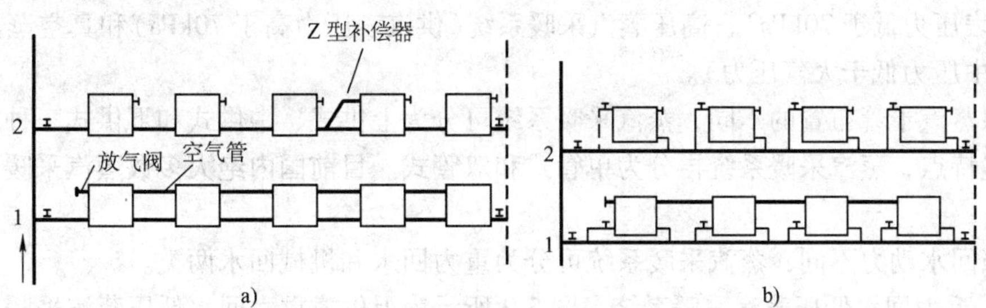

图 5-7　单管水平式系统

a）顺流式　b）跨越式

水平式系统与垂直式系统相比，管路简单，无穿过各层的立管，施工方便，造价低，对于一些各层有不同功用或不同温度要求的建筑物，采用水平式系统，便于分层管理和调节。但单管水平式系统串联散热器很多时，容易出现前热后冷现象，即水平失调。

5.1.2　蒸汽采暖系统

1. 蒸汽采暖系统的工作原理及优缺点

（1）蒸汽采暖系统的工作原理　与热水采暖系统依靠降低水温而散出热量不同，蒸汽采暖系统是依靠饱和蒸汽在凝结时放出汽化潜热来实现采暖的。蒸汽的汽化潜热比每千克水在散热器中靠降温放出的热量要大得多。图 5-8 所示为蒸汽采暖系统原理图。由蒸汽锅炉产生的蒸汽，沿蒸汽管路，进入散热设备，蒸汽凝结放出热量后，

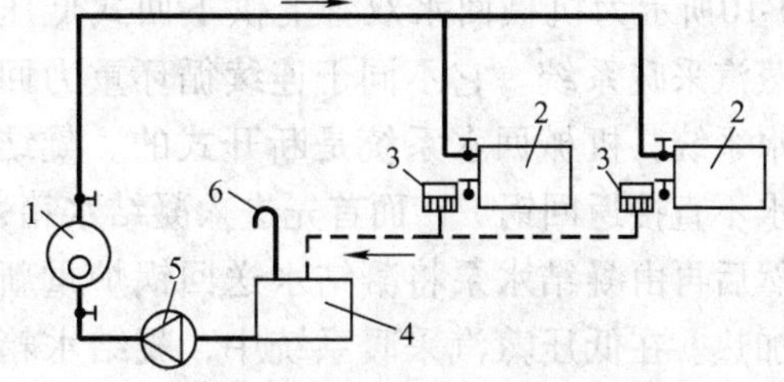

图 5-8　蒸汽采暖系统原理

1—蒸汽锅炉　2—散热器　3—疏水器

4—凝结水箱　5—凝结水泵　6—通气管

凝结水通过疏水器，凝结管路进入凝结水箱，然后再由凝结水泵将凝结水送回蒸汽锅炉重新加热。

（2）蒸汽采暖系统的优缺点

1）优点

① 因为热媒温度较高，所需散热器数量就少，节省了钢材而降低了投资。

② 由于蒸汽密度比水小得多，用于高层建筑采暖，不致出现底层散热器超压现象。

③ 蒸汽是靠本身的压力来克服管道的阻力，因此节省了电能。

④ 蒸汽采暖系统热惰性小、升温快，适用于车间、剧院等人们停留时间集中而又短暂的建筑物。

2）缺点

① 系统的热损失大，由于蒸汽温度高，一般为间歇采暖，引起系统骤冷骤热，容易使管件连接处损坏，造成漏水漏气，另外凝结水回收率低而造成热量损失很大。

② 散热器及管道表面温度高，灰尘是产生有害气体的，污染室内空气，另外易烫伤人和造成室内燥热，人有不舒适感。

③ 室温不均匀，系统热得快，冷得也快。

④ 无效热损失大，锅炉排污，管网损失，疏水器漏气，因此效率不高。

⑤ 凝结水管使用年限短，因管内不是满流，管中存有空气易加速管壁腐蚀。

2. 蒸汽采暖系统的分类　按照供汽压力的大小，将蒸汽采暖系统分为低压蒸汽采暖系统（供汽表压力低于70kPa）、高压蒸汽采暖系统（供汽表压力高于70kPa）和真空蒸汽采暖系统（系统中压力低于大气压力）。

按照蒸汽干管布置的不同，蒸汽采暖系统可分为上供式、中供式和下供式三种；按照主管的布置特点，蒸汽采暖系统再分为单管式和双管式。目前国内绝大多数蒸汽采暖系统采用双管式。

按照回水动力不同，蒸汽采暖系统可分为重力回水和机械回水两类。

（1）重力回水低压蒸汽采暖系统　图5-9所示为上供式重力回水低压蒸汽采暖系统。在系统运行前，锅炉充水至I—I平面。锅炉加热后产生的蒸汽，在其自身压力作用下，克服流动阻力，沿供汽管道，输送至散热器内，并将积聚在供汽管道和散热器内的空气驱入凝结水管，由凝结水管末端的B点处排出，蒸汽在散热器内冷凝放热，凝结水靠重力作用沿凝结水管路返回锅炉，重新加热变成蒸汽。

（2）机械回水低压蒸汽采暖系统　图5-10所示为机械回水双管上供下回式低压蒸汽采暖系统。它不同于连续循环重力回水系统，机械回水系统是断开式的。凝结水不直接返回锅炉，而首先进入凝结水箱，然后再由凝结水泵将凝结水送回锅炉重新加热。在低压蒸汽采暖系统中，凝结水箱的布置应低于所有散热器和凝结水管。凝结水干管应顺坡安装，使从散热器流出的凝结水靠重力自流进入凝结水箱。

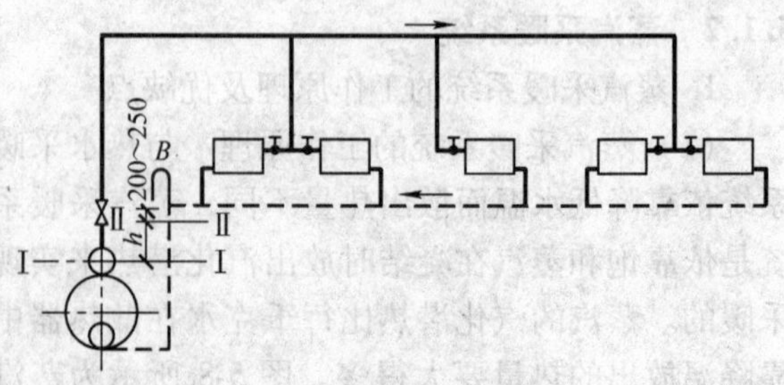

图5-9　上供式重力回水低压蒸汽采暖系统示意图

在每一组散热器后都装有疏水器，只允许凝结水和不凝性气体(如空气)及时排往凝结水管路并阻止蒸汽通过。

在低压蒸汽采暖系统初运行时，当蒸汽进入散热器后，由于原系统中内存有大量空气，蒸汽密度比空气密度小而聚集在散热器的上部，而蒸汽又不断冷凝后变成凝结水而沉积在散热器的底部，空气被夹在中间部位，使蒸汽无法通过。

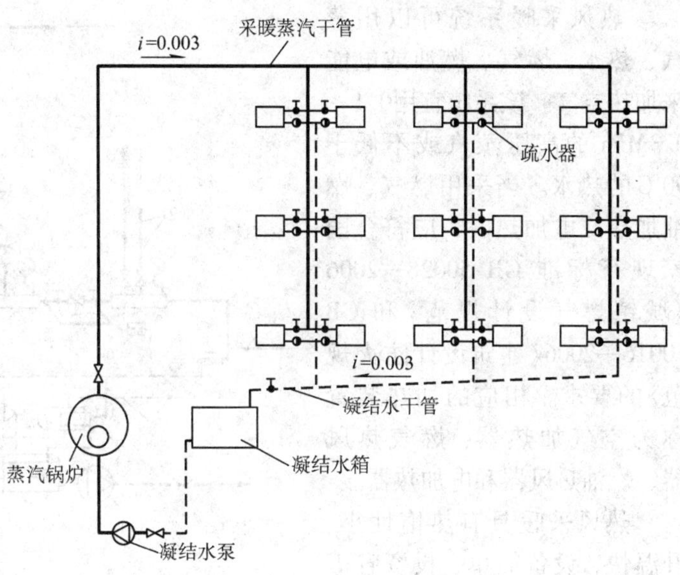

图 5-10 机械回水双管上供下回式低压蒸汽采暖系统

为了排除散热器该部位的积存空气，选在距散热器底部1/3 处安装一自动或手动放气阀进行排空。高压蒸汽采暖系统一般在散热器的上部安装排气阀即可，如图 5-11 所示。

(3) 机械回水高压蒸汽采暖系统 与低压蒸汽采暖相比，高压蒸汽采暖有下述情况：

1) 高压蒸汽供气压力高，流速大，系统作用半径大，但沿程热损失也大。对同样热负荷所需管径小，但沿途凝水排泄不畅时会发生严重水击现象。

2) 散热器内蒸汽压力高，因而散热器表面温度高。对同样热负荷所需散热面积较小，但易烫伤人，烧焦落在散热器上面的有机灰尘，会发出难闻的气味，安全条件与卫生条件较差。

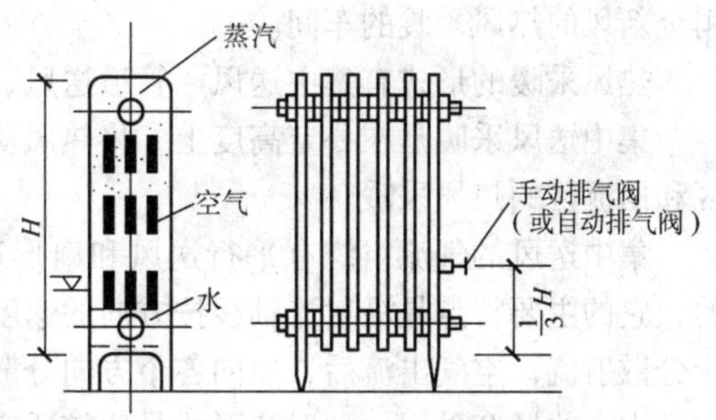

图 5-11 高压蒸汽采暖散热器安装排气阀位置

3) 凝水温度高。高压蒸汽采暖多用在有高压蒸汽热源的工厂里。室内的高压蒸汽采暖系统可直接与室外蒸汽管网相连。在外网蒸汽压力较高时可在用户入口处设减压装置。

图 5-12 所示是一个带有用户入口的室内高压蒸汽采暖系统示意图。

5.1.3 热风采暖系统

利用热空气作媒质的对流采暖方式，称为热风采暖，而对流采暖方式即是利用对流换热或以对流换热为主的采暖方式。

热风采暖系统所用热媒可以是室外的新鲜空气、室内再循环空气，也可以是室内外空气的混合物。若热媒是室外新鲜空气，或是室内外空气的混合物，热风采暖兼具建筑通风的特点。

空气作为热媒经加热装置加热后，通过风机直接送入室内，与室内空气混合换热，维持或提高室内空气温度。

热风采暖系统可以用蒸汽、热水、燃气、燃油或电能来加热空气。该系统宜用0.1～0.3MPa的高压蒸汽或不低于90℃的热水。当采用燃气、燃油加热或电加热时，应符合国家现行标准 GB 50028—2006《城镇燃气设计规范》和 GB 50016—2006《建筑设计防火规范》的要求。相应的加热装置称为空气加热器、燃气热风器、燃油热风器和电加热器。

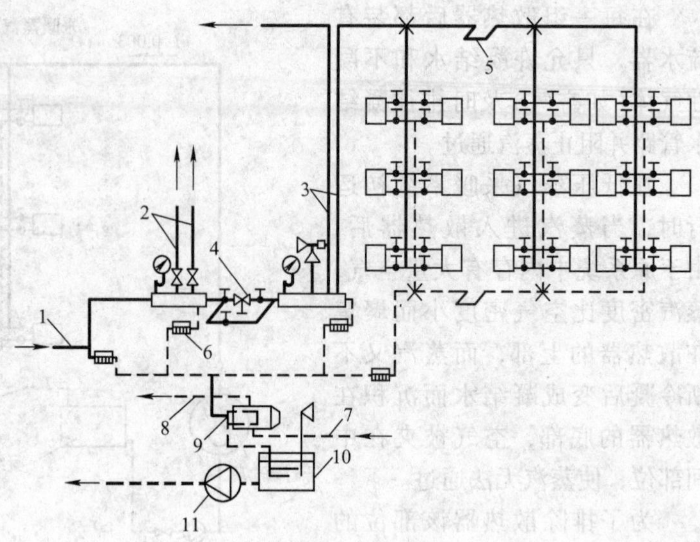

图 5-12 高压蒸汽采暖示意图

1—室外引入管 2—工艺用户供蒸汽管 3—供汽主立管 4—减压阀 5—方形补偿器 6—疏水器 7—冷水管 8—热水管 9—热交换器 10—凝结水箱 11—凝结水泵

热风采暖具有热惰性小、升温快、设备简单、投资省等优点，适用于耗热量大的建筑物、间歇使用的房间和有防火防爆要求、卫生要求、必须采用全新风的热风采暖的车间。

热风采暖的形式有集中送风、管道送风、悬挂式和落地式暖风机送风。

集中送风采暖是在一定高度上，将热风从一处或几处以较大速度送出，使室内造成射流区和回流区的热风采暖。

集中送风的气流组织有平行送风和扇形送风两种形式。平行送风的射流中流速是平行的，它的主要特点是沿射流轴线按方向的速度衰减较慢，可以达到较远的射程。扇形送风属于分散射流，空气出流后，便向各个方向分散，速度衰减很快。对于换气量很大，但速度不允许太大的场合采用这种射流形式是比较适宜的。选用的原则主要取决于房间的大小和几何形状，而房间的大小和几何形状影响送风的地点、射流的数目、射程和布置、喷口的构造和尺寸的决定。

集中送风采暖比其他形式的采暖可以大大减小温度梯度，减小屋顶传热量，并可节省管道与设备。它适用于允许采用空气再循环的车间，或作为有大量局部排风车间的补风和采暖系统。对于内部隔断较多、散发灰尘或大量散发有害气体的车间，一般不宜采用集中送风采暖形式。

在热风采暖系统中，用蒸汽和热水加热空气，采用的空气加热器型号有 SRZ 和 SRL 型两种，分别为钢管绕钢片和钢管绕铝片的热交换器。

管道式热风采暖系统，有机械循环空气的，这是一种有组织的自然通风。集中采暖地区的民用和公共建筑，常用这种方式作为采暖季节的热风采暖系统。由于热压值较小，这种系统的作用范围(主风道的水平距离)不能过大，一般不超过 20～25m。

暖风机是由通风机、电动机及空气加热器组合而成的一种采暖通风联合机组。

暖风机分为轴流式与离心式两种。目前国内常用的轴流式暖风机主要有蒸汽、热水两用的 NC 和 NA 型暖风机和冷热水两用的 S 型暖风机。轴流式暖风机体积小，结构简单，一般悬挂或支架在墙上或柱子上，出风气流射程短，出口风速小，取暖范围小。离心式大型暖风机有蒸汽、热水两用的 NBL 型暖风机，它配用的离心式通风机有较大的作用压头和较高的出口风速，因此气流射程长，通风量和产热量大，取暖范围大。

可以单独采用暖风机采暖，也可以由暖风机与散热器联合采暖，散热器采暖作为值班采暖。

采用小型的(轴流式)暖风机，为使车间温度均匀，保持一定的断面速度，应使室内空气的换气次数大于或等于 1.5 次/h。

布置暖风机时，宜使暖风机的射流互相衔接，使采暖空间形成一个总的空气环流。

选用大型的(离心式)暖风机采暖时，由于出口风速和风量都很大，所以应沿车间长度方向布置，出风口离侧墙的距离不宜小于 4m，气流射程不应小于车间采暖区的长度，在射程区域内不应有构筑物或高大设备。

5.1.4 低温热水地板辐射采暖系统

随着科技的发展和人民生活水平的提高，除了常规散热器的对流换热采暖方式外，低温热水地板敷设采暖的范围也越来越广泛。该方式以低温热水(一般不超过 60℃)为热媒，通过埋设于地板内的管道将地板加热，热量的传播主要以辐射形式出现，但同时也伴随着对流方式的热传播。

地板敷设采暖的特点是，采暖管道敷设于地面以下，取消了暖气片和采暖支管，节省了使用面积。低温热水地板辐射采暖系统，由于升温，整个房间温度较为均衡，舒适卫生，高效节能，使用寿命长，可有效减少楼层之间的噪声；不仅冬天可以采暖，夏天也可以利用凉水进行空气降温，达到冬暖夏凉。该系统可利用余热水、地热水等多种热源，同时便于实行分户计量和控制。

1. 系统组成　在住宅建筑中，地板辐射采暖的加热管一般应按户划分独立的系统，并设置集配装置，如分水器和集水器，再按房间配置加热盘管，一般不同房间或住宅各主要房间宜分别设置加热盘管与集配装置相连。图 5-13 所示为采暖平面布置示意图。对于其他建筑，可根据具体情况划分系统，一般每组加热盘管的总长度不宜大于 120m，盘管阻力不宜超过 30kPa，住宅加热盘管间距不宜大于 300mm。加热盘管在布置时应保证地板表面温度均匀，一般宜将高温管设在外窗或外墙侧，使室内温度分布尽可能均匀。其布置形式有多种，常见的形式如图 5-14 所示。

加热盘管安装如图 5-15 所示。图中基础层为地板，保温层控制传热方向，豆石混凝土层为结构层，用于固定加热盘管和均衡表面温度。各加热盘管供、回水管应分别与集水器和分水器连接，每套集(分)水器连接的加热盘管不宜超过八组，且连接在同一集(分)水器上的盘管长度、管径等应基本相等。集(分)水器的安装如图 5-16 所示。分水器的总进水管上应安装阀门(一般为手动球阀)、过滤器等；在集水器总出水管上应设有平衡阀、球阀等；各组盘管与集(分)水器连接处应设球阀；分水器顶部应设手动或自动排气阀。

2. 有关技术措施和施工安装要求

1）加热盘管及其覆盖层与外墙、楼板结构层间应设绝热层，当允许双向传热时可设绝热层。

2）覆盖层厚度不宜小于 50mm，并应设伸缩缝，肋管穿过伸缩缝时宜设长度不小于 100mm 的柔性套管。

3）绝热层设在土壤上时应先做防潮层，在潮湿房间内加热管覆盖层上应做防水层。

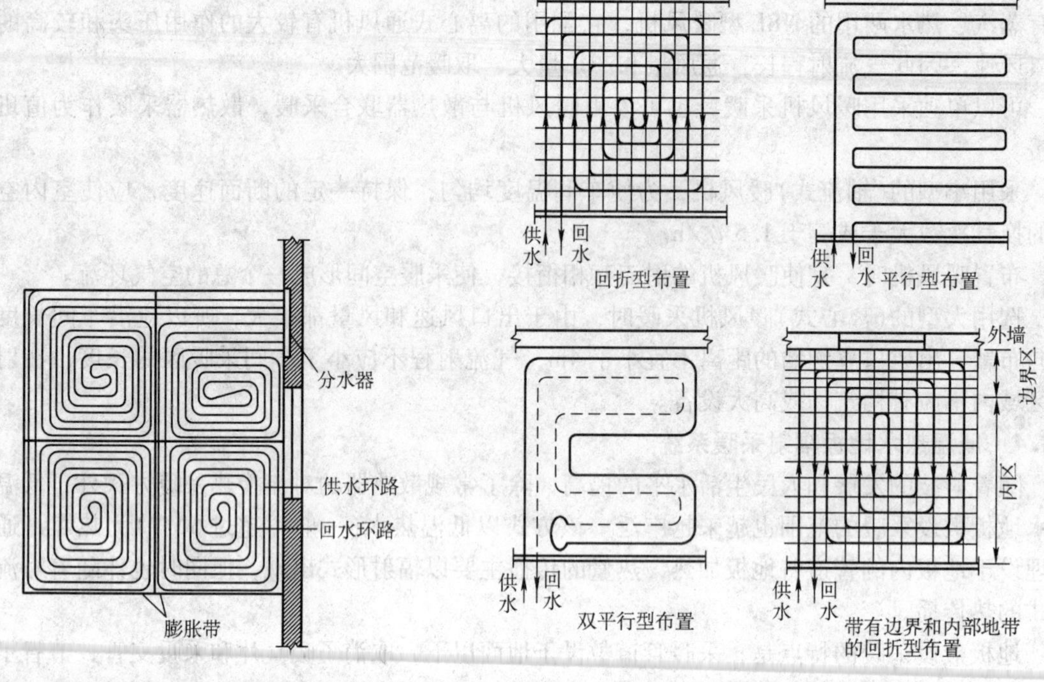

图 5-13　采暖平面布置示意图

图 5-14　加热盘管布置形式

4）热水温度不应高于 60℃，民用建筑供水温度宜为 35～50℃，供、回水温差宜小于或等于 10℃。

5）系统工作压力不应大于 0.8MPa，否则应采取相应的措施。当建筑物高度超过 50m 时，宜竖向分区。

6）加热盘管宜在环境温度高于 5℃条件下施工，并应防止油漆、沥青或其他化学溶剂接触管道。

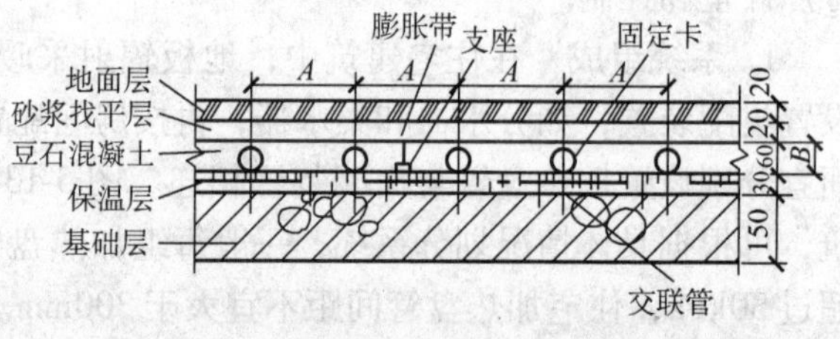

图 5-15　加热盘管安装图

7）加热盘管伸出地面时，穿过地面构造层部分和裸露部分应设硬质套管；在混凝土填充层内的加热管上不得设可拆卸接头；盘管固定点间距：直管段小于或等于 1m 时宜为 500～700mm，弯曲管段小于 0.35m 时宜为 200～300mm。

8）细石混凝土填充层强度不宜低于 C15，应掺入防龟裂添加剂；应有膨胀补偿措施：面积大于或等于 30m²，每隔 5～6m 应设 5～10mm 宽的伸缩缝；与墙、柱等交接处应设 5～10mm 宽的伸缩

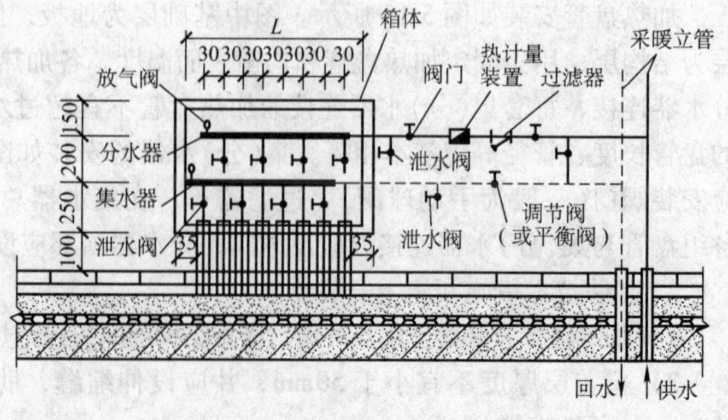

图 5-16　集水器、分水器安装示意图

缝，缝内应填充弹性膨胀材料。浇捣混凝土时，盘管应保持大于或等于0.4 MPa 的静压，养护48h 后再卸压。

9）隔热材料应符合下列要求：导热系数小于或等于0.05W/(m·K)；抗压强度大于或等于100kPa；吸水率小于或等于6%；氧指数大于或等于32%。

10）调试与试运行。初始加热时，热水温度应平缓。供水温度应控制在比环境温度高10℃左右，但不应高于32℃，并应连续运行48h，随后每隔24h 水温升高3℃，直到设计水温，并对与分水器、集水器相连的盘管进行调节，直到符合设计要求。

5.2 管材、附件和采暖设备

5.2.1 管材与附件

1. 管材　采暖管道通常采用钢管，室外采暖管道常采用无缝钢管(管径≤200mm)和焊接钢管，一般热水采暖管道可采用焊接钢管。室内采暖管道通常用普通焊接钢管(一般热水或低压蒸汽采暖系统)或无缝钢管，常用的地板采暖管主要有耐热聚乙烯(PE-RT)管、PE-X管、XPAP 管、PB 管，PP-R 管，其共同的优点是耐老化、耐腐蚀、不结垢、承压高、无环境污染和沿程阻力小等。

钢管的连接可采用焊接、法兰连接和螺纹联接。焊接连接可靠、施工简便迅速、广泛应用于管道之间及补偿器等的连接。法兰连接装卸方便，通常用在管道与设备、阀门等需要拆卸的附件连接上。对于室内采暖管道，通常借助三通、四通、管接头等管件，进行螺纹联接，也可采用焊接或法兰连接。耐热塑料管采用热熔连接和胶粘合剂粘接。铝塑复合管采用专用管件连接。

2. 管道附件　管道附件指疏水器、减压器、除污器、补偿器、阀门、压力表、温度计、管道支架等。详见第1章。

5.2.2 散热器

散热器用于将管道系统中输送的热媒质以对流或辐射为主的方式与室内空气进行热交换，一般设置于外墙的窗下。散热器的种类很多，根据材料来分，有铸铁、钢、铝、铜以及塑料、陶土、混凝土、复合材料等，其中常用的有铸铁散热器、钢制散热器；根据结构形式来分，有翼型、柱型、柱翼型、管型、板型、串片型等；根据传热方式来分，有对流型(对流换热占60%以上)和辐射型(辐射换热占60%以上)。

1. 铸铁散热器　铸铁散热器结构简单、耐腐蚀、使用寿命长、造价低。但承压能力低、金属耗量大、安装运输不方便。铸铁散热器有翼型和柱型两种形式。

(1) 柱型散热器　散热器是单身的柱状连通体。每片各有几个中空的立柱，有二柱、四柱和五柱。散热器有带柱脚和不带柱脚之分，可以组对成组落地安装和在墙上挂式安装，如图5-17 所示。

(2) 翼型散热器　翼型散热器有圆翼型和长翼型两种。圆翼型散热器为管型，外表面有许多圆形肋片，如图5-18 所示。长翼型散热器为长方形箱体，外表面带着长方形肋片，如图5-19 所示。

我国常用的几种铸铁散热器性能参数见表5-1。

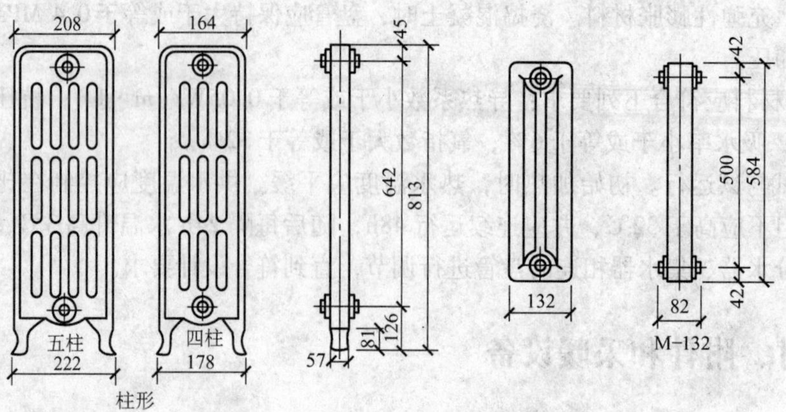

图 5-17 柱型散热器

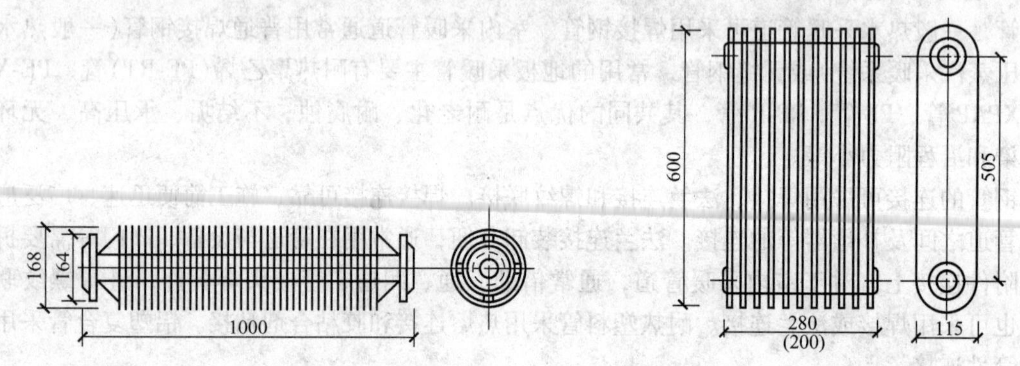

图 5-18 圆翼型铸铁散热器 图 5-19 长翼型铸铁散热器

表 5-1 铸铁散热器性能参数

名　称		灰铸铁柱型	灰铸铁翼型	灰铸铁柱翼型
适用条件		热水或蒸汽		
适用场合		工厂、公共场合和住宅		
规格型号		TZ4—6—5(8)	TY2.8/5—5(7)	TZY2—1.2/6—5
技术性能参数	散热量/W	130/片	430/片	150/片
	工作压力/MPa	0.5(0.8)	0.5	0.5
执行标准		JG3—2002	JG4—2002	JG/T3047—1998
外形尺寸/mm	高	760(足片)	595	780(足片)
	宽	143	115	120
	长	60	280	70
	中心距	600	500	600
接口尺寸		1in 或 1.5in		

2. 钢制散热器　钢制散热器大部分是用薄钢板冲压而成的，它具有外形光滑美观、金属耗量小、重量轻、占地面积小、承压能力高、传热效率高、易于清扫等优点，并可制成室内装饰工艺品。但容易腐蚀，一般用于热水采暖系统。

住房和城乡建设部对我国散热器发展的政策是，到 2010 年，实现以钢制散热器为主，以铸铁散热器为辅的目标。所以，钢制散热器是我国新型散热器发展的一个主要方向。

钢制散热器主要有钢柱型、钢板型、钢扁管型、钢串片型和钢制翅片管型对流散热器。

(1) 闭式钢串片型散热器　该散热器由钢管、带折边的钢片和联箱等组成。这种散热器的串片间形成许多个竖直空气通道，产生了烟囱效应，增强了对流换热能力，如图 5-20 所示。这种散热器已被建设部确定为“限制类使用产品”。

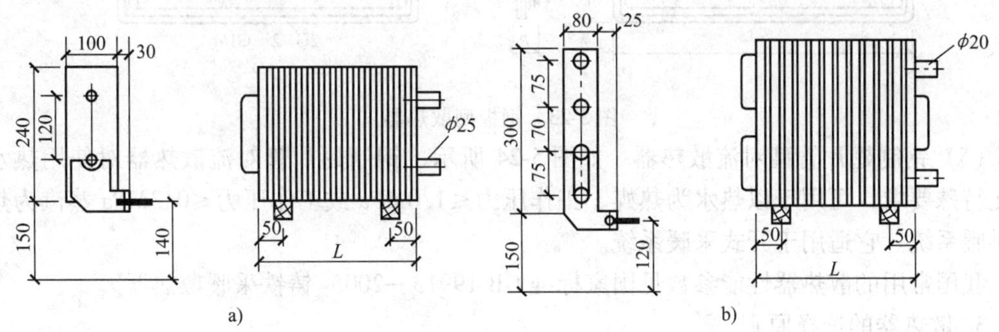

图 5-20　闭式钢串片式散热器

a) 240×100 型　b) 300×80 型

(2) 钢柱型散热器　钢柱型散热器的构造和铸铁散热器相似，如图 5-21 所示。这种散热器是采用 1.5～2.0mm 厚普通冷轧钢板经过冲压形成半片柱状，再经缝焊复合成单片，单片之间通过气体保护电弧焊焊成所需要的散热器段。每组片数可根据设计而定，一般不宜通过 20 片。钢柱型散热器具有色彩和造型多样、表面喷塑、易于清洁、散热性能好、热辐射比例高、重量轻、耐腐蚀、使用寿命长等优点。其承压能力达 1.0MPa，适用各种高层建筑。

(3) 钢扁管型散热器　该散热器是由数根矩形扁管叠加焊制成排管，两端与联箱连接，形成水流通路。扁管形散热器的板型有单板、双板、单板带对流片和双板带对流片四种结构形式。单双板扁管型散热器两面均为光板，板面温度高，有较大的辐射热。带对流片的板型散热器，背面主要以对流方式进行散热，如图 5-22 所示。

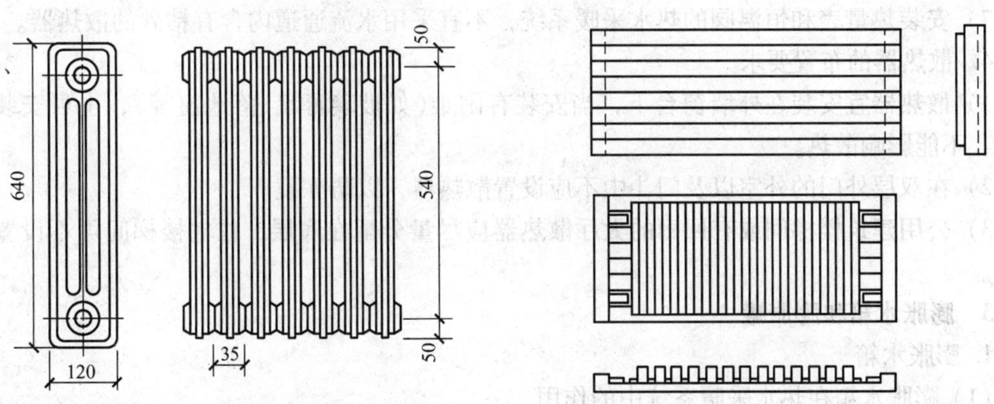

图 5-21　钢柱型散热器　　图 5-22　钢扁管型散热器

(4) 钢板型散热器　该散热器也是由冷轧钢板冲压、焊制而成，主要由面板、背板、进口接头等组成。对流片多采用 0.5mm 的冷轧钢板冲压成形，点焊在背板后面，以增加散热面积，如图 5-23 所示。

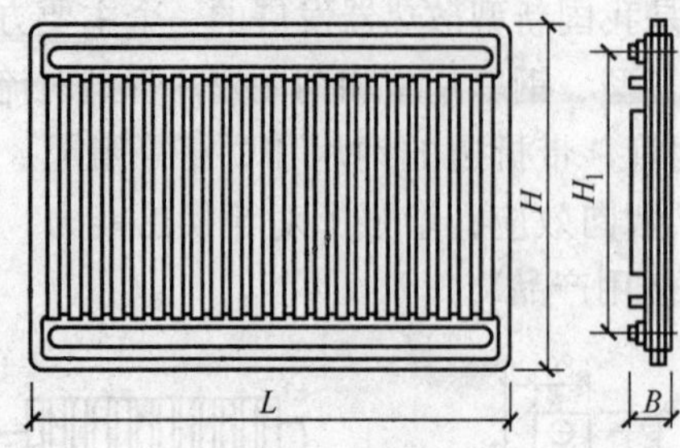

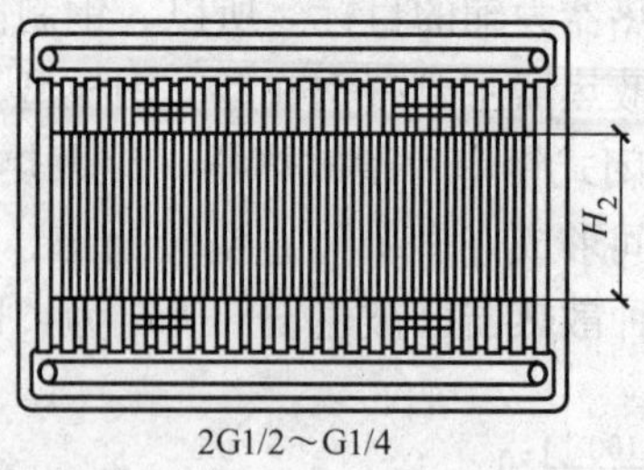

图 5-23　钢板型散热器

（5）钢制翅片管型对流散热器　如图 5-24 所示，钢制翅片管对流散热器对使用热水水质无特殊要求，可用于以热水为热媒、工作压力≤1. 0MPa 或工作压力≤0. 3MPa 蒸汽为热媒的供暖系统。它适用于开式采暖系统。

我国常用的散热器性能参数见国家标准 GB 19913—2005《铸铁采暖散热器》。

3. 散热器的选择原则

1）散热器的工作压力，应满足系统的工作压力，并符合国家现行有关产品标准的规定。

2）民用建筑宜选用外形美观，易于清扫的散热器。

3）放散粉尘或防尘要求较高的工业建筑，宜采用易于清扫的散热器。

4）具有腐蚀性气体的工业建筑或相对湿度较大的房间，宜采用耐腐蚀的散热器。

图 5-24　钢制翅片管型对流散热器

5）采用钢制散热器时，应采用闭式系统，并满足产品对水质的要求，在非采暖季节应充水保养；蒸汽采暖系统不应采用钢制柱型、板型和扁管散热器。

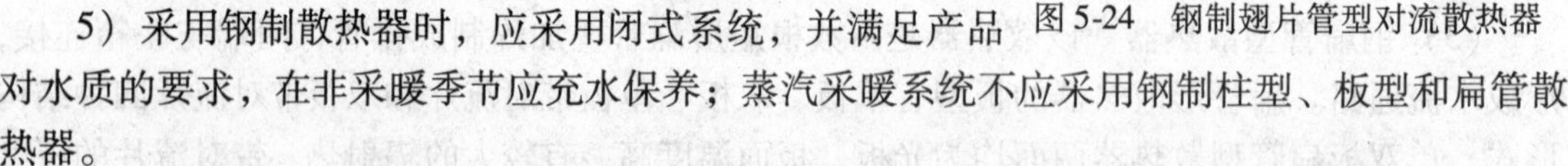

6）采用铝制散热器时，应采用内防腐型铝制散热器，并满足产品对水质的要求。

7）安装热量表和恒温阀的热水采暖系统，不宜采用水流通道内含有粘砂的散热器。

4. 散热器的布置要求

1）散热器宜安装在外墙窗台下，当安装有困难（如玻璃幕墙、落地窗等），也可安装在内墙，不能影响散热。

2）在双层外门的外室以及门斗中不应设置散热器，以防冻裂。

3）公用建筑楼梯间或有回廊的大厅散热器应尽量分配在底层，住宅楼梯间可不设置散热器。

5. 2. 3　膨胀水箱和膨胀罐

1. 膨胀水箱

（1）膨胀水箱在热水采暖系统中的作用

1）在密闭的热水采暖循环系统中，水不断地被加热而温度升高，体积增大从而使系统中的压力升高而导致管道和采暖设备超压，而膨胀水箱即可接纳膨胀出来的水而避免系统超压。

2）因膨胀水箱需安装在本采暖区域内最高建筑物的屋面上，水箱为开式(与大气相通)，有膨胀管连接在靠近循环水泵吸入口的回水总管上，这样会使该区域所有建筑物中的采暖系统各点无论是在运行还是停止工作均大于大气压力，即不会出现反负压，也就保证了系统内的热水不会被汽化。因此，膨胀水箱在热水采暖系统中即可起到定压作用，又不致使空气进入系统中来，如图5-25与图5-26所示。

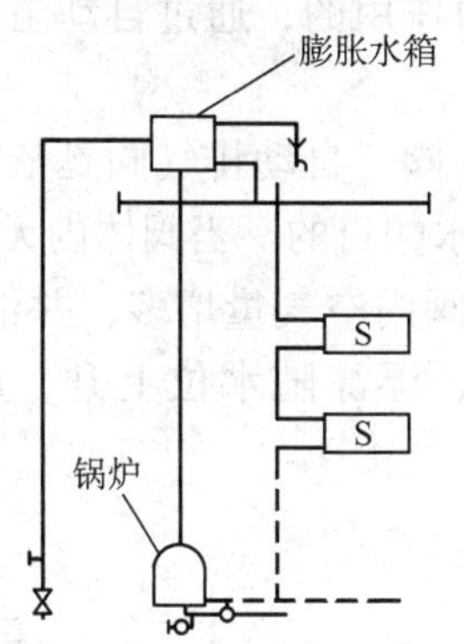

图5-25　自然循环系统与膨胀水箱连接

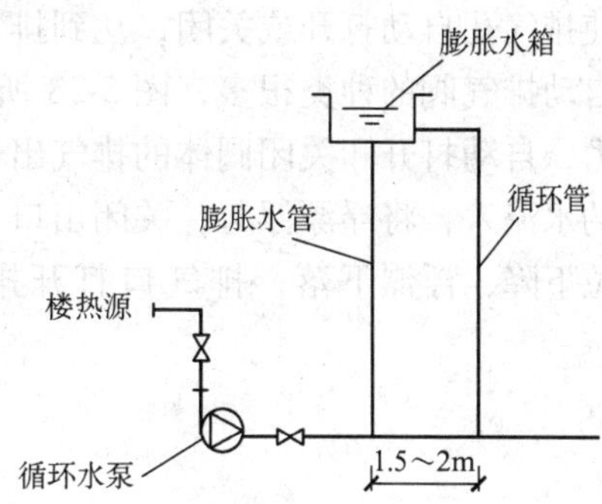

图5-26　机械循环系统与膨胀水箱连接

3）因水箱处于系统最高点，在自然循环系统中，可排除系统中的空气。

4）膨胀水箱可起着调节系统水位的作用，膨胀水箱既可容纳因膨胀出多余的水，还可补充因系统泄露引起的缺水现象。水箱上安装水位控制装置，平时维持正常水位，一旦缺水至水位控制装置的下限值时，可自动起动水泵补水。补水至控制装置的上限值时，自动停泵。

(2) 膨胀水箱的配管　膨胀水箱的配管有膨胀管、循环管、溢流管、信号管和排水管等。当水箱所处的温度在0℃以上时可不设循环管。溢流管供系统内的水超过一定水位时溢流之用，它的末端接到楼房或锅炉房排水设备上。为确保系统安全运行，膨胀管、循环管、溢流管上不准设阀门。信号管即检查管，用于检查系统是否已经充满水。其末端接到锅炉排水设备上方，并设有阀门。膨胀水箱的有效容积是指检查管与溢流管之间的容积。

2. 膨胀罐　闭式膨胀罐是近年来我国在空调系统、采暖系统中的一种定压设备。在空调、采暖系统中膨胀罐起定压和容纳系统温度升高时的膨胀水量，保证系统正常运行。膨胀罐由罐体、气囊、接水口及排气口四部分组成。膨胀罐的工作原理是，当外界有压力的水进入膨胀罐气囊内时，密封在罐内的氮气被压缩，根据波义耳气体定律，气体受到压缩后体积变小压力升高，直到膨胀罐内气体压力与水的压力达到一致时停止进水。当水流失压力减低时膨胀罐内气体压力大于水的压力，此时气体膨胀水补排出，直到气体压力与水的压力再次达到一致时停止排水。

5.2.4　集气罐与自动排气阀

1. 集气罐　根据干管与顶棚的安装空间可分为立式集气罐和卧式集气罐。

集气罐的工作原理是，当水在管道中流动时，水流动的速度大于气泡浮升的速度，水中的空气可随水一起流动，当流至集气罐内时，因罐体直径突然增大，水流速度减慢，此时气泡浮升速度大于水流速，气泡就从水中游离出来并聚集在罐体的顶部。顶部安装放气管及放气阀，将空气排出直至流出水来为止。

集气罐的接管方式如图 5-27 所示。

集气罐通常采用 $\delta = 4.5\text{mm}$ 的钢板卷成或用管径 100 ~ 250mm 的钢管焊成。其直径要比连接处干管直径大一倍以上，有利于气体逸出且聚集于罐顶。为增大储气量，进出水管要接近罐底，罐的上部应设 ϕ15mm 放气管。放气管末端设放气阀门。分人工和自动开启两种。

2. 自动排气阀　自动排气阀大多是依靠水对物体浮力作用的，通过自动阻气和排水机构，使排气孔自动打开或关闭，达到排气的目的。

自动排气阀的种类很多，图 5-28 所示是一种自动排气阀。自动排气阀是依靠水对物体的浮力，自动打开和关闭阀体的排气出口，达到排气和阻水的目的。当阀体内无空气时，系统中的水流入，将浮漂浮起，关闭出口，阻止水流出。当阀内空气量增多，并汇集在上部，使水位下降，浮漂下落，排气口打开排气。气体排出后，浮漂随水位上升，重新关闭排气口。

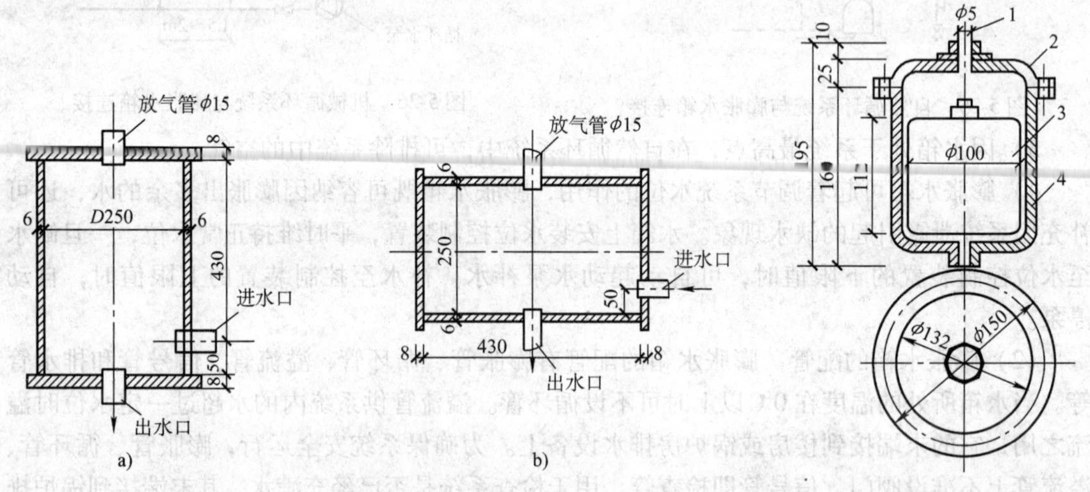

图 5-27　集气罐的接管方式

a）立式罐　b）卧式罐

图 5-28　自动排气阀

自动排气阀与系统连接处应设阀门，便于检修和更换排气阀时使用。

5.3　采暖系统管网的布置

在布置采暖管道之前，首先要根据建筑物的使用特点及要求，确定采暖系统的热媒种类、系统形式；其次，要确定合理的入口位置。系统的入口可设置在建筑物热负荷对称分配的位置，一般在建筑物长度方向的中点。在布置采暖管道时应遵循一定的原则，即应力求管道最短、节省管材、便于维护管理及不影响房间美观。

采暖管道的安装有明装和暗装两种形式，应用时要依建筑物的要求而定。在民用建筑、公共建筑以及工业建筑中一般都应采用明装。装饰要求较高的建筑物，如剧院、礼堂、展览馆、宾馆及某些有特殊要求的建筑物，如幼儿园等常用暗装。

5.3.1 干管的布置

上供式系统中的热水干管与蒸汽干管，暗装时应敷设在平屋面之上的专门沟槽内，或屋面下的吊顶内，或布置在建筑物顶部的设备层中；明装时可沿墙、柱敷设在窗过梁以上和顶棚以下的地方，但不能遮挡窗户，同时到顶棚的净距的确定还应考虑管道的坡度、集气罐的设置条件等。

采暖管道应有一定坡度，如无特殊设计要求时，应符合下列规定：热水管道及汽、水同向流动的蒸汽和凝结水管道，坡度一般为0.003，但不得小于0.002；汽水逆向流动的蒸汽管道，坡度一般不应小于0.005，同时应在采暖系统的高点设放气、低点设泄水装置。

较小的采暖系统干管可不设分支环路，如图5-29所示。为了缩短作用半径，减小阻力损失，可以设置两个或两个以上的分支环路。图5-30所示为两个分支环路的异程式系统；图5-31所示为两个分支环路的同程式系统。异程式系统比同程式系统减少了干管长度，但每个立管构成的环路不易平衡。图5-32所示为多分支环路的异程式系统。

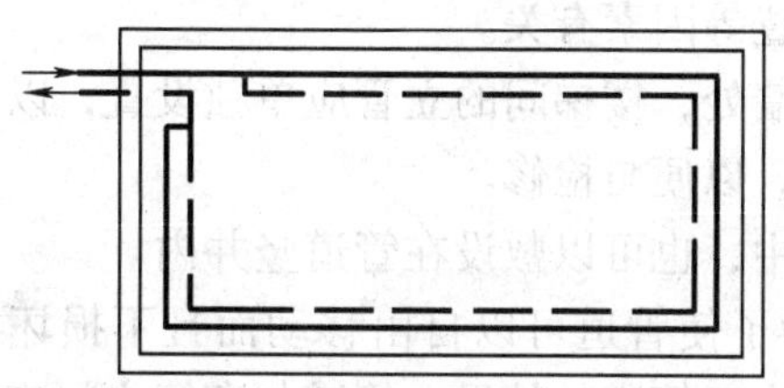

图5-29　无分支环路的同程式系统

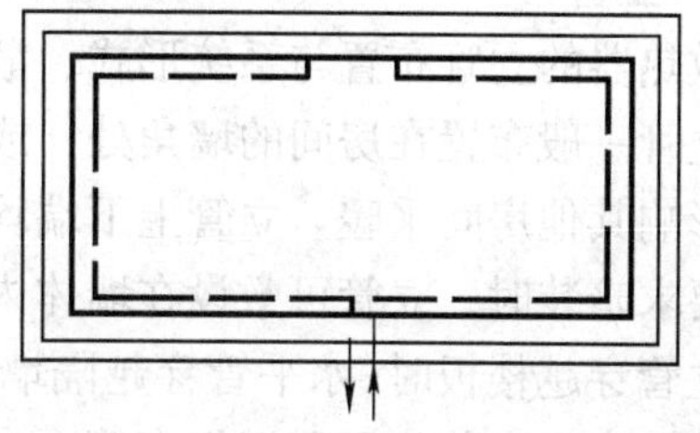

图5-30　两个分支环路的异程式系统

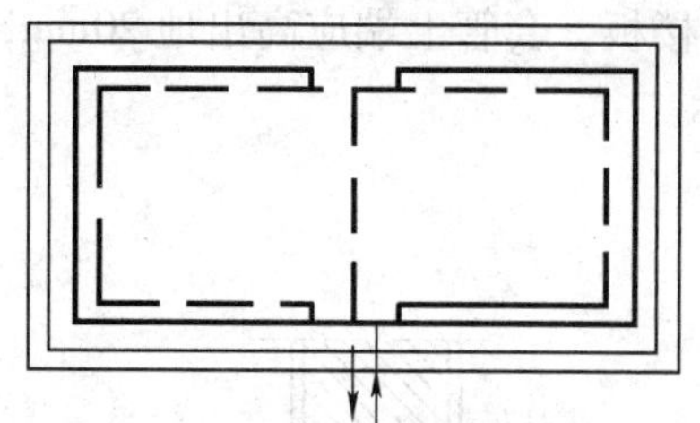

图5-31　两个分支环路的同程式系统

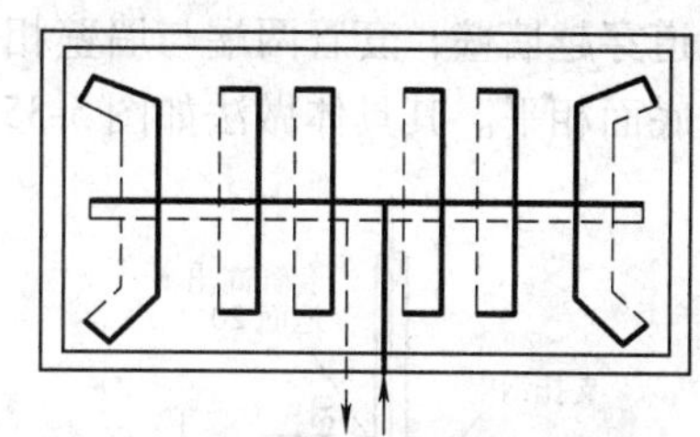

图5-32　多分支环路的异程式系统

敷设在地面上的回水干管过门时，在门下设置小管沟，若是热水采暖系统按图5-33所示处理。回水干管进入过门地沟，它的坡向应沿水流方向降低以便排除空气和污水，为了减少排气设备，从过门地沟引出的回水干管到邻近立管的这一段管路可采用反坡向，使管中积聚的空气沿邻近立管顺利排出，而继续延伸的干管仍按原坡向敷设。若是蒸汽采暖系统，则按图5-34所示处理，凝结水干管在门下形成水封，空气不能顺利通过，故需设置空气绕行管以免阻断凝结水流动。

下供式系统干管和上供式系统的回水干管，如果建筑物有不采暖的地下室时，则敷设于地下室的顶板下面；如无地下室，暗装时敷设在建筑物最下层房间地面下的管沟内。

为了检修方便，管沟在某些地点应设有活动盖板。无地下室明装时，可在最下层地面以上散热器以下沿墙敷设，要注意保证回水干管应有的坡度。

在采暖系统中，金属管道会因受热而伸长。如直管段两端都被固定时，管道热胀冷缩会使管道弯曲或被拉断。这一问题可以通过合理利用管道自然补偿装置解决。当伸长量很大

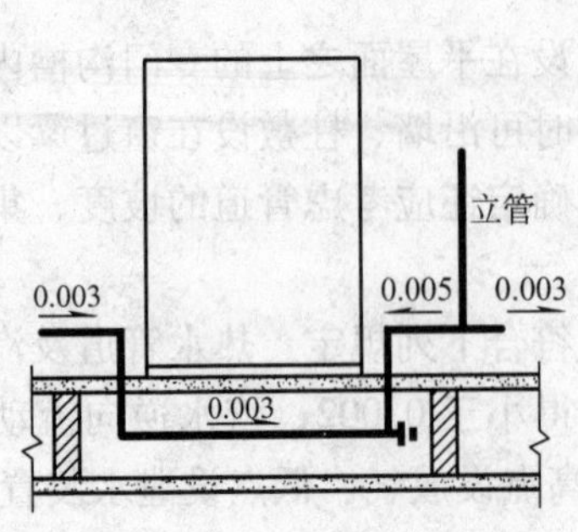

图 5-33　回水干管下部过门

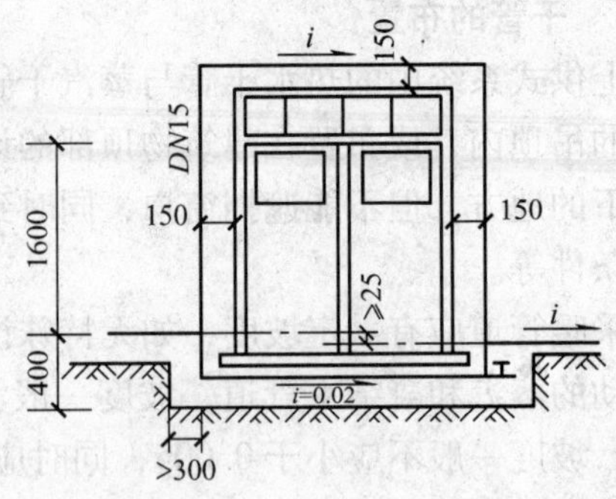

图 5-34　凝结水干管过门

时，管道本身无法满足补偿或管段上没有弯曲部分时，就要采用补偿器补偿管道的伸长量，一般优先采用自然补偿器，自然补偿量不够时，可考虑采用套筒式补偿器、波纹补偿器等。

5.3.2　立管

散热器的立管布置与系统形式、散热器布置位置等因素有关。

立管一般布置在房间的墙角处，或布置在窗间墙处，楼梯间的立管应单独设置，以免冻结而影响其他房间采暖。立管上下端均应设置阀门，以便与检修。

要求暗装时，立管可敷设在墙体内预留的沟槽中，也可以敷设在管道竖井内。

立管穿越楼板时(水平管穿越隔墙时相同)，为了使管道可以自由移动而且不损坏楼板或墙面，应在安装位置预埋钢套管。套管内径应稍大于管道的外径，管道与套管之间应填以石棉绳。

管道穿越墙壁，套管两端与墙壁相平；管道穿越楼板，套管上端应高出地 20mm，下端与楼板底面相平。其具体做法如图 5-35、图 5-36 所示。

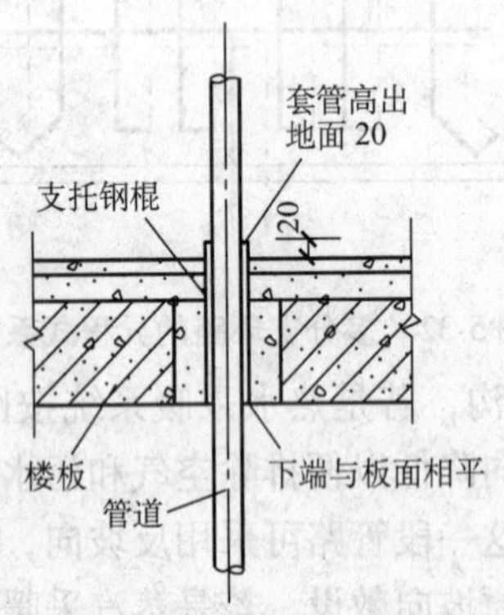

图 5-35　立管穿楼板做法

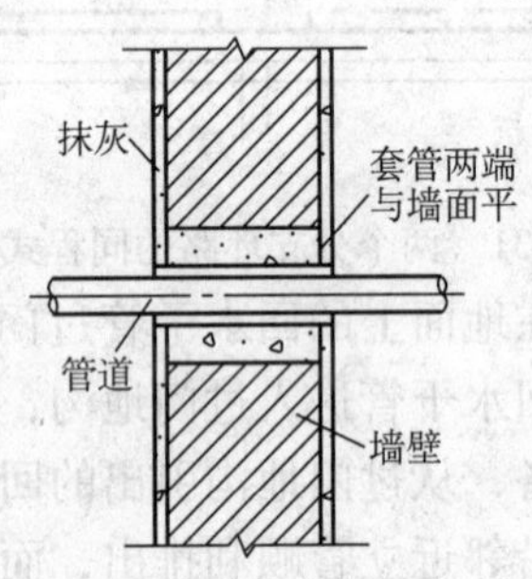

图 5-36　卧管穿墙做法

5.3.3　支管

支管应尽量设置在散热器的同侧与立管相接，进出口支管一般应沿水流方向下降的坡度敷设(下分下回式系统,利用最高层散热器放气的进水支管除外)，如坡度相反，会造成散热器上部存气，下部积水放不净，如图 5-37b 所示。当支管全长小于或等于 500mm 时，坡度值为 5mm；全长大于 500mm 时，坡度值为 10。当一根立管接往两根支管，任其一根超过 500mm 时，其坡度值均应为 10。散热器支管长度大于 1.5m 时，应在中间安装管卡或托钩。

5.3.4 采暖系统的入口装置

采暖系统的入口是指室外供热网路向热用户供热的连接装置，设有必要的设备、仪表以及控制设备，用来调节控制供向热用户的热媒参数，计量热媒流量和用热量。一般称之为热力入口，设有压力表、温度计、循环管、旁通阀、平衡阀、过滤器和泄水阀等。

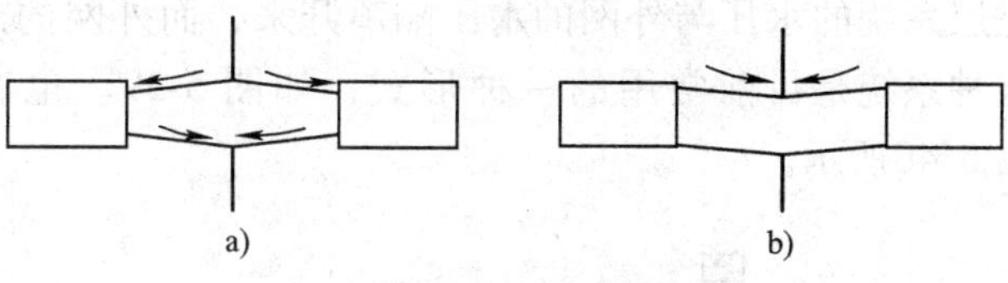

图 5-37 散热器支管的坡向
a）正确连接方法 b）错误连接方法

建筑物可设有一个或多个热力入口，采暖管道穿过建筑物基础、墙体等围护结构时，应按规定尺寸预留孔洞。其具体做法如图 5-38 所示。

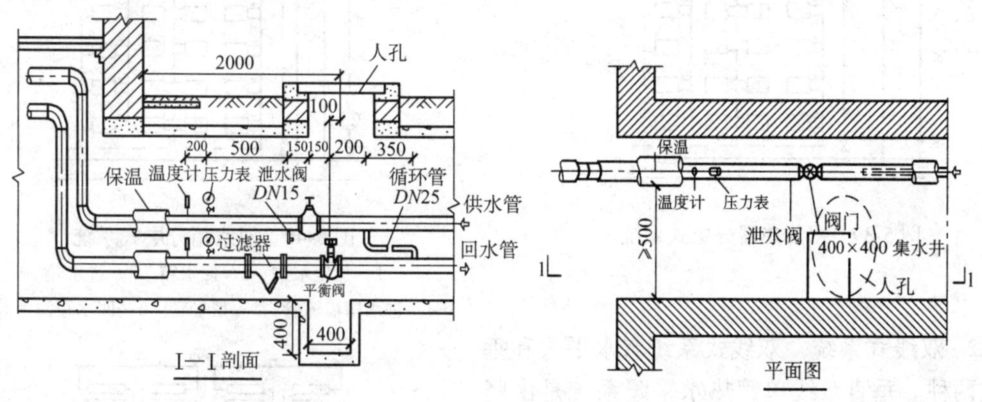

图 5-38 热水采暖系统入口装置

5.4 高层建筑采暖的特点和形式

5.4.1 高层建筑采暖系统的特点

随着城市建设的发展，高层建筑越来越多，建筑高度也越来越高，给采暖系统带来一些新的问题。

1）高层建筑的采暖热负荷增大。高层建筑围护结构的导热系数增大，冷空气的侵入量增大。为了减少冷风渗透量，节约能耗，应增强门、窗等缝隙的密封性能，阻隔建筑物内从底层到顶层的内部通气。在设计建筑形体和门、窗开口位置时，应尽量减少建筑物外露面积和门、窗数量。

2）随着建筑高度的增加采暖系统内水静压力随之上升，这就需要考虑散热设备和管材的承压能力。当建筑物高度超过 50m 时，宜竖分区供热。

3）建筑高度的上升，会导致系统垂直失调的问题加剧。为减轻垂直失调，一个垂直单管采暖系统所供层数不宜大于 12 层。

5.4.2 高层建筑热水采暖系统的形式

1. 分层式采暖系统　分层式采暖系统是在垂直方向将采暖系统分成两个或两个以上相互独立的系统。该系统高度的划分取决于散热器、管材的承压能力及室外供热管网的压力。下层系统通常直接与室外网路相连，上层系统与外网通过换热器隔绝式连接，使上层系统的水压与外网的水压隔离开来，而外网的热量可以通过换热器传递给上层系统。这种系统是目前常用的一种形式，如图 5-39。也有以水箱将上、下层两系统分开，如图 5-40所示。

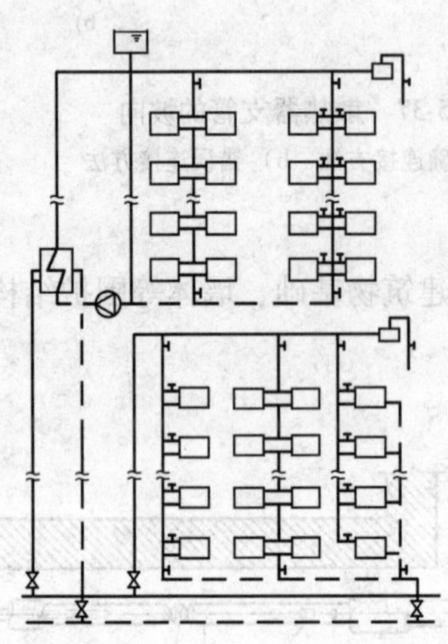

图 5-39　水加热器分层式系统

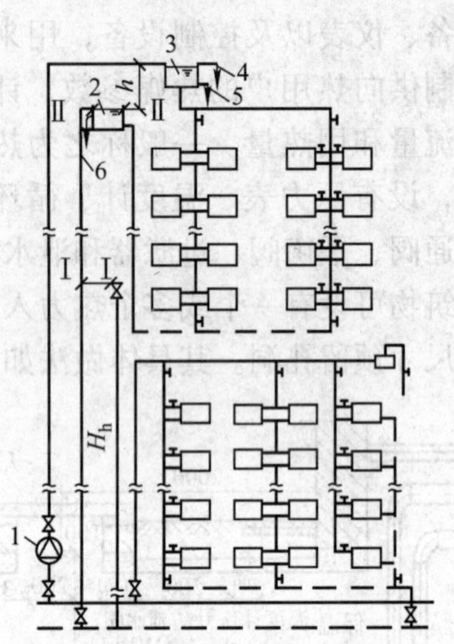

图 5-40　双水箱分层式系统

1—加压水泵　2—回水箱　3—进水箱

4—进水箱溢流管　5—信号管　6—回水箱溢流管

2. 双线式系统　双线式系统有水平式和垂直式两种。垂直双线单管热水采暖系统是由竖向的Ⅱ形单管式立管组成，如图 5-41 所示。双线系统的散热器通常采用蛇形管或辐射板式(单块或砌入墙内的整体式)结构。散热器立管是由上升立管和下降立管组成的。因此，各层散热器的平均温度近似地可以认为相同，这样非常有利于避免系统垂直失调。对于高层建筑，这种优点更为突出。

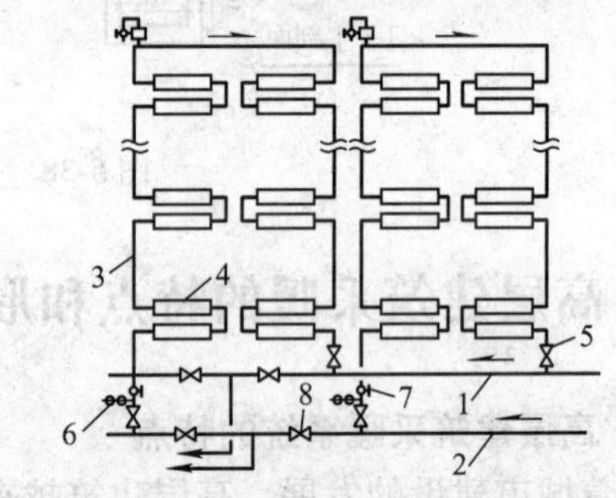

图 5-41　垂直双线式系统

1—供水干管　2—回水干管　3—双线立管　4—散热器

5—截止阀　6—排水阀　7—节流孔板　8—调节阀

垂直双线系统的每一组Ⅱ形单管式立管最高点处应设置排气装置。由于立管的阻力较小，容易产生水平失调，可在每根立管的回水管上设置孔板来增大阻力，或用同程式系统达到阻力平衡。

水平双线式系统如图 5-42 所示。

3. 单、双管混合式系统　如图 5-43 所示，将散热器自垂直方向分为若干组，每组包含若干层，在每组内采用双管形式，而组与组之间则用单管连接。这样，就构成了单、双管混合系统。这种系统的特点是，避免了双管系统在楼层过多时出现的严重竖向失调现象，同时也避免了散热器支管管径过粗的缺点，有的散热器还能局部调节，单、双管系统的特点兼而有之。

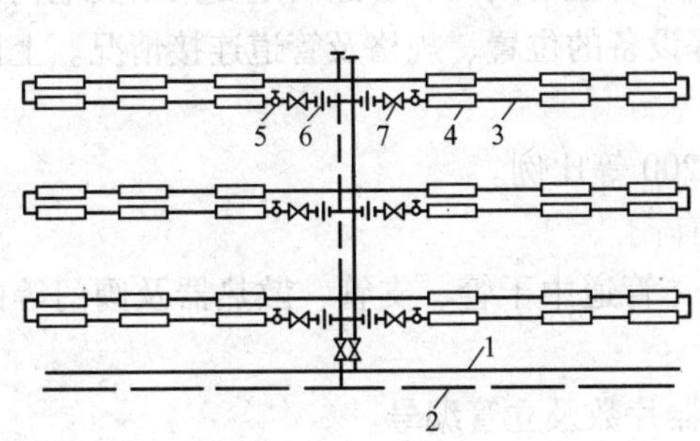

图 5-42　水平双线式系统

1—供水干管　2—回水干管　3—双线水平管　4—散热器　5—截止阀　6—节流孔板　7—调节阀

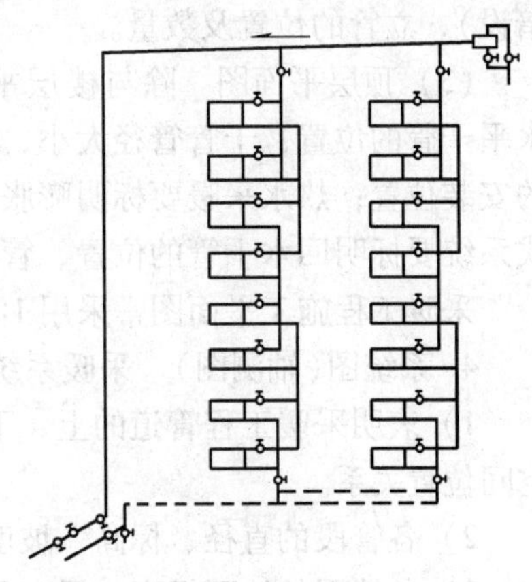

图 5-43　单、双管混合式系统

5.5　建筑采暖施工图识读及施工

5.5.1　施工图的组成

一套完整的采暖安装施工图样组成，可用图式表示如下：

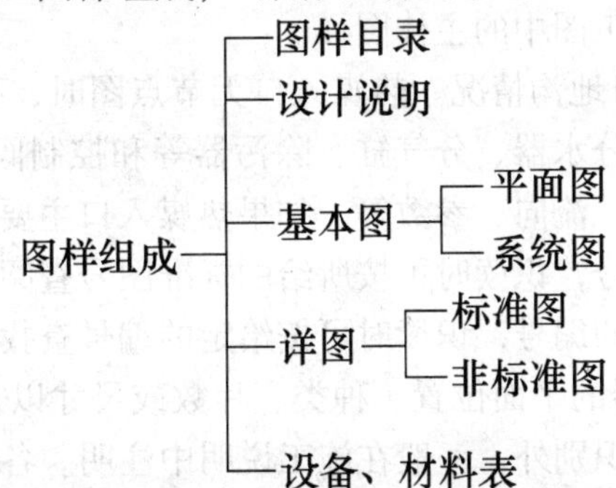

1. 图样目录　前已述。

2. 设计说明　设计说明的主要内容有：建筑物的采暖面积、热源种类、热媒参数、系统总热负荷、系统形式、进出口压力差、散热器形式及安装方式、管道材质、敷设方式、防腐、保温、水压试验要求等。此外，还应说明需要参看的有关专业的施工图号或采用的标准图号以及设计上对施工的特殊要求和其他不易表达清楚的问题。

3. 平面图　为了表达出各层的管道及设备布置情况，采暖施工平面图也应分层表示，但为了简便，可只画出房屋首层、标准层及顶层的平面图再加标注即可。

（1）底层平面图　除与楼层平面图相同的有关内容外，还应表明供热引入口的位置、系统编号、管径、坡度及采用标准图号（或详图号）。下供式系统表明干管的位置、管径和坡度；下回式系统表明回水干管（凝水干管）的位置、管径和坡度。平面图中还要表明地沟位置和主要尺寸，活动盖板、管道支架的位置。

（2）楼层平面图　楼层平面图指除底层和地下室外的（标准层）平面图，应标明房间名称、编号、立管编号、散热设备的安装位置、规格、片数（尺寸）及安装方式（明设、暗设、半暗设），立管的位置及数量。

（3）顶层平面图　除与楼层平面图相同的内容外，对于上供式系统，要表明总立管、水平干管的位置；干管管径大小、管道坡度，以及干管上的阀门、管道固定支架及其他构件的安装位置；热水采暖要标明膨胀水箱、集气罐等设备的位置、规格及管道连接情况。上回式系统要标明回水干管的位置、管径和坡度。

采暖工程施工平面图常采用1:50、1:100、1:200等比例。

4. 系统图（轴测图）　采暖系统图表示的内容有：

1）表明采暖工程管道的上、下楼层间的关系，管道中干管、支管、散热器及阀门等的空间位置关系。

2）各管段的直径、标高、坡度、坡向、散热器片数及立管编号。

3）各楼层的地面标高、层高及有关附件的高度尺寸等。

4）集气罐的规格、安装形式。

5. 详图　表示采暖工程某一局部或某一构配件的详细尺寸、材料类别和施工做法的图样称为详图。非标准图的节点与做法，要另出详图。

5.5.2　施工图识读

1. 读图基本方法　采暖施工图应按热媒在管内所走的路程顺序进行，将系统图与平面图结合对照进行。

（1）平面图　室内采暖平面图主要表示管道、附件及散热器在建筑平面上的位置以及它们之间的相互关系，是施工图中的主体图样。

1）查明热媒入口及入口地沟情况。热媒入口无节点图时，平面图上一般将入口装置如减压阀、混水器、疏水器、分水器、分气缸、除污器等和控制阀门表示清楚，并注有规格。同时还注出直径、热媒来源、流向、参数等。如果热媒入口主要配件、构件与国家标准图相同时，则注明规格与标准图号，识读时可按所给的标准图号查阅标准图。当有热媒入口节点图时，平面图上注有节点图的编号，识读时可按给定的编号查找热媒入口大样图进行识读。

2）查明建筑物内散热器的平面位置、种类、片数或尺寸以及散热器的安装方式。散热器的种类较多，除可用图例识别外，一般在施工说明中注明。各种散热器的规格及数量应按下列规定标注：柱形散热器只标注数量；圆翼型散热器应标注根数和排数，如3×2，表示2排，每排3根；光管散热器应标注管径、长度和排数，如$D108\times3000\times4$，表示管径为108mm，管长3000mm，共4排；串片式散热器应标注长度和排数，如1.0×3，表示长度1.0m，共3排。

3）了解水平干管的布置方式、材质、管径、坡度、坡向、标高，干管上的阀门、定支架、补偿器等的平面位置和型号。

识读时应注明干管是敷设在最高层、中间层还是在底层。供水、供气干管敷设在最高层表明是上供式系统；敷设在中间层是中供式系统；敷设在底层就是下供式系统。在底层平面图中还会出现回水干管或凝结水干管。

平面图中的水平干管，应逐段标注管径。结合设计说明弄清管道材质和连接方式。采暖管道采用铸铁管，*DN*32mm以下者为螺纹联接，*DN*40mm以上者采用焊接。识图时应弄清补偿器的种类、形式和固定支架的形式及安装要求，以及补偿器和固定多个支架的平面位置等。

4）通过立管编号查清系统立管数量和布置位置。立管编号可用圆圈表示，圆圈内用阿拉伯数字标注。

5）在热水采暖平面图上还应标有膨胀水箱、集气罐等设备的位置、规格尺寸以及所连接管道的平面布置和尺寸。此外，平面图中还绘有阀门、泄水装置、固定支架、补偿器等的位置。在蒸汽采暖平面图上还表明疏水装置的平面位置及其规格尺寸。

（2）系统图　采暖系统图表示从热媒入口至出口的采暖管道、散热设备、主要阀门附件的空间位置和相互关系。当系统图前后管线重叠，给绘图和识图造成困难时，应将系统切断绘制，并注明切断处的连接符号。识图时应注意：

1）查明热媒入口处各种装置、附件、仪表、阀门之间的实际位置，同时搞清热媒来源、流向、坡向、坡度、标高、管径等。

2）查明管道系统的连接，各管段管径大小、坡度、坡向，水平管道和设备的标高，以及立管编号等。

3）了解散热器类型规格、片数、标高。

4）注意查清其他附件与设备在系统中的位置，凡注明规格尺寸者，都要与平面图和材料表等进行核对。

（3）详图　详图是室内采暖管道施工图的一个重要组成部分。供热管、回水管与散热器之间的具体连接形式、详细尺寸和安装要求，一般都用详图反映出来。采暖系统的设备和附件的制作与安装方面的具体构造和尺寸，以及接管的详细情况，都要查阅详图。

2. 某办公楼采暖工程图的识读

（1）采暖平面图的识读　某办公楼采暖平面图，如图 5-44 所示。该图为上供下回式热水采暖系统，选用四柱型散热器，每组散热器的片数均标注在靠近散热器图例符号的外窗外侧。从图上可以看出，该办公楼共有三层，各层散热器组的布置位置和组数均相同，各层供、回水立管的设置位置和根数也相同。

从底、顶层平面图上可以看出，供水总管为一条，管径 *DN*65mm，供水干管为左右各一条，管径由 *DN*40mm 变为 *DN*32mm，各供水支管管径均为 *DN*15mm。各回水支管管径均为 *DN*15mm，回水干管左右各一条，管径由 *DN*32mm 变为 *DN*40mm，回水总管为一条，管径 *DN*65mm。

（2）采暖系统图的识读　某办公楼采暖系统图，如图 5-45 所示。从图上可以看出，供水总管为一条，管径 *DN*65mm，标高 -1.200m；主立管管径 *DN*65mm；供水干管左右各一条，标高 9.500m。管径由 *DN*40mm 变为 *DN*32mm，坡度为 0.003，坡向主立管。在每条供水干管端设卧式集气罐一个，其顶接 *DN*15mm 管一条，向下引至标高 1.600m 处，然后装 *DN*15mm 截止阀一个。回水干管也是左右各一条，每条回水干管始端标高为 -0.400m，管径由 *DN*32mm 变为 *DN*40mm，坡度为 0.003，坡向回水总管。回水总管管径 *DN*65mm，标高 -1.200m。供回水立管各 12 根，每根供、回水立管通过相应的供、回水支管，分别于相应的底层、二层、顶层的散热器组相接。供回水支管管径均为 *DN*15mm。每组散热器的片数，均标注在相应的散热器图例符号内。

5.5.3　建筑采暖系统的施工及验收

1. 室内采暖系统工艺流程

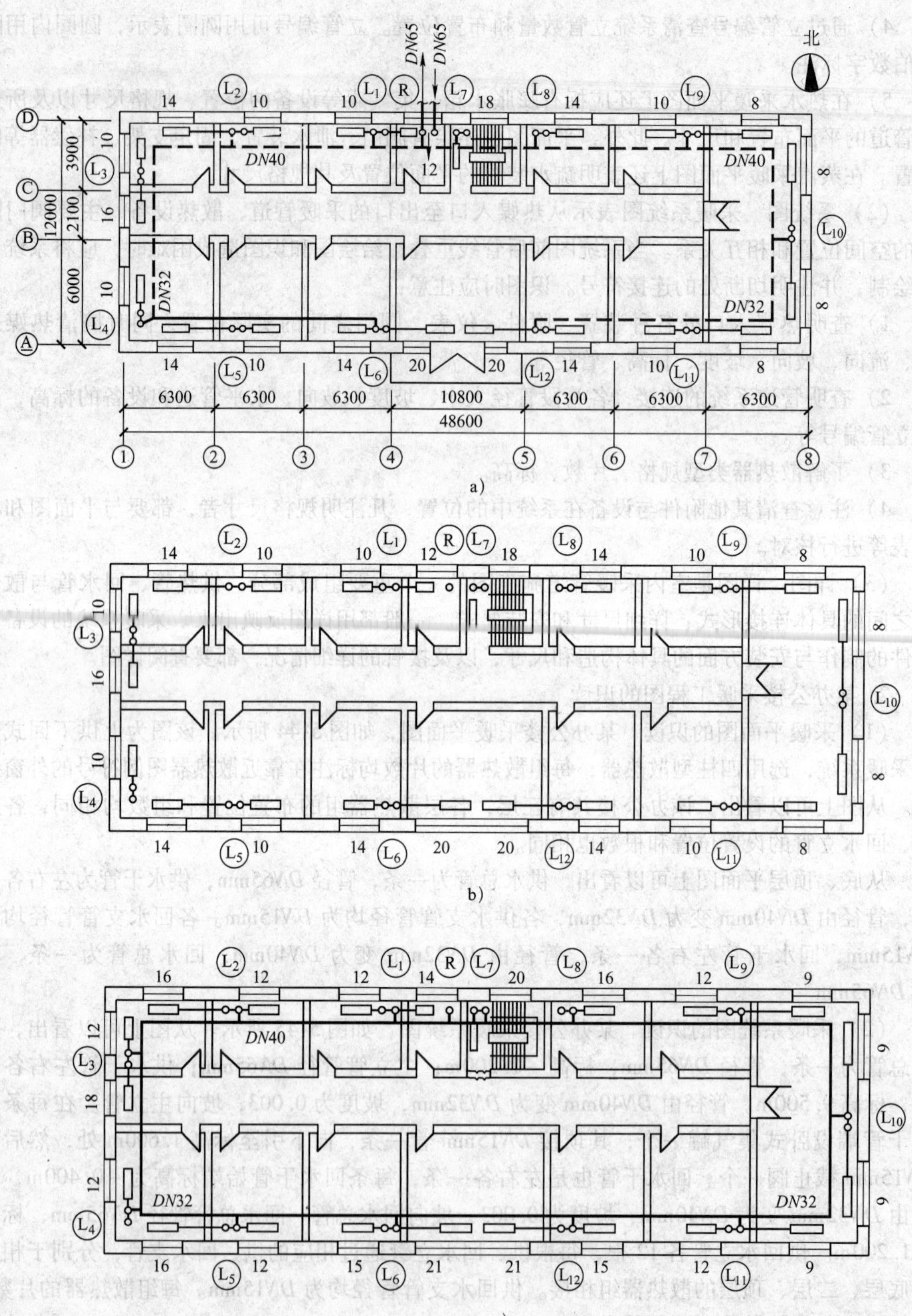

图 5-44　某办公楼采暖平面图

a）一层采暖平面图(1∶100)　b）二层采暖平面图(1∶100)　c）顶层采暖平面图(1∶100)

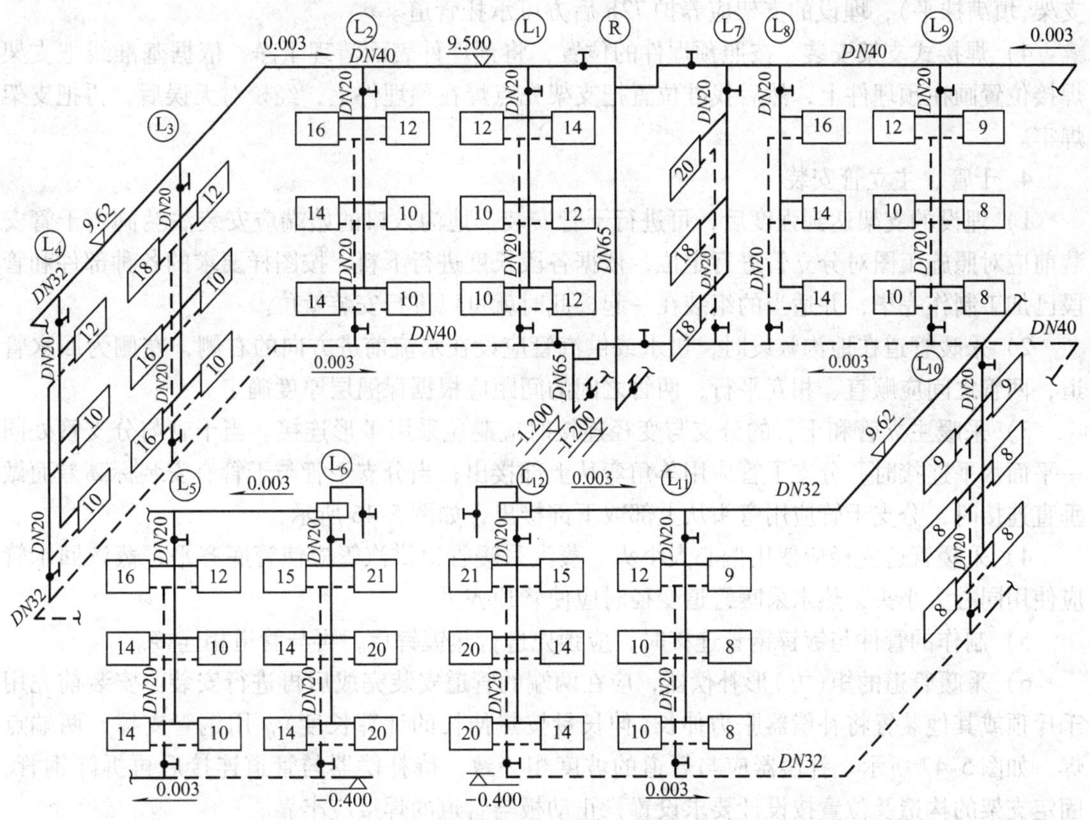

图 5-45　某办公楼采暖系统图

定位画线 → 干管支架安装 → 干管、主立管安装 → 隐蔽管道水压试验、保温及验收 → 立管支架和套管埋设 → 分立管安装 → 散热器组对试压及就位安装 → 散热器支管安装 → 系统试压、清洗、调试及验收 → 管道系统防腐涂漆

2. 定位画线

1）按施工图和已经审批的施工方案，绘制施工简图，其内容包括管道的位置和走向、始末端和拐弯点的坐标和标高；管段长度、管径、变径位置和规格；预留口尺寸、位置和方向；管道坡向；阀门位置、规格型号和方向；支架位置；补偿器安装位置、规格型号等。

2）按照施工简图确定的管道走向、标高和建筑轴线，用水准仪或透明塑料管灌水（应把管内的空气排净，以免有气泡影响准确度）在墙、柱上找出水平点定位，再按管道坡度，经打钢钎挂线，定出管道安装中心线即管道支架安装基准线。

3. 干管支架安装

1）依据基准线及管道的规格和管道支架间距来确定支架位置。

2）支架安装前应对制作好的支架进行除锈及清理焊渣，再刷防锈漆两遍（刷第二遍时应在第一遍防锈漆外表面干燥后进行，埋入墙内部分可不刷防锈漆）。

3）埋入式支架安装。按照支架位置在墙、板打洞，孔洞的深度应不小于150mm，孔洞直径应比支架燕尾处大20mm。埋设支架前应把孔洞清理干净、湿润，用M10水泥砂浆堵洞，洞内的砂浆应饱满，支架埋入墙内的深度不小于120mm（可先将洞内填满砂浆，再插入支架,填满抹平)，埋设的支架应养护 72h 后方可承托管道。

4）焊接式支架安装　按照预埋件的位置，将预埋件表面清理干净，依据基准线把支架焊接位置画在预埋件上，然后找准位置把支架先点焊在预埋件上，经校对无误后，再把支架焊牢。

4. 干管、主立管安装

1）埋设的支架达到强度后，可进行干管安装，地沟入口的始端应安装法兰阀。干管安装前应对照施工图对分立管进行定位，依据各段长度进行下料，按图样要求的各种部件和管段已加工制作完毕，并适当的组装在一起，此时就可以进行安装就位。

2）采暖管道在地沟敷设时，供水或供汽管应设在水流前进方向的右侧，左侧为回水管道，两管之间应顺直、相互平行，两管之间的间距应根据保温层厚度确定。

3）采暖主立管和干管的分支与变径连接时应避免采用 T 形连接。当干管与分支管处同一平面水平连接时，分支干管应用羊角弯从上部接出；当分支干管与干管有安装标高差而做垂直连接时，分支干管应用弯头从上部或下部接出，如图 5-46 所示 。

4）采暖管道变径应使用偏心大小头。蒸汽采暖管道供汽管应使管底齐平，蒸汽回水管应使用同心大小头，热水采暖管道变径时应使管顶齐平。

5）制作的管件与镀锌钢管连接时，应预先进行热镀锌后，再与管道相连接。

6）采暖管道的矩(方)形补偿器，应在两端的管道安装完成后再进行安装。安装前先用千斤顶或其他装置将补偿器胀力伸长(伸长量按热伸长的计算长度)，用钢管支撑，两端点焊，如图 5-47 所示。补偿器应与管道的坡度相一致，待补偿器与管道连接后再拆除钢管。固定支架的构造及位置按设计要求设置，止动板与管道的焊接应牢靠。

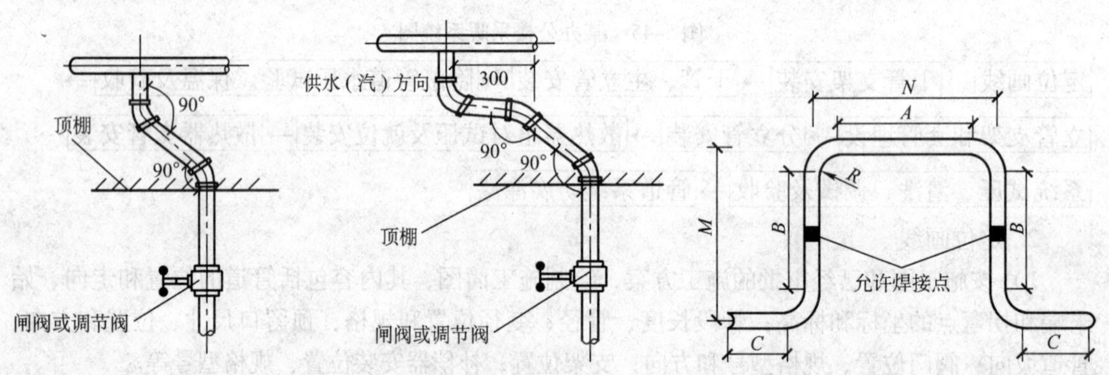

图 5-46　干、立管连接示意图　　　图 5-47　矩(方)形补偿器制作示意图

7）施工中断的管口，应做临时性封堵，再次施工时必须检查有无杂物后才能继续施工。

5. 隐蔽管道水压试验、保温及验收　地沟或吊顶内的管道安装完毕后，应对管道进行水压试验，试验压力应符合设计要求，设计无要求时应符合下列规定：

1）蒸汽、热水采暖系统，应以系统顶点工作压力加 0.1MPa 做水压试验，同时在系统顶点的试验压力不小于 0.3MPa。

2）高温热水采暖系统，试验压力应为系统顶点工作压力加 0.4MPa。

3）使用塑料管及复合管的热水采暖系统，应以系统顶点工作压力加 0.2MPa 做水压试验，同时在系统顶点的试验压力不小于0.4MPa。

4）管道系统注水时，应在系统最高处设置排气阀门，待阀门出水时关闭阀门，试压时，当表压达到工作压力时，应对管道进行外观检查，查看是否有渗漏。如有渗漏应做好位置记录，停止下道工序，把管内的水排净进行修复(不得带压维修)。

5）管道修复后应再次注水、试压，试压时，水泵升压速度应均匀，当表压达到工作压力时，应缓慢升压，表压升至规定压力。检验方法是，使用钢管及复合管的采暖系统应在试验压力下10min内压力降不大于0.02MPa，降至工作压力后检查，不渗不漏；使用塑料管的采暖系统应在试验压力下1h内压力降不大于0.05MPa，然后降压至工作压力的1.15倍，稳压2h，压力降不大于0.03MPa，各连接处不渗不漏为合格。

6）管道安装结束，经试压自检合格，由专业质检员书面报监理工程师，由监理工程师组织有关人员进行验收。各方应在“管道隐蔽工程验收记录”和“管道水压试验记录”签字认可，方可进行隐蔽。

7）试压验收完毕，管道保温前，应对焊接处或螺纹联接处做防腐处理，主立管的高度不大于5m时，可在中间部位焊接一个托盘，大于5m时，应焊接两个托盘，并应均称焊装。使用聚氨酯瓦块绝热保温时，瓦块厚度应符合设计要求，其规格必须与管道相吻合。瓦块端头和纵缝涂抹发泡剂要均匀，粘接后，每节瓦块两端应使用22号镀锌钢丝或丝带和塑料胶带捆、绑扎牢固，然后将挤压出缝隙多余的部分使用壁纸刀削平。缠玻璃丝布做保护层时应将玻璃丝布裁成长条(约150mm宽)，卷成小卷，沿保温层缠紧，搭接长度不小于20mm，端头固定要牢靠。涂刷油漆或玻璃钢时应顺玻璃丝布的缠绕方向涂刷(调和玻璃钢剂时,固化剂的比例要适当,并在有效时间内使用)。

8）使用岩棉锡箔管壳绝热保温时，管壳厚度应符合设计要求，其规格必须与管道相吻合。岩棉锡箔管壳切割纵向缝时，应使用手提切割锯或钢锯条，开缝应顺直(条件允许时可将管壳预先穿套在管道上,留出管道接头即可,待强度试验合格后,修补接头处即可)。岩棉锡箔管壳的纵、环向缝及管壳两端300mm处，应使用锡箔胶带密封和捆扎，封闭应严密、牢固。

9）使用橡塑海绵绝热管套保温时，橡塑海绵绝热管套应使用壁纸刀切割，开缝应顺直，套在管道上后，纵、环向缝应使用801胶粘合剂粘结牢固，接缝要平整，并用胶带封口(条件允许时可将管壳预先穿套在管道上,留出管道接头,待强度试验合格后,修补接头处即可)。

10）使用玻璃丝布作保护层时应将玻璃丝布裁成长条(约150mm宽)，卷成小卷，沿保温层缠紧，搭接长度不小于20mm，端头固定要牢靠。涂刷油漆或玻璃钢时应顺玻璃丝布的缠绕方向涂刷，以保证外观平整、光滑。

11）镀锌板保护层应按保温层周长下料，用压边机压边，用滚圆机滚圆成圆筒，将圆筒套在保温层上，环向的搭接方向应与管道坡度一致，搭接长度为30~40mm为宜；纵向搭接缝应朝下，搭接长度不小于30mm。金属圆筒应与保温层紧靠，不留空隙，用自攻螺钉或拉拔铆钉固定，间距为200~250mm。环向搭接的固定间距不大于150mm。螺钉或拉拔铆钉孔应使用手电钻钻孔(不得冲孔)。镀锌板保护层应由管道的低端敷设，环向搭接缝应朝向低端，弯管处做成虾米腰状，按顺序搭接。

12）法兰、阀门两端绝热层应做成45°坡角，端头要牢固。法兰、阀门要单独绝热保温，且能单独拆、卸。

6. 立管支架和套管埋设　本教材第4章4.2节中内容已述。

7. 散热器组对试压和就位安装

1）组对散热器的垫片应使用成品，垫片的材质当设计无要求时，应采用耐热橡胶制品，组对后的散热器垫片露出颈部不应大于1mm，如图5-48所示。

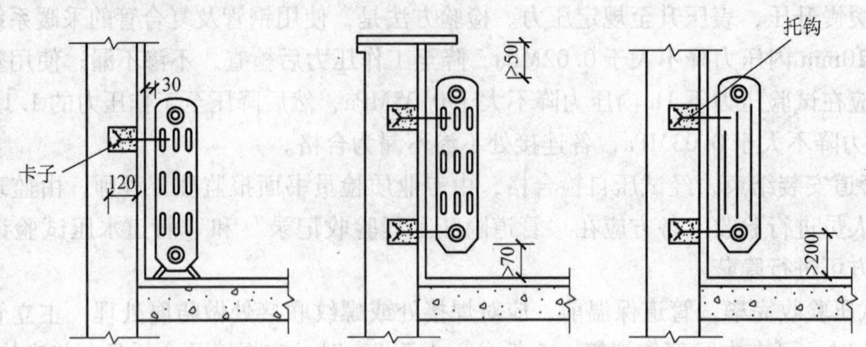

图5-48　长翼、柱型散热器安装示意图

2）现场组装和整组出厂的散热器，安装前应做单组水压试验。试验压力如设计无要求时，应为工作压力的1.5倍，但不小于0.6MPa，试验时间为2～3min，压力不降，不渗、不漏。散热器的水压试验应在监理工程师现场监视下进行，并组织有关人员进行验收，试压合格后各方应在“散热器单体水压试验记录”签字认可。

3）散热器支架安装前应刷防锈漆一道，面漆一道。同室内的支架应拉线在墙面上画出十字中心线，用电钻对准十字线打洞，洞的深度应不小于150mm（如遇到轻质或空心墙体，应在墙体砌筑时配合，将栽支架的部位砌成砖墙体或将空心砌块用混凝土填实或埋设预埋件）。

4）埋设支架前应把孔洞清理干净、湿润，用M10水泥砂浆堵洞，洞内的灰浆应饱满（可先堵满砂浆后再把支架插入，再堵满抹平）。支架埋设完毕，应拉线进行校正，以保证支架处在同一水平上。散热器的支架数量应符合设计或产品说明书的要求，如设计无要求时，应符合GB 50242—2002《建筑给水排水及采暖工程施工质量验收规范》（本节后简称为“验收规范”）的规定。

5）埋设后的支架经48h养护后，可对照施工图每组散热器的数量进行就位安装，片数较多的散热器不得平放搬抬（以免振动造成接口处渗漏）。同侧连接的支管，补心应为右螺纹，丝堵应为左螺纹。

6）散热器安装后的背面与墙表面的距离，应符合设计或产品说明书的要求，如无要求时应为30mm，距窗台不小于50mm，距地面高度设计无要求时，挂装应为150～200mm。

7）散热器的手动排气阀安装，热水采暖应安装在散热器上部的堵头上，蒸汽采暖应安装在散热器底部1/3全高处。排气阀的排气孔应向外斜45°安装。

8. 散热器支管安装

1）散热器就位后，可进行散热器支管安装，支管的长度应按实际测量确定，测量时应考虑煨制等差弯所占的长度。

2）供回水支管的等差弯应保持在同一位置上，活接或长螺纹根母应靠近散热器安装，坡度为0.01。

3）散热器支管长度等于大于1.5m，应在支管中间安装角钢支架。L形立管(单管顺流式)，支管长度应依立管支架至散热器边缘计算，如图5-49所示。

9. 系统水压试验、清洗、调试及验收

1）采暖系统安装完毕，应对系统进行水压试验，试验压力应符合设计要求。

2）试压程序同5.5.3节文中规定。

3）系统水压试验经验收合格后，应对全系统进行管道清洗。清洗时自来水管应连接在供水管道上，回水管道为排出管。管道的清洗压力应不小于0.4MPa，流速不小于1.5m/s。清洗时间以出水口不含泥沙，进、出水口水质颜色一致为合格(排出的水应控制流向,有条件时可考虑二次回用)。系统清洗完毕，应对过滤器和除污器进行清理。

4）系统清洗时应在监理工程师现场监视下进行，清洗合格后各方应在“采暖系统水压试验记录”和“管道系统清洗记录”签字认可。

5）管道系统清洗完毕，应带热源进行系统调试。调试前应将暖气入口供、回水阀门和系统分立管的供水阀门全部关闭。热源接通后，应缓慢开启供水阀再开启回水阀，同时观察压力表和温度计是否符合要求，检查补偿器和固定支架有无变化。

6）调试合格后，由专业质检员书面报监理工程师，由监理工程师组织有关人员进行验收。各方应在“采暖系统调试验收记录”签字认可。

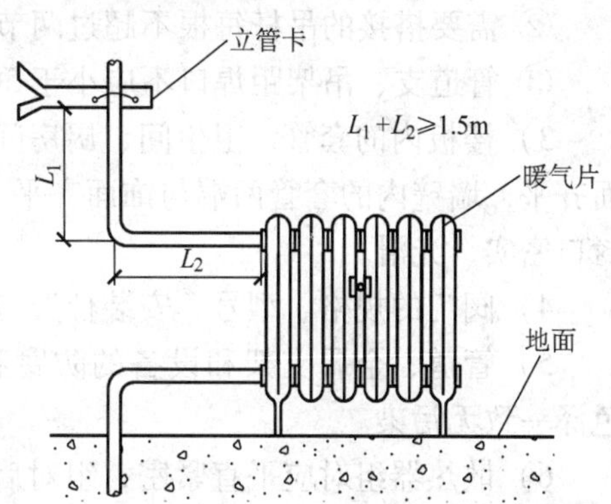

图5-49　L形立管示意图

10. 管道系统防腐涂漆

1）采暖系统试压、清洗结束，应对采暖管道外表面、散热器、麻丝进行清理，钢管的返锈部位、散热器配件、外露螺纹刷防锈漆。

2）油漆的种类和涂刷道数应符合设计要求。第一道面漆应在防锈漆干燥后进行，刷漆前先将油漆在大桶内调和均匀，倒入小桶使用。涂刷时应先涂刷管道背面，用小镜检查是否有漏刷，然后再涂刷外表面。涂刷时应在地面设保护措施(以免污染地面)，靠近阀门处应使用小刷子，以防交叉污染。第二道面漆应在地面清理完毕，门窗已封闭后涂刷。

3）露出地面的钢套管涂刷后，应使用密实阻燃材料填塞，密封胶封口(设在卫生间和厨房的套管应用防水油膏封口)。

11. 质量标准

(1) 主控项目

1）采暖隐蔽管道和整个系统的水压试验结果，必须符合设计要求，设计无要求时，应符合上述“隐蔽管道水压试验”要求或“验收规范”要求。

2）采暖系统竣工或交付使用前必须进行清洗，以出水口不含泥沙，进、出水口水质染色一致为合格。

3）管道补偿器的规格、型号和固定支架的位置及构造必须符合设计要求。

4）平衡阀、调节阀、减压阀、安全阀的规格、型号、公称压力及安装位置应符合设计要求。

5）采暖系统的横管及散热器支管坡度的偏差，应不超过设计要求坡度值正负1/3的偏差。

6）散热器组对后和整组出厂的散热器在安装前应做水压试验，试验要求及合格标准前已述。

7）加热盘管隐蔽前必须做水压试验，试验情况同散热器。

8）系统冲洗完毕应充水、加热、进行试运行和调试。

9）铸铁翼型散热器安装后的翼片应完好，表面洁净，无掉翼。

（2）一般项目

1）钢管管道焊接口和设备保温、采暖管道安装允许偏差应符合“验收规范”的规定。

2）管道支(托、吊)架应符合以下规定：

① 构造正确，埋设平整牢固，排列均匀，支架与管道接触紧密。

② 需要搭接的吊杆每根不超过两节，搭接倍数为吊杆直径的6倍。

③ 管道支、吊架距焊口不应小于50mm。

3）楼板内的套管，卫生间、厨房间高出地面为50mm，普通房间为20mm。底部与顶棚面齐平，墙壁内的套管两端与饰面齐平。套管环缝均匀，使用密实阻燃材料填塞，防水油膏封口密实、光滑。

4）阀门的规格、型号、安装位置应正确、牢固，启闭灵活，朝向合理，表面洁净。

5）管道、金属支架和设备的防腐和涂漆，应附着良好，无脱皮、起泡、流淌和漏涂，色泽一致无污染。

6）散热器组对应平直紧密，组对后的平直度应符合“验收规范”规定。

7）铸铁翼型散热器安装后的翼片完好，表面洁净，无掉翼。

8）散热器支托架安装，数量和构造应符合设计要求，位置正确，埋设平整牢固，排列整齐，与散热器接触紧密。

9）散热器背面与装饰后的墙内表面安装距离，应符合设计或产品说明书的要求，如设计无说明应为30mm。

10）铸铁和钢制散热器表面及支、托架面漆应附着良好，无脱皮、起泡、流淌和漏刷，色泽均匀一致，无污染。

上述项目的检验方法见“验收规范”。

12. 质量验收　建筑采暖工程同样为建筑工程的一分部，其中含三个子分部工程，即室内采暖系统、室外供热管网、供热锅炉及辅助设备安装、并有下列若干分项工程，见附录E。建筑采暖工程质量验收的依据及程序与建筑给水排水工程相同，见本教材第3章3.2节的相关内容。但由于系统组成及功能不同，其检测内容与本教材第4章4.2节中所述内容有不同。建筑采暖工程的检验和检测应包括下列主要内容：

1）承压管道系统和设备及阀门水压试验。

2）采暖系统冲洗及测试。

3）锅炉48h负荷试运行。

5.6 燃气工程

5.6.1 燃气供应

1. 燃气种类　燃气是一种气体燃料，根据来源的不同，主要有人工燃气、液化石油气、天然气和沼气四大类。

(1) 人工燃气　人工燃气是将矿物燃料(如煤、重油等)通过热加工而得到的，通常包括人工煤气和油制气。

人工煤气包括干馏煤气和发生炉煤气。将煤放在专用的工业炉中，隔绝空气，从外部加热，分解出来的气体经过处理后得到干馏煤气。将煤或焦炭放入煤气发生炉，通入空气、水蒸气或二者的混合物，使其吹过赤热的煤(焦)层，在空气供应不足的情况下进行氧化和还原作用，生成以一氧化碳和氢为主的可燃气体为发生炉煤气。由于它的热值低，一氧化碳含量高，因此不适合作为民用煤气，多供工业用。

将重油在压力、温度和催化剂的作用下，使分子裂变而形成可燃气体，这种气体经过处理后，可分别得到煤气、粗苯和残渣油。重油裂解气也叫油煤气或油制气。

人工燃气具有强烈的气味及毒性，含有硫化氢、萘、苯、氨、焦油等杂质，容易腐蚀及阻塞管道，因此，人工燃气需加以净化才能使用。

(2) 液化石油气　液化石油气是在对石油进行开采和加工处理过程中(如减压蒸馏、催化裂化等)所获得的副产品。它的主要组分是丙烷、丙烯、正(异)丁烷、正(异)丁烯、反(顺)丁烯等。这种副产品在标准状态下呈气相，而当温度低于临界值时或压力升高到某一数值时呈液相。

(3) 天然气　天然气是指从气田或油田开采出来的可燃气体。它的主要成分是甲烷，约占总体积的80%~95%。天然气的密度较空气密度低，极难溶于水，能充分燃烧且没有固体产物，属于清洁能源，因此，目前天然气作为主要城市供气。天然气通常没有气味，故在使用时需混入某种无害而又臭味的气体(加嗅剂如乙硫醇 C_2H_5SH)，以便于发现漏气，避免发生中毒或爆炸燃烧事故。

(4) 沼气　沼气也称为生物气，是各种有机物质在隔绝空气的条件下发酵并在微生物的作用下产生的可燃气体。沼气中甲烷的含量约为60%，属于可再生能源，由于条件限制，目前还不能作为城市供气。

2. 城市燃气的供应方式

(1) 管道输送　天然气和人工煤气经过净化后即可输入城镇燃气管网。我国城镇燃气管网根据输送压力分为七级，见表5-2。管道内燃气的压力不同对管道材质、安装质量、检验标准和运行管理的要求也不同。

表5-2　城镇管道燃气设计压力(表压)分级

名　称		压力/MPa	名　称		压力/MPa
高压燃气管道	A	$2.5 < p \leq 4.0$	中压燃气管道	A	$0.2 < p \leq 0.4$
	B	$1.6 < p \leq 2.5$		B	$0.01 < p \leq 0.2$
次高压燃气管道	A	$0.8 < p \leq 1.6$	低压燃气管道		$p < 0.01$
	B	$0.4 < p \leq 0.8$			

城镇燃气管网通常包括市政燃气管网和居住小区燃气管网两部分。

在大城市，市政燃气管网大多布置成环状，只有边远地区才采用枝状管网。燃气由高压管网或次高压管网，经过两级或三级调压进入居住小区管网而接入用户。邻近街道的建筑物也可直接由街道管网引入。在小城市，一般采用中低压或低压燃气管网。

居住小区燃气管路是指庭院管网总阀门井以后至各建筑物前的户外管路。当燃气进气管埋设在一般土质的地下时，常用铸铁管，连接方式为青铅接口或水泥接口；也可采用涂有沥青防腐层的钢管，连接方式为焊接。如埋设在土质松软及容易受振的地段，应采用无缝钢管，连接方式为焊接；也可采用 PE 管，采用电熔连接或者热熔连接。阀门应设在阀门井内。

居住小区燃气管敷设在土壤冰冻线以下的土层内，根据建筑群的总体布置，居住区燃气管道宜与建筑物轴线平行，并埋于人行道或草地下；根据燃气的性质及含湿状况，当有必要排除管网中的冷凝水或者凝析油时，管道应具有不小于 0.003 的坡度坡向凝水器。

为了保证在施工和检修期间互不影响，也为了避免由于漏出的燃气影响相邻管道的正常运行，甚至逸入建筑物内，地下燃气管道与建筑物、构筑物以及其他各种管道之间应保持必要的水平净距及垂直净距，具体规定详见 GB50028—2006《城镇燃气设计规范》。

（2）液化石油气瓶装供应　液化石油气在石油炼厂产生后，可用管道、汽车或火车槽车、槽船运输到储配站或灌瓶后再用管道或钢瓶灌装，经供应站供应用户。

供应站到用户根据供应范围、户数、燃烧设备的需用量大小等因素可采用单瓶、瓶组和管道系统，其中单瓶供应常用 15kg 钢瓶供居民用。瓶组供应常用钢瓶并联供应公共建筑或小型工业建筑的用户。管道供应方式适用于居民小区、大型工厂职工住宅区或锅炉房。

钢瓶内液态液化石油气的饱和蒸汽压按绝对压力计一般为 70～800kPa，靠室内温度可自然气化。但供燃气燃具及燃烧设备使用时，还要经过钢瓶上调压器减压到(2.8±0.5)kPa。单瓶系统一般钢瓶置于厨房，而瓶组供应系统的并联钢瓶、集气管及调压阀等应设置在单独房间。居民用户室内液化石油气气瓶的布置应符合下列要求：

1）气瓶不得设置在地下室、半地下室或通风不良的场所。

2）气瓶与燃具的净距不应小于 0.5m。

3）气瓶与散热器的净距不应小于 1m，当散热器设置隔热板时，可减少到 0.5m。

5.6.2　建筑燃气供应系统

1. 建筑燃气供应系统的组成　建筑燃气供应系统由用户引入管、建筑燃气管网(包括水平干管、立管、水平支管、下垂管、燃具接管等)、燃气表、燃气用具等组成，如图 5-50所示。这样的系统直接连接于城市的低压管道上。目前，在一些城市也有采用中压进户表前调压的系统。

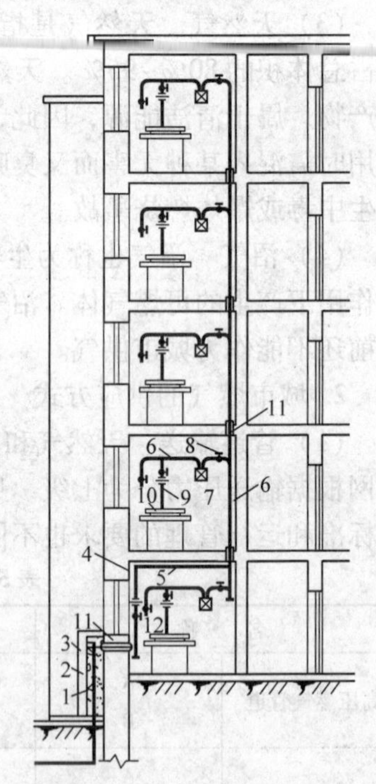

图 5-50　建筑燃气供应系统剖面图

1—用户引入管　2—转台　3—保温层　4—水平干管　5—用户支管　6—立管　7—燃气表　8—表前阀门　9—燃气灶具连接管　10—燃气灶　11—套管　12—燃气热水器接头

2. 建筑燃气管的布置与敷设　室内燃气管道均应明管敷设。当建筑物或工艺有特殊要求时，也可采用暗管敷设，但应敷设在有人孔的闷顶或有活盖的墙槽内。为了满足安全、防腐和便于检修需要，室内燃气管道不得敷设在卧室、浴室、地下室、电缆沟、暖气沟、烟道、进风道、垃圾道和电梯井、易燃易爆品仓库、配电间、通风机室、计算机房、潮湿或有腐蚀性介质的房间内。当输送湿燃气的室内管道敷设在可能冻结的地方时，应采取防冻措施。

（1）引入管　用户的引入管与城市或居住小区的低压分配管道连接。燃气引入管宜沿外墙地面上穿墙引入。室外明露管段的上端弯曲处应加不小于 *DN*15mm 清扫用三通和丝堵，并做防腐处理。输送湿燃气的引入管一般由地下引入室内，当采取防冻措施时也可由地上引入，引入管宜有不小于0.01 的坡度，坡向城市燃气分配管。引入管穿过承重墙、基础或管沟时，均应设置在套管内，套管与燃气引入管之间的间隙应采用柔性防腐、防水材料密封。引入管进入建筑物后应在短距离内出室内地面，不得在室内地面下水平敷设，并应考虑沉降的影响，必要时应采取补偿措施。

（2）水平干管　引入管上既可连一根燃气立管，也可连若干根立管，后者则应设置水平干管。水平干管可沿楼梯间或辅助房间的墙壁敷设，坡向引入管，坡度不小于0.002。管道经过的楼梯间和房间应有良好的通风。

燃气水平干管宜明设，当建筑设计有特殊美观要求时可敷设在能安全操作、通风良好和检修方便的吊顶内，管材、管件、阀门等的公称压力应按提高一个压力等级进行设计；当吊顶内设有可能产生明火的电气设备或空调回风管时，燃气干管宜设在与吊顶底平的独立密封形管槽内，管槽底宜采用可卸式活动百叶或带孔板。燃气水平干管不宜穿过建筑物的沉降缝。

（3）立管　燃气立管一般应敷设在厨房或走廊内。当地下引入室内时，立管在第一层处应设阀门，阀门一般设在室内，对重要用户尚应在室外设阀门。立管的下端应装丝堵，其直径一般不小于25mm。立管通过各层楼板处应设套管，套管高出地面至少50mm，套管与燃气管道之间的间隙应用沥青或油麻填塞。立管穿过通风不良的吊顶时应设在套管内。燃气立管宜明设，当设在便于安装和检修的管道竖井内时，应符合下列要求：

1）燃气立管可与空气、惰性气体、上下水、热力管道等设在一个公用竖井内，但不得与电线、电气设备或氧气管、进风管、回风管、排气管、排烟管、垃圾道等共用一个竖井。

2）竖井内的燃气管材、管件、阀门等的公称压力应按提高一个压力等级进行设计，并尽量不设或少设阀门等附件。竖井内的燃气管道的最高压力不得大于0.2MPa；燃气管道应涂黄色防腐识别漆。

3）竖井应每隔两至三层做相当于楼板耐火极限的不燃烧体进行防火分隔，且应设法保证平时竖井内自然通风和火灾时防止产生“烟囱”作用的措施。

4）每隔四至五层设一燃气含量检测报警器，上、下两个报警器的高度差不应大于20m。

5）管道竖井的墙体应为耐火极限不低于1.0h 的不燃烧体，井壁上的检查门应采用丙级防火门。

6）高层建筑的燃气立管应有承受自重和热伸缩推力的固定支架和活动支架。

7）燃气水平干管和高层建筑立管应考虑工作环境温度下的极限变形，当自然补偿不能满足要求时，应设置补偿器。补偿器宜采用方形或波纹管形，不得采用填料型。

（4）支管　由立管引出的用户支管，在厨房内高度不低于1.7m，敷设坡度不小于0.002，并有燃气计量表分别坡向立管和燃具。支管穿过墙壁时，应装在套管内。住宅内暗埋的燃气支管应符合下列要求：

1）暗埋部分不宜有接头，且不应有机械接头；暗埋部分宜有涂层或覆塑等防腐蚀措施。

2）暗埋的管道应与其他金属管道或部件绝缘；暗埋的柔性管道宜采用钢盖板保护。

3）暗埋管道必须在气密性试验合格后覆盖。

4）覆盖层厚度不应小于10mm；覆盖层面上应有明显标志，标明管道位置，或采取其他安全保护措施。

住宅内暗封的燃气支管应符合下列要求：

1）暗封管道应设在不受外力冲击和暖气烘烤的部位。

2）暗封部位应可拆卸，检修方便，并应通风良好。

（5）下垂管　是在支管上连接燃气用具的垂直管段，其上的旋塞应距地面1.5m以上。

（6）燃气表　燃气用户应单独设置燃气表。燃气表应根据燃气的工作压力、温度、流量和允许的压力降(阻力损失)等条件选择。用户燃气表宜安装在不燃或难燃结构的室内通风良好和便于查表、检修的地方。燃气表严禁安装在下列场所：

1）卧室、卫生间及更衣室内。

2）有电源、电器开关及其他电器设备的管道井内，或有可能滞留泄漏燃气的隐蔽场所。

3）环境温度高于45℃的地方。

4）经常潮湿的地方。

5）堆放易燃、易爆、易腐蚀和有放射性物质等危险的地方。

6）有变、配电等电器设备的地方。

7）有明显振动影响的地方。

8）高层建筑中的避难层及安全疏散楼梯间内。

住宅内燃气表可安装在厨房内，当有条件时也可设置在户门外。住宅内高位安装燃气表时，表底距地面不宜小于1.4m；当燃气表装在燃气灶具上方时，燃气表与燃气灶的水平净距不得小于30cm；低位安装时，表底距地面不得小于10cm。燃气表常采用高位安装。商业和工业企业的燃气表宜集中布置在单独房间内，当设有专用调压室时可与调压器同室布置。燃气表保护装置的设置应符合下列要求：

1）当输送燃气过程中可能产生尘粒时，宜在燃气表前设置过滤器。

2）当使用加氧的富氧燃烧器或使用鼓风机向燃烧器供给空气时，应在燃气表后设置止回阀或泄压装置。

3. 管材　室内低压燃气管道可采用热镀锌钢管、铜管、薄壁不锈钢管、铝塑复合管等管材。热镀锌钢管可采用螺纹联接，并以聚四氟乙烯生料带、尼龙密封绳等性能良好的填料密实；大于*DN*100mm的镀锌钢管不宜采用螺纹联接，可焊接，但应加强防腐。铜管道应采用硬钎焊连接。铜管道不得采用对焊、螺纹或软钎焊(熔点小于500℃)连接。薄壁不锈钢管应采用承插氩弧焊式管件连接或卡套式管件机械连接，并宜优先选用承插氩弧焊式管件连接。不锈钢波纹管应采用卡套式管件机械连接。铝塑复合管应采用卡套式管件或承插式管件机械连接。

上述接头及管件均应符合相应的标准，且铜管、薄壁不锈钢管和不锈钢波纹管必须有防外部损坏的保护措施。铝塑复合管安装时必须对铝塑复合管材进行防机械损伤、防紫外线(UV)伤害及防热保护。管道与燃具之间采用橡胶软管或燃气用不锈钢波纹软管连接，连接处采用压紧螺母(锁母)或管卡(喉箍)固定。在软管的上游与硬管的连接处应设阀门，橡胶软管不得穿墙、顶棚、地面、窗和门。

5.6.3　燃气的安全使用

建筑供应的各类燃气都具有易燃、易爆的特点，少量泄漏在空气中形成较低的含量，不会引起着火、爆燃事故。但是，如果缺乏监控，气体泄漏量较大或慢慢地积累，就会引起空气中有较高含量的可燃性气体，达到一定的含量，遇明火就会产生着火爆炸的灾祸。若使用的人工煤气(其中含有一氧化碳)泄漏，人吸入一定量后，会引起中毒死亡。为保障建筑燃气的安全使用，要做到如下几点：

1）使用任何燃气，都要保持室内空气流通，尤其是使用热水器时应打开排气扇加强通风，避免因通风不良造成的燃烧时氧气不足，产生过量一氧化碳，引起中毒。

2）使用燃气时，厨房内应有成人随时照料，避免汤水溢出熄灭炉火，导致燃气泄漏。使用燃气热水器时，家中应有人看管。

3）燃气具每次使用后，必须将燃气具开关拧到关闭位置，要经常注意和教育小孩不要玩弄燃气具。

4）停止使用燃气或临睡前应对燃气具进行检查，关闭灶前阀(或角阀)和灶具旋塞阀，防止漏气。

5）常用检漏方法是在接头处、管件上涂肥皂液，看是否有气泡产生。严禁用明火检查！

6）在管道燃气使用过程中或使用前，发现燃气突然中断或没有燃气时，应将燃气具开关及用户燃气表表前阀同时关闭，拨打供气单位咨询电话、抢修电话，直至接到正常供气通知后，方可继续使用。

7）燃气用橡胶管应使用专用耐油橡胶管，长度宜控制在1.2～1.5m，最长不应超过2m。橡胶管不得穿墙越室，并要定期检查，发现老化或损坏应及时更换(橡胶管使用期限不超过18个月)。

8）已使用一段时间的热水器，应报请维修部门清洗和检修，防止积炭过多，引起一氧化碳中毒或其他事故。

9）燃气热水器必须安装在通风良好的厨房里，不准安装在浴室里。

10）发现燃气漏气时应采取的措施

① 应尽快将门窗打开换气。

② 尽快将燃气灶具以及燃气表表前、表后阀门关闭。

③ 尽快与燃气公司维修部门联系。

④ 切勿开启电灯、排风扇等电器设备。

⑤ 在安全地方切断电源。

11）大流量热水器必需装烟道，将烟气排出室外，禁止将其排入公共烟道和公共走廊。

12）不准在管道上悬挂杂物。

13）长期无人居住或不用燃具，须将燃气表前阀门关闭。

14）使用燃气设备的房间，不要放置电冰箱等电器设备，不能同时使用煤油炉、煤炉或液化石油气等。

15）在装有燃气设备，或有燃气管道的房间、门厅、过道，不能作为卧室住人，以防燃气泄漏造成危险。

16）居室在装修时不准将燃气表、热水器、阀门等密闭安装。

17）燃气管线已经过打压、气密检查，请注意不要碰撞、损坏，更不要私自改动管线，以免造成危险。

复习思考题

1. 采暖系统的任务是什么？
2. 什么是自然循环的热水采暖系统？它有何特点？
3. 蒸汽采暖系统与热水采暖系统相比有何特点？
4. 膨胀水箱用于何种采暖系统？它有什么作用？有哪些配管？
5. 疏水器的作用是什么？用于何种采暖系统？
6. 散热器设置在何位置？作用是什么？有哪些类型？其安装有何要求？
7. 图示热水采暖系统的同程式及异程式系统。
8. 简述采暖系统安装的工艺流程。
9. 采暖系统的管道伸缩补偿装置有哪些类型？如何安装？
10. 简述城市燃气的分类。
11. 燃气管道暗敷及燃气表的安装有何要求？
12. 燃气发生泄漏时应如何处理？

第6章　建筑通风与空调

6.1　通风系统概述

6.1.1　通风的意义及任务

各种生产过程会不同程度地产生有害气体、蒸汽、灰尘、余湿、余热等，通常把这些物质称为工业有害物，它会使室内工作条件恶化，危害操作者健康，影响产品质量，降低劳动生产率。另外，人们日常活动中不断地散热散湿和呼出二氧化碳，也会使室内空气环境质量变坏，还有其他原因也会对室内环境产生影响。因此，良好的室内空气环境无论对保障人体健康，还是保证产品质量，提高经济效益都是十分重要的。

实践证明，通风是改善室内空气环境的有效措施之一。所谓通风就是为改善生产和生活条件，采用自然或机械方法，对某一空间进行换气，以形成卫生、安全等适宜空气环境的技术。通风的任务是除了创造良好的室内空气环境外，还要对室内排出的污浊空气进行必要的处理，使其符合排放标准，以避免或减少对大气的污染。某种程度上说，通风其实就是换气，就是将室内污浊的、被污染的空气排至户外，把室外的新鲜空气送至室内，以保证室内人员在卫生的空气环境中生活、工作。

6.1.2　通风系统的分类

通风，简单地说，就是把整个建筑物内部或局部地方不符合卫生标准的污浊空气排至室外，把新鲜的空气或经过净化后符合卫生要求的空气送入室内。通常，把前者称为排风，后者称为送风。为实现排风和送风而采用的一系列设备、装置等总称为通风系统。

通风是改善室内空气品质，维持室内空气环境的一个重要手段。一般根据通风动力的不同，通风可分为自然通风和机械通风两大类；按通风作用范围可分为全面通风和局部通风。

1. 自然通风　自然通风不消耗任何电能，是一种比较经济的通风方式，它是借助于室内外空气温度不同而形成的热压差或室外风力作用造成的风压实现建筑物通风换气的一种通风方式。热压通风是指室内温度高于室外温度时，因室内热空气密度小而上升，通过上部的窗户或屋顶专设的孔洞而溢流出去，使室外冷空气通过下部的门窗或者专设的孔洞补充进来的一种通风方式，如图6-1所示。风压通风是指利用建筑物迎风面和背风面的风压差而进行的一种通风方式，如图6-2所示。根据具体的形式，自然通风又可以分为无组织的自然通风和有组织的自然通风。

1）无组织的自然通风。通过门窗缝隙及建筑围护结构的不严密处而进行的通风换气方式。

2）有组织的自然通风。通过墙上和屋顶上专设的孔口、风道或侧窗、天窗、门而进行的通风换气方式。

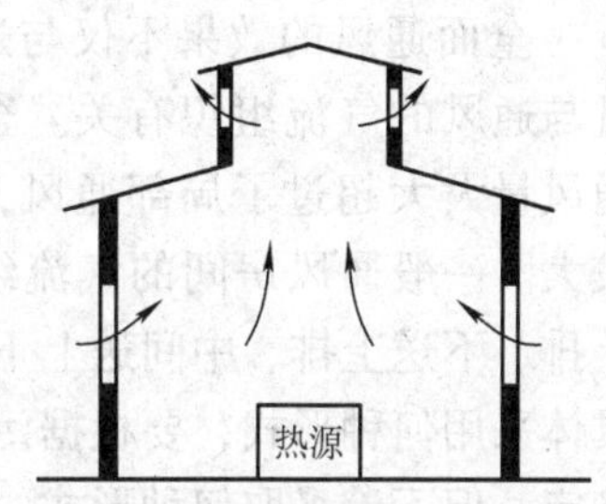

图6-1　利用热压作用进行的自然通风示意图

自然通风不需设备投资，系统简单，不消耗电能，便于管理，是一种最经济的通风方式。但由于受气象条件影响较大，且对排出的污浊空气不能进行处理，故其作用受到一定的限制。

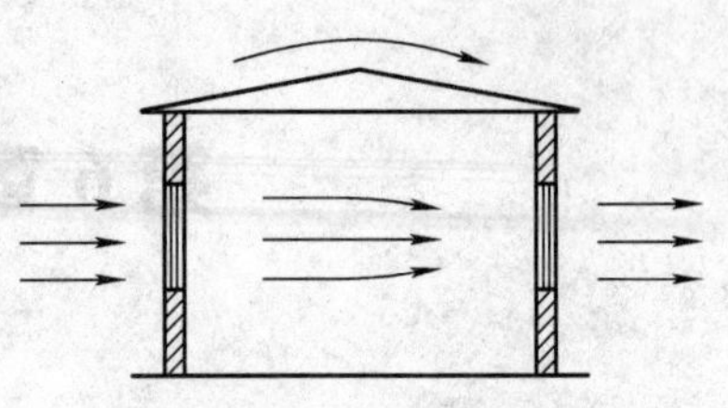
图 6-2　利用风压作用进行的自然通风示意图

2. 机械通风　机械通风是依靠风机运转产生的动力，迫使空气通过风道进行室内外交换的一种通风方式。机械通风可分为局部机械通风系统和全面机械通风系统。

1）局部机械通风系统。其作用范围仅限于建筑物内个别地点或局部区域，它分为局部送风系统和局部排风系统。这两种系统都是利用局部气流使工作区不受有害物的污染，创造良好的工作环境。

局部送风系统是指向工作区送入新鲜空气或经过处理的空气，在局部区域形成良好的空气环境。其气流从人体前侧上方倾斜地吹到头、身体，称为空气淋浴，通常用来改善高温操作人员的工作环境。局部送风系统有系统式和分散式两种。系统式局部送风系统是指空气经过集中处理(加热或冷却)，直接送入局部工作区；分散式局部送风系统，则是指采用轴流风机或喷雾风扇直接循环室内空气的一种方法。

局部排风系统是指把局部工作区产生的有害气体收集起来，通过风机排至室外，以防止其在室内扩散。这种系统由局部排气罩、风管、空气净化设备、风机等主要设备组成。在室内有突然散发有毒气体或爆炸危险气体可能性的情况下，而设置的事故排风系统就是局部排风系统的一种。高层建筑内发生火灾时，自动启动的机械排烟系统即为事故排风。

2）全面机械通风系统。它是对建筑物内整个空间进行通风换气，也叫稀释通风。它一方面用洁净空气稀释室内空气，使空气中的有害物的浓度降低，同时把污染的空气排至室外，使室内空气中的有害物含量达到国家卫生标准的允许含量。设计全面通风时，要正确地选择送、回风口的形式和数量，合理布置进、排风口的位置，将洁净空气直接送到工作位置，再将有害空气集中处理后排至室外，避免有害物向工作区弥漫和二次扩散和对外界空气的污染。

全面机械通风系统一般是由进风百叶窗、空气过滤器、空气处理器(加热、冷却)、通风机、送风管道、送排风口等设备组成，如图 6-3 所示。通常把空气过滤器、空气处理器和风机集中设置在一起，称为通风室。

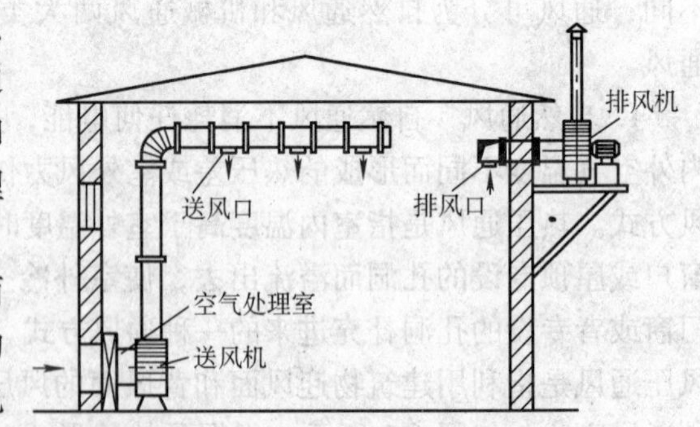

图 6-3　全面机械通风示意图

全面通风的效果不仅与通风量有关，而且与通风的气流组织有关。全面通风所需的通风量大大超过了局部通风，相应的设备也较大。一般通风房间的气流组织方式有上送上排、下送上排、中间送上下排等多种形式。具体采用何种形式，要根据污染物源的布置、操作位置、污染物的性质及含量分布等情况来确定，但不论采取何种形式，都应遵循以下原则：排风口尽量靠近污染物源含量高的区域，把污染物迅速从室内排出；送风口应接近操作地点。在整个通风房间内，尽量使进风气流均匀分布，减少涡流，避免污染物在局部地区聚集。

6.1.3 通风方式的选择

建筑物内局部有热、蒸汽或有害物质产生时，宜采用局部排风。当局部排风达不到卫生要求时，应采用全面排风或辅以全面排风。局部排风或全面排风宜采用自然通风。当自然通风达不到卫生要求时，应采用机械通风或自然与机械相结合的方式。

民用建筑的厨房、厕所等，宜设置自然通风或机械通风，进行局部排风或全面换气；普通民用建筑的起居室、办公室等，宜采用自然通风；大型的卖场、商场等宜采用机械通风；严寒地区、寒冷地区，宜设置可开启的气窗进行定期换气。

6.2 通风系统的主要设备和主要构件

6.2.1 室内送、排风口

室内送风口的作用，就是均匀地向室内送风。室内送风口的种类较多，常用的有侧向送风口、散流器和孔板送风口等，图6-4所示为两种最简单的送风口示意图。

室内排风口的作用是将室内空气吸入风道中去，如图6-5所示。散点式排风口，上部装有蘑菇形的罩，常设在电影院的座椅下；格栅式排风口，一般做成与地面相平。

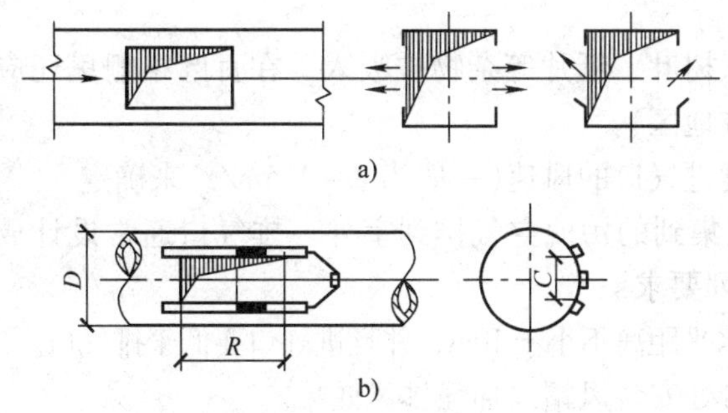

图6-4 两种最简单的送风口示意图

a）侧送风口 b）插板式吸、送风口

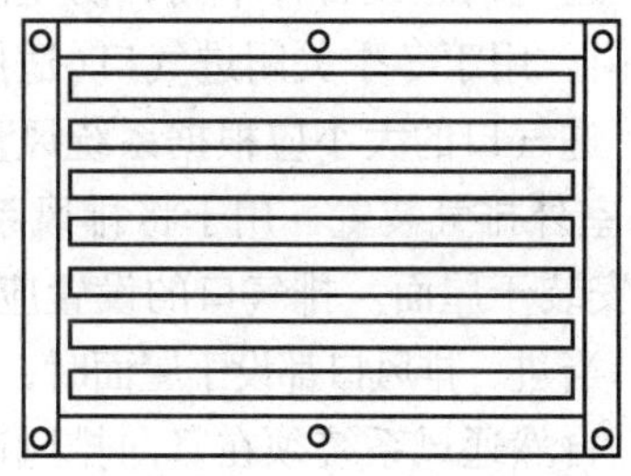

图6-5 排风口示意图

6.2.2 风道(管)

制作风道的材料很多，一般通风系统经常采用薄钢板制作风道，截面呈圆形或矩形，当断面积相同时，圆形节省材料，而矩形更容易和建筑物配合。根据用途及断面尺寸的不同，钢板厚度为0.5~6mm。输送腐蚀性气体的通风系统，其风道可用硬聚氯乙烯塑料板制作，厚度为3~8mm。埋在地下的风道，通常用混凝土板做底，两边砌砖，内表面抹光，上面再用预制钢筋混凝土板做顶，如地下水位较高，尚需做防水层。与建筑物结合的风道，应当不漏气，内表面光滑，这样通风的阻力小，风机的风压可以减少，也就减少了日常电能的消耗，又能保证所需要的通风量。

圆形风道消耗材料少、强度大，但加工复杂、不易布置，常用于暗装；矩形风道易布置，易加工，使用较普遍。在相同风量时，圆形风道的阻力损失比其他形状的小。因此，在可能的条件下，尽量做成圆形断面。若为矩形断面时，其断面尺寸最好是1∶2，最大不宜超过1∶4，以减少风道阻力。

目前，我国有通风管道和配件的统一规格和标准，选用应优先考虑。

6.2.3 室外进、排气装置

1. 室外进气装置　用于采集室外新鲜空气供送风系统使用。根据进气装置设置位置不同，可分为窗口型和进气塔型。如图6-6、图6-7所示。进气装置应符合下列要求：

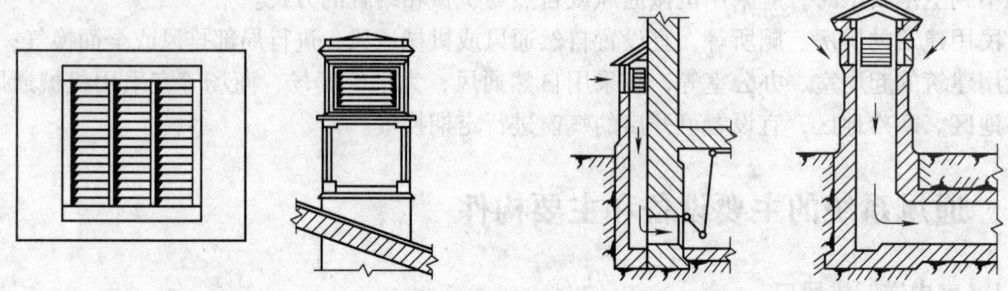

图6-6　窗口型进气口　　图6-7　塔型进气口

1）进气口应设在空气新鲜、灰尘少、远离排气口的地方（离排气口水平距离大于或等于10m）。

2）进气口的高度应高出地面2.5m，并应设在主导风向上风侧；设于屋顶上的进气口应高出屋面1m以上，以免被风雪堵塞。

3）进气口应设百叶格栅，防止雨、雪、树叶、纸片等杂物被吸入。在百叶格栅里还应设保温门，用于冬季关闭进气口（适用于北方地区）。

4）进气口的大小应根据系统风量及通过进气口的风速（一般为2~2.5m/s）来确定。

2. 室外排气装置　用于将排风系统中收集到的污浊空气排到室外。排气口通常设计成塔式，安装于屋面。排气口的设置应符合下列要求：

1）当进、排风口都设于屋面时，它们的水平距离不小于10m，并且进气口要低于排气口。

2）自然通风系统须在竖向排风道的出口处安装风帽以加强排风效果。

3）排风口设于屋面上时应高出屋面1m以上，且出口处应设置风帽或百叶窗。

4）自然通风的排风塔内风速可取1.5m/s；机械通风排风塔内风速可取1.5~8m/s。两者风速取值均不能小于1.5m/s，以防止冷风进入。

6.2.4 风帽

风帽多用于局部自然通风和设有排风天窗的全面自然通风系统中，一般安装在局部自然排风罩风道出口末端和全面自然通风的建筑物屋顶上。风帽的作用在于，可以使排风口处和风道内产生负压，防止室外风倒灌和防止雨水或污物进入风道或室内。

不同形式的风帽适用于不同的系统之中，圆伞形风帽适用于一般的机械通风系统，如图6-8a所示；锥形风帽适用于除尘系统及非腐蚀性有毒系统，如图6-8b所示；筒形风帽适用于自然通风系统，但不适用于机械通风系统。

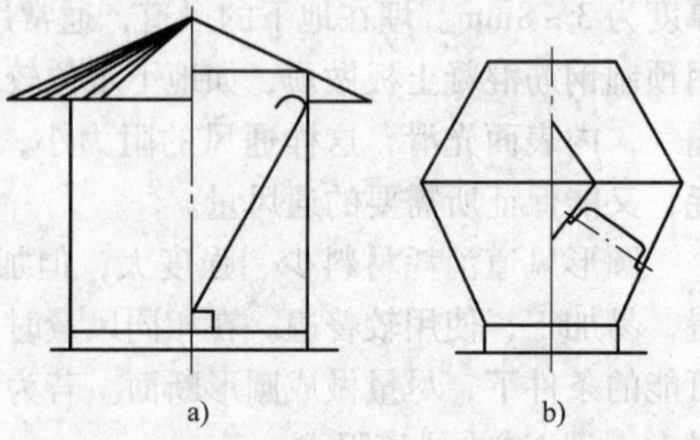

图6-8　室外排风口（风帽）
a）圆伞形风帽　b）锥形风帽

6.2.5 风机

在民用建筑中，下列部位如果采用自然通风达不到安全卫生及生产要求时，应采用机械通风或自然与机械的联合通风：没有设空调系统的地下室房间；厨房、卫生间、浴室等；散发余热、余湿、粉尘、烟气、有毒气体、腐蚀性气体及易燃易爆气体等有害物的房间。机械通风的动力是由风机提供的。

在通风和空调工程中，常用的风机有离心式和轴流式两种类型。

1. 离心式风机　离心式风机的工作原理与离心水泵相同，由电动机转动带动风机中的叶轮旋转，因离心力的作用使气体获得压能和动能。其构造如图 6-9 所示。离心力风机产生的风压在 1000Pa 以下者为低压风机；在 1000 ~ 3000Pa 之间者为中压风机；在 3000 ~ 10000Pa 之间者为高压风机。一般通风系统多用低压风机，较大的或除尘通风系统中才用中压风机，高压风机很少采用。

2. 轴流式风机　轴流式风机是借助叶轮的推力作用促使气流流动的，气流方向与机轴相平行。其构造如图 6-10 所示。轴流式风机的优点是结构紧密、价格较低、通风量大、效率高。其缺点是噪声大、风压小(产生压力一般在 30mmH_2O 左右)。因此，轴流式风机只能用于无需设置管道的场合以及管道阻力较小的系统，而离心式风机则用在阻力较大的系统中。顶层房间的室内排风和设专门排风竖井顶部的屋面上，集中排风所采用的屋顶通风机为轴流式风机。

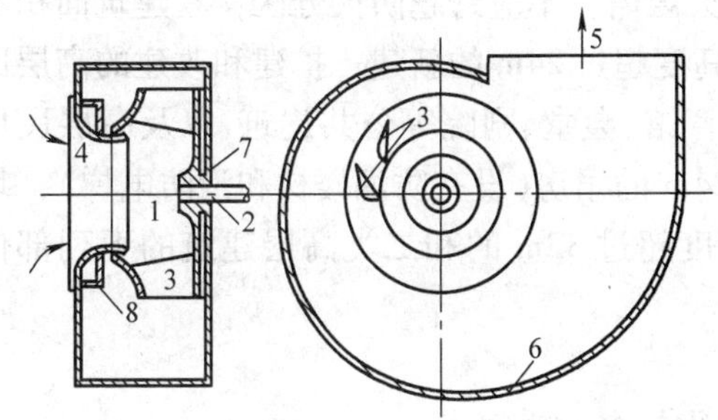

图 6-9　离心式风机构造图

1—叶轮　2—机轴　3—叶片　4—吸气口　5—出口　6—机壳　7—轮毂　8—扩压环

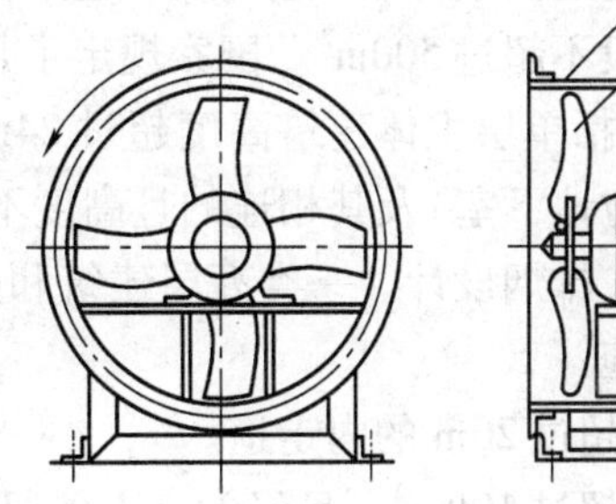

图 6-10　轴流式风机构造图

1—圆筒形机壳　2—叶轮　3—进口　4—电动机

此外，当卫生间无法进行自然通风时，则一般用轴流式通风机或排风扇，安装在外墙上或管道上进行排风，也可以用管道风机进行排风。对于多层或高层建筑，卫生间竖向布置集中、整齐，一般设专门的排风竖井，在每个卫生间的吊顶上安装一台自带止回阀装置的卫生间换气扇，用短管与竖井相连接，再在竖井顶部的屋面上设集中排风机。卫生间的门上开一个小百叶窗，靠负压补充新风。

6.3 高层建筑防烟、排烟

6.3.1 高层建筑防烟、排烟概述

现代化的高层建筑功能复杂且室内的装潢、家具、陈设等使用了许多可燃、易燃物品，一旦着火，会产生大量高温有毒一氧化碳、二氧化碳等烟气，并大量消耗氧气，同时烟气使人的能见度下降，对安全疏散和救援活动造成很大障碍，且火势蔓延快，扑救困难。很多火灾的经验教训表明，火灾中对人体伤害最严重的是烟气。烟气的蔓延速度也相当快，试验

表明烟气垂直扩散速度可达3～4m/s，一座20层的大楼，如烟气不加控制，只需20s左右时间，烟气就会从底层上升到顶层。为及时扑灭高层建筑的火灾，顺利排除火灾发生时所产生的各种有害气体，保障高层建筑内人员的安全疏散，为消防人员创造有利的扑救条件，在高层建筑中设置防烟、排烟设施是非常有必要的。

在对高层建筑进行防、排烟设计时，应首先了解建筑物的防火分区，并合理划分防烟分区。

防火分区的目的是防止起火后火势的蔓延和扩散，将火势控制在一定的范围内，以便于人员疏散和火势扑灭，减少火灾损失。其划分方法是根据房间用途和性质的不同把建筑平面用防火墙，防火卷帘、隔墙等划分为若干个防火单元，即水平防火分区；也可在垂直方向用楼板等进行防火分区，即垂直防火分区。

我国建筑设计防火规范规定耐火等级为一、二级的民用建筑其防火分区最大允许面积为2500m^2；耐火等级为三级的建筑物，其防火分区最大允许建筑面积为1200m^2；耐火等级为四级的，其防火分区最大允许建筑面积为600m^2。建筑物内如设有上、下层相连通的走廊，自动扶梯等开口部位，应按上、下连通层作为一个防火分区，其建筑面积之和不宜超过上述规定。

防烟分区的作用是将烟气控制在一个较小的范围内，不使其扩散到作为疏散通道的走廊、楼梯间前室及楼梯间。防烟分区应在同一防火区内，不应跨越防火分区，其建筑面积不宜过大，一般不超过500m^2。国家规定了凡建筑高度超过24m的新建、扩建和改建的高层民用建筑（不包括单层主体建筑高度超过24m的体育馆、会堂、剧院等公共建筑，以及高层民用建筑中的人防地下室）及其相连的且高度不超过24m的裙房（设有防烟楼梯和消防电梯），均应进行防烟、排烟设计。一类高层建筑和建筑高度超过32m的和二类高层建筑的下列部位应设排烟设施：

1）长度超过20m的内走道。

2）面积超过100m^2，且经常有人停留或可燃物较多的房间。

3）高层建筑的中庭和经常有人停留或可燃物较多的地下室。

防烟分区的划分应采用挡烟垂壁（见图6-11）、隔墙或从顶棚下突出不小于0.5m的梁（地下室不小于0.8m）来划分。挡烟垂壁起阻隔烟气的作用，同时可以增强防烟分区排烟口的吸烟效果。挡烟垂壁应用非燃材料制作，如钢板、夹丝玻璃、钢化玻璃等。挡烟垂壁可采用固定或活动式的。当建筑物净空高度较高时，可采用固定式的，将挡烟垂壁长期固定在顶棚上；当建筑物净空高度较低时，宜采用活动式的挡烟垂壁。活动式的挡烟垂壁由烟感器控制，或与排烟口联动，或受消防控制中心控制，但同时应能手动控制。活动挡烟垂壁落下时，其下端距地面的高度应大于1.8m。

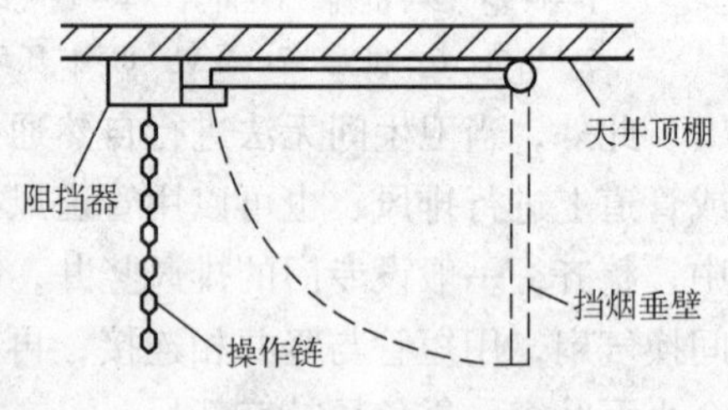

图6-11　挡烟垂壁

从挡烟效果看，挡烟隔墙比挡烟垂壁的效果要好些。因此，安全要求较高的场所，宜采用挡烟隔墙。有条件的建筑物，可利用钢筋混凝土梁或钢梁作挡烟梁进行挡烟。当顶棚为非燃烧材料或难燃材料时，则挡烟垂壁或挡烟隔墙只紧贴顶棚平面即可，不必完全隔断；当顶棚为可燃材料时，则挡烟垂壁或挡烟隔墙要穿过顶棚平面，并紧贴非燃烧体楼板或顶棚。

6.3.2 高层建筑防烟、排烟方式

高层建筑的防烟设施应分为机械加压送风的防烟设施和可开启外窗的自然排烟设施。高层建筑的排烟设施应分为机械排烟设施和可开启外窗的自然排烟设施。

1. 自然排烟　自然排烟是依靠发生火灾时高温的烟气与室外空气的密度差而产生的热压，以及室外空气流动产生的风压作用而使烟气顺利地逸出室外。它与自然通风的原理相同。除建筑高度超过50m的一类公共建筑和建筑高度超过100m的居住建筑外，靠外墙的防烟楼梯间及其前室、消防电梯间前室和合用前室，宜采用自然排烟方式。采用自然排烟的开窗面积应符合下列规定：

1）防烟楼梯间前室或合用前室，利用敞开的阳台、凹廊或前室内有不同朝向的可开启外窗自然排烟时，该楼梯间可不设防烟设施。

2）排烟窗宜设置在上方，并应有方便开启的装置。

高层建筑自然排烟的方式如图6-12所示。

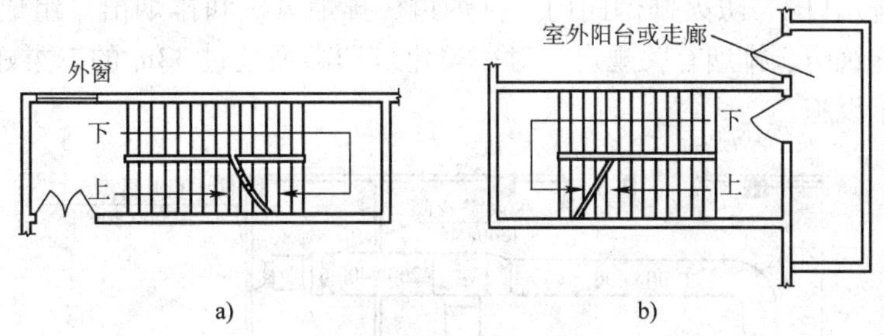

图6-12　自然排烟方式图

a）利用可开启的外窗排烟　b）利用室外阳台排烟

自然排烟效果受气温及风压的影响，存在较多的不稳定因素，对自然排烟设计范围有一定的限制。根据高层建筑防、排烟有关规定，采用自然排烟方式的部位，应满足下列条件：

1）防烟楼梯间及其前室，消防电梯前室和两者合用的前室，利用可开启外窗进行自然排烟时，这些部位可开启外窗的面积应符合下列规定：防烟楼梯间每五层内平均有可开启外窗面积不小于$2m^2$；防烟楼梯间前室、消防电梯前室有可开启外窗面积不小于$2m^2$，合用前室不小于$3m^2$。

2）当防烟楼梯间前室和合用前室利用阳台、凹廊或有两个不同朝向的可开启外窗时，且开窗面积前室不少于$2m^2$，合用前室不小于$3m^2$，该楼梯间可不再设防烟、排烟措施。

3）需要排烟的房间、内走道，有可开启外窗面积不小于该房间、走道地面积的2%。

4）室内中庭有可开启的天窗或高侧窗，且面积不小于地面积的5%。

建筑物在下列条件下不应采取自然排烟方式：

1）建筑高度超过50m的一类公共建筑的防烟楼梯间及其前室、消防电梯前室及两者合用的前室。

2）净空高度超过12m的室内中厅。

3）长度超过60m的内走道。

2. 机械防烟　机械防烟就是对疏散通道的楼梯间进行机械送风，使其压力高于防烟楼梯间或消防电梯前室，而这些部位的压力又比走道和火灾房间要高些，这种防止烟气入侵的

方式，称为机械加压送风防烟方式。设置机械加压送风防烟系统的目的，是为了在建筑物发生火灾时提供不受烟气干扰的疏散路线和避难场所。下列部位应设置独立的机械加压送风的防烟设施：

1）不具备自然排烟条件的防烟楼梯间、消防电梯间前室或合用前室。

2）采用自然排烟措施的防烟楼梯间，其不具备自然排烟条件的前室。

3）封闭避难层(间)。

机械加压送风方式可在楼梯间、电梯井、前室或合用前室保持一定正压，避免了烟气侵入这些区间，为火灾时的人员疏散和消防队员的扑救提供了安全地带。同时减缓了火灾的蔓延扩大(无正压时,烟气一般从着火间流入楼梯间、电梯间等)，减少了烟气对人的危害。这种防烟方式较为简单，操作方便，安全可靠。

3. 机械排烟　把建筑物分成若干防烟分区，在防烟分区内设置防烟风机，通过风道强制排出各房间或走廊内的烟气即为机械排烟。它由挡烟垂壁(活动式或固定式)、排烟口(或带有排烟阀的排烟口)、防火排烟阀门、排烟道、排烟风机和排烟出口组成，如图 6-13 所示。根据高层建筑防、排烟有关规定，对一类建筑和高度超过 32m 的二类建筑的下列部位应设置机械排烟设施：

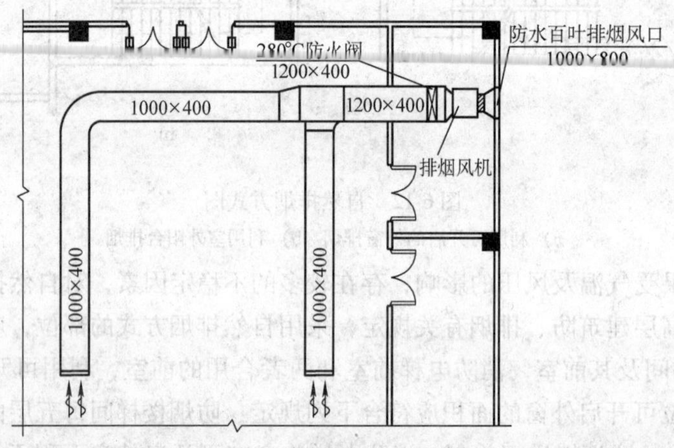

图 6-13　机械排烟示意图

1）长度超过 20m，且无直接天然采光或设固定窗的内走道。

2）虽有直接采光和自然通风，但长度超过 60m 的内走道。

3）面积超过 $100m^2$ 及高度在 12m 以下，并且不具备自然排烟条件的室内中庭。

4）地下室总面积超过 $200m^2$ 或一个房间面积超过 $100m^2$，且经常有人停留或可燃物较多的房间。但设有外窗，采用可开启窗自然排烟的房间除外。

机械排烟不受气象条件的影响，相对自然排烟工作可靠，但投资相对高些。

6.4　空调系统

空气调节是指在某一特定的空间内对空气温度、湿度、清洁度和空气的流动速度进行控制、调节，以达到并满足人体舒适和生产工艺过程的要求，简称空调。空调技术同时也是一种完善的机械通风技术。

空气环境的好坏有四个决定性指标，即温度、湿度、清洁度和空气流动速度，它们被称为空气的“四度”。因此空调技术也称为空气的“四度”技术。

空气温度的高低对人的舒适和健康影响很大。正常情况下，人体温度维持在36.5～36.7℃，如果温度过高，会造成人体热量不能及时散发；温度过低，会使人体失去过多热量，两种情况均会使人不舒服，甚至生病。人体适宜的温度为18～26℃。根据我国国情，对民用及公共建筑推荐的室内空气温度为，夏季24～8℃；冬季18～2℃。

通常情况下，空气中含有水蒸气，在一定压力下，空气的温度越高，可容纳的水蒸气越多；温度越低，可容纳的水蒸气越少。空气湿度即指空气中水蒸气的含量的多少，可用绝对湿度、相对湿度表示。每1m^3的湿空气所含有的水蒸气质量称为绝对湿度。湿空气的绝对湿度与同温度下的饱和绝对湿度的比值称为相对湿度。空气的相对湿度是衡量空气潮湿程度的重要指标。夏季相对湿度过大，人体会感到闷热；冬季相对湿度过小，就会感到口干舌燥。对人体适应的相对湿度为40%～60%。

空气的清洁度是表示空气的新鲜程度和洁净程度的指标。空气的新鲜程度是指空气中含氧比例是否正常。正常情况下，氧气占空气质量的23.1%。空气洁净程度是指空气中粉尘和有害气体的含量。

空气的流动速度表示室内空气流动快慢的程度。对人体适宜的流动速度为0.25m/s。如果空气的流动速度过小，空气停滞，人体会感到闷，而流动速度过大，人体会有吹风感。

6.4.1 空调系统的分类

1. 按空气处理设备的布置情况分

(1) 集中式空气调节系统　此系统的空气处理设备集中设置，处理后的空气经风道送至各空调房间。这种系统处理风量大，运行可靠，需要集中的冷、热源，便于管理和维修，但占用机房和空间比较大。

(2) 半集中式空气调节系统(混合式空气调节系统)　此系统除有集中在空调机房的空气处理设备之外，还有可以对室内空气进行就地处理或对来自集中处理设备的空气再进行补充处理的末端设备，故又称为混合式系统。这种系统兼有集中式与分散式(局部式)空调系统的优点，即减轻了集中处理室和风道的负荷，又可以满足对不同空气环境的要求。

(3) 分散式空气调节系统(局部式空气调节系统)　此特点是所有的空气处理设备全部分散地设置在空气调节房间中或邻室内，而不设集中的空调机房，故又称为局部式空调系统。该系统在各房间中分散设置，组成空调机组。空调机组把空气处理设备、风机以及冷热源都集中在一个箱体内，形成一个非常紧凑的空调系统，分为柜式、窗式、壁挂式等形式。这种系统设备使用灵活、安装简单、节省风道。

2. 按处理空气的来源分

(1) 全新风式空气调节系统　其送风全部来自室外，经过处理后送入室内，然后全部排至室外。

(2) 全回风式空气调节系统　此系统所处理的空气全部来自空调房间，而不补充室外空气。全回风式系统卫生条件差，但耗能量低。

(3) 新、回风混合式空气调节系统　此系统的特点是空调房间的送风，一部分来自室外新风，另一部分利用室内回风。这种既用新风，又用回风的系统，不但能保证房间卫生环境，而且也可减少能耗。

3. 按风道中空气流速分

（1）高速空气调节系统　其风道内的空气流速可达20~30m/s。由于风速大，风道断面可以减小许多，故可用于层高受限、布置管道困难的建筑物中。

（2）中速空气调节系统　其风道内的空气流速一般为8~12m/s。

（3）低速空气调节系统　其风道内的空气流速一般为小于8m/s。风道截面较大，布置时需占用较大的建筑空间。

4. 按负担热湿负荷所用的媒介分

（1）全空气式空气调节系统　在此系统中，负担空气调节负荷所用的介质全部是空气。由于作为冷、热介质的空气比热较小，故要求风道断面较大或风速较高，从而可能占用的建筑空间较多。

（2）空气—水空气调节系统　在此系统中，负担空气调节负荷所用的介质有空气也有水。由于使用水作为系统的一部分介质，从而减少了系统的风量。局部再热或再冷却系统也属于此类。这种系统现广泛用于住宅、办公楼等民用住宅中。

（3）全水式空气调节系统　此系统中负担空调负荷的介质全部是水。由于只使用水作介质而节省了风道。不过靠水只能消除余湿余热，达不到通风换气的目的。

（4）冷剂式空气调节系统　在此系统中负担空调负荷的介质是制冷剂，如空调机组、窗式空调等。空调机组可以在制冷或制热状态下工作，以改善室内的湿热环境。

6.4.2　空调房间的气流组织

所谓气流组织，是指在空调房间内为保证某种特定的气流流型，满足空间系统的要求，提高空调系统的经济性而采取的技术措施。影响气流组织的主要因素有送风口的形式、数量、位置、排(回)风口的位置、送风参数、风口尺寸等，但最主要的是送回风方式和送风射流的运动参数。

不同用途的空调工程，对气流的组织形式有不同的要求。合理的气流组织，使其形成的气流分布满足空调房间的设计要求是非常必要的。因此，在结合室内的装修进行风口布置时，不仅要考虑到美的要求，还应该注意满足气流组织的需要，做到两者兼顾，协调统一。

1. 常见的空调送风方式　空调房间常用的送风方式，按其特点可以归纳为侧向送风、孔板送风、散流器送风、条缝送风、喷口送风等。

（1）侧向送风　简称为侧送，是一种最常用的气流组织方式，具有结构简单、布置方便和节省投资等特点。室内温度允许波动范围等于或大于±0.5℃的空调房间均可采用。侧送的流型一般采用贴附射流形式，工作区通常处于回流中。常见的贴附射流形式主要有以下几种，如图6-14所示。

对于侧送这种气流组织方式，送风口一般沿房间的进深方向布置，送风射程通常在3~8m之间；房间高度在3m以上，送风口尽量靠近顶棚设置，或设置向上倾斜10°~20°的导流叶片，以形成贴附射流。一般层高的小面积空调房间宜采用单侧送风。若房间长度较长，单侧送风射程不能满足需要时，可采用双侧送风。中部双侧送回风适用于高大厂房。

侧送风的风口一般采用百叶式送风口，风口可直接安装在风管或墙上，如图6-15所示。单层百叶风口可调节送风气流风向，双层百叶风口还能在一定范围内调节气流的速度。

（2）孔板送风　是将空气送入房间顶棚上面的稳压层中，在稳压层的作用下，通过顶

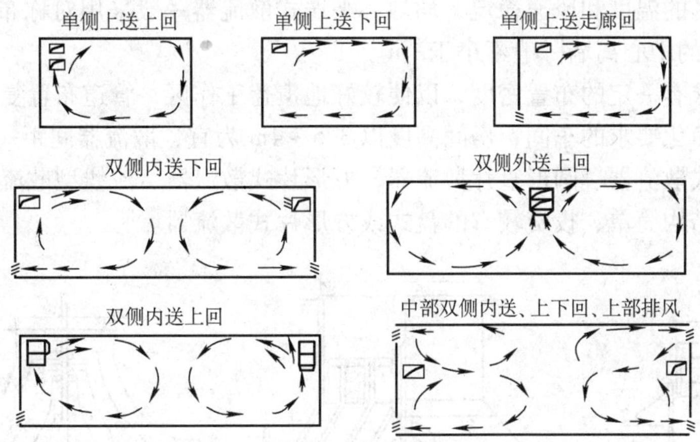

图 6-14 侧送方式气流组织图

棚上的大量小孔均匀地送入房间。稳压层可以利用顶棚上面的空间，也可以设专门的稳压箱作为稳压层。稳压层的净空高应不小于 200mm。孔板常用铝板、塑料板、木板、石膏板等材料制作，孔径一般为 4 ~ 10mm，孔距为 40 ~ 100mm。整个顶棚全部是孔板的叫做全面孔板送风如图 6-16 所示；只在顶棚局部设置孔板的叫做局部孔板送风。

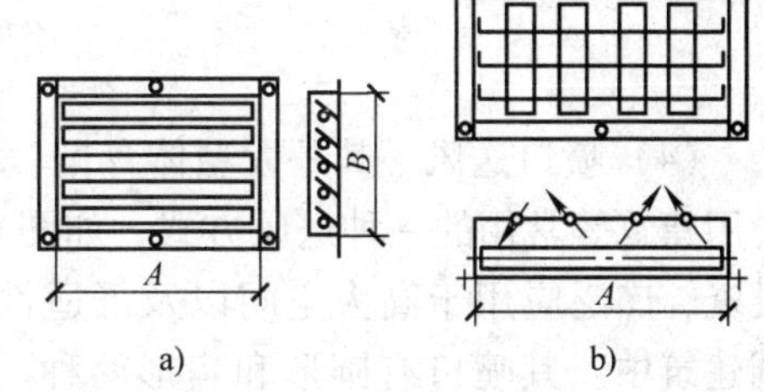

图 6-15 百叶式送风口

a）单层百叶风口 b）双层百叶风口

孔板的特点是射流的扩散和混合较好，工作区温度和速度分布较均匀。因此，对于区域温差与工作区风速要求严格，单位面积风量比较大，室温允许波动范围较小的空调房间，宜采用。全面孔板送风在一定设计条件下可形成下送单向平行流或不稳定流。前者适用于有高清洁度要求的空间；后者则适用于室温允许波动范围较小且气流速度较低的空调房间。

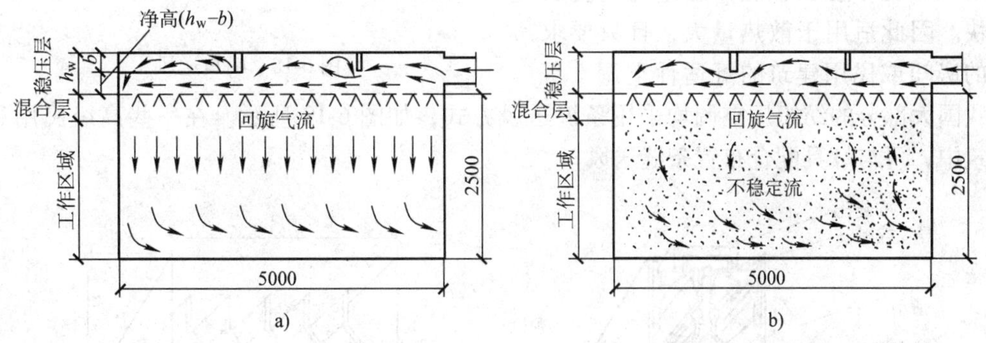

图 6-16 全面孔板送风

a）下送单向流 b）不稳定流

（3）散流器送风 散流器是装在顶棚上的一种送风口，有平送和下送两种方式。它的送风射程和回流的流程都比侧送短，通常沿着顶棚和墙形成贴附射流，而不是直接射入工作区，射流扩散比较好。

平送方式一般适用于对室温波动范围有要求，层高较低且有顶棚或技术夹层的空调房间，能保证工作区的温度和风速稳定、均匀。平送式散流器一般采用对称布置，间距为3～6m之间，散流器的中心离墙一般不小于1m。

下送方式要求有一定的布置密度，以便较好地覆盖工作区，管道布置复杂。这种方式主要适用于有高度净化要求的车间，房间高度以3.5～4m为宜，散流器间距一般不超过3m。

散流器有盘式散流器、圆形直片散流器、方形片式散流器、流线型散流器等，如图6-17所示。常用的是结构简单、投资较省的盘式或方形片式散流器。

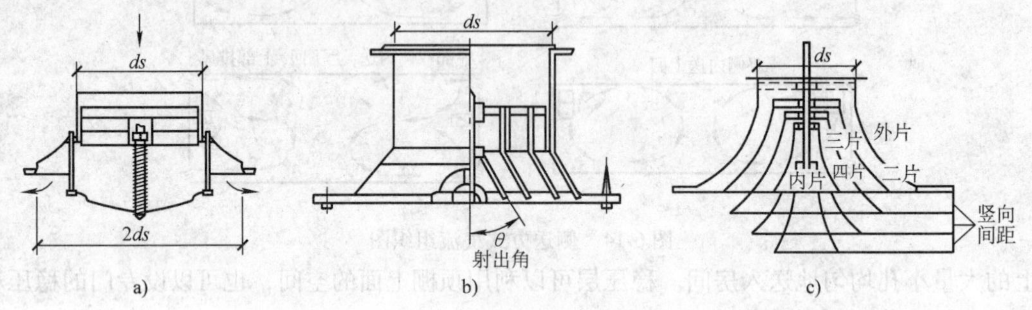

图6-17 散流器结构

a）盘式 b）圆形直片式 c）流线型

（4）喷口送风 其是大型体育馆，礼堂，剧院，通用大厅以及高大空间的工业厂房或公用建筑等常用的一种送风方式，如图6-18所示。这种送风方式射程远、系统简单、节省投资，广泛应用于高大空间以及舒适性空调建筑中。其喷口有圆形和扁形两种。采用喷口送风时，喷口直径一般在0.2～0.8m之间，喷口的安装高度应通过计算来确定，一般为房间高度的0.5～0.7倍。

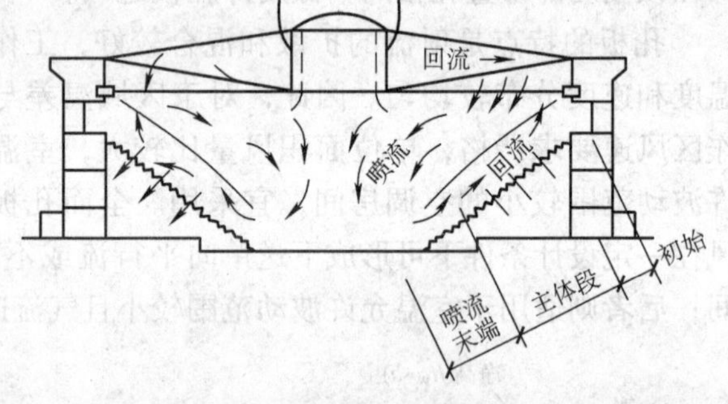

图6-18 喷口送风

（5）条缝送风 其属于扁平射流，与喷口送风相比，射程较短，温差与速度衰减较快。因此适用于散热量大，且只要求降温的房间或民用建筑的舒适性空调。目前，我国大部分的纺织厂空调均采用条缝送风方式，如图6-19所示。在一些高级民用和公共建筑中，可与灯具配合布置条缝送风口。

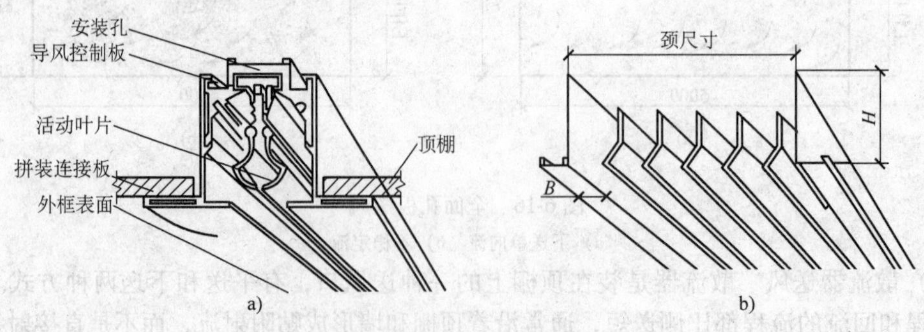

图6-19 条缝送风口

a）条缝型散流器 b）单面送风口

2. 回风口　空调房间的气流流型主要取决于送风口，而回风口位置对气流的流型和区域温差影响较小。因此，除高大空间或面积较大的空调房间外，一般可在一侧集中布置回风口。

侧送方式的回风口一般设在送风口同侧下方；孔板和散流器送风的回风口则设在房间的下部；高大厂房上部有一定余热时，宜在上部增设排风口或回风口；有走廊的空调房间，如对消声、洁净程度要求不高，室内又不排出有害气体时，可在走廊端头布置回风口集中回风，而各空调房间与走廊邻接的门或内墙下侧应设置百叶栅口，以便回风进入走廊。走廊回风时为防止外界空气侵入，走廊两端应设密闭性较好的门。

回风口的结构比较简单，类型也不多。常用的回风口形式有单层百叶风口、固定格栅风口、网板风口、孔板风口等。

6.4.3　空调制冷的基本原理

制冷就是使自然界的某物体或某空间达到低于周围环境温度并使之维持这个温度。制冷装置是空调系统中冷却干燥空气所必需的设备，是空调系统的重要组成部分。实现制冷可通过两种途径，一种是利用天然冷源，一种是采用人工制冷。天然冷源包括地下水、深湖水、深海水、天然冰、地道风和山涧水等。在我国的大部分地区，地下水温较低，采用地下水或深井水可以满足空调系统空气降温的需要。很多地区地下水的控制开采，使地下水作为天然冷源的应用受到限制。有些国家海滨建筑的空调系统采用深海水作为天然冷源，这不失为一项很好的建筑节能措施。

由于天然冷源受时间、地区等条件的限制，不可能经常满足空调工程的需要。因此，当天然冷源不能满足空调需要时，便采用人工冷源，即用人工的方法制取冷量。人工制冷是以消耗一定的能量为代价，实现使低温物体的热量向高温物体转移的一种技术，人工制冷的设备称为制冷机，制冷机有压缩式、吸收式、喷射式等，在空调中应用最广泛的是压缩式和吸收式。

1. 压缩式制冷系统

（1）压缩式制冷的基本原理　压缩式制冷机是利用液体在低温下汽化吸热的性质来实现制冷的。制冷装置中所用的工作物质称为制冷剂，制冷剂液体在低温下汽化时能吸收很多热量，因而制冷剂是人工制冷不可缺少的物质。在大气压力下，氨的汽化温度为 -33.4℃，氟利昂的汽化温度为 -40.8℃，对于空调和一般的制冷要求均能满足。氨价格低廉，易于获得，但有刺激性气味，有毒，易燃和有爆炸危险，对铜及其合金有腐蚀作用。氟利昂无毒，无气味，不燃烧，无爆炸危险，对金属不腐蚀，但其渗透性强，泄漏时不易发现，价格较贵。

用来将制冷机产生的冷量传递给被冷却物质的媒介物质称为载冷剂或冷媒。常用的冷媒有空气、水和盐水。

如图 6-20 所示，压缩式制冷机主要由压缩机、冷凝器、膨胀阀和蒸发器四个关键性设备所组成，并用管道连接形成一个封闭系统。工作过程如下：压缩机将蒸发器内产生的低压低温制冷剂蒸汽吸入气缸，经压缩后压力提高，排入冷凝器，冷凝器内

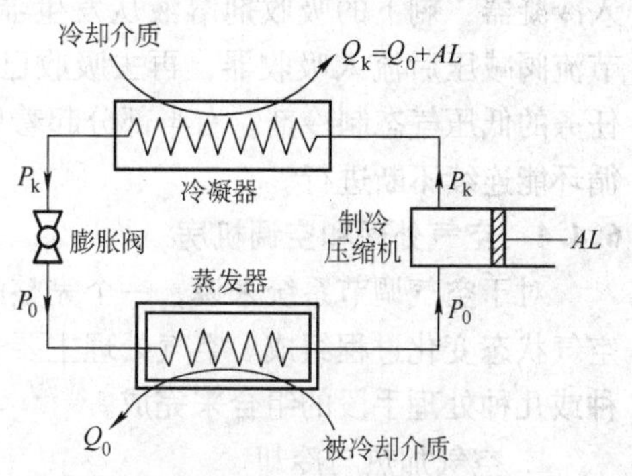

图 6-20　压缩式制冷原理图

的高压制冷剂蒸汽在定压下把热量传给冷却水或空气，从而凝结成液体，然后该高压液体经过膨胀阀节流减压进入蒸发器，在蒸发器内吸收冷媒的热量而汽化，再被压缩机吸走。制冷剂在系统中经历了压缩、冷凝、节流、汽化这四个连续过程，也就形成了制冷机制冷循环的工作过程。由此实现了热量从低温物体传向高温物体的过程。

(2) 压缩式制冷的主要设备　实际制冷系统除上述四大主要设备外，还有一些辅助设备，如油分离器、贮液器及自控仪表、阀件等。对于氨制冷系统还应设集油器、空气分离器和紧急泄氨器；对于氟利昂制冷系统还应设热交换器和干燥过滤器等。

1）压缩机。是压缩和输送制冷剂蒸汽的设备，也称为主机。对于小冷量的系统，多采用螺杆式压缩机、活塞式压缩机；对于大冷量的系统，多采用离心式压缩机。

2）冷凝器。利用水作为介质的冷凝器，常用的有立式壳管和卧式壳管两种形式。在外壳上有气、液体连管，以及放气管、安全阀、压力表等接头。

3）蒸发器。其也是一种热交换器，使低压低温制冷剂液体吸收冷媒的热量而汽化。

2. 热力吸收式制冷系统　吸收式制冷是以消耗热量来达到制冷的目的。它与压缩式制冷的主要区别是工质不同，完成制冷循环所消耗能量的形式不同。吸收式制冷机通常使用的工质是由两种工质(吸收剂和制冷剂)组成的混合溶液，如氨水溶液、水-溴化锂溶液等。其中沸点高的作为吸收剂，沸点低且易发挥的物质作制冷剂。氨水中氨是制冷剂，水是吸收剂；水-溴化锂中水是制冷剂，溴化锂是吸收剂。

图6-21所示为简单吸收式制冷原理图。这种制冷系统由两个循环组成。左半部为冷剂水蒸气的制冷循环，它的工作原理是，来自发生器的高压气态制冷剂先在冷凝器中被冷凝为液态，再经膨胀阀减压降温进入蒸发器，在蒸发器中完成吸收制冷的任务后，变为低压气态制冷剂，流入吸收器，与吸收剂汇合。图右半部为吸收剂溶液的循环。在吸收器中液态吸收剂吸收来自蒸发器的低压气态制冷剂，形成制冷剂—吸收剂溶液。该溶液经泵升压进入发生器，在发生器中被加热，使其中低沸点的制冷剂大量汽化变成高压气态制冷剂，与吸收剂分离。分离出来的气态制冷剂进入冷凝器，剩下的吸收剂溶液从发生器排出，经节流阀减压后流入吸收器，再去吸收已完成制冷任务的低压气态制冷剂。右半部分起着压缩式制冷中压缩机的作用，以保证左半部分制冷剂循环能连续不断进行。

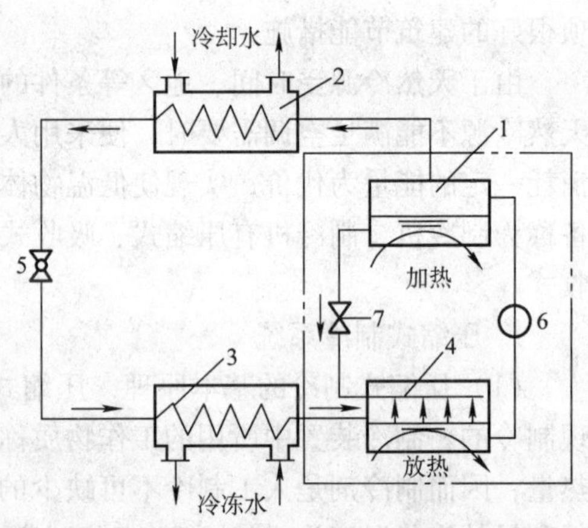

图6-21　简单吸收式制冷原理图

1—发生器　2—冷凝器　3—蒸发器
4—吸收器　5—膨胀阀　6—泵　7—节流阀

6.4.4　空气处理和空调机房

对于空气调节系统来说，一个完整的空气调节全过程是由空气处理全过程及送入房间的空气状态变化过程组成。空气处理主要过程包括加热、冷却、加湿、减湿、净化等，是由一种或几种处理手段的组合来完成。

1. 空气加热与冷却

(1) 加热　当空气温度低于要求的送风温度时，需要对空气进行加热。单纯的加热过程主要采用表面式空气加热器和电加热器两种类型。如果用温度高于空气温度的水喷淋空气，则会在加热空气的同时又使空气的湿度加大。

(2) 冷却　当空气温度高于要求的送风温度时，需要对空气进行冷却。冷却的主要方法有，采用表面式空气冷却器或用温度低于空气温度的水喷淋空气。如果表面式空气冷却器的表面温度高于空气的露点温度，或喷淋水的水温等于空气的露点温度，则可实现单纯的冷却过程。

(3) 常用的加热与冷却设备

1) 表面式换热器。表面式换热器是空调工程中最常用的空气处理设备。它的优点是构造简单、占地少、水质要求不高，在空气处理室中所占长度较短。表面式换热器多用肋片管，通过冷、热水，蒸汽或制冷剂流过管道，与管外介质热交换，达到加热或冷却空气的目的。换热器制作材料有铜、钢和铝。使用时一般采用多排串联，以便与空气进行充分热质交换；如果通过的空气量多，也可多个并联，以避免迎面风速太大。表面式空气热换器可分为表面式空气加热器和表面式空气冷却器两类。表面换热器也可冷、热两用。

2) 喷水室。又称淋水室，它是通过向流动的空气直接喷淋大量的水滴，使空气与水滴接触，进行热湿交换，以达到空调要求的目的。喷水室由喷嘴、水池、喷水管路、挡水板、外壳等组成。喷水室的优点是能够实现多种空气处理过程、耗费金属少、容易加工等；缺点是占地面积大、对水质要求高、水系统复杂、耗水量多、水泵电耗大等。因此，目前在一般建筑中已不常使用，但在纺织厂、卷烟厂等以调节温度为主要任务的场合仍大量使用。

3) 电加热器。它是让电流通过电阻丝发热来加热空气的设备。其优点是加热均匀、热量稳定、结构紧凑、易于控制、可以直接安装在风管内；缺点是电耗高。因此，一般应用于恒温精度要求较高的空调系统和小型空调系统，加热量要求大的系统不宜采用。电加热器有裸线式与管式两种类型。裸线式热惰性小，加热结构简单，但容易断丝漏电，安全性差。管式电加热器的电阻丝装在特制的金属套管内，中间填充导热性好的电绝缘材料，如结晶氧化镁等。管式电加热器安全性好，但热惰性大，构造复杂。

2. 空气加湿与减湿

(1) 加湿　当空气湿度小于要求的送风湿度时，需要对空气进行加湿处理。单纯的加湿过程可通过向空气加入干蒸汽来实现，还可以利用喷水室来实现。直接向空气喷入水雾实现的是等焓加湿过程。

(2) 减湿　当空气湿度高于要求的送风湿度时，需要对空气进行减湿处理。常用的减湿方法除表冷器和喷冷水外，还可以使用液体或固体吸湿剂减湿。

液体吸湿是利用某些盐类水溶液对空气中水蒸气的强烈吸收作用来进行除湿的。当空气中的水蒸气压力高于盐水表面的水蒸气分压力时，空气中的水蒸气将会析出被盐水吸收。固体吸湿是利用有大量孔隙的固体吸湿剂如硅胶，对空气中水蒸气的表面吸附作用来除湿的。

(3) 常用的加湿与减湿设备

1) 喷蒸汽加湿器。喷蒸汽加湿器是最简单的加湿装置，它的直径略大于供气管的管段，管段上开有多个小孔，蒸汽在管网压力作用下由小孔喷出混入空气。为保证喷出的蒸汽中不夹带冷凝水滴，蒸汽喷管外有保温套管。使用蒸汽喷管需要由集中热源提供蒸汽，它的优点是节省动力用电、加湿迅速、稳定、设备简单、运行费低。因此在空调工程中得到广泛的应用。

2）电加湿器。电加湿器包括电热式与电极式两种。

① 电热式加湿器是由管状电热元件置于水槽中做成的。电热元件通电后加热水至沸腾产生蒸汽。这种加湿器均有补水装置，以免断水空烧。电热式加湿器有开式与闭式两种。闭式加湿器调节性能优于开式加湿器，但构造比较复杂。

② 电极式加湿器是由三根不锈钢棒或镀铬棒作为电极插入水容器中组成。电极接通三相电源后，电流从水中流过，加热水产生蒸汽。

这两种电加热器的缺点是耗能量大、电热元件与电极易结垢；优点是结构紧凑、加湿量易于控制，故常用于小型空调系统中。

3）冷冻除湿机。冷冻除湿机是由制冷系统与送风装置组成的。其工作原理是由制冷系统的蒸发器将要处理的空气冷却除湿，再由制冷系统的冷凝器把冷却除湿后的空气加热。这样处理后的空气虽然温度较高，但湿度很低，适用于只需要除湿，而不需要降温的场合。

3. 空气的净化　空气中的尘埃不仅对人体的健康不利，而且还会影响室内环境的清洁以及生产工艺的正常运行。因此，在某些空调房间中，除对空气的温湿度有一定的要求外，还对空气的洁净度有一定的要求。例如，制药车间、医学实验室和医院手术室等要求室内无菌、无尘；电子、精密仪器等工业对空气环境洁净程度的要求，远远高于人体从卫生角度的要求。所有这些要求空调房间内空气达到一定洁净程度的空调工程均称为净化空调工程。

空气净化常用的方法有除尘、消毒、除臭以及离子化等，最常用的方法就是利用过滤器对空气进行净化处理。过滤器的滤尘效主要是利用纤维对尘粒的惯性碰撞、拦截、扩散、静电等作用，达到净化空气的目的。

过滤器按其效率可分为初效过滤器、中效过滤器、高效过滤器等。对过滤器的选用，主要是根据空调房间的净化要求和室外空气的污染情况而定。一般的空调系统，通常只设一级初效过滤器；有较高净化要求的空调系统，可设初效和中效两级过滤器，其中第二级中效过滤器应集中设在系统的正压段(即风机的出口段)；有较高净化要求的空调工程，一般用初效和中效两级过滤器作预过滤，再根据要求洁净度级别的高低，使用亚高效过滤器或高效过滤器进行第三级过滤。

4. 空调机房　在集中式、半集中式空调系统中，安装空气处理设备、送回风设备及自动控制设备的专用房间，即为空调机房。在空调系统的方案设计中，空调机房的位置、大小的选择是一项非常重要的工作，决定着系统投资、运行能耗和噪声影响等诸方面。因此，对空调机房的布置，应以管理方便、占地面积小、不影响相邻房间的使用、管道布置方便经济为原则。

（1）机房位置的选择　空调机房应尽量设置在负荷中心，靠近空调房间，这样可以缩短送、回风管道，节省空气输送能量，减少风道占用空间。但应防止其振动、噪声、灰尘及排风等因素对空调房间的影响。例如，对室内声学要求较高的广播、电视、录音棚等建筑物，空调机房最好设置在地下室；一般的办公楼、宾馆、厂房的空调机房可以分散在各楼层上；对于减振和消声要求严格的空调房间，应考虑另建空调机房或将空调机房与空调房间分别布置在建筑物的两侧。

（2）空调机房的大小　空调机房的大小与采用的空调方式、系统的风量、空气处理的要求等因素有关，也与空调机房内放置设备的数量和占地面积有关。一般全空气集中式空调系统，当空气处理参数要求严格或有净化要求时，空调机房的面积约为空调面积的10%~

20%；舒适性空调和一般降温系统，约为空调面积的5%~10%；仅处理新风的空气-水系统，新风机房约为空调面积的1%~2%。如果空调机房、通风机房、冷冻机房通体估算，总面积约为总建筑面积的3%~7%。

空调机房的高度应按空调箱的高度及风管、水管与电缆高度以及检修空间决定，一般净高4~6m。

(3) 空调机房的结构　空调设备布置在楼板或屋顶上时，结构的承重应按设备重量和基础尺寸计算，而且应包括设备中充注的水或制冷剂的重量以及保温材料的重量等；对于一般系统，也可采用500~600kg/m^{2}的荷载进行估算；屋顶机组的载荷应根据机组的大小而定。

空调机房与其他房间的隔墙以240mm以上的砖墙为宜，机房的门应采用隔声门，内墙表面应粘贴吸声材料，进行消声处理。

空调机房的门和拆装设备的通道应考虑顺利地运入最大空调构件的可能，如构件不能从门进入，则应预留安装空洞和通道，并应考虑拆换的可能。

空调机房应有非正立面的外墙，以便设置新风口。如果机房位于地下室或大型建筑的内区，则应有足够断面的新风竖井或新风通道。

(4) 空调机房内的布置　大型机房应设单独的管理人员值班室，值班室应设在便于观察主要设备的位置。控制及操作屏宜放在值班室内。

机房最好有单独的出入口，以防止人员、噪声对空调机房的影响。

经常操作的操作面应有不小于1m的净距离，需要检修的设备要有不小于0.7m的检修距离。

风管布置应尽量避免交叉，以减少空调机房与吊顶的高度。放在吊顶内的阀门等需要操作的部件，应预留检查孔。若吊顶要求能够上人，则应留上人孔洞。

5. 消声与减振　空调设备，如风机、水泵、制冷机、冷却塔、风道、空调末端装置等，在运行时产生的噪声和振动，会通过与其相连的管道及其他结构物传入空调房间，对噪声和振动有一定要求的空调工程，应采取适当的措施予以控制。

(1) 消声　消声措施包括两个方面。

1）设法减少噪声的产生，即减少噪声源，可采取以下控制噪声源的措施：选用高效率、低噪声的水泵、风机，并使其运行工作点在高效率范围内；风机、水泵与电动机的传动方式宜采用直接连接，如不可能，则采用联轴器或带轮连接；降低水管、风管中的流速，一般情况下，主风管中的空气流速不宜超过8m/s；有严格要求时不宜超过5m/s；将风机、水泵等运转设备设置在减振基础上，并且用软管将这些设备与风管、水管连接起来；空调机房应作隔声处理，或将产生噪声的设备用局部隔声小室隔绝起来。

2）在系统中设置消声器，以避免超过标准的噪声传入室内。当系统的送回风经风道自然衰减后，传入室内的噪声仍超出允许标准时，则需要在风道中设置消声器作消声处理。消声器根据消声原理不同，可分为阻性、共振性、抗性和宽频带复合等四种。

① 阻性消声器。如图6-22a所示，是用多孔松散的吸声材料制成的。当声波传播时，将激发材料空隙中的分子振动，由于摩擦阻力的作用，使声能转化为热能而消失。这种消声器对于高频和中频噪声有一定的消声效果，但对低频噪声的消声性能较差。

② 共振性消声器。如图6-22b所示，小孔处的空气柱和共振腔内的空气构成一个弹性

振动系统。当外界噪声的振动频率与该弹性振动系统的振动频率相同时，引起小孔处的空气柱强烈共振，空气柱与孔壁之间发生剧烈摩擦，声能因克服摩擦阻力而消失。这种消声器有消除低频噪声的性能，但频率范围很窄。

③ 抗性消声器。如图6-22c所示，气流通过截面积突然改变风道或设备时，将使沿风管传播的声波向声源方向反射回去而起到消声作用。这种消声器对于消除低频噪声有一定的效果。

④ 宽频带复合消声器。宽频带复合消声器是上述几种消声器的综合体，集中了其他消声器的性能特点，弥补了它们单独使用时的不足，对于高、中、低频噪声均有较好的消声性能。

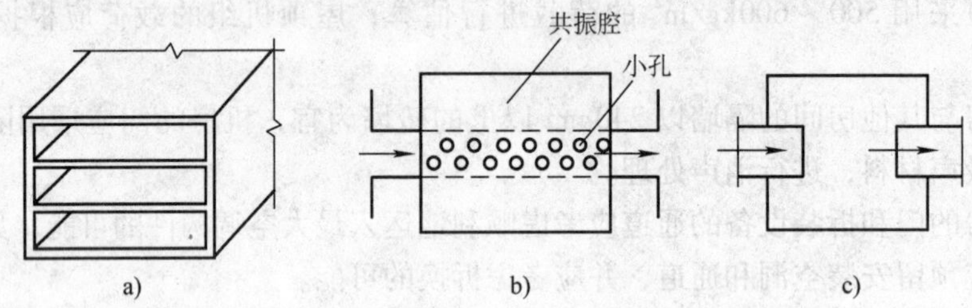

图6-22　消声器构造图

a）阻性消声器　b）共振性消声器　c）抗性消声器

（2）减振　噪声源产生振动并通过固体传声。例如，通过围护结构传到其他房间的顶棚、墙壁、地板等构件，使其振动并向室内辐射噪声。要减少设备通过基础和建筑结构传递的噪声，应消减机器设备传给基础的振动强度。其主要方法就是消除机器设备与基础之间的刚性连接，即在振源和基础之间安装减振构件，如弹簧减振器、橡胶、软木等，从而在一定的程度上消减振源传到基础的振动。

风机、水泵、冷水机组应固定在混凝土或型钢台座上，台座下面安装减振器。此外风机、水泵、冷水机组的进出口均应装设软接头，减少振动沿管路的传递，管道吊卡、穿墙处均应作防振处理，如图6-23所示。

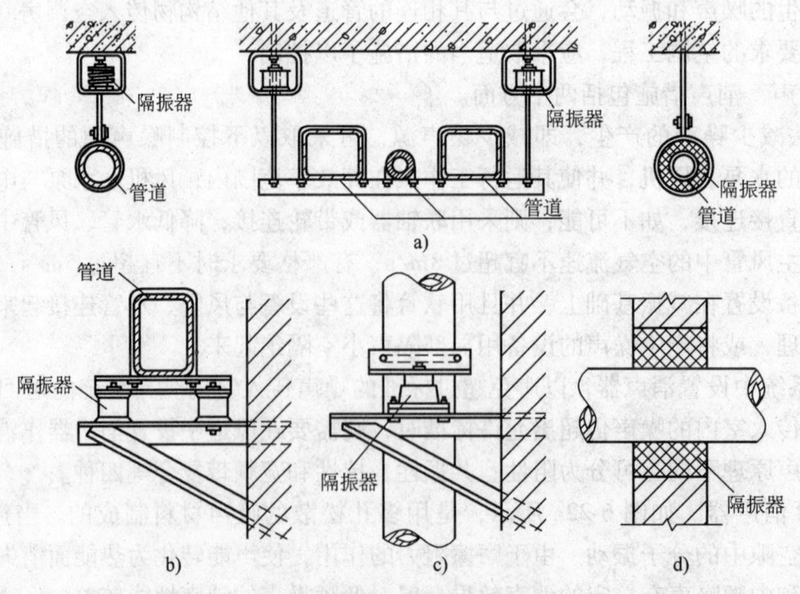

图6-23　管道隔振的安装方法

a）水平管道隔振吊架　b）水平管道隔振支承　c）垂直管道隔振支承　d）管道穿墙隔振支承

6.5 通风与空调施工图识读与施工

6.5.1 通风空调系统施工图组成

一套完整的通风空调施工图可分为基本图和详图两部分。基本图包括图样目录、设计施工说明、设备及材料表、原理图、平面图、系统轴测图、剖面图，详图包括大样图、节点图和标准图。

1. 图样目录 前面已述。

2. 设计施工说明 设计施工说明包含的内容一般有本工程的主要技术数据，如建筑概况、设计参数、系统划分及施工、验收、调试、运行等有关事项。

3. 设备及材料表 在设备表内明确表示了所选用设备的名称、型号、数量、各种性能参数及安装地点等；在材料表中各种材料的材质、规格、强度要求等也有清楚的表达。

4. 原理图(流程图) 系统原理图是综合性的示意图，用示意性的图形表示出所有设备的外形轮廓，用粗实线表示管线。从图中可以了解系统的工作原理，介质的运行方向，同时也可以对设备的编号、建(构)筑物的名称及整个系统的仪表控制点(温度、压力、流量及分析的测点)有一个全面的了解。另外，通过了解系统的工作原理，还可以在施工过程中协调各个环节的进度，安排好各个环节的试运行和调试的程序。

5. 平面图 平面图是施工图中最基本的一种图，是施工的主要依据。它主要表示建筑物以及设备的平面布局，管路的走向分布及其管径、标高等数据，包括系统平面图、空调机房平面图等。在平面图中，一般风管用双线绘制，水、气管用单线绘制。

6. 系统轴测图 系统轴测图是以轴测投影绘制出的管路系统单线条的立体图。在图面上直接反映管线的分布情况，可以完整地将管线、部件及附属设备之间的相对位置的空间关系表达出来。系统轴测图还注明管线、部件及附属设备的标高和有关尺寸。系统轴测图一般按正等测或斜等测绘制。水、气管道及通风、空调管道系统图均可用单线绘制。

7. 剖面图 剖面图是在平面图上能够反映系统全貌的部位垂直剖切后得到的，它主要表示建筑物和设备的立面分布，管线垂直方向上的排列和走向，以及管线的编号、管径和标高。

识图时要根据平面图上标注的断面剖切符号对应来识图。

8. 大样图 大样图又称详图。为了详细表明平、剖面图中局部管件和部件的制作、安装工艺，将此部分单独放大，用双线绘制成图。一般在平、剖面图上均标注有详图索引符号，根据详图索引符号可将详图和总图联系起来。通用性的工程设计详图，通常使用国家标准图。

9. 节点图 节点图能够清楚地表示某一部分管道的详细结构及尺寸，是对平面图及其他施工图不能表达清楚的某点图形的放大。节点用代号来表示它所在的位置，如“A 节点”，则需在平面图上对应找到“A”所在的位置。

10. 标准图 标准图是一种具有通用性的图样，一般由国家或有关部委出版标准图集，作为国家标准或行业标准的一部分予以发布。标准图中标有成组管道设备或部件的具体图形和详细尺寸，但它不能作为单独施工的图样，而只能作为某些施工图的组成部分。中国建筑设计研究院出版的《暖通空调标准图集》是目前暖通空调专业中主要使用的标准图集。

通风与空调工程施工图通常按照国家标准 GB/T 50114—2001《暖通空调制图标准》规定制定的。但也有一些设计单位仍旧按照习惯画法绘制，在识读图样时应予以注意。

6.5.2 通风空调系统施工图识读

1. 识读施工图的方法和步骤　通风空调施工图的识读，应当遵循从整体到布局，从大到小，从粗到细的原则，同时要将图样与文字对照看，各种图样对照看，达到逐步深入与细化。看图的过程是一个从平面到空间的过程，还要利用投影还原的方法，再现图样上各种图线图例所表示的管件与设备空间位置及管路的走向。

看图的顺序是先看图样目录，了解建设工程性质、设计单位，弄清楚整套图样共有多少张，分为哪几类；其次是看设计施工说明、材料设备表等一系列文字说明；然后再按照原理图、平面图、剖面图、系统轴测图及详图的顺序逐一详细阅读。

对于每一单张图样，看图时首先要看标题栏，了解图名、图号、图别、比例，以及设计人员；其次是看图样中的文字说明和各种数据，弄清各系统编号、管路走向、管径大小、连接方向、标高尺寸、施工要求；对于管路中的管道、配件、部件、设备等应弄清其材质、种类、规格、型号、数量、参数等；另外还要弄清管路与建筑、设备之间的相互关系及定位尺寸。

2. 施工图的识读

（1）施工说明　通过说明可以了解到通风系统的划分，风管的材质、制作、安装工艺的要求，设备的定位安装要求，漏风量的测试及系统调试；设计施工中涉及的规范或标准图集等；同时在此说明中还列出本套图中所用到的图例符号及主要设备材料表。

（2）平面图　通风系统中，平面图上表明风管部件及其他附属设备在建筑物内的平面坐标位置。

在平面图中，首先要掌握各系统的平面划分情况，是排风系统、送风系统、排烟系统、除尘，还是气力输送系统（在一张平面图上，往往同时存在两个或两个以上的系统）；其次，了解水平风管的平面布置情况及管径大小，风管上的防火阀、风量调节阀、风口等部件和附属设备的位置，与建筑物的距离及各部分的尺寸；掌握通风设备的名称、型号、规格、数量及布置情况；查明送、排风的情况。

（3）剖面图　剖面图表示建筑物内的风管、部件或附属设备的立面位置及安装的标高尺寸，是设计人员根据需要有选择地绘制的，识图时要将平面图与剖面图相互对照。读图时要查明风机、消声器、除尘器等设备的立面布置及标高；了解有关设备的位置和方向，风管的立面布置；查明管路标高、管径及阀门设置。

（4）原理图　系统的原理图（流程图）是综合性的示意图，是用示意性的图形表示出所有设备的外形轮廓，用粗实线表示管线。读图时要了解系统的工作原理；掌握建（构）筑物的名称，设备的编号及整个系统的仪表控制点。

（5）系统图　在通风系统图中，可以完整直观地将风管、部件及附属设备之间的相对位置的空间关系表达出来。读图时可以查明系统管线的连接，各管段管径大小，水平风管和设备的标高以及立管的编号。

（6）详图　通风系统施工图的详图包括节点详图和标准通用图。标准图主要包括调节阀、止回阀、插板阀、防火阀、消声器、风机、除尘器等设备或部件的结构、性能与安装。

3. 识图举例　对某楼梯间—前室加压送风施工图进行识读。

（1）平面图的识读　从平面图中可以了解到以下有关内容：

1）初步了解建筑物的平面情况。从图 6-24 可知，标准层平面总长 28m，总宽 24m，水平轴线为①～⑤，竖向建筑轴线为Ⓐ～Ⓓ；剪刀楼梯、前室位于②～③轴线间，每层各有九个房间，面积大小不等。从图 6-25 可以了解到屋顶的一些情况：风机房位于屋顶的②～④/Ⓑ～Ⓒ轴处，屋顶标高为 74m，屋顶上还有一个水池等。

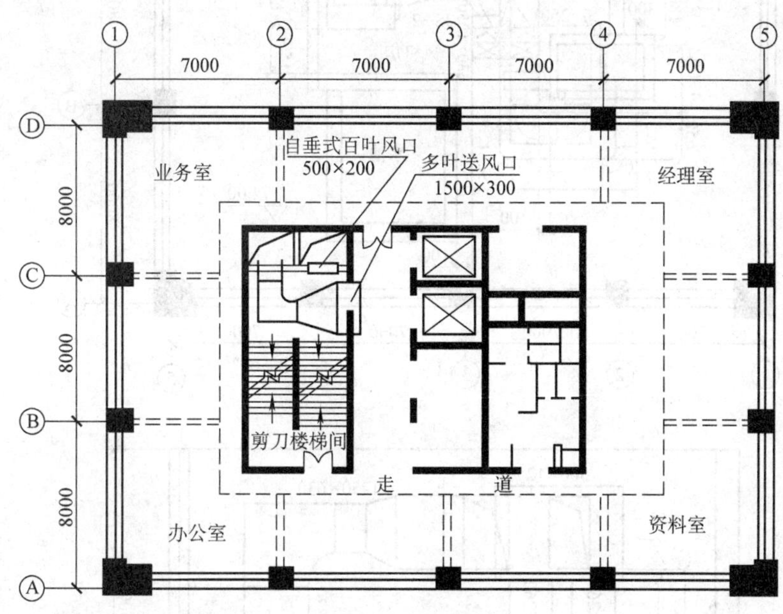

图 6-24　标准层加压送风平面图

2）掌握风管的平面布置情况，风口、阀门的位置与尺寸大小。由图 6-24 可以得知，送风竖井有两个，位于楼梯间，一个直接通过 500mm×200mm 的自垂式百叶风口向楼梯间送风；另一个接出风管，通过 1500mm×300mm 的多叶百叶风口向前室送风。由图 6-25 可以了解到风管由风机接出后，由带有导流叶片的矩形弯头连接，通向竖井，JS-1 系统中风管大小为 500mm×1250mm，JS-2 系统中风管大小为 630mm×1250mm，两支风管上均装有同管径的止回阀与排烟防火调节阀。

3）查明设备的名称、位置、规格及性能参数等情况。由图 6-25 可以了解到风机房中有两台风机，JS-1 系统中有一台型号为 ZKFW-12.5×2 的风机箱，风量为 25000m^3/h，全压为 695Pa，风机出口装有静压箱；JS-2 系统中有一台型号为 HTFC-27 1/2-1 的风机箱，风量为 36000m^3/h，全压为 690Pa。ZKFW-12.5×2 风机箱一侧距竖井 1.8m，另一侧距④轴 5.5m。HTFC-27 1/2-1 风机箱一侧距④轴 5.5m，另一侧距风机房墙壁 1.5m。

4）在机房平面图（见图 6-25）中还注明了剖切符号 1—1 及其位置，以便按照此符号查找有关图样。

（2）系统图的识读　图 6-26 所示为某大厦加压送风系统图，分为 JS-1 和 JS-2 系统图。识读时将平面图与系统图对照起来看，可以掌握以下情况：

1）从系统图中可以了解整个大厦的建筑情况。整座大厦共有 21 层，地下 1 层，地上 20 层，总层高为 74m。B1F 为 5m 高，1F 为 5.9m 高，2～5 层各为 4.5m，5～20 层为标准

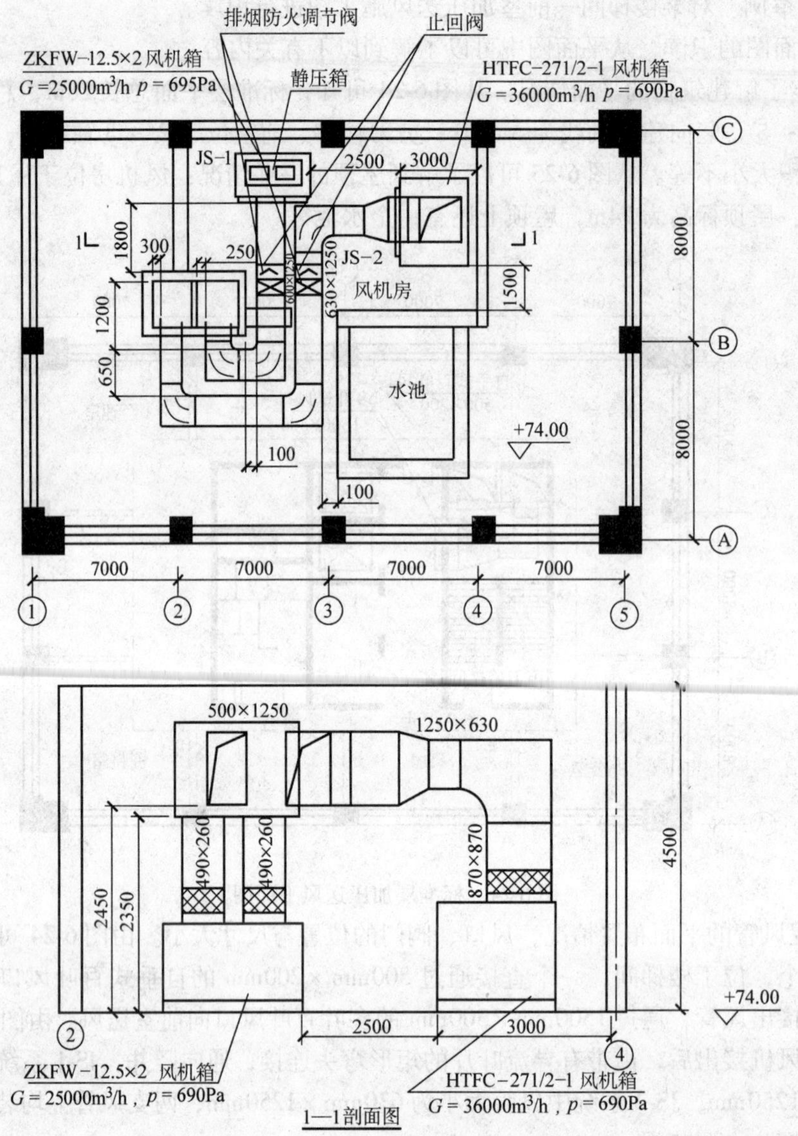

图 6-25　加压风机房平面图

层，层高各为 3m。

2）从系统图中了解整个加压送风系统的情况。对于楼梯间的 JS-1 系统，每隔 3 层设置一个大小为 500mm×250mm 的自垂式百叶风口，即设置风口层面为 1F、4F、7F、10F、13F、16F、19F，一共 7 个风口，风口底边缘距地面 300mm。向前室送风的 JS-2 系统，每层都设有一个 1500mm×300mm 的多叶送风口，共 21 个，风管底边距顶棚 800mm。平时风口不送风，当发生火灾时，风机起动，将室外新风通过竖井送至楼梯间或前室，保持其正压，分别约为 50Pa 与 25Pa。

3）了解风管的空间走向、主要设备的情况及接管等情况。从系统图中可查出风机位于屋顶，风机进出口用软管与风管相连，风管上均装有同管径的止回阀与排烟防火调节阀。

（3）剖面图的识读　剖面图反映的是建筑物结构及设备的立面情况。图 6-25 中的 1—1

剖面图，是对机房中两台加压风机进行剖切的。由图中可以了解到：

1）建筑物结构的立面情况。风机房位于②～④轴，标高为74m，层高为4.5m。

2）主要设备名称位置，风管的立面布置及与设备的连接情况。在图6-25中可清楚地看到ZKFW-12.5×2、HTFC-27 1/2-1风机箱分别距④轴的水平距离为5.5m与3m。ZKFW-12.5×2风机箱有上下两个风箱，用两段490mm×260mm的短管及软接头相连，上风箱底面离机房地面2.45m，500mm×1250mm的侧出风口底标高为2.35m；HTFC-27 1/2-1风机箱的上出风口用870mm×870mm的软接头相连接。软接头应选用防腐、防潮、不透气、不易霉变的柔性材料，长度一般宜为150～300mm。

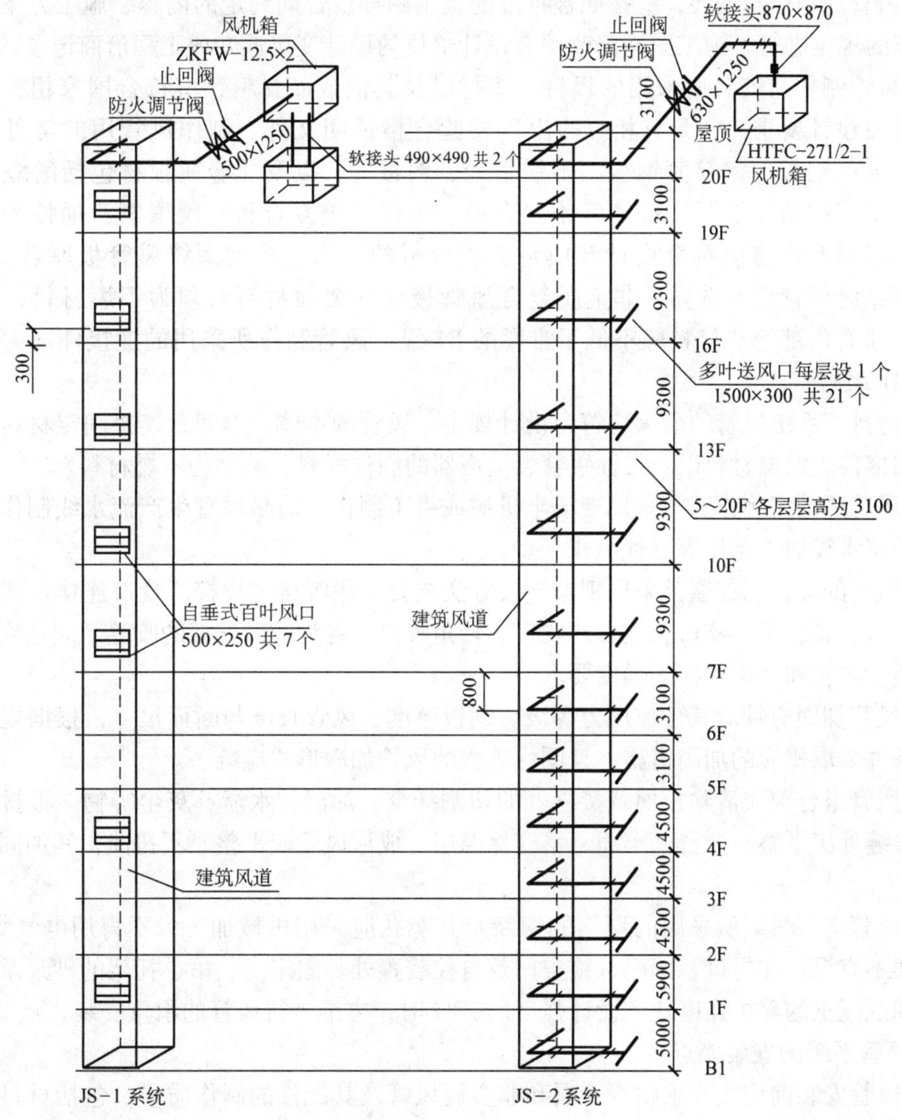

图6-26　某大厦正压送风系统图

6.5.3　通风空调系统的施工及验收

1. 通风与空调工程施工程序　程序为：施工准备（技术、人力、机具、材料和设备）→风管、部件法兰加工→风管、部件法兰组装→中间检验、进场验收→通风空调设备安装→通风空调设备水系统安装→风管支吊架制作、安装→主风管安装→支风管安装→通风空调设备单机试运转及调试→系统无生产负荷下的联合试运转与调试→系统验收→资料整理→竣工验收→综合效能测定与调整

2. 通风与空调工程风管系统的施工技术要点　风管系统按其系统工作压力可划分为低压系统($p \leqslant 500Pa$)、中压系统($500Pa < p \leqslant 1500Pa$)、高压系统($p > 1500Pa$)三个类别。针对不同工作压力的风管，其制作、安装和严密性试验等方面的技术要求不同。

风管系统制作的一般要求：

1）风管的制作与安装，应按照被批准的施工图样、合同约定的内容、施工方案及相关标准规范的规定进行。施工图样修改须有设计单位的设计变更通知或工程洽商记录。

2）风管制作与安装所采用的板材、型材以及其他成品材料，应符合国家相关产品标准的规定及设计要求，并具有相应的出厂校验合格证明文件。制作风管用的常见金属板材包括普通薄钢板、镀锌薄钢板、不锈钢板、铝板等，以及非金属板材包括酚醛铝箔复合板、聚氨酯铝箔复合板、玻璃纤维复合板、无机玻璃复合板、硬聚氯乙烯板等。风管所使用的板材及规格应符合设计及质量验收规范的要求。排烟系统风管板厚若无要求，可按高压系统风管板厚选择。非金属复合风管板材的覆面材料必须为不燃材料，具有保温性能的风管内部绝热材料应不低于难燃的B1级。风管制作所采用的连接件均为不燃或难燃的B1级材料。

3）防排烟系统风管的耐火应符合设计规定，风管的本体、框架、连接固定材料与密封垫料、阀部件、保温材料以及柔性短管、消声器的制作材料，必须为不燃材料。

4）风管的加工制作通常采用现场半机械或手工制作、简易风管生产流水线制作、工厂风管自动流水线加工制作等三种形式。

5）风管的加工制作通常采用现场连接方法主要采用咬接与焊接。咬口连接形式有单咬口、立咬口、联合角形咬口、按扣式咬口、转角咬口。各种咬口连接的咬缝，应达到缝线顺直、平整、严密和结构连接的强度要求。

6）风管加固应针对其工作压力等级、钢板厚度、风管长度与断面尺寸，根据规范及施工现场条件采取相应的加固措施，且同一工程的风管加固形式应统一。

7）风管组合前应清除板面及接缝处的切割纤维、油渍、水渍、灰尘等物。板材拼接缝及其他接缝处应平整、严密、牢固，不露保温层。成形风管应平整、不扭曲，其加固应符合要求。

8）风管支、吊架所采用的型钢的切断及其螺孔应采用机械加工，不得用电气焊切割。支、吊架不宜设置在封口、阀门、检查门及自控装置处。固定支、吊、托架的砂浆及埋设钢制锚件和混凝土的养护强度达到设计强度的70%时，方准进行风管的承重安装。

3. 风管系统的安装要点

1）风管安装前应按要求检查金属和非金属风管及其配件的制作质量，包括材料、制作尺寸偏差等；清理安装部位或操作场所中的杂物；检查支、吊、托架的安装质量。

2）风管组对连接的长度，应根据施工现场的情况和吊装设备确定。风管安装的程序通常为先上层后下层；先主干管后支管；先立管后水平管。

3）风管吊装组对时应加强表面的保护，注意吊点受力重心，保证吊装稳定、安全和风

管不产生扭曲、弯曲变形等，必要时应采取防止变形的措施。利用建筑物的结构件做承重吊点吊装大规格或长度较长的风管时，必须经设计或主管技术负责人计算并允许后，方可进行吊装。

4）风管穿过需要封闭的放火、防爆板或楼体时，应设钢板厚度不小于1.6mm的预埋管或防护套管，风管与防护套管之间应采用不燃柔性封堵。

5）柔性短管长度宜为150～300mm，安装时松紧应适宜、无明显扭曲，且不宜作为找正、找平的异径连接管。非金属柔性管位置应远离热源设备。

6）风管连接的密封材料应满足系统功能的技术条件，对风管的材质无不良影响，并有良好的气密性。防、排烟系统或输送温度高于70℃的空气或烟气，应采用耐热橡胶板或不燃的耐温、防火材料；输送含有腐蚀介质的气体，应采用耐酸橡胶板或软聚氯乙烯板。

4. 风管系统的严密性检验与调试

1）分管系统安装后，须进行严密性检验，合格后方能交付下道工序。严密性检验以主、干管为主。在加工工艺得到保证的前提下，低压风管系统可采用漏光法检测；中压系统应在漏光法检测合格后，再进行漏风量测试的抽检；高压系统全数进行漏风量的测试。

2）风管系统严密性检验的被抽检系统应全部合格，则视为通过；如有不合格时，在应再加倍抽检，直至全部合格。

5. 通风与空调工程调试的基本要求

1）调试前编制运转调试方案并经批准，组成调试小组，熟悉、了解空调系统以及相关技术参数、调试手法和手段、各种仪器仪表的使用，以及调试环境等。各种设备以及相关系统已符合调试要求，配合电气及自控专业完成所有电气检查与校核，调试所使用的仪器仪表应在检定周期内，仪器仪表的精度等级及最小分度值应能满足测定的要求。

2）通风空调工程调试的工艺流程：组织现场调试小组→调试准备及现场勘测→系统调试前的各项检查→系统的风量和水量的测定与调整→通风空调系统设备单机试运转→楼宇及消防自控系统相关设备检查→空调及通风单体设备自控调试→空调及通、防排烟系统自控联动调试→系统无生产负荷联合试运转及调试→资料整理和移交。

3）调试的主要内容包括风量测定与调整、单机试运转，设备单机试运转合格后进行系统生产负荷联动试运转及调试。空调系统带冷(热)源的正常联动试运转应视竣工季节与设计条件是否相符作出决定。例如，夏季可仅做带冷源试运转，冬季仅做带热源试运转。过渡季节视设备运行条件，确定冷(热)源是否需要运转及运转时间的长短。施工单位通过系统无生产负荷联合试运转与调试后即可进入竣工验收过程。

4）系统带生产负荷的综合效能试验是在具备生产试运行条件下进行，将由建设单位负责，设计、施工单位配合。

通风空调系统的质量验收详见GB 50300—2001《建筑工程施工质量标准》及GB 50243—2002《通风与空调工程施工质量验收规范》。在此不赘述。

复习思考题

1. 试述通风方式的分类及通风系统的组成。

2. 高层建筑防、排烟的必要性是什么？
3. 高层建筑防、排烟的方式有哪些？
4. 衡量空气环境指标的“四度”是什么？
5. 空调房间常用的送风方式有哪些？各有什么特点？
6. 空调与通风的联系和区别是什么？
7. 简述通风空调系统施工的程序及调试内容。

第7章 建筑电气

7.1 建筑供配电系统

建筑供配电系统就是向建筑(构筑)物提供和分配电能的系统。在现代建筑中，由于建筑的规模越来越大，功能日趋复杂和多样化，所使用的设备种类也越来越多，使其对供电的可靠性和安全性提出了更高的要求。因此，以相应的电气技术和电气设备为手段，通过构建合理的电能分配系统来满足其需要就显得十分必要。随着计算机技术、网络通信技术和微电子技术的快速发展，使建筑电气技术和电气设备也发生了深刻的变化。智能化电气设备的广泛应用，又进一步促进了建筑电气技术水平的提高。

7.1.1 电力系统的组成及各部分的作用

在电力系统中，为了提高供电的安全性、可靠性、连续性和运行的经济性，并提高设备的利用率，减少整个电网的总备用容量，往往通过电力网将许多发电厂和电力用户联在一起，形成发(电)、输(送)、变(电压变换)、配(分配)、用(用户)一体化网络。这些由发电厂、电力网和电力用户组成的统一整体称为电力系统。典型电力系统示意图如图7-1所示。

1. 发电厂　发电厂是将一次能源(如水力、火力、风力、原子能等)转换成电能(二次能源)的场所。我国目前主要以火力和水力发电为主，将来将逐步增大原子能发电(核电)的能力，目前已建成了广东大亚湾、浙江秦山等核电站，还有一批核电站正在建设之中。有条件的地方，如甘肃、河南等地正在开发建设风力发电厂。

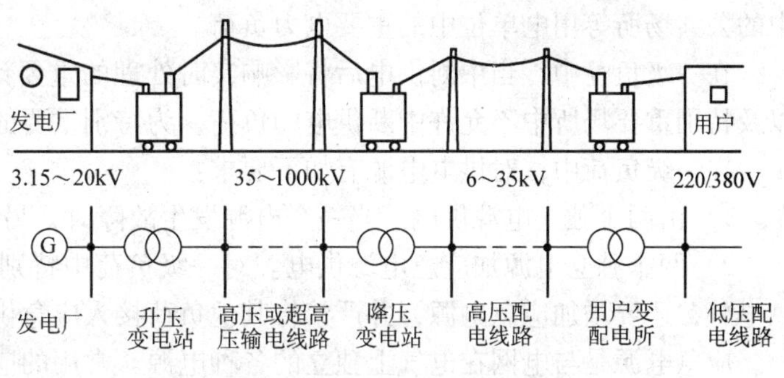

图7-1　电力系统组成示意图

2. 电力网　电力网是由变配电站(所)及电力线路所组成，是电能输送、分配的中枢环节。

变配电站(所)是接受电能、变换电压和分配电能的场所，以满足电能的分配及经济输送和用户的需要。可分为升压变配电站(所)和降压变配电站(所)两大类。如果只进行电能分配而不需电压变换，则称配电站(所)。

电力线路是输送电能的通道。由于发电厂与电能用户相距较远，所以要用各种不同电压等级的电力线路将发电厂、变电站(所)与电能用户之间联系起来，使电能输送到用户。一般将电压在110kV及以上的高压电力线路称为输电线路，而把电能分配给用户的35kV及以下的电力线路称为配电线路。建筑供配电系统主要指35kV以下的电能供应与分配系统，一般的民用建筑常采用 10kV 或 6kV 电压供电，而高层建筑或工业建筑则采用 10kV 或 35kV 供电。

电力网按其电压高低和供电范围大小可分为区域电网和地方电网。区域电网的范围大，电压一般在 220kV 以上。地方电网的范围小，电压一般在 35 ~ 110kV。建筑供配电系统属于地方电网的一种。

3. 电力用户　电力用户又称电力负荷。在电力系统中，一切消费电能的用电设备均称为电力用户。按电力设备的用途可分为动力用电设备、工艺用电设备、电热用电设备、照明用电设备等。为了满足不同的生产和生活需要，电力用户可以将电能分别转换为机械能、热能和光能等其他形式的能量。

7.1.2　负荷的分类及对供电电源的要求

电力系统中用电设备所消耗的功率称为用电负荷或电力负荷。根据供电可靠性的要求及中断供电在政治、经济上所造成的影响或损失的程度，分为一级负荷、二级负荷和三级负荷。

1. 一级负荷　根据民用建筑电气设计规范，符合下列情况之一时，应为一级负荷：

1）中断供电将造成人身伤亡时。

2）中断供电将在政治、经济上造成重大影响或损失时。

3）中断供电将影响有重大政治、经济意义的用电单位正常工作，或造成公共场所秩序严重混乱时。如重要交通枢纽、重要通信枢纽、重要的经济信息中心、特级或甲级体育建筑、国宾馆、国家级及承担重大国事活动的会堂，以及经常用于重要国际活动的大量人员集中的公共场所等用电单位中的重要电力负荷。

在一级负荷中，当中断供电后将影响实时处理的重要计算机及计算机网络的正常工作，以及特别重要场所中不允许中断供电的负荷，为特别重要的负荷。

在一级负荷中，对供电电源有如下要求：

1）由两个独立电源供电。当一个电源发生故障时，另一个电源不应同时受到损坏。

2）两个独立电源加应急电源供电。对一级负荷中特别重要的负荷，除由两个独立电源供电外，还要增加应急电源，并严禁将其他负荷接入应急供电系统。

应急电源是与电网在电气上独立的各种电源。常用的应急电源有，独立于正常电源的发电机组、供电网络中独立于正常电源的专用的馈电线路、不间断电源 UPS 或 EPS 等。

2. 二级负荷　符合下列条件之一的负荷属于二级供电负荷：

1）中断供电将造成较大政治影响时。

2）中断供电将造成较大经济损失时。

3）中断供电将影响重要用电单位正常工作，或造成公共场所秩序混乱时。

二级负荷的供配电系统，宜采用两回路供电，互为备用。当其中一条线路或一台变压器发生常见故障时应不致中断供电，或中断后能迅速恢复供电。只有当负荷较小或地区供电条件困难时，才允许由一回路 6kV 及以上的专用架空线路供电。当电源采用电缆线路自配电所引出时，必须采用双回路电缆线路，且每一回路电缆应能独立承受 100% 的二级负荷。

3. 三级负荷　不属于一级和二级负荷的一般电力负荷，均属于三级负荷。三级负荷对供电电源无要求，一般为一路电源供电即可，但在可能的情况下，也应提高其供电的可靠性。

部分建筑的电力负荷等级见附录I。

7.1.3 供电质量指标

供电质量主要从以下几个方面来考虑：

1. 额定电压　所谓额定电压，就是指能使各类电气设备处在设计要求的额定或最佳运行状态的工作电压。

国家标准电压规定的三相交流电网和电气设备的额定电压标准为0.22kV，0.38kV，0.66kV，3kV，6kV，10kV，35kV，63kV，110kV，220kV，330kV，500kV，1000kV。

电网(电力线路)、用电设备的额定电压等级是国家根据国民经济发展的需要及电力工业的水平，有利于用电设备批量生产，经全面的技术经济分析研究后制定的。从输电的角度来讲，电压越高则输送的距离就越远，传输的容量越大。但电压越高，要求绝缘水平也相应提高，因而造价也越高。通常将电网交流电压在1kV及以上的称为高压，1kV以下的电压称为低压。

2. 电压偏差　供配电系统改变运行方式和负荷缓慢地变化使供配电系统各点的电压随之变化，各点的实际电压 U 与系统额定电压 U_N 之差 ΔU 称为电压偏差。电压偏差 ΔU 常用与系统额定电压比值，以百分数表示，即

$$\Delta U\% = \frac{U - U_N}{U_N} \times 100\% \tag{7-1}$$

式中　ΔU——电压偏差；

U——系统各点的实际电压；

U_N——系统的额定电压。

根据国家标准JGJ 16—2008《民用建筑电气设计规范》，在正常运行情况下，用电设备电压偏差允许值如下：

1）电动机：±5%。

2）电梯电动机：±7%。

3）照明：在一般工作场所为±5%；在视觉要求较高的室内场所为5%、-2.5%；对于远离变电所的小面积一般工作场所，难以满足上述要求时，可为5%、-10%；应急照明、道路照明和警卫照明等为5%、-10%。

4）其他用电设备：当无特殊规定时为±5%。

3. 电压波动　供配电系统的电压波动主要是由于系统中的冲击负荷引起的。电压波动影响到电动机的起动和运行，可以使电子设备尤其是计算机无法正常工作，可使照明灯具产生明显的闪烁现象，使人容易产生视觉疲劳。

4. 高次谐波　高次谐波是指对周期性非正弦波形按傅立叶方法分解后所得到的频率为基波频率整数倍的所有高次分量。

在电力系统中，一般认为发电机发出的电压是50Hz的正弦波。但由于系统中有各种非线性元件或设备的存在，使系统中产生了高次谐波。高次谐波的存在对供电系统和用电设备产生很大危害，已成为影响电能质量的一大公害，必须采取一切措施加以消除。

5. 三相电压不平衡度　电压不平衡度是衡量多相系统负荷平衡状态的指标。由于三相电压不平衡的主要原因是单相负荷在三相系统中的容量分配和接入位置不合理、不均衡所致。因此，在供配电系统的设计和运行中，应采取措施尽可能使三相负荷平衡。如对单相负

荷应将其均衡地分配在三相系统中，同时要考虑用电设备的功率因数不同，尽量使有功功率和无功功率在三相系统中均衡分配。在低压供配电系统中，各相之间的容量之差不宜超过15%；正确接入照明负荷，对公共低压供配电系统供电的220V照明负荷，当线路电流小于或等于30A时，可采用220V单相供电；大于30A时，宜用220V/380V三相四线制供电。

6. 供电安全性　在供配电过程中，由于各种因素的影响，会造成人身触电伤亡和设备损坏事故。应采取必要的技术措施和安全保护设备，使供电事故降低到最低的限度。

7. 供电可靠性　即供电的不间断性。供电系统中视负荷等级不同，对供电可靠性要求也不相同。

8. 供电经济性　供电系统的投资要少，运行费用要低，尽可能减少金属材料的消耗，减少线路的损耗等。

7.1.4　室内供配电要求及配电方式

室内低压供配电系统是指从建筑物的配电室或配电箱，至各层分配电箱或各层用户单元开关箱，再到用电负荷之间的供配电系统。一般由供配电装置(配电箱)及配电线路(干线及分支线路)组成。

1. 室内供配电要求

(1) 可靠性要求　供配电线路应当尽可能地满足民用建筑所必需的供电可靠性要求。所谓可靠性，是指根据建筑物用电负荷的性质和重要程度，对供电系统提出的不能中断供电的要求。不同级别的用电负荷对供电电源和供电方式的要求也不相同，应采用与之相适应的供电方式。影响供电可靠性的因素主要有供电电源、供电方式和供电线路三个方面。

(2) 电能质量要求　民用建筑供电设计规范规定了有关电能的质量指标，主要是电压、频率和谐波，其中尤以电压最为重要。它包括电压的偏差、波动和三相不平衡度等。电压质量除了与电源有关外还与供电线路的合理设计有很大关系，在设计线路时，必须考虑线路的电压损失，一般情况下，低压供电半径不宜超过250m。

(3) 发展要求　从工程角度看，低压配电线路应力求接线操作方便、安全，具有一定的灵活性，并适当预留未来用电负荷增加所需要的容量。

(4) 低压配电系统的其他要求

1) 配电系统的电压等级一般不超过两级。

2) 为便于维修，多层建筑宜分层设置配电箱，每户应有独立的电源开关箱。

3) 单相用电设备应合理分配，力求使三相负荷平衡。

4) 引向建筑的接户线，应在室内靠近进线处便于操作的地方装设开关设备。

5) 节能与环保的要求。尽可能采用经济电流运行，减少电能的损耗，降低运行费等。所用材料应满足环保的要求，不对环境造成污染。

2. 室内供配电系统的基本配电方式

室内配电系统常用配电方式有以下几种形式(见图7-2)：

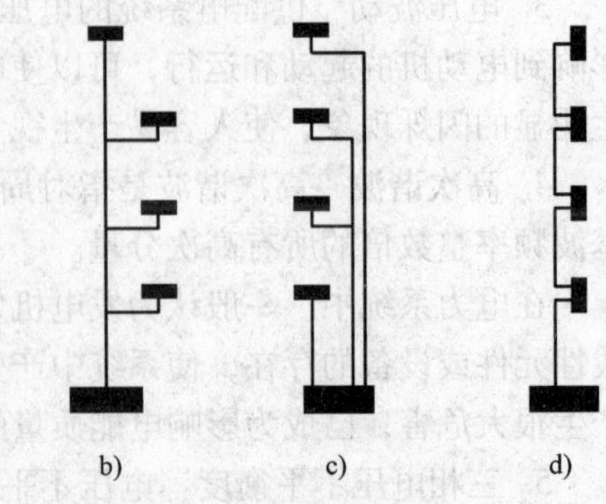

图7-2　配电方式分类示意

a) 放射式　b) 树干式　c) 混合式　d) 链式

（1）放射式　各分配电箱分别由各自的供电线路供电。当某一配电箱发生故障时，不影响对其他负荷的供电，故供电可靠性较高，故障时影响面较小；配电设备集中，检修方便；电压波动相互间影响较小。但系统灵活性较差，线缆等材料消耗较多，相应的投资也较大。一般在下列情况下采用：

1）容量大、负荷集中或重要的用电设备。

2）需要联锁起动、停车的设备。

3）有腐蚀性介质和爆炸危险等场所不宜将配电及保护起动设备放在现场者。

（2）树干式　各分配电箱的电源由同一线路供电。其特点是配电设备及线缆等材料的消耗较少，系统灵活性好，一旦某一配电箱发生故障将影响到其他配电箱的正常供电，影响范围大。这种方式一般用于用电设备的分布比较均匀、容量不大、可靠性不高又无特殊要求的场合。

（3）混合式　混合式是放射式和树干式的混合使用。混合式的特点介于放射式和树干式两者之间，既有放射式的可靠性又有树干式的经济性，线路组成方式灵活，是目前普遍应用的供电方式。

（4）链式　链接式实际上是树干式的一种变形，多用于建筑面积大、用电设备较少且相距较远、对供电可靠性要求不高的场所。

在实际工程中，配电方式的选择要根据供电对象的具体情况而定，灵活选用，不必拘于某一种形式。在满足供电需要的基础上，尽可能降低工程费用。

3. 高层建筑供配电

（1）高层建筑电气设备的特点　高层建筑因其建筑面积大、高度较高、功能复杂、建筑设备多、电能消耗量大、管理要求高等因素，使其与一般的低层或多层建筑的供电相比有较大的区别。不仅用电设备多且分部范围广、用电量大、对供电可靠性要求高，而且电气系统多而复杂，对防火和用电安全有较高的要求。不但有照明负荷也有动力负荷；不仅有强电线路，而且有弱电线路；线路之间既相互联系又互相影响。所有这些特点，使高层建筑的供电方式也有所不同。

（2）供电电源　不同使用功能的高层建筑，虽然其用电设备的种类多、用途不同，但一般可分为普通负荷(照明和动力)和消防安全负荷。对不同性质的负荷，其供电设计原则是一致的。比如，同类高度、面积的建筑，应具有相似的防火和安全措施、类似的供电及照明要求。高层建筑的供电电源和配电区域的划分、垂直干线和支线的敷设方式、配电系统的控制和保护等，除满足建筑的使用功能要求和维护管理条件外，还取决于消防设备的设置、建筑的防火分区以及各项消防技术的要求。

一级负荷应采用两个独立电源供电。这两个电源应分别来自城市电网的不同变电站，当一路发生故障或主保护装置失灵时，仍有一个电源不中断供电。也可一个取自城市电网，另设一个自备电源或取自临近单位的低压电源。高层建筑的供电电压一般为10～35kV。

二级负荷应有两个电源供电。这两个电源可分别来自城市电网的不同变电站或同一变电站的两段母线。也可一个取自城市电网，另设一个自备电源或取自临近单位的低压电源。

目前，除特别重要的场所，一般高层建筑都采用一路高压进线电源和备用柴油发电机组的供电方式。一旦高压停电，备用发电机组在15～30s内起动，向重要负荷供电。

（3）配电方式　高层建筑常用配电方式有放射式、树干式与混合式三种，普遍采用的是混合式分区配电方式。

一般情况下，为保证供电安全、可靠，以及满足管理和维护的需要，往往将照明与动力负荷分为两个配电系统，消防、报警、监控等其他负荷应自成体系。

对于高层建筑中容量较大、有单独控制要求的负荷，宜由低压配电室以放射式配线方式直接供电。

对各层用电设备宜采用下列方式供电：

1）工作电源采用分区树干式，备用电源也可采用分区树干式或由底层到顶层的垂直干线式。

2）工作电源和备用电源都采用由底层到顶层的垂直干线式。

3）工作电源采用分区树干式，备用电源取自应急电源干线。

空调动力、厨房动力、电动卷帘门等一般动力由专用动力变压器供电，由低压母线按不同种类负荷以放射式引出若干条干线沿楼由下向上延伸，成“干竖支平”形式配电。

消防泵、消防电梯等消防动力负荷采用放射式供电，一般为单独从变电所不同母线段上直接引出两路馈电线到设备，即一用一备，采用末端自投。在紧急情况下，可经切换开关自动投入备用电源或备用发电机组。

高层建筑的配电方式可有多种形式，每种配电形式都与相应的配电装置和敷设方式相联系，而各有优缺点，可按实际情况灵活选择运用。不同性质的负荷，应据用电要求设置专用线路，以免相互干扰，尤其应注意确保重要负荷对供电可靠性的要求。

7.2 低压配电系统线材及器材

额定电压低于1000V配电系统为低压配电系统，低压配电系统由线路、用电电气设备及控制和保护电气设备等组成。本节内容主要介绍导线及电压控制和保护电气设备。

7.2.1 载流导线及选择

1. 常用导线、电缆的型号及规格

（1）导线　常用导线有绝缘导线和裸导线，室内低压线路一般采用绝缘电线，室外架空线路多用裸导线。绝缘导线按绝缘材料的不同，分为橡胶绝缘导线和塑料绝缘导线；按导体材料分为铝芯和铜芯两种，铝芯导线比铜芯的电阻率大、机械强度低，但质轻、价廉；按制造工艺分为单股和多股两种，截面在10mm^{2}以下的导线通常为单股，较粗的导线大多采用多股线。

1）裸导线。裸导线就是没有绝缘层，导体直接裸露在外的导线，通常由铜、铝、钢等材料制成。常用裸导线有铝绞线、钢芯铝绞线、铜绞线等。按线芯性能可分为硬裸导线和软裸导线，硬裸导线主要用于室外高低压架空线路输送电能，软裸导线主要用于电气装置、元器件的接线和接地线。

2）绝缘导线。具有绝缘层的导线称为绝缘导线。绝缘导线按绝缘材料分为塑料绝缘导线和橡胶绝缘导线；按导体材料分为铜芯和铝芯；按线芯股数可分为单股和多股；按结构分为单芯双芯、多芯等。

① 常用塑料绝缘导线。常用的塑料绝缘导线型号有BLV(BV)、BLVV(BVV)、RVB、RVS、RFS、RFB等。塑料绝缘导线具有良好的绝缘性能，并具有耐热、耐寒、耐油、耐腐

蚀、耐燃、不易热老化等特点，目前得到了广泛应用。塑料绝缘导线的型号和主要用途见表7-1。

表7-1　常用塑料导线的型号和主要用途

型　号	名　　称	导线截面/mm²	主要用途
BLV	聚氯乙烯绝缘铝芯导线	1.5～185	交流电源500V以下，直流电压1000V以下室内供电线路
BV	聚氯乙烯铜芯塑料导线	0.03～185	
ZR—BV	阻燃型聚氯乙烯铜芯导线	0.03～185	交流电源500V以下，直流电压1000V以下有防火要求的室内供电线路
NH—BV	耐火型聚氯乙烯铜芯导线	0.03～185	
BVR	聚氯乙烯铜芯软线	0.75～185	交流电源500V以下，要求采用柔软电线的场所
BLVV	聚氯乙烯铝芯护套线	1.5～10	交流电源500V以下，直流电压1000V以下，室内明敷供电线路
BVV	聚氯乙烯铜芯护套线	0.75～10	
RVB	聚氯乙烯铜芯平行连接软线	0.012～2.5	交流电源250V以下，小型电器连接、移动或半移动线路
RVS	聚氯乙烯铜芯双绞连接软线	0.012～2.5	
RV	聚氯乙烯铜芯连接软线	0.012～6	
RFS	丁腈聚氯乙烯复合物绝缘双绞软线	0.75～6	交流电源500V以下，耐寒、耐酸碱、耐腐蚀，要求采用柔软电线的场所
RFB	丁腈聚氯乙烯复合物绝缘平行软线	0.75～6	

② 常用的橡胶绝缘导线。目前仍在应用的型号有BX(BLX)和BBX(BBLX)。这两种电线的生产工艺复杂，成本较高，正逐渐被塑料绝缘导线所代替。橡胶绝缘导线的新产品有BXF、BLXF系列产品。这种电线绝缘性能良好且耐光照、耐大气老化、耐油、不易发霉，在室外使用寿命比棉纱编织橡胶绝缘电线高3倍左右，适宜在室外推广敷设。橡胶绝缘导线的型号和主要用途见表7-2。

表7-2　常用橡胶导线的型号和主要用途

型　号	名　　称	导线截面/mm²	主要用途
BLX	铝芯橡胶线	2.5～500	交流电源500V以下，直流电压1000V以下室内、外供电线路
BX	铜芯橡胶线	0.75～185	
BXR	铜芯橡胶软线	0.75～400	交流电源500V以下，要求采用柔软电线的场所
BXF	铜芯氯丁橡胶线	0.75～95	交流电源500V以下，直流电压1000V以下，室内、外明敷供电线路，尤其适用于室外架空线路
BLXF	铝芯氯丁橡胶线	2.5～95	

(2) 电缆　电缆是一种多芯导线，即在一个绝缘护套内有多根互相绝缘的线芯。电缆一般都由线芯、绝缘层和保护层三个主要部分组成。

电缆的种类很多，按其用途可分为电力电缆、控制电缆、通信电缆等；按电压等级分为高压电缆和低压电缆；按其绝缘材料可分为油浸纸绝缘电缆、橡胶绝缘电缆和塑料绝缘电缆三大类；按导体材料可分为铜芯电缆、铝芯电缆；按线芯数分为单芯、双芯、三芯及多芯；按防火性能又分为阻燃电缆、耐火电缆等。

1) 电力电缆。电力电缆是用来输送和分配大功率电能的导线，分为有铠装和无铠装两种。钢铠装的电缆多用于室外直埋敷设，能承受一定的压力；无铠装的电缆适用于室内、电缆沟、桥架和穿管敷设。电缆不能承受拉力。常用电力电缆的型号和名称见表7-3。

表7-3　常用电缆的型号及名称

型号		名称
铜芯	铝芯	
VV	VLV	聚氯乙烯绝缘聚氯乙烯护套铜(铝)芯电力电缆
VV_{22}	VLV_{22}	聚氯乙烯绝缘钢带铠装聚氯乙烯护套铜(铝)芯电力电缆
ZR—VV	ZR—VLV	阻燃聚氯乙烯绝缘聚氯乙烯护套铜(铝)芯电力电缆
ZR—VV_{22}	ZR—VLV_{22}	阻燃聚氯乙烯绝缘钢带铠装聚氯乙烯护套铜(铝)芯电力电缆
NH—VV	NH—VLV	耐火聚氯乙烯绝缘聚氯乙烯护套铜(铝)芯电力电缆
NH—VV_{22}	N—VLV_{22}	耐火聚氯乙烯绝缘钢带铠装聚氯乙烯护套铜(铝)芯电力电缆
YJV	YJLV	交联聚乙烯绝缘聚氯乙烯护套铜(铝)芯电力电缆
YJV_{22}	$YJLV_{22}$	交联聚乙烯绝缘钢带铠装聚氯乙烯护套铜(铝)芯电力电缆

随着建筑技术的不断发展，为满足高层建筑供电的需要，开发生产出预制分支电缆。预制分支电缆就是生产厂家根据设计要求，在制造电缆时直接从主干电缆加工制作出分支电缆，而不需要现场加工制作电缆分支接头和绝缘穿刺线夹分支。这提高了供电的可靠性、安全性和施工效率。

2）控制电缆。控制电缆用于配电装置、继电保护装置、各种仪表和自动控制回路中传送各种电信号。运行电压一般在交流500V、直流1000V以下，电缆芯数可多至几十芯，控制电缆的结构与电力电缆类似。常见控制电缆的型号及名称见表7-4。

表7-4　常见控制电缆的型号及名称

型号	名称
KVV	聚氯乙烯绝缘聚氯乙烯护套铜芯控制电缆
KVV_{22}	聚氯乙烯绝缘钢带铠装聚氯乙烯护套铜芯控制电缆
KVVR	聚氯乙烯绝缘聚氯乙烯护套铜芯控制软电缆
KVVP	聚氯乙烯绝缘聚氯乙烯护套编织屏蔽铜芯控制电缆
KYV	聚乙烯绝缘聚氯乙烯护套铜芯控制电缆
KYJV	交联聚乙烯绝缘聚氯乙烯护套铜芯控制电缆

3）通信电缆。通信电缆按结构类型可分为对称式通信电缆、同轴电缆及光缆等。常用的通信电缆有铜芯聚乙烯绝缘聚乙烯护套电话电缆(HYY)、铜芯聚氯乙烯绝缘聚氯乙烯护套电话电缆(HYV)、铜芯聚氯乙烯绝缘聚氯乙烯护套屏蔽型电话电缆(HYVP)、常用射频电缆有半空气—绳管绝缘射频同轴电缆(STV)、半空气—泡沫绝缘射频同轴电缆(SYFV)、实心聚乙烯绝缘聚氯乙烯护套射频同轴电缆(SYV)和光缆(GYXTA/GYXTS/GYXTW/GYXTY53/GYDXTW/GYXTY)等。此外还有数据通信用的五类线、超五类线、六类线。

2. 载流导线的选择方法和要求　在建筑供配电线系统中，常用的载流导线为电线和电缆，只有正确地选用这些电线和电缆，才能保证建筑供配电系统安全、可靠、经济的运行。选择导线和电缆的截面时一般应考虑以下几个方面的因素：

(1) 载流导线的机械强度　由于载流导线本身的重量，以及其所处的风、雨、冰、雪等自然环境条件，使导线承受一定的机械应力。如果导线截面太小，其机械强度不能满足要求，就容易折断，引起停电等事故。因此，在选择导线时要满足对机械强度来的要求。不同用途、不同敷设方式时导线的最小允许截面见表 7-5。

表 7-5　按机械强度确定的绝缘导线允许最小截面

<table>
<tr><th colspan="3" rowspan="2">用　途</th><th colspan="3">导线的最小截面/mm²</th></tr>
<tr><th>铜芯软线</th><th>铜线</th><th>铝线</th></tr>
<tr><td rowspan="2">照明用灯头引下线</td><td colspan="2">室内</td><td>0.4</td><td>1.0</td><td>2.5</td></tr>
<tr><td colspan="2">室外</td><td>1.0</td><td>1.0</td><td>2.5</td></tr>
<tr><td rowspan="2">移动式用电设备</td><td colspan="2">生活用</td><td>0.75</td><td>—</td><td>—</td></tr>
<tr><td colspan="2">生产用</td><td>1.0</td><td>—</td><td>—</td></tr>
<tr><td rowspan="5">架设在绝缘子上的绝缘导线（L 为支持点的间距）</td><td>室内</td><td>L≤2m</td><td>—</td><td>1.0</td><td>2.5</td></tr>
<tr><td rowspan="4">室外</td><td>L≤2m</td><td rowspan="4">—</td><td>1.5</td><td>2.5</td></tr>
<tr><td>2m < L≤6m</td><td>2.5</td><td>4</td></tr>
<tr><td>6m < L≤15m</td><td>4</td><td>6</td></tr>
<tr><td>15m < L≤25m</td><td>6</td><td>10</td></tr>
<tr><td colspan="3">穿管敷设的绝缘导线</td><td>1.0</td><td>1.0</td><td>2.5</td></tr>
<tr><td colspan="3">沿墙明敷的塑料护套线</td><td>—</td><td>1.0</td><td>2.5</td></tr>
</table>

(2) 发热条件　导线和电缆(母线)在通过电流时因自身发热而使温度升高，为保证安全，不允许超过其正常工作时的最高温度。在规定的环境温度下，导线能连续承受而不使其稳定温度超过允许温度的最大电流称为导线的允许载流量。不同材料和截面的导线，按其允许的发热条件都对应着一个允许的载流量，在选择导线截面时，该允许的载流量应大于或等于线路的计算电流值。

导线载流量可参见有关导线的产品样本或资料。

导体的允许载流量，不仅与导体的截面、散热条件、敷设地点、敷设方式有关，还与周围的环境温度有关，必要时应根据敷设地点和方式对导线的允许载流量进行校正。

(3) 允许电压损失　由于线路上阻抗的存在，导线和电缆在通过电流时会产生电压损失，为了保证用电设备的正常运行，必须使电源至用电设备接线端子之间的电压损失值在国家有关规范的允许值范围之内。

(4) 短路时动稳定度和热稳定度　电力线路在短路时，导线上将会有很大电流通过，使导线受到电动力和热效应的作用而损坏。因此，电线的截面积应满足短路时对动稳定度和热稳定度的要求。对动稳定度和热稳定度校验的具体方法和要求可参见相关专业资料，在此不再赘述。

(5) 导体与保护电器设备的配合　为了防止线路上出现的过负荷或短路电流对导线的损害，从而引起供电事故，导线和电缆的截面，还应与其保护电器(熔断器、自动空气开关)的额定电流相适应，其截面不得小于保护装置所能保护的最小截面。

(6) 其他条件　在选择导线时除考虑上述因素外，还要综合考虑一些其他因素，如使用环境、敷设方式以及经济电流密度等。虽然目前对经济电流这一因素考虑较少，但随着能源的紧缺和对节能的重视，对导线的经济电流将会越来越重视。

(7) 中性线(N)截面的选择方法　三相四线制供电线路中的中性线截面，可根据流过的最大电流值按发热条件进行选择；根据运行经验，也可按不小于相线截面的1/2选择，在三次谐波电流突出的线路中，中性线应不小于相线截面；无论何种情况，必须保证零线截面不得小于按机械强度要求的最小允许值。

对于可能发生逐相切断电源的三相线路，其中性线截面应与相线截面相等。对于单相线的中性线截面，应与相线相同。对于两相带中性线的线路，可以近似认为流过中性线的电流等于相线电流，故中性线截面应与相线相同。

(8) 保护线(PE)、保护中性线(PEN)截面的选择　根据JGJ 16—2008《民用建筑电气设计规范》的规定，低压系统中的保护线当与相线材质相同时，其最小截面应符合相关要求。

无论采用何种方法，有机械保护时单根导线的最小截面积不小于2.5mm^2；无机械保护时不小于4mm^2。

在选择导线截面时，除了考虑主要因素外，为了满足前述几个方面的要求，必须以计算所求得的几个截面中的最大者为准，最后从电线、电缆产品目录中选用稍大于所求得的线芯截面即可。

7.2.2　低压控制和保护电器设备

低压控制和保护电器设备通常指交流电压在1000V以下的电气设备，它们在供配电系统中起保护、控制、分配、切换和通断作用。按其作用可分为控制电器和保护电器两类。控制电器控制线路的通断，即控制该线路上的用电设备是否工作；保护电器在线路或设备发生过载、短路、漏电等事故时起保护作用，防止供电事故的扩大以及火灾和人身事故的发生。一般情况下，低压控制和保护设备是合二为一的。建筑供配电工程中常见的低压电器设备有刀开关、低压断路器、熔断器、接触器、各种继电器等。

1. 开关电器设备

(1) 刀开关

1) 低压刀开关。低压刀开关是一种结构较为简单的手动电器，它由闸刀(动触头)、刀座(静触头)和底板三部分组成，通过人工操作来接通或切断电路。刀开关的型号是以H字母打头的，种类规格繁多，并有多种衍生产品。按其操作方式分为单投和双投；按极数分为单极、双极和三极；按灭弧结构分为带灭弧罩的和不带灭弧罩的等。刀开关常用于不频繁地接通和切断交流和直流供电线路，带有灭弧罩的可以切断负荷电流，其他的只作空载操作、隔离电源之用。常用刀开关有HD11 ~ HD14、HS11 ~ HD13、HD17 ~ HD18系列等。低压刀开关的外形如图7-3、图7-4所示。HD6、HD3—100、HD3—200、HD3—400、HD3—600、HD3—1000、HD3—1500自2005年起已淘汰使用。

2) 熔断器式刀开关。熔断器式刀开关是一种将低压刀开关和低压熔断器组合一起的开关，具有刀开关与熔断器的双重功能。常见的HR3系列，是把HD或HS型闸刀换成RTO型熔断器的具有刀形触头的熔管。它适用于交流频率50Hz、额定工作电压380V或直流440V、额定工作电流至1000A的电路中。它可以不频繁地接通和分断负荷电流，并提供线路及用电设备的过载与短路保护。HR3系列熔断器式刀开关的外形如图7-5所示。

图 7-3　HS12、12B—600 ~ 1000 刀开关

图 7-4　HD11、HB—100 ~ 400 刀开关

图 7-5　HR3 系列熔断器式刀开关

熔断器式刀开关除了 HR3 系列之外，还有 HR5、HR6、HR11 系列等。

3）低压负荷开关。低压负荷开关由带灭弧罩的刀开关与熔断器串联组合而成，外装封闭的外壳。它既能有效地通断负荷电流，又能进行短路保护，具有操作方便、安全经济的特点，在可靠性要求不高、负荷不大的低压线路中应用广泛。

① 封闭式负荷开关。俗称铁壳开关，此开关的闸刀和熔断器装在封闭的钢壳或铁壳内，可以防止电弧溅出。但外壳不密封，不能防水、防爆。它由刀形动触头、静触头座、熔断器、速断弹簧、操作手柄组成。速断弹簧的作用是在开关分、合闸时加快刀形动触头与静触头座的分合速度，防止产生电弧。封闭式负荷开关常用的有 HH3 系列、HH4 系列、HH12 系列等。HH3 系列封闭式负荷开关外形如图 7-6 所示。

② 开启式负荷开关。俗称胶盖闸刀，是一种简单的手动操作开关，它价格便宜、使用方便，适用于交流 50Hz、额定电压为 220V（单相）和 380V（三相）的小容量线路中，并提供短路保护。常用于手动不频繁通断的负载电路中。它由瓷质底座、静触头座、带手柄的闸刀形动触头、熔丝接头、胶盖组成。开启式负荷开关的型号有 HK2 系列、HK4 系列、HK8 系列等。HK2 系列开启式负荷开关的结构外形如图 7-7 所示。

（2）低压空气断路器　俗称空气开关，或自动空气开关。它既能带负荷通断电路，又能在短路、过负荷和失压下自动断开电路，是低压线路中重要而又广泛使用的开关设备。

1）低压断路器的构造。低压空气断路器一般由触头系统、灭弧装置、操作机构、脱扣系统、控制单元和外壳所组成。

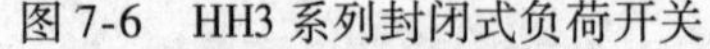

图 7-6 HH3 系列封闭式负荷开关

图 7-7 HK2 系列开启式负荷开关

2）分类。低压空气断路器按照用途可分为配电用断路器、电机保护用断路器、直流保护用断路器、发电机励磁回路用的灭磁断路器、照明用断路器、漏电保护断路器等。

低压空气断路器按照分断短路电流的能力可分为经济型、标准型、高分断型、限流型、超高分断型等。

配电用低压空气断路器按保护特性分为非选择型（A 类）和选择型（B 类）。所谓选择型是指断路器具有由过载长延时、短路短延时、短路瞬时保护构成的两段式或三段式保护。非选择型断路器一般只有短路瞬时保护，也有用过载长延时保护的。

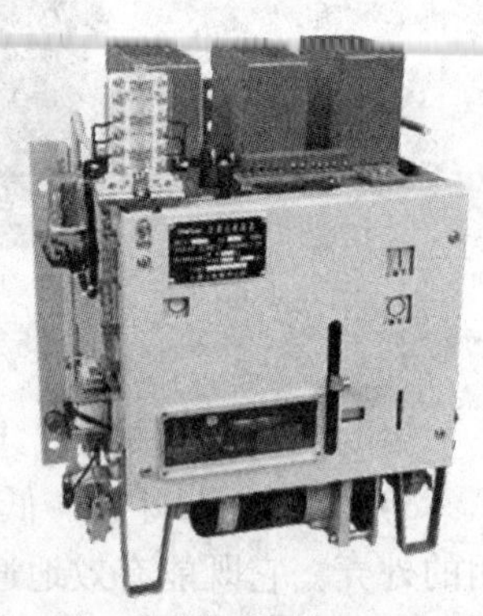

图 7-8 DW15 系列万能式空气断路器

配电用低压空气断路器按结构形式分为万能式和塑料外壳式。

3）万能式空气断路器。又称框架式自动空气开关，它可以带多种脱扣器和辅助触头，操动方式多样，装设地点灵活，其中，DW15 系列万能式空气断路器的外形如图 7-8 所示。它适用于 50Hz、额定电流 100～630A、额定工作电压 380V 的供配电线路中，具有失压、过载、短路保护及 TN 接地系统中单相金属性接地故障保护等功能。在正常条件下它多用于线路不频繁通断及电动机的不频繁起动。DW15 系列的操作方式有手动、弹簧和电动方式。

4）塑料外壳式断路器 又称装置式自动空气开关，它的全部元件都装在一个塑料外壳内，在壳盖中央露出操作手柄，供手动操作之用。其种类繁多，按极数有单极、二极、三极及四极；按安装方式有固定式、卡入式；按是否带漏电保护功能又有带漏电和不带漏电保护之分。它常用于工业、商业、住宅等建筑物内的低压电气线路、设备的通断控制和过载、短路、漏电保护。图 7-9 所示为 RMM1 系列漏电断路器外形图。

2. 低压熔断器 低压熔断器是低压供配电系统中常用的一种简单的保护电器，主要作为短路保护，在一定的条件下也可以起过负荷保护的作用。熔断器串接于电路中，当线路发生故障，电流增大时，流过熔体的电流大于其额定值，熔体因过热而被熔断，故障电路由此而被切断，从而达到保护线路和设备安全运行的目的。

常用的低压熔断器有瓷插式、螺旋式管式及填料式等。

（1）瓷插式熔断器　又称瓷插保险，是低压常见的一种熔断器。瓷质底座内装有静触头，和底座触头相连接的导线用螺钉固定在触头的螺钉孔内；瓷桥上的熔体(保险丝)用螺钉固定在触头上。瓷桥插入底座后触头相互接触，线路接通。由于瓷插式熔断器灭弧能力差，因此它只适用于故障电流较小的三相 380V 或单相 220V 的线路末端，作为导线及电气设备的短路保护之用。常用的 RC1A 系列瓷插式熔断器的外形如图 7-10 所示。

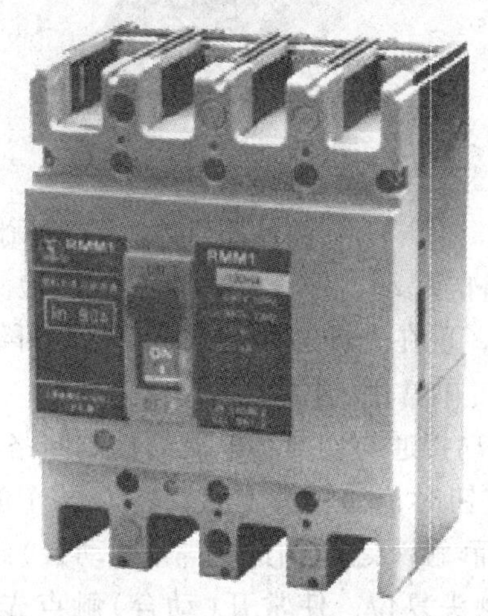

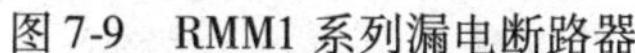

图 7-9　RMM1 系列漏电断路器

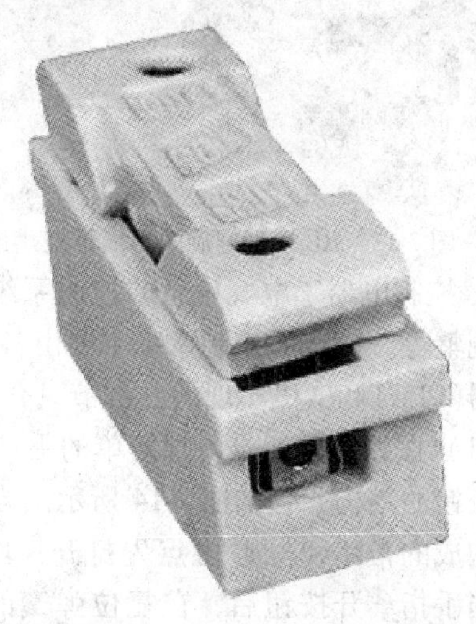

图 7-10　RC1A 系列瓷插式熔断器

（2）密闭管式熔断器　密闭管式熔断器结构也比较简单，主要由变截面的熔片或熔丝与套在外面的耐高温密闭保护管组成。它适用于交流 50Hz、额定电压到 380V、660V 或直流 440V 的电路中，作为企业配电设备的过载和短路保护之用。RM10 系列密闭管式熔断器的外形如图 7-11 所示。

图 7-11　RM10 系列密闭管式熔断器

（3）螺旋式熔断器　螺旋式熔断器由瓷质螺母、熔断管和底座组成。熔断管由熔体和瓷质的外套管组成；熔断管内充有石英砂，可以增加灭弧能力；熔断管上还有一个与内部熔丝相连的色片作为熔体熔断的指示。底座装有上、下两个接线触头，分别和底座螺纹壳、底座触头相连。瓷质螺母上有一个玻璃窗口，放入熔断管后可以透过玻璃窗口看到熔断指示的色片。放有熔断管的瓷质螺母旋入底座螺纹壳后熔断器接通。此熔断器的特点是在带电的情况下，不用特殊工具就可换掉熔管，同时不会接触到带电部分。RL 系列螺旋式熔断器的外形如图 7-12 所示。

螺旋式熔断器有快速熔断式的，如 RLS1 系列、RLS2 系列等。它适用于作为硅整流元件、晶闸管的保护之用。

（4）填充料式熔断器　填充料式熔断器由熔断管、熔体和底座组成。熔断管是封闭的，里面充有石英砂。当熔断管内的熔体熔断产生电弧后，周围的石英砂吸收电弧的热量，而使电弧很快熄灭。所以，填充料式熔断器有较大的断流能力。常见的 RT12 系列填充料式熔断器外形如图 7-13 所示。

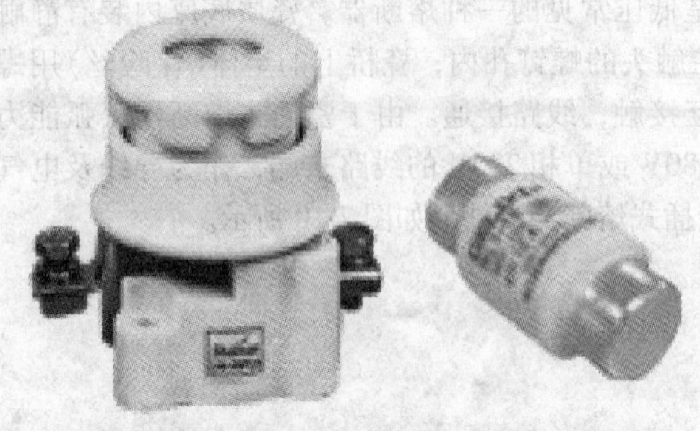

图 7-12　RL 系列螺旋式熔断器及熔断管

图 7-13　RT12 系列填充料式熔断器

3. 控制电器　电气设备的控制系统用于实现设备的起动、停止、运行参数的检测及状态的调整等。传统的控制系统主要由各种继电器组成，现在先进的控制系统都是用可编程序控制器(PLC)和微机实现的。本节只介绍传统控制系统中常用的控制电器。

(1) 按钮　按钮是一种简单的手动开关，用来手动接通与切断小电流的控制回路。

按钮的结构原理如图 7-14 所示。当用手指按下按钮时，动触头下移，1、2 两个静触头之间构成的常闭(动断)触点先打开，然后 3、4 两个静触头之间构成的常开(动合)触点闭合。当手指离开按钮后，在复位弹簧的作用下，动触头复位，使常开(动合)触点先断开，常闭(动断)触点后闭合。

按钮的种类很多，常见的有 LA、LAY 两大类。图 7-15 所示为按钮的外形图。

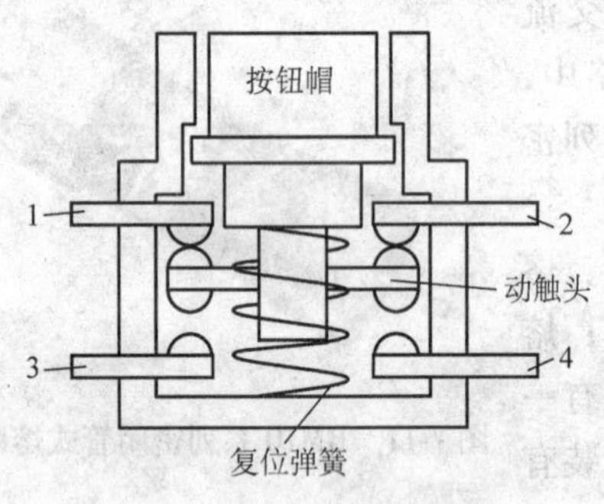

图 7-14　按钮结构原理图

图 7-15　按钮的外形图

(2) 行程开关　在实际生产中出于对安全和工作的考虑，往往需要对一些机械设备的运动范围或位置进行限定。如行车运行到轨道终端时必须停止，否则行车会从轨道上掉下来；机床上往复运动的机件，在达到规定范围时即向相反方向运动等。用行程开关就可以实现这样的目的，因此，行程开关又称限位开关。

行程开关的规格、种类很多，其工作原理类似于按钮，不同的是，它是利用运动部件上的推杆机构来"按动"装在密闭外壳内的开关。随着技术的发展，新开发出了各种光电感应的行程开关，因其无接触触头，又称接近开关。

常见的行程开关的外形如图 7-16 所示。

(3) 接触器　接触器是利用电磁吸合力实现对电路控制的一种电器。它主要用于频繁接通或分断交、直流电路，具有控制容量大，可远距离操作，配合继电器可以实现定时操

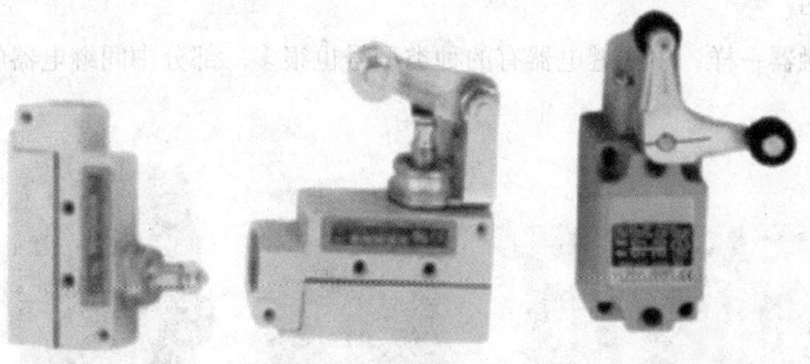

图 7-16　行程开关的外形

作，联锁控制，各种定量控制、失压及欠压保护等。它广泛应用于自动控制电路中，其主要控制对象是电动机，也可用于控制其他电力负载，如电热器、照明、电焊机、电容器组等。接触器按工作电流可分为直流接触器和交流接触器。建筑工程中常用的是交流接触器。

交流接触器主要由电磁系统、触头系统、灭弧装置、绝缘外壳及附件，各种弹簧、传动机构、接线柱等组成。

图 7-17 所示为接触器的结构原理。当线圈通电时，静铁心产生电磁吸力，将衔铁吸合，带动拉杆使所有常开触头闭合(动合)、常闭(动开)触头打开；线圈失电，衔铁随即释放并利用反作用力弹簧将拉杆和动触头恢复至初始状态。接触器的触头一般也有两类，一类用于通断主电路的，称主触头，主触头的容量较大，可以通过较大的电流，一般要加上灭弧罩；另一类叫辅助触头，主要用于控制回路中，既有常开(动合)触头，也有常闭(动开)触头，辅助触头的容量比较小，触头对数也有所不同。

目前常用的交流接触器种类型号很多，图 7-18 所示为其中两种交流接触器的外形图。

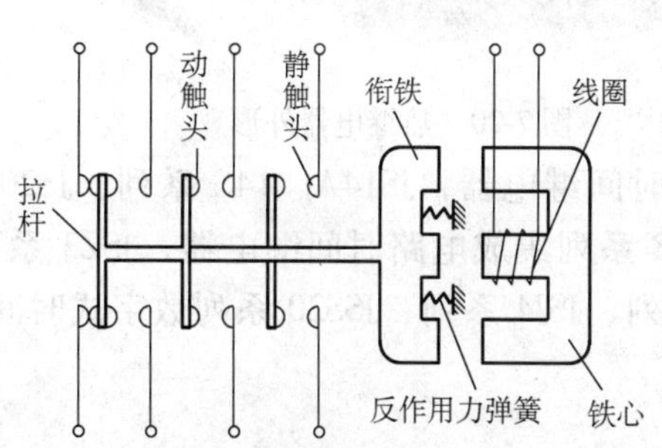

图 7-17　接触器的结构原理

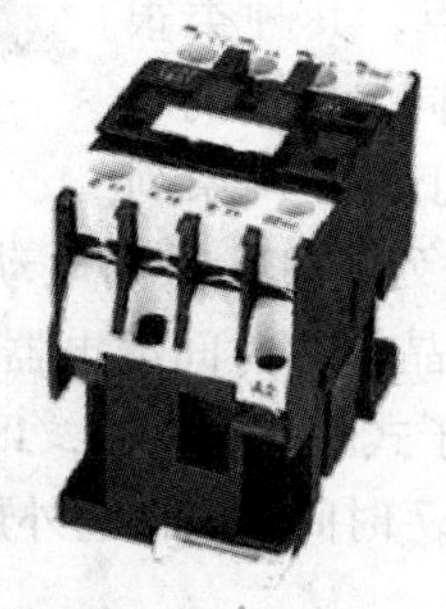

图 7-18　交流接触器外形图

(4) 控制继电器　利用各种控制用继电器可以实现对电气设备的自动控制与保护。控制继电器的规格种类很多，按使用的用途可分为热继电器、时间继电器、中间继电器、过电流继电器、漏电继电器、温度继电器等。这里介绍几种常用的控制继电器。

1) 中间继电器。中间继电器主要应用于控制电路中，通过一个触点可控制多个回路，从而实现多系统连锁的目的。此外，在有的控制电路中，需要控制的设备容量较大，通过中间继电器可以间接实现对较大容量设备的控制。

中间继电器的工作原理和交流接触器相同，都是利用电磁铁吸合原理来使触点动作。中间继电器的触点一般没有主、辅之分，触点容量也较小，主要用于控制回路，而交流接触器则用于主电路中。

与交流接触器一样，中间继电器有的种类型号也很多。部分中间继电器的外观如图 7-19 所示。

图 7-19　中间继电器

2）热继电器。热继电器的工作原理是利用双金属片受热弯曲来使触点动作。它通常用于对电动机的过载保护。

热继电器常见的型号有 JR20 系列、JR21 系列、JRS1 系列、LR1-D 系列、T 系列、3UA 系列等。T 系列热继电器作为三相感应电动机的过载与断相保护，常和 B 系列交流接触器组成磁力起动器。热继电器的外形如图 7-20 所示。

图 7-20　热继电器外形

3）时间继电器　时间继电器负责给控制电路提供延时触点，其种类很多，触点延时的原理也不同。常用的时间继电器有 JSK4 系列、JS7-A/N 系列空气延时继电器，JS11 系列、JS26 系列电动机式时间继电器，JS14A、14S 系列、JS20 系列、JSJ 系列、JJSB1 系列晶体管时间继电器，JS28 系列集成电路时间继电器，JSZ3 系列、JSZ6 系列、JSZ22 系列电子式时间继电器，JS38 系列、JSJ4 系列、JSS20 系列数字式时间继电器等。图 7-21 所示为 JS7 时间继电器的外形图。

图 7-21　JS7 系列时间继电器

4. 低压电器设备的选择

（1）低压电器设备选择的原则和要求

1）低压供配电系统中选用的电器应符合国家标准。

2）电器的额定电压、额定频率应与所在回路标称参数相适应，电器的额定电流不应小于所在回路的计算电流，否则会发生事故或缩短设备的使用寿命。

3）由于低压电器设备的种类、型号、规格很多，结构也各种各样，其使用环境和条件也不同，选用的电器应适应所在场所的环境条件。表 7-6 和表 7-7 为部分不同环境条件时的选型参考。

表 7-6　根据周围环境条件选择控制和保护设备形式

环境特征		外壳结构形式				
		开启	保护	封闭	密闭	防爆
干燥的场所		①	Δ			
潮湿的场所		②				
特别潮湿的场所		④	Δ		Δ	
有不导电灰尘的场所	易除掉并对绝缘无害的	②	Δ	Δ		
	难除掉并对绝缘有害的	③	④	Δ	Δ	
有导电灰尘的场所		③	④	Δ		
有腐蚀性介质的场所		④	④	Δ		
高温的场所		①	Δ			
有火灾危险的场所	H-1	④	④		Δ	
	H-2	③		Δ	Δ	
	H-3	③	⑤	Δ		
有爆炸危险的场所	Q-1	⑥	⑥			Δ
	Q-2	⑥	⑥	⑦		Δ
	Q-3	⑥	⑥	⊙	Δ	
	G-1	⑥	⑥			Δ
	G-2	④	④	Δ	Δ	
室外	露天		⑧		Δ	
	在顶棚下		Δ	Δ		

注：Δ—适于采用；⊙—允许采用；①—允许有条件采用，圆圈内的数字为使用条件，详见表 7-7。

表 7-7　根据周围环境特征选择控制和保护设备的条件说明

序号	使用条件说明
1	装在保护箱、柜内或有围栅的屏板上面（仅允许运行人员接近）
2	装在有门锁的特种封闭柜或箱内，或装在特别隔开的房间内的配电屏上（该房间仅允许运行人员进入）
3	装在用非燃性材料制成、门缝有填料封紧的箱或柜内，或装在单独的配电室内
4	装在单独的配电室内，必要时尚需通风，使室内保持正压
5	装在离开堆积易燃物质和材料的场所，其间的距离应使易燃物质和材料不可能因起动器动作时产生的火花而着火
6	装在非燃性材料制成的单独配电室内，必要时尚需通风，使室内保持正压
7	装在有通风设备的操作台上
8	装在保护栅或遮阳板下

注：本表序号即为表 7-6 中圆圈内的数字。

4）选用的电器应满足短路条件下的动稳定性和热稳定性的要求，用于断开短路电流的还应满足短路条件下的通断能力。

5）根据对用电设备或线路的保护要求选用电器。不同的用电设备和电力线路，对控制和保护设备的要求也不同。对于电力变压，其低压总出线一般选用有反时限过电流保护装置的自动开关，且脱扣器的时限一般比低压出线时限大一级。不同容量的变压器，保护的要求也不同，可以按照有关规范来设置。

电动机除装设短路保护装置外，必要时还应装设过负荷和失压保护装置。小型低压电动机一般采用热继电器作为过负荷保护装置。

在所有的配电线路中都应装设保护装置，使线路在过负荷、发生短路、接地故障时自动切断电源，保护线路和人身的安全。在进户线或总电源处一般设置刀开关或隔离开关，用于检修时的安全隔离。若需要自动切换时，还可装设自动切换装置。

对潮湿、易触电、易燃场所及移动式用电设备供电的回路，应装设漏电保护装置，漏电保护动作电流应满足规范的要求。

（2）低压刀开关的选择

1）应根据使用环境、功能要求来选择适当型号、规格的低压刀开关。刀开关的额定电压、额定电流要满足安装处的电压、计算电流的要求，并按线路短路时的动稳定性和热稳定性进行校验。刀开关的计算电流应小于刀开关的额定电流，即

$$I_N \geqslant I_{30} \tag{7-2}$$

式中 I_N——刀开关的额定电流；

I_{30}——线路的计算电流。

刀开关的电动稳定性和热稳定性电流可参见相应的产品说明书。表7-8给出了常见系列刀开关的电动稳定性和热稳定性电流值：

表7-8 各系列刀开关的电动稳定性和热稳定性电流值

额定电流/A	电动稳定电流峰值/A		1s热稳定电流/kA
	中间手柄式	杠杆操作式	
100	15	20	6
200	20	30	10
400	30	40	20
600	40	50	25
1000	50	60	30
1500		80	40

2）要考虑用电设备起动电流的影响。在一般情况下，可以根据不同性质负荷的额定电流来选择相应的刀开关。如果用刀开关来控制起动电流较大的电动机一类的负荷，所选刀开关的额定电流要比负荷的额定电流大一些，即在额定电流的基础上乘一个系数，具体的系数可参见有关资料或产品样本。

3）刀开关如果带有熔断器，其熔体电流的确定按低压熔断器的选择原则进行。

4）在选择开关时还要选择合适的操作机构，以便操作和维护方便。

（3）低压熔断器的选择

1）要根据保护对象和工作环境条件选择适当的熔断器。当熔断器作为线路和母线保护

时，应选用全范围的G类熔断器，对于电动机应选择M类的熔断器。家庭环境中应优先选用螺旋式或半封闭插入式。

2）熔断器的额定电压应不低于保护线路的额定电压，额定电流应不小于其熔体电流。

3）熔体电流的选择。熔断器作为用电设备的保护时，除了要求熔体的额定电流应大于或等于设备的最大正常工作电流之外，还要考虑设备运行中出现的瞬时起动电流与短时过负荷电流的影响，应保证在出现上述两种电流时不会造成熔体熔断。

对于一般的照明用电线路，一般熔体的额定电流应大于或等于线路负荷的计算电流，即

$$I_N \geqslant I_{30} \tag{7-3}$$

式中 I_N——熔体的额定电流；

I_{30}——线路的计算电流。

若照明负荷是气体放电灯具时，因其启动瞬间电流很大，因此，熔体额定电流应选得大一些，一般应满足

$$I_N \geqslant (1.1 \sim 1.7) I_{30} \tag{7-4}$$

如果用熔断器作为电动机的保护设备，应选择电动机专用熔断器，以便躲过电动机的起动电流。

4）熔断器属于保护设备，在其保护范围内发生故障时，熔断器均应可靠动作，必要时可进行保护灵敏度的校验。

5）如果线路的上下级都用熔断器作为保护装置，应考虑上下级熔断器熔体额定电流之间的相互配合，以满足保护的选择性要求。一般情况下，当上、下级熔体电流的额定值相差两个等级时，基本上就能满足选择性要求。

（4）低压断路器的选择　在选择低压空气断路器时，要综合考虑安装环境条件、额定电压、额定电流、分断能力、脱扣器的长延时动作整定电流和瞬时动作整定电流等因素。

1）根据使用环境、工作要求、安装地点和供货条件等选择适当的规格型号。

2）低压断路器的额定电压应不小于安装处的线路额定电压，额定电流应大于或等于安装处线路在正常情况下的最大计算电流。

3）断路器的短路分断电流（容量）要大于或等于安装处的最大短路电流（容量）。

4）脱扣器保护功能的选择。断路器脱扣器一般有热磁式和电子式两种。热磁式只能提供过载长延时和短路瞬时保护；电子式则可提供过载长延时、短路短延时和短路瞬时保护。可按不同负荷曲线，选择不同特性的脱扣器。A特性一般用于需要快速、无延时、脱口电流峰值较低$(2 \sim 3)I_N$的场所；B特性一般用于需要较快速度、脱口电流峰值不大$(\sqrt{3}I_N)$的场所；C特性适用于大部分的电气线路，允许通过较高的短时峰值电流$(<5I_N)$，多用于气体放电灯具、动力配电线路的保护；D特性一般用于电流峰值很大$(<10I_N)$的开关设备。

过载长延时脱扣器额定电流（即脱扣器长期允许通过的最大电流）应大于或等于安装处线路的最大计算电流，即

$$I_{op1} \geqslant K_{k1} I_{30} \tag{7-5}$$

式中 I_{op1}——断路器长延时动作的整定电流；

K_{k1}——长延时计算系数，其值可参看有关资料或产品手册。

短延时（瞬时）脱扣器按躲开线路在正常情况下的最大尖峰电流整定，即

$$I_{op2} \geqslant K_{k2} I_{30} \tag{7-6}$$

式中 I_{op2}——断路器瞬时动作的整定电流；

K_{k2}——瞬时动作计算系数，其值可参看有关资料或产品手册，对于照明设备其值一般取6。

5）灵敏度校验。脱扣器的动作电流整定出来后，需要校验在保护范围末端、最小运行方式下发生两相或单相短路时，脱扣器是否能可靠地跳闸。灵敏度应满足下列关系：

$$K_S = \frac{I_{K.min}}{I_{OP}} \geqslant 1.3 \tag{7-7}$$

式中 K_S——灵敏度；

I_{OP}——瞬时或短延时过电流脱扣器的动作电流整定值；

$I_{K.min}$——保护线路末端最小运行方式下的短路电流，对于TN、TT系统为单相短路电流，对IT系统则为二相短路电流。

6）断路器与断路器之间的配合。上一级断路器脱扣器的整定电流一定要大于下一级断路器脱扣器的整定电流，对于瞬时脱扣器整定电流也是同样的。

（5）断路器、熔断器、导线之间的配合　为了使熔断器及断路器等保护装置在配电线路短路或过负荷时，能可靠地保护电线及电缆，必须考虑保护电器动作电流与导线允许载流量的关系，一般可按表7-9选取。

表7-9　保护装置整定值与配电线路允许持续电流配合

保护装置	无爆炸危险场所			有爆炸危险场所	
	过负荷保护		短路保护	橡胶绝缘电线及电缆	低绝缘电缆
	橡胶绝缘电线与电缆	低绝缘电缆	电线及电缆		
	电线及电缆允许持续电流 I				
熔体额定电流 I_N	$I_N \leqslant 0.8I$	$I_N \leqslant I$	$I_N \leqslant 2.5I$	$I_N \leqslant 0.8I$	$I_N \leqslant I$
断路器长延时动作电流 I_{op1}	$I_{op1} \leqslant 0.8I$	$I_{op1} \leqslant I$	$I_{op1} \leqslant I$	$I_{op1} \leqslant 0.8I$	$I_{op1} \leqslant I$

当上一级为断路器，下一级为熔断器时，熔断器的熔断时间一定要小于断路器脱扣器动作所要求的时间；若上一级为熔断器，下一级为断路器时，断路器脱扣器动作时间一定要小于熔断器的最小熔断时间。

7.3　电气照明

电气照明是工业与民用建筑中不可缺少的重要组成部分，是人工照明最常用的一种方法。通过学习电气照明的相关知识以及对常见灯具性能的了解，有利于合理选择和应用各类灯具以达到满意的视觉效果，并有效地对照明设施进行管理与维护。

7.3.1　照明基础知识

1. 光的基本概念　光是能量的一种表示形式，它可以通过辐射形式从一个物体传播到另一个物体。在本质上光是一种携带电磁辐射能量的电磁波，被人的眼睛所能看到的只是可见光部分，是整个电磁波波谱中的很小部分，可见光是由不同波长的电磁波组成。不同波长的电磁波在人眼中会呈现出不同的颜色，当波长依次在780～380nm之间变化时，就依次出现红、橙、黄、绿、青、蓝、紫七种颜色。比红光波长长、比紫光波长短的一段电磁波人眼看不见，分别称为红外线和紫外线，红外线、紫外线具有和可见光一样的光学特性，可以被反射、折射、聚焦、成像等。只有单一波长的光称为单色光，有两种及以上波长的光则称复合光，太阳光就是一种复合光，它在人眼中的感觉为白色。

光在真空中的传播速度约为 3×10^8m/s，而在其他不同媒质中的传播速度是不同的。在光的振动频率一定的条件下，光在媒质中的折射率也不同。当包含有多种频率成分的复合光通过三棱镜时，光中不同频率的部分将按不同的折射角分开而形成光谱分布，人眼中就呈现出不同的颜色。

2. 照明的基本物理量

（1）光通量　在辐射功率相同的条件下，人眼对不同波长的可见光具有不同的感受灵敏度。人眼对黄、绿色光(555nm)最敏感，感到黄、绿色光最亮，而蓝、紫色光和红光则感到很暗。因此，不能直接用光源的辐射功率来衡量光的能量，而要以光通量来衡量。光通量就是用标准光度观察者对辐射光的感觉量为基准来衡量光源在单位时间内向周围空间辐射能量的大小。光通量用 Φ 来表示，光通量的单位是流明(lm)。

（2）发光强度(光强)光源在空间各个方向上发光能力的大小用发光强度来表示。发光强度是指在给定方向上单位立体角内的光通量。发光强度用 I 表示，发光强度的单位是坎德拉(cd)，在国际单位制(SI)中是一个基本单位。

（3）亮度　光源在给定方向单位投影面积上的发光强度称为在该方向的亮度，用符号 L 表示。亮度的国际单位是(坎德拉/平方米)(cd/m^2)。

（4）照度　被照物体表面上某点的照度是指入射在包含该点的面元上的光通量与该面元面积之比。照度用于衡量光照射在某个面上的强弱。照度的单位是勒克斯(lx)。在1m^2 的面积上得到1lm 的光通量，其照度就是1lx，即 1lx = 1lm/m^2。不同国家在不同时期有不同的照度标准，照度标准的高低取决于该国的经济技术发展水平。我国的照度标准详见 GB 50034—2004《建筑照明设计标准》，该标准对于不同场所规定了的不同的照度值标准，具体分为 0.5lx，1lx，3lx，5lx，10lx，15lx，20lx，30lx，50lx，75lx，100lx，150lx，200lx，300lx，500lx，750lx，1000lx，1500lx，2000lx，3000lx 和 5000lx，共21 级。

3. 光源的主要特征参数

（1）发光效率 又称光效，指电光源消耗每单位的电功率所发出的光通量，单位为lm/W。发光效率是衡量电光源节能性的一个主要指标。

（2）色温　色温反映的是光源的表面颜色。其定义为，当光源的发光颜色与绝对黑体被加热到某一温度时所发出的光的颜色相同时，称该温度为光源的颜色温度，简称色温。

（3）显色性与显色指数　同一颜色的物体，在具有不同光谱能量分布的光源照射下会显示出不同的颜色，这种特性称为光源的显色性，用显示指数来表示。光源的显色指数是指在待测光源照射下的物体颜色与在另一相近色温的参照光源(黑体或日光)照射下物体颜色的符合程度。

（4）炫光　指由于视野内亮度分布不均匀或在空间上存在着极端的亮度对比而引起的视觉不舒服或视力下降的现象。

（5）频闪效应　气体放电光源工作时，所发出的光通量随交流电压和电流作周期性变化的现象称为频闪效应。

4. 照明种类和照明方式

(1) 照明种类　GB 50034—2004《建筑照明设计标准》中对照明的种类划分为以下几种：

1) 正常照明。在正常情况下使用的室内、室外照明。

2) 应急照明。在正常照明因电源故障熄灭后而启用的照明。应急照明按照用途可分为疏散照明、安全照明和备用照明三种。

① 疏散照明。正常照明因故熄灭后，用于确保疏散通道被有效地辨认和使用的照明。疏散照明的地面水平照度不宜低于0.5lx。影剧院、体育馆、礼堂等公共聚集场所的安全疏散通道出口必须有疏散指示灯。

② 安全照明。正常照明因故熄灭后，为确保处于潜在危险之中的人员安全而设置的照明。安全照明的照度不应低于该场所正常照明的5%。

③ 备用照明。正常照明因故熄灭后，用于确保正常活动暂时继续进行的照明。一般场所的备用照明照度不应低于正常照明的10%。

应急照明要使用可靠的、能瞬间点燃的光源，如白炽灯、瞬间启动荧光灯等。考虑到照明设备的利用率，应急照明也可以作为正常照明的一部分而长期使用；在不需要进行电源切换的条件下，也可用其他形式的光源。

3) 值班照明。在上班工作时间之外，供值班人员值班使用的照明。值班照明可以利用正常照明中能单独控制的一部分，也可以利用应急照明的一部分或全部。

4) 警卫照明。有警戒任务的场所，为了便于对人员、材料、设备、建筑物和财产等的保卫而设置的照明。

5) 障碍照明。在可能危及航(通)行安全的建筑物、构筑物或道路上设置的照明。障碍照明的设置应符合民航和交通管理部门的有关规定。

此外，根据照明的用途和效果，习惯上将用于美化、烘托某一特定环境而设置，起到点缀、装饰作用的照明称为装饰照明；利用各种照明技术和设备，营造出能体现环境风格，符合艺术美学，给人以视觉享受的城市夜景照明称之为城市环境艺术照明。如商场、公园、广场、雕塑、喷泉、绿化园林、庭园小区、标志性建筑物等的景观照明和广告照明等。通常装饰照明和城市环境艺术照明采用装饰性灯具，使之和建筑装潢及环境结合成一体。

(2) 照明方式　指照明设备按照安装部位或使用功能而构成的基本形式，可以分为以下几种：

1) 一般照明。不考虑特殊区域的需要，为照亮整个场所而设置的照明方式。它适用于对光照方向无特殊要求的场所，以及受到条件限制，不适合装设局部照明或采用混合照明时。

2) 分区一般照明。为满足同一场所内不同区域对不同照度要求而设置的一般照明。

3) 局部照明。为满足局部小范围的特殊需要而设置的照明。它适用于在一般照明或分区一般照明不能满足(照度、照射方向、光幕反射、频闪效应等)要求的地方。

4) 混合照明。由一般照明和局部照明共同组成的照明。对照度要求较高、照射方向有特殊要求的，以及工作位置密度不大，且单独装设一般照明不合理的场所，经常使用混合照明。

7.3.2 常见电光源种类与选择

1. 常见电光源的种类　电光源就是将电能转换成光学辐射能的器件。照明工程中常用的电光源按发光原理可分为热辐射光源和气体放电光源两大类。

（1）热辐射光源　利用电能加热元件，使之炽热而发光的光源，如白炽灯、卤钨灯。

1）白炽灯。白炽灯是广泛使用的电光源之一。它是通过用电加热玻璃壳内的灯丝，使其发光的光源。

白炽灯结构简单，由灯头、玻璃外壳、灯芯柱、引线、灯丝等部分组成。白炽灯的灯丝一般采用耐高温且不易蒸发的钨丝，并卷曲成螺旋形状。玻璃壳内抽成真空，或充入惰性气体阻止灯丝蒸发。白炽灯的玻璃壳有多种形状和颜色，以满足不同装饰和投射光的要求。白炽灯的灯头有卡口式和螺口式两种。

白炽灯具有光谱能量连续分布、显色性好、色温较低（2400～2900K）、功率因数接近于1、可以瞬时点亮、没有频闪、构造简单、易于制造、价格便宜的优点。但是，白炽灯的发光效率低、使用寿命短、易破碎。此外，电源电压可直接影响到白炽灯的光通量、发光效率和使用寿命。

2）卤钨灯　在热辐射光源的灯管（石英）内充入含有卤族元素（氟、氯、溴、碘）或者卤化物气体就构成了卤钨灯。当点亮卤钨灯时，由于高温，钨丝蒸发出钨原子并向周围扩散，卤素（目前，普遍采用碘、溴两种元素）与之反应形成卤化钨。卤化钨的化学性质不稳定，扩散到灯丝附近时，因为高温，卤化钨又分解为钨原子和卤素，钨原子会重新沉积于钨丝上，而卤素则扩散到外围，这样周而复始的进行循环，大大减小钨丝的蒸发量，从而提高了卤钨灯的使用寿命。

（2）气体放电光源　一种利用气体、金属蒸汽放电而发光的光源，如荧光灯、高压汞灯、高压钠灯、金属卤化物灯等。

1）荧光灯。荧光灯是利用汞蒸汽放电产生的紫外线激发灯管内荧光粉而使其发光的放电灯。它属于一种低压放电灯，通过改变荧光粉的成分可获得不同的光色，常用的有日光型，色温约为6500K；冷白光型，色温约为4500K；暖白光型，色温约为3000K；三基色（红、蓝、绿）型，色温约为3000K。

荧光灯同白炽灯相比具有使用寿命长、发光效率高、照明柔和，眩光影响小、色温接近于白天的自然光、显色性好的特点。因此，荧光灯常用于办公、教学、商场、住宅等照度要求较高、需长时间照明的场所。但荧光灯需要配备一些辅助器件如镇流器（电感型、电子节能型）、辉光启动器才能正常工作。电感型镇流器功率因数较低，低温启动性能差，对电源频率敏感，不宜频繁启动，调光困难等。

2）高压汞灯。又叫高压水银荧光灯，发光原理与荧光灯类似，属于一种高气压的气体放电灯（HID），主要由放电管和内涂钒磷酸钇荧光粉的玻璃外壳组成。荧光高压汞灯的放电管采用耐高温、高压的石英玻璃，内部充有汞和氩气，玻璃外壳内层涂有荧光材料，壳内充有氖气。玻璃外壳也可做成反射型，使光束集中投射，作投光灯使用。

荧光高压汞灯具有成本较低、发光效率高、节能，使用寿命较长、抗振性能好的优点。但频闪明显、显色性差、启动时间比较长（4～8min），当电压突然降低5%以上时灯会熄灭，灯熄灭后需要经过5～10min的冷却才能再次点燃。

荧光高压汞灯常用于道路、广场、车站、码头、企业厂房内外等对显色性要求不高的场所照明。

荧光高压汞灯需要与镇流器配套使用，有自镇流式的，也有外镇流器。自镇流荧光高压荧光灯无附件，使用方便，功率因数接近于1。但是，由于灯丝的原因，使用寿命短，平均使用寿命大约1000~3500h。

3）金属卤化物灯。简称金卤灯，此灯是在高压汞灯的基础上为改变光色而发展起来的，在高压汞灯的放电管中增加了金属(钠、铊、铟、镝、钪、锡等)卤化物。通电后放电管内的物质在高温下分解，产生的金属蒸汽和汞蒸汽被激发电离而发光。其所发光谱在可见光范围内辐射比较均匀，显色性好，显色指数在65~90之间。灯的发光效率高于高压汞灯高，节能效果显著，是目前比较理想的光源。它在绿色照明工程中正逐步替代高压汞灯，适合于电视拍摄现场，演播室之类对照度和显色性要求高的场所照明。

在金属卤化物灯的放电管中加入不同的金属卤化物，或控制不同的比例可得到不同光色的金属卤化物灯，如钠铊铟灯，镝灯，铊灯，铟灯等。各种彩色金属卤化物灯广泛用于夜晚城市建筑物的装饰照明，产生绚丽夺目效果。

4）钠灯。是在放电管内充入钠和少量的汞以及氙或氩氖混合惰性气体，以钠金属蒸汽放电发光为主的光源。由于放电管内工作压力不同而分为高压钠灯和低压钠灯。

高压钠灯在达到放电稳定时，钠蒸汽的压强能达到104Pa。钠原子激发产生的光辐射在589nm附近，处于人眼最敏感的555nm黄、绿色光区域，发光效率是高压汞灯的两倍，节能效果非常显著。灯的使用寿命可长达26000h。普通高压钠灯色温低，发出金黄色的光，透雾性好；灯的紫外线辐射量低，不易招惹飞虫，适合用于室外，尤其是道路、机场等的照明。但普通高压钠灯的显色指数较低，不适于对显色性要求较高的场所。通过技术改进生产的显色性较高的高压钠灯，适用于商业区，住宅区，公共聚集场所的照明。

低压钠灯的玻璃外壳内抽成真空，并在外壳内壁涂上透明红外反射层，以提高发光效率。低压钠灯在放电稳定时放电管内钠蒸汽的压强为0.1~1.5Pa。低压钠灯启动触发电压在400V以上，启动时间较长，主要发出单一的589nm波长的黄光，显色性很差，一般用于道路照明。

5）氙灯。在耐高温、高压的石英玻璃灯管内充入高纯度的氙气，利用气体弧光放电而发光的一种光源。氙灯在可见光范围内光谱连续，光色最接近日光，色温高(约6000K)，显色指数大于或等于95。氙灯具有超高的亮度，有人造“小太阳”之称，具有功率大、光色好、工作稳定、对环境温度要求低、能瞬时启动等优点。但与其他气体放电灯相比，则有启动电压高、价格高、使用寿命短、伴随有较多紫外线等缺点。它适用于广场、车站、码头、体育场馆、机场、影视、施工工地等大面积场所照明。

6）霓虹灯。这是一种辉光放电的电光源。在真空状态下，向内壁涂有荧光粉的细长玻璃管内充入少量的氩、氦、氙和汞等气体，两端安装上电极就制成了霓虹灯。气体在电极间的高电压作用下产生辉光放电，就可以发出各种颜色的光。在高温状态下，玻璃管可以制作成各种形状的图案或字体，因而多用于广告或装饰照明。

常见电光源特性参数见附录J。

2. 常见电光源的选择　电光源的选择应符合国标GB 50034—2004《建筑照明设计标准》、JGJ 16—2008《民用建筑电气设计规范》对电光源的有关规定；在满足技术条件和使用功能的前提下兼顾安全性和经济性。

(1) 技术条件要求　即照明对象所在环境对光源本身技术参数的要求，包括光源型号、功率、光通量、显色指数、色温、频闪特性、启动再启动性能、抗振性、平均使用寿命等，一般应满足下列要求：

1）室内照明应优先采用高光效光源，在有电磁波干扰或室内装修设计需要的场所，可选用卤钨灯或普通白炽灯光源。

2）有显色性要求的室内场所不宜选用汞灯、钠灯等作为主要照明光源。

3）当照度低于100lx时宜采用色温较低的光源。

4）当电气照明需要同天然采光结合时，宜选用光源色温在4500～6500K的荧光灯或其他气体放电光源。

5）室内一般照明宜采用同一类型的光源。当有装饰性或功能性要求时，也可采用不同种类的光源。

6）在需要进行彩色新闻摄影和电视转播的场所，光源的色温宜为2800～3500K(适于室内)，色温偏差不应大于150K；或4500～6500K(适于室外或有天然采光的室内)，色温偏差不应大于500K。光源的一般显色指数不应低于65，要求较高的场所应大于80。

7）在高空安装的灯具，如楼梯大吊灯、室内花园高挂灯、多功能厅组合灯以及景观照明和障碍标志灯等不便检修和维护的场所，宜采用长使用寿命光源或采取延长光源使用寿命的措施。

8）一般照明场所不宜采用荧光高压汞灯，不应采用自镇流荧光高压汞灯。

9）一般情况下，室内外照明不应采用普通白炽灯，在特殊情况下需采用时，其额定功率不应超过100W。但在下列场所可以考虑采用白炽灯：

① 要求瞬时启动和连续调光的场所，使用其他光源技术经济不合理时。

② 对防止电磁干扰要求严格的地方。

③ 对照度要求不高，且照明时间较短的场所。

④ 对装饰有特殊要求的场所。

10）应急灯应选用能快速点燃的光源。

11）当采用单一光源不能满足显色性和光色要求时，可以采用两种以上光源的混合光源。混合光源的混合光通量比应满足规范的要求。混合光通量比是指前一种光源的光通量与两种光源光通量的和之比。

(2) 经济性要求　在满足技术条件要求的前提下，还要考虑经济性，即从照明设备购置、安装到使用过程的维修、保养、电费等总费用是否经济合理。

7.3.3　照明灯具

1. 照明灯具的特性　照明灯具是用于固定和保护光源以及保证光源可靠工作所需的全部零部件和线路附件的总称，具有分配和改变光源光分布的作用。灯具的特性用配光曲线、保护角、灯具光效率三个参数来表示。

(1) 配光曲线　所谓配光曲线就是以平面曲线图的形式反映灯具在空间各个方向上发光强度的分布状况。

具有旋转轴对称灯具用极坐标配光曲线图来表示其光强在各个方向上的分布。其含义为，以光源中心为旋转轴线，测出同一平面上不同角度的发光强度矢量值，并把该角度上发光强度值用曲线连接起来就构成了灯具的极坐标配光曲线。

灯具的配光曲线由灯具的形状和制造材料所决定，不同灯具的配光曲线也不同，图7-22所示为几种常见灯具的配光曲线。

如果是非旋转轴对称灯具，比如说直管型荧光灯灯具则需要多个平面的配光曲线才能表明空间分布特性。

（2）保护角　保护角又叫遮光角，指发光体从灯具出口边缘辐射出去的光线和出口边缘水平面之间的夹角，反映了光源辐射光范围的大小，如图7-23所示。

（3）灯具光效率　灯具的光效率 η 是指灯具输出的光通量 Φ' 与灯具中光源辐射出的光通量 Φ 之比，光效率的数值总是小于1的。灯具光效率越高，说明光源的光通量利用的越多，也就越节能。在工程实际应用时应优先选用效率高的灯具，现行照明设计规范对此已作出明确的规定。

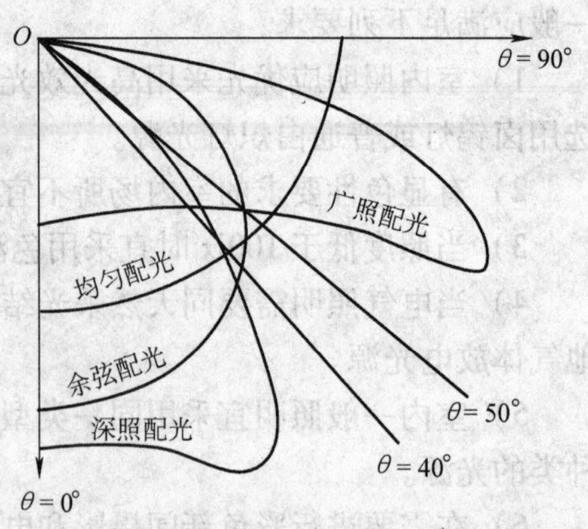

图7-22　几种常见灯具的配光曲线

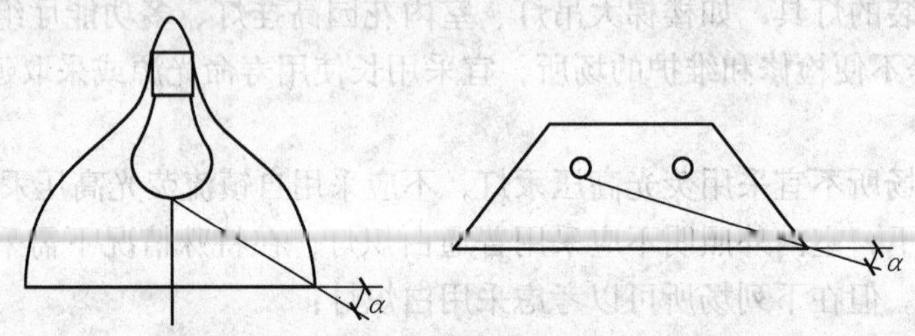

图7-23　灯具的保护角

2. 灯具分类

（1）按安装方式分类（见图7-24）

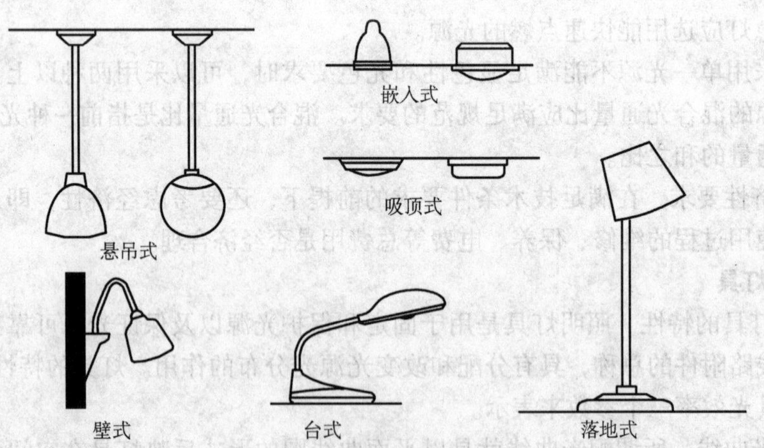

图7-24　灯具按安装方式分类

1）悬吊式。用吊绳、吊链、吊管等吊在顶棚上或墙支架上的灯具。

2）嵌入式。完全或部分地嵌入安装表面的灯具。

3）吸顶式。直接安装在顶棚表面上的灯具。

4）壁式。直接固定在墙上或柱子上的灯具。

5）落地式。装在高支柱上并立于地面上的可移动式灯具。

6）台式。放在桌子上或其他台面上的可移动式灯具。

(2) 按灯具的防护结构形式分类

1）开启式灯具。灯具敞开，光源与周围环境直接接触的普通灯具。

2）保护式灯具。灯具有闭合的透光罩，但罩内外空气是流通的，不能阻止灰尘、湿气进入。

3）密闭式灯具。灯罩密封严密，使罩内外空气不能流通，能有效地阻止湿气和灰尘进入。

4）防爆(隔爆)式灯具。使用防爆(隔爆)型外罩，采用严格密封措施，确保在任何情况下都不会因灯具自身原因而引起爆炸危险，用于易燃易爆场所。

(3) 按灯具的防护等级分类　我国灯具防护等级分类执行 IEC(国际电工委员会)的规定，等级代号由字母“IP”和两个特征数字组成。如 IP54，第一个特征数字表示灯具防止人体触及或接近灯外壳内部的带电体，防止固体物进入内部的等级；第二个特征数字表示灯具防止湿气、水进入内部的等级。两个特征数字的等级含义见表 7-10，表 7-11。

表 7-10　防护等级第一特征数字表示的等级含义

第一个特征数字	防 护 说 明	含　义
0	没有防护	对外界没有特别的防护
1	防止大于 50mm 的固体物进入	防止人体某一大面积部分(如手)因意外而接触到灯具内部。防止较大尺寸(直径大于 50mm)的固体物进入
2	防止大于 12mm 的固体物进入	防止人的手指接触到灯具内部，防止中等尺寸(直径大 12mm)的固体物进入
3	防止大于 2.5mm 的固体物进入	防止直径或厚度大于 2.5mm 的工具、电线，或类似的细小固体物进入到灯具内部
4	防止大于 1.0mm 的固体物进入	防止直径或厚度大于 1.0mm 的线材、条片，或类似的细小固体物进入到灯具内部
5	防尘	完全防止固体物进入，虽不能完全防止灰尘进入，但侵入的灰尘量并不会影响灯具的正常工作
6	尘埃	完全防止固体物进入，且可完全防止尘埃进入

表 7-11　防护等级第二特征数字表示的等级含义

第二个特征数字	防 护 说 明	含　义
0	无防护	没有特殊防护
1	防滴水进入	垂直滴水对灯具不会造成有害影响
2	倾斜 15°防滴水	当灯具由正常位置倾斜至不大于 15°时，滴水对灯具不会造成有害影响
3	防淋水进入	与灯具垂线夹角小于 60°范围内的淋水不会对灯具造成损害
4	防飞溅水进入	防止从各个方向飞溅而来的水进入灯具造成损害
5	防喷射水进入	防止来自各个方向的喷射水进入灯具造成损害
6	防大浪进入	经过大浪的侵袭或水强烈喷射后进入灯壳内的水量不至于达到损害程度
7	浸水时防水进入	灯具浸在一定水压的水中，规定时间内进入灯壳内的水量不至于达到损害程度(此等级的灯具未必适合水下工作)
8	潜水时防水进入	灯具按规定条件长期潜于水下，能确保不因进水而造成损坏

（4）按灯具的配光曲线分类

1）直接型灯具。能将90%以上的光通量分配到灯具下部空间的灯具。这类灯具的光通的利用率高。

2）半直接型灯具。灯罩采用半透明材料，能将大约60%~90%的光通量辐射到灯具下部空间，光通的利用率较高，改善了室内的亮度对比，比直接型的柔和。

3）漫射型灯具。灯具向上和向下发射的光通量几乎相等。这种灯具向周围均匀散发光线，照明柔和，但光通利用率较低。

4）半反射型灯具。此类灯具的大部分光线照在顶棚和墙壁上部，少部分光线向下部空间照射，靠顶棚和墙壁向周围空间反射光线来实现对空间的照明，空间上部的亮度比较统一，整个室内光线更加均匀柔和，无光阴影或阴影较淡。

5）反射型灯具。与半反射型类似，但向下部空间反射的光通量比半反射型灯具更少，约90%以上的光线射到顶棚和墙壁上部。

3. 灯具的选择与布置

（1）灯具的选择　照明灯具的选用应符合国家现行标准的有关规定，并综合考虑技术、经济和美观等因素，在满足工作面照明质量的前提下，尽可能选用效率高、便于安装维护的灯具，具体可从以下几个方面考虑：

1）在选择灯具时，应根据环境条件和使用特点，合理地选定灯具的光强分布、效率、遮光角、类型、造型尺度以及灯的表观颜色等。

2）灯具的遮光隔栅的反射表面应选用难燃材料，其反射系数不应低于70%。

3）对于功能性照明，宜采用直接照明和选用开敞式灯具。

4）在高空安装的灯具，如楼梯大吊灯、室内花园高挂灯、多功能厅组合灯以及景观照明和障碍标志灯等不便检修和维护的场所，宜采用低维护系数的灯具。

5）筒灯宜采用插拔式单端荧光灯。

6）灯具表面以及灯用附件等高温部位靠近可燃物时，应采取隔热、散热等防火保护措施。

7）在选择灯具时，应考虑灯具的允许距高比。

8）照明灯具应具备完整的光电参数，其各项性能应分别符合现行的《灯具通用安全要求和试验》及《灯具外壳防护等级分类》等标准的有关规定。

9）在有蒸汽、灰尘、易燃易爆、腐蚀性气体，潮湿、高温、振动和易受机械性损伤等特殊要求的场所，要选用有专门防护结构及外壳的防护式灯具，确保灯具能在相应环境条件下正常工作。

10）选择时应考虑各类灯具的配光特性、眩光的限制及使用场所的要求。在对眩光要求较高的场所，应选用表面亮度低、保护角大、光线分布立体角较小的灯具，使视线方向的反射光通量最小，大部分光通量能直接落在被照面上。如体育馆、剧场等可以采用漫反射型或窄配光类(深照型)的灯具，但应保证照度的均匀度。

11）选择灯具时除考虑满足照明质量外，还应考虑其经济性，包括灯具的初次购置安装费用、维护保养费用和运行费用。应选用效率高、节能、安装维护方便的灯具。

12）按灯具的装饰效果选择。灯具的造型、尺寸、颜色等应与安装环境或建筑物相协调，达到美化环境、烘托艺术气氛的目的。

(2) 灯具的布置

1) 灯具布置的基本要求。灯具布置应满足以下几个方面的要求:

① 符合工作面上的照度值符合规范要求，且照度均匀。

② 有效地控制眩光和阴影。

③ 合适的照明方式。

④ 使用安全，维护、修理方便。

⑤ 提高光效，将光源安装容量降至最低。

⑥ 灯具安装后整齐、美观，与周围环境相协调。

2) 灯具的布置方式。室内灯具有均匀布置和选择性布置两种方式。

① 均匀布置。用于室内一般照明的灯具通常采用均匀布置方式，即将同类型灯具按一定的几何图形均匀排列的一种布置方式。这种方式可以使整个区域照度均匀，不易产生阴影，常见的有直线形、正方形、矩形、菱形等，如图 7-25 所示。采用均匀布置时，靠边的灯具不能离墙太远，一般为(0.25 ~0.5)灯间距(L)，当靠墙有视觉工作要求时，灯具距离墙不应大于 0.75m。

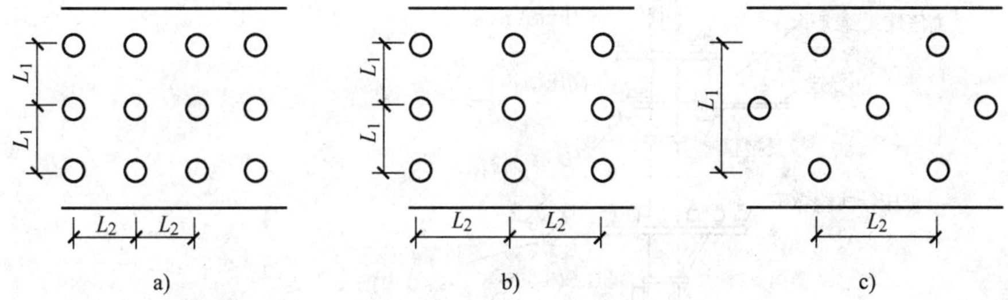

图 7-25 灯具的三种布置方式

a) 正方形 $L = L_1 = L_2$ b) 矩形 $L = \sqrt{L_1 L_2}$ c) 菱形 $L = \sqrt{L_1^2 + L_2^2}$

② 选择性布置。为了满足局部照明或定向照明需要的一种灯具布置方式。其特点是针对性强，力求使工作面获得最好的照明质量。

③ 灯具的距高比。照度均匀与否除与灯具平面布置是否合理有关外，还取决于灯具的间距 L 与计算高度 h(灯具至工作面的高度)的比值(即距高比)。L/h 值小，虽照度的均匀度好，但需要灯具较多，不经济；L/h 值过大，则照度的均匀度不能保证。表 7-12 给出了不同灯具最省电时的最佳距高比参考值，只要 L/h 的数值在此范围内，就可满足照度均匀度要求。

表 7-12 灯具的最佳距高比

灯具种类	距高比(L/h)		宜采用单行布置的房间高度
	多行布置	单行布置	
乳白玻璃圆球灯、散照型放水防尘灯、顶棚灯	2.3 ~3.2	1.9 ~2.5	1.3h
无漫透射罩的配照型灯	1.8 ~2.5	1.8 ~2.0	1.2h
搪瓷深照型灯	1.6 ~1.8	1.5 ~1.8	1.0h
镜面深照型灯	1.2 ~1.4	1.2 ~1.4	0.75h
有反射罩的荧光灯	1.4 ~1.5	—	—
有反射罩的荧光灯，带栅格	1.2 ~1.4	—	—

④ 灯具的高度。灯具悬挂的高度要根据使用场所的层高来考虑，如悬挂太高，则会降低工作面的照度，从而加大光源的功率，同时不便于维护保养，经济性差；若悬挂太低，易产生眩光且不安全。室内照明灯具的最低安装高度因灯具的种类不同而不同，一般不要低于2.5m，当低于此值时，要采用相应的安全防护措施。

7.3.4 供电线路的敷设

供电线路分为导线线路和电缆线路。常用导线敷设方式主要有架空敷设、导线穿管敷设、线槽敷设、瓷夹敷设和护套线明敷等。电缆线路有埋地敷设、穿管敷设、桥架敷设、电缆沟支架敷设等。

1. 导线架空敷设

(1) 架空线路的组成　架空线路主要由导线、电杆、横担、绝缘子、拉线、底盘、卡盘、避雷线(高压线路)和线路金具等组成，如图7-26所示。其特点是设备材料简单、成本低、容易发现故障、维修方便。但有受外界环境的影响大、供电可靠性较差、影响环境的整洁与美化等缺点。

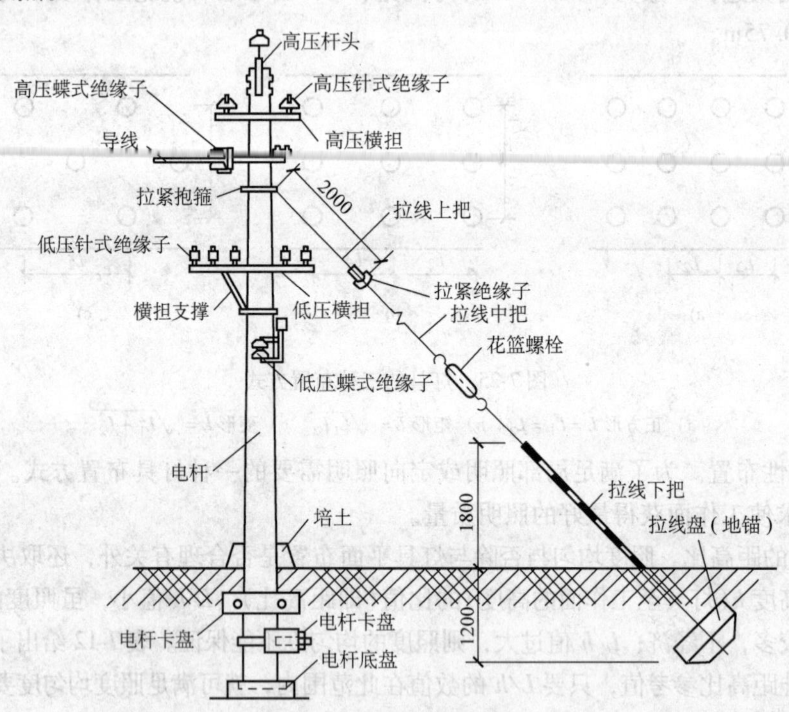

图7-26　架空线路的组成

1）导线　用于输送电能。主要有绝缘线和裸线两类，市区或居民区尽量采用绝缘线。

2）电杆　电杆是支撑导线的支柱，同时保持导线的相间距离和对地距离。在低压架空线路中一般采用预应力钢筋混凝土拔梢杆。电杆按其功能可分为直线杆、转角杆、终端杆、跨越杆、耐张杆、分支杆等。

3）横担　横担是电杆上部用来安装绝缘子以固定导线的部件。横担有木横担、镀锌角钢横担、瓷横担等。低压架空线路常用镀锌角钢横担。

4）绝缘子　绝缘子又称瓷瓶，它被固定在横担上，用来支撑导线并承受导线的拉力，同时使导线之间、导线与横担之间保持绝缘。因此，要求绝缘子有足够的电气绝缘强度和机械强度。低压架空线路常用绝缘子有针式和蝶式两种。

5）金具　线路金具是架空线路上用于连接导线、组装绝缘子、安装横担和拉线，起连接或紧固作用的各种金属部件的统称。金具一般都采用镀锌钢件或铝制零件。

（2）架空线路的敷设及要求　架空线路施工内容及程序主要有，线路路径的选择，测量定位，基础施工，电杆组立，横担及绝缘子安装，拉线制作安装，导线敷设，进户线安装及杆上设备安装等。

1）路径选择　应根据设计图样和线路经过的地形以及周围设施对线路产生的影响，确定线路的走向及线路的起点、转角和终点电杆的杆位。

线路应尽量架设在道路一侧，导线与邻近线路或设施的安全距离应符合规范要求，便于线路进出和运行、维护，应尽可能沿直线架设，档距和拉线设置要合理。

2）基础施工　电杆的基坑有圆形坑和阶梯形坑。应根据基坑深度、地质情况和当地气候条件，选择合适的基坑形状和尺寸。当遇到特殊土质或无法保证电杆的稳固时，应采取增加底盘、卡盘、拉线等加固措施。电杆基坑底采用底盘时，底盘的圆槽面应与电杆中心线垂直，找正后应填土夯实至底盘表面。底盘的安装允许偏差，应使电杆组立后满足电杆允许偏差。电杆基础采用卡盘时，安装前应将其下部土壤分层回填夯实。电杆卡盘的安装位置、深度、方向应符合设计要求。其深度允许偏差为 ±50mm。当设计无要求时，卡盘的上平面距地面不应小于 0.5m。

电杆基坑深度应符合设计规定。电杆基坑深度的允许偏差应为 −50 ~ 100mm。一般电杆的埋深为电杆杆长的1/6，并不应小于表 7-13 所列数值。装设变压器的电杆，其埋设深度不宜小于 2m；严寒地区应埋设在冻土层以下。

表 7-13　电杆埋设深度　（单位：m）

电杆高度	8	9	10	11	12	13	15
埋深	1.50	1.60	1.70	1.80	1.90	2.00	2.30

在基坑回填土时，应将回填土块打碎，每回填 0.5m 夯实一次。松软土质的基坑，回填土时应增加夯实次数或采取加固措施。回填土后，电杆基坑的防沉土台的上部面积不宜小于坑口面积；培土高度应超出地面 0.3m。

3）电杆组立。电杆组立就是将电杆组装并竖立、固定在规定位置。其主要工作内容为组杆、立杆、杆身调整、回填土等。

立杆的方法很多，常用的有汽车起重机立杆、人字抱杆立杆、三角架立杆、倒落式立杆和架腿立杆等。汽车起重机立杆适用范围广、安全、效率高，有条件的地方尽量采用。

用汽车起重机立杆时，先将汽车起重机开到距杆坑适当位置加以稳固，然后在电杆（从根部量起）1/2 ~ 1/3 处系一根起吊钢丝绳，再在杆顶向下 500mm 处临时系三根调整绳。起吊时，坑边站两人负责电杆根部进坑，另由三人各拉一根调整绳。起吊时以坑为中心，站位呈三角形，由一人负责指挥。当杆顶吊离地面 500mm 时，对各处绑扎的绳扣进行一次安全检查，确认无问题后再继续起吊。电杆竖立后，调整电杆位于线路中心线上，横向偏差和垂直度应符合规范要求，然后逐层（300mm 厚）填土夯实。填土应高于地面 300mm，以备沉降。

电杆组立完毕后，直线杆的横向偏移不应大于 50mm，倾斜度应小于杆稍直径的 1/2；转角杆的横向位移不应大于 50mm，紧线后不应向内倾斜，向外倾斜不应大于杆稍的 1/2；

终端杆紧线后不应相受力侧倾斜。

4）横担的安装。由于架空线路的横担是用来安装绝缘子和固定设备，所以要求有足够的力学性能和长度。常见镀锌角钢横担的长度与截面见表 7-14 所示。横担用金具固定在电杆上。常用横担固定金具有半圆夹板、U 形抱箍、穿心螺杆、横担垫铁、扁钢支撑等。

表 7-14　镀锌角钢横担长度及截面尺寸

横担长度/mm	横担材料	低压线路/mm			
		二线	四线	五线	六线
	角钢横担	700(850)	1400	1800	2300
横担截面选择	导线截面积/mm²	低压直线杆	低压承力杆		
			二线		四线以上
	16、25、35、50、70、90、120	∟50×50×5 ∟63×63×6	2×∟50×50×5 2×∟63×63×6		2×∟63×63×6 2×∟70×70×6

横担根据受力情况可分为中间型、耐张型、终端型。直线杆横担应装在负荷测，多层横担应装设在同一侧。终端杆、转角横担应装在张力的反向侧。架空线路转角在 15°以下的转角杆和导线截面在 50mm²及以下的终端杆宜采用单横担；15°～45°的转角杆和导线截面在 70mm²及以下的终端杆宜采用双横担；45°以上的转角杆宜采用十字横担。同杆架设的线路横担之间的最小垂直距离不得小于表 7-15 的规定。

表 7-15　横担间最小垂直距离　（单位：m）

排列方式	直线杆	耐张杆	排列方式	直线杆	耐张杆
高压与低压	1.2	1.0	低压与通信	1.2	—
低压与低压	0.6	0.3			

5）绝缘子。低压线路常用绝缘子有针形、蝶式绝缘子和悬式绝缘子等。针式绝缘子主要用于直线杆，蝶式绝缘子和悬式绝缘子则用于耐张杆、分支杆及终端杆。安装时，将针式绝缘子的钢脚插入横担的安装孔内，加弹簧垫圈用螺母拧紧，并使绝缘子顶部导线沟顺线路方向。蝶式绝缘子和悬式绝缘子需用曲形钢拉板与横担固定。

绝缘子的瓷件与铁件组合无歪斜现象，组合紧密，铁件应镀锌良好；瓷釉光滑，无裂痕、缺釉、斑点、烧痕、气泡或瓷釉烧坏等缺陷；弹簧销、弹簧垫的弹力适宜。

绝缘子安装应牢固，连接可靠，防止积水。安装时应清除表面灰垢、附着物及不应有的涂料。绝缘子裙边与带电部位的间隙不应小于 50mm。

6）拉线。由于线路起点杆、转向杆和终端杆的受力不平衡，容易发生倾覆，为了保证线路安全，需要根据电杆的受力情况设置相应的受力拉线或防风拉线、过道拉线等。

拉线一般用钢绞线制作，拉线截面积不应小于 25mm²。拉线上应装设拉线绝缘子，以防拉线因故带电而造成触电事故，拉线绝缘子距离地面不应小于 2.5m。钢绞线拉线采用 UT 形线夹及楔形夹固定安装时，安装前螺纹上应涂润滑剂。线夹舌板与拉线接触应紧密，受力后无滑动现象。安装时不应损伤线股，拉线弯曲部分不应有明显松股，拉线断头处应帮扎固定，线夹处露出的尾线长度为300~500mm。UT形线夹应有不小于1/2螺杆螺纹长度可供调紧，调整完毕后，UT形线夹的双螺母应拧紧。钢绞线拉线采用绑扎固定安装时，拉线两端应设置心形环，用直径不大于3.2mm的镀锌钢线绑扎固定。绑扎应整齐、紧密，最小缠绕长度应符合要求。

拉线的拉线盘埋设深度应符合设计要求，一般以1.2~1.5m为宜；拉线盘的埋设方向应与拉线的受力方向垂直；拉线棍与拉线盘连接处应加专用垫和螺母，拉线棍露地面部分的长度应为500~700mm。拉线与地面的夹角不得大于60°。拉线坑回填土时应将土块打碎后分层夯实。

当一根电杆上装设多条拉线时，各条拉线的受力应一致，不得有过松、过紧或全部松弛现象。

7）导线的架设。架空线路的放线有拖放法和展放法。拖放法是将线盘架设在放线架上拖放导线；展放法是将线盘架设在汽车上，行进中展放导线。

导线在展放工程中，应进行导线外观检查，不应发生磨伤、断股、扭曲、断头等现象。

导线敷设时，通常按每个耐张杆段进行。线盘放在放线架上时，要保证导线从其上方引出。线段内的每根杆上挂一个开口放线滑轮(滑轮直径不应小于导线直径的10倍)。滑轮的材质应与导线的材质相匹配。

当导线需要连接时，在一个档距内每一层架空线的接头数不得超过该层线条数的50%。但架空线路在跨越铁路、公路、电力和通信线路时不能有接头。不同金属、不同规格、不同绞制方向的导线严禁在档内连接，只能在杆上采用跳线连接。导线接头处的力学性能，不应低于原导线强度的90%，电阻不应超过同长度导线电阻的1.2倍。

常用导线的连接方法有压接法(压线钳压接、爆炸压接)、缠绕法和线夹连接法。如果接头在跳线处，可用线夹或缠绕法连接；接头处在其他位置，则采用压接法连接。

导线放线及连接完毕后，可进行紧线工作。紧线前，要在受力杆装设正式和临时拉线，防止电杆倾倒。紧线时，先把导线的一端在绝缘子上作终端固定，然后在另一端用紧线器紧线。紧线操作一般在耐张杆端进行。紧线过程中，先使导线逐步收紧，再用紧线器夹住导线收紧到符合要求为止，然后将导线绑扎固定，拆除滑轮。但应注意紧线时不要使横担发生扭转。导线敷设结束后，其弧垂应符合设计或规范要求。

8）接户线。接户线是指从架空线路终端电杆上引接到建筑物电源进户点前第一支持点的线路。低压线路应穿保护管进入室内，保护管室外部分应有防水弯头；高压线路应通过穿墙套管或进户电缆埋地引入室内。图7-27所示为低压进户线做法示意图。

接户线的档距不宜大于25m，超过25m时应设接户杆，在档距内不得有接头。接户线应采用绝缘线，导线截面应满足载流量的要求，但不应小于表7-16的要求。接户线距地高度对于通车街道为6m，通车困难的人行道为3.5m，胡同为3m，最低不得小于2.5m。

表7-16　低压接户线的最小截面

接户线架设方式	档距/m	最小截面/mm^2	
		绝缘铜线	绝缘铝线
自电杆上引下	<10	2.5	4.0
	10~25	4.0	6.0
沿墙敷设	≤6	2.5	4.0

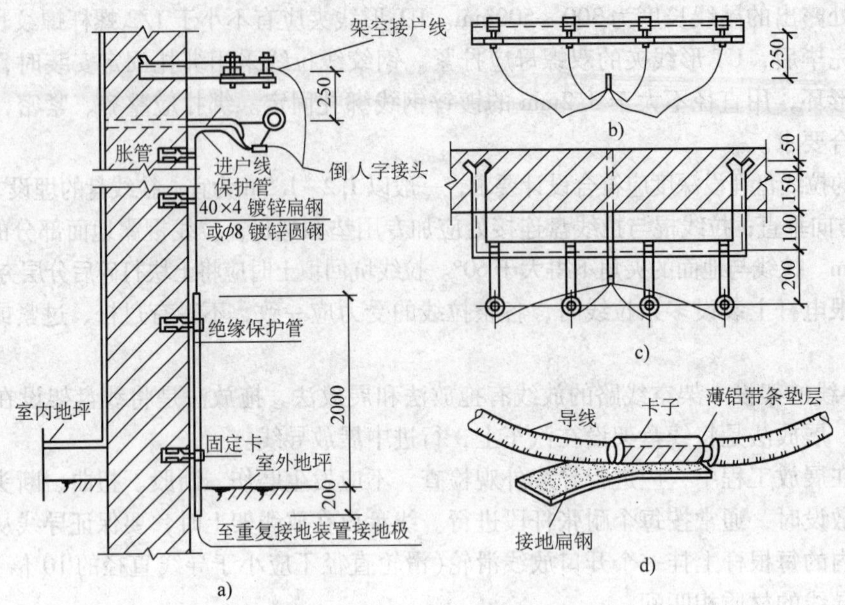

图 7-27　低压进户线做法示意图

a）安装示意图　b）正视图　c）顶视图　d）节点做法

2. 导线穿管敷设　导线穿管敷设广泛应用于 1kV 以下工业与民用建筑中，具有使用安全、施工方便、整齐美观的特点。按配管方式有明配和暗配两种；按导管材质分为金属管和非金属管。常用的金属导管有低压流体输送管(俗称水煤气管、焊接管、厚壁管)、电线管(薄壁钢管)、金属软管；低压流体输送管又有镀锌和非镀锌(钢管)之分。常用非金属管有硬质塑料管(PVC 管)、半硬质塑料管、软塑料管、波纹管等。

厚壁钢管一般敷设于防爆或机械载重场所，也可经防腐处理后直接埋入地下。镀锌钢管通常使用在室外，或在有腐蚀性的土层中暗敷。薄壁钢管通常用于干燥场所，既可以明敷，也可安装于吊顶、墙及混凝土层内。硬质塑料管适用于室内或有酸碱等腐蚀性介质的场所。但不能敷设在高温、高热或易受机械损伤的场所。半硬质塑料管只用于六层以下的一般民用建筑的照明工程中，但不得敷设在楼板平面上，也不得在吊顶内敷设。

(1) 导线穿管敷设的一般规定

1）导管直径要与所穿导线的截面、根数相适应，一般管子的内径不得小于管内导线束直径的 1.5 倍；管内导线一般不得超过八根；管内导线不能有接头；不同电压等级、不同回路的导线不得穿在一个管内。

2）明配管要求横平竖直，整齐美观；暗配管时宜沿最近的路线敷设，弯曲要少；埋地管路不宜穿过设备基础。导管明配时弯曲半径一般不小于管外径的 4 ~ 6 倍；暗配时一般不小于管外径的 6 ~ 10 倍；当埋设于地下或混凝土内时，其弯曲半径不应小于管外径的 10 倍。水平或垂直敷设的明配管，其水平或垂直安装的允许偏差为 0.15%，全长偏差不应大于管内径的 1/2。保护管的弯曲处，不应有折皱凹陷和裂缝，且弯扁程度不应大于管外径的 10%。在下列情况下，中间应加装接线盒或拉线盒，接线盒的位置应便于穿线：

① 管路长度每超过 45m，无弯曲。

② 管路长度每超过 30m，有一个弯曲。

③ 管路长度每超过 20m，有两个弯曲。

④ 管路长度每超过 12m，有三个弯曲。

3）当垂直敷设时，在下列情况下应增加固定导线用的拉线盒，且导线盒中应留有适当导线余量：

① 管内导线截面为 $50mm^2$ 及以下时，长度每超过 30m 时。

② 管内导线截面为 $70 \sim 95mm^2$ 及以下时，长度每超过 20m 时。

③ 管内导线截面为 $120 \sim 240mm^2$ 及以下时，长度每超过 18m 时。

4）导管与其他管道的最小距离应符合国家有关施工验收规范的规定。

5）导管经过建筑物沉降缝或伸缩缝处，必须设置补偿装置，防止管线拉断。

6）导管及其固定所用的金属支架、管卡、管件、接线盒等应为镀锌件或经过防腐处理。

7）进入盒、箱的管子应排列整齐并使用锁紧螺母或护口，导管伸出锁紧螺母为 2 ~ 4 道螺纹。

8）对于金属导管之间、导管与箱、盒、柜之间应有良好的电气连接，但薄壁管不得采用焊接连接。

9）配管所用的接线盒、开关盒等配件的材质应与导管相同。

10）无论明配、暗配管，都严禁气割，管内应光滑、无杂物，管切口无毛刺。

11）有防爆等特殊要求的导管应满足有关规范的要求。

（2）导线穿管敷设的程序和方法　导线穿管敷设的一般程序为定位放线，导管加工，导管连接、固定，接线盒、箱安装固定，接地线跨接，管内穿线等。

1）定位放线。施工时，根据图样要求、线路走向及现场实际情况，确定导管的敷设位置和方向，必要时可以划线标识。

2）导管加工。包括截管、套丝、煨弯等工序。根据实际情况截取所需长度的导管，在导管两端加工联接螺纹（仅适用于厚壁金属管），用煨弯器将导管弯曲成所需形状。

3）导管连接。不同材料的导管，采用的连接方法也不同，但连接后应密封良好。

① 塑料管连接。硬塑料管通常采用插入粘接法连接，插入深度视塑料管件而定。当采用专用塑料管件时，插入深度约为管径的 1/2；当采用现场加工套管连接时，套管长度应为连接导管内径的 1.5 ~ 3 倍，连接管的对口处应位于套管的中心。半硬塑料管用套管粘接法连接，套管长度不小于连接管外径的 2 倍。

② 薄壁管连接。薄壁管严禁采用焊接连接，一般采用卡扣式连接。施工时使用专用连接管件和接地线卡子，并用专用工具施工。当采用紧定螺钉连接时，螺钉应拧紧。在振动的场所，紧定螺钉应有防松动措施。

③ 厚壁管连接。厚壁管一般采用管件丝接，对埋入泥土或暗配的非镀锌钢管宜采用套筒焊接法连接。套筒长度为连接管外径的 1.5 ~ 3 倍，连接管的对口应处在套管的中心，套管四周应焊接严密、牢固。非镀锌钢管或埋地敷设的导管应经行防腐处理。镀锌厚壁钢管不允许焊接连接。

④ 金属软管连接。金属软管一般用于导管与设备之间的过渡连接，应使用专用联接螺母或接头连接。

4）导管固定。导管明敷时一般用专用管卡固定，固定点间距应均匀并符合规范要求，在管终端、转弯处两端必须用管卡固定。导管在钢筋混泥土中暗敷时，一般用钢丝将导管绑扎于钢筋上。

5）配电(接线)箱、接线盒的安装。配电(接线)箱、接线盒明装时，应根据设计位置和标高先安装配电(接线)箱，再安装固定接线盒、开关盒、插座盒，最后敷设导管。暗装时，一般先预留配电(接线)箱的安装位置，在装修时再安装配电(接线)箱；接线盒、开关盒、插座盒既可随导管敷设一起安装，也可在土建施工时预埋。管外径应与盒(箱)敲落孔相一致，管口平整、光滑，一管一孔顺直进入盒(箱)，露出长度应小于5mm。多根管进入配电箱时应长度一致、排列间距均匀。管与盒(箱)连接应固定牢固。配电(接线)箱、盒安装后，应与墙装修面平。施工时导管接头、导管与箱、盒连接处应密封，以防杂物进入造成穿线困难。

6）接地。为了使金属管路系统接地(接零)良好、可靠，要在管接头的两端及管与盒(箱)连接处，采用相应的接地跨接线连接，使整个管路可靠地行成一个导电的整体。

镀锌钢管、薄壁钢管、可挠性金属管不得采用熔焊法连接接地线，应采用专用专用跨接卡，两卡间连线若为铜芯软导线，截面积应不小于4mm^2；非镀锌钢管采用螺纹联接时，钢管之间及管与盒(箱)应用相应圆钢或扁钢焊接好跨接接地线。

7）导线穿管敷设程序。导线穿管敷设时，不得扭曲打结，管内不准有接头。穿线前先清除管内杂物，并在管口处安装管护口。穿线时，将导线的一头与牵引钢丝绑扎牢固，一人负责拉线，一人负责送线，二人密切配合；当导线截面较大或保护管较长而使穿线困难时，可加入滑石粉作润滑剂。穿线完毕后，应在箱、盒内预留适当长度的导线，将不同回路、用途的导线编号标识清楚。

3. 线槽布线　线槽布线一般适用于正常环境的室内或建筑顶棚内敷设，但对金属线槽有严重腐蚀的场所不应采用金属线槽，在高温和易受机械损伤的场所不宜采用塑料线槽。线槽按材质分为金属线槽和塑料(PVC)线槽；按敷设方式有明敷和暗敷。应根据敷设环境和要求，选用相应的线槽和敷设方式。

(1) 线槽布线的一般要求

1）线槽应平整、无扭曲变形，内壁应光滑、无毛刺。金属线槽应有防腐处理，塑料线槽应采用难燃型。

2）同一回路的所有相线、中性线和保护线(如果有保护线)，应敷设在同一线槽内；同一路径无防干扰要求的线路，可敷设于同一线槽内。线槽内电线或电缆的总截面积(包括外护层)不应超过线槽内截面积的20%，载流导线不宜超过30根。控制、信号或与其相类似的线路(控制、信号等线路可视为非载流导线)的电线或电缆，其总截面积不应超过线槽内截面积的50%，电线或电缆根数不限。

3）电线或电缆在金属线槽内不宜有接头，但在易于检查的场所，可允许在线槽内有分支接头；电线、电缆和分支接头的总截面积(包括外护层)不应超过该点线槽内截面积的75%。

4）不同电压等级的导线不宜敷设在同一线槽内，如在同一线槽内敷设，应采取隔离措施。

5）线槽需分支、拐弯、变径时应采用相应的三通、四通、弯通、变径三通、变径四通等。如现场加工时，应保证导线的弯曲半径。

6）金属线槽应在连接处安装接地跨接线，跨接线的规格应符合规范要求。

7）金属线槽与导管连接时，应用专用开孔器开孔，严禁采用气割法开孔，导管与线槽之间用锁紧螺母固定。

8）线槽安装后应横平竖直，水平或垂直允许偏差为其长度的0.2%，且全长允许偏差为20mm。并列安装时，槽盖应便于开启。

9）金属线槽在穿越有防火要求的楼地面或墙时，应进行防火密封处理。在有防火要求时应选用相应防火等级的线槽。

10）金属线槽在穿过建筑物变形缝处应有补偿装置。金属线槽垂直或倾斜敷设时，应采取措施防止电线或电缆在线槽内移动。

（2）线槽安装

1）金属线槽的安装。金属线槽直接在墙上安装时，可根据线槽规格的大小采用塑料胀管或金属膨胀螺栓固定。当线槽的宽度不大于100mm，可采用一个胀管固定；若线槽的宽度大于100mm，则用两个胀管并列固定。线槽在墙上的固定点间距不大于0.5m，每节线槽的固定点不应少于两个。线槽固定用的螺钉应优先选用半圆头螺钉，紧固后其端部应与线槽内表面光滑相连。线槽槽底应紧贴墙面，线槽的连接应连续无间断，线槽接口应平直、严密，线槽在转角、分支处和端部均应有固定点。

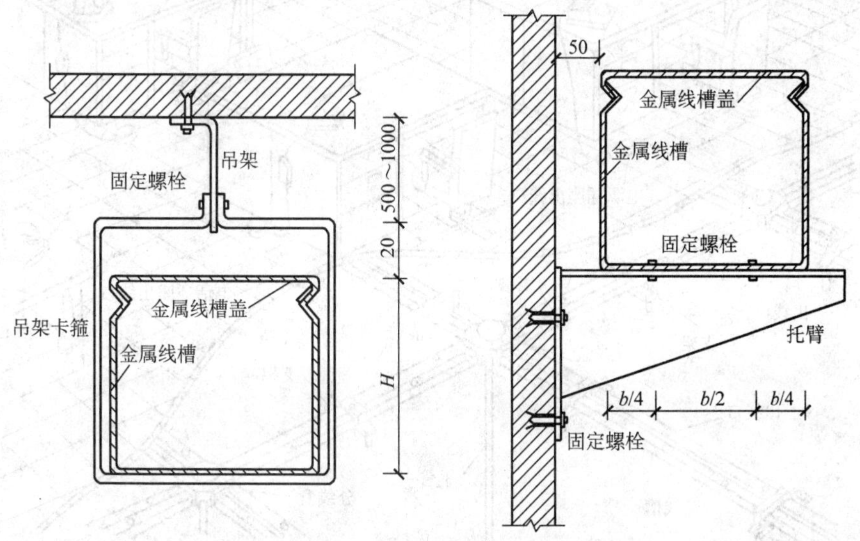

图7-28　金属线槽安装示意图

如图7-28所示，金属线槽采用金属支架、吊架，或托臂敷设时，支、吊点的距离，应根据工程具体条件确定，一般应在直线段不大于3m或在线槽接头处、线槽首端、终端及进出接线盒0.5m处、线槽转角处设置吊架或支架；支架、吊架或托臂可采用膨胀螺栓固定于墙(梁、顶、柱)上。

在吊顶内安装时，吊杆可用膨胀螺栓与建筑结构固定，也可将吊杆固定在吊顶的承重龙骨上，不允许固定在非承重龙骨上。当需要在钢结构上固定时，应采用螺栓和支架固定，不允许焊接固定。安装时，应先安装干线线槽，后安装支线线槽。线槽与线槽之间应采用专用内连接头或外连接头，用专用沉头或圆头螺钉配上平垫和弹簧垫用螺母紧固，线槽末端部位要用封堵封闭。

金属线槽应做整体接地，即用接地线将线槽的所有连接处、变形缝补偿装置等做接地跨接，使之成为一连续导体。当设计无要求时，金属线槽全长应有不少于两处与接地(PE)或接零(PEN)干线连接。但金属线槽不能作为设备的接地导体。

当线槽需安装敷设在现浇混凝土楼板内时，楼板厚度不应小于200mm；当敷设在楼板垫层内时，垫层的厚度不应小于70mm，并避免与其他管路相互交叉。

地面内暗装金属线槽安装时，应根据单线槽或双线槽不同结构形式，选择相应固定连接件将线槽组装在一起。组合好的线槽及支架，应沿线路走向水平放置在楼(地)面、抄平层或楼板的模板上，然后再进行线槽的连接、固定。线槽间采用线槽专用连接头连接，对口处应在线槽连接头中间位置上，接口应平直，紧固螺钉应拧紧，使线槽在同一条中心轴线上。线路交叉、分支或弯曲转向时应安装分线盒。当线槽的直线长度超过6m时，为方便穿线也应加装分线盒。线槽与分线盒连接时，线槽插入分线盒的长度不宜大于10mm。地面内暗装金属线槽端部与配管连接时，应使用线槽与管过渡接头。金属线槽的末端无连接管时，应使用封端堵头拧牢堵严。图7-29所示为地面内暗装金属线槽示意图。

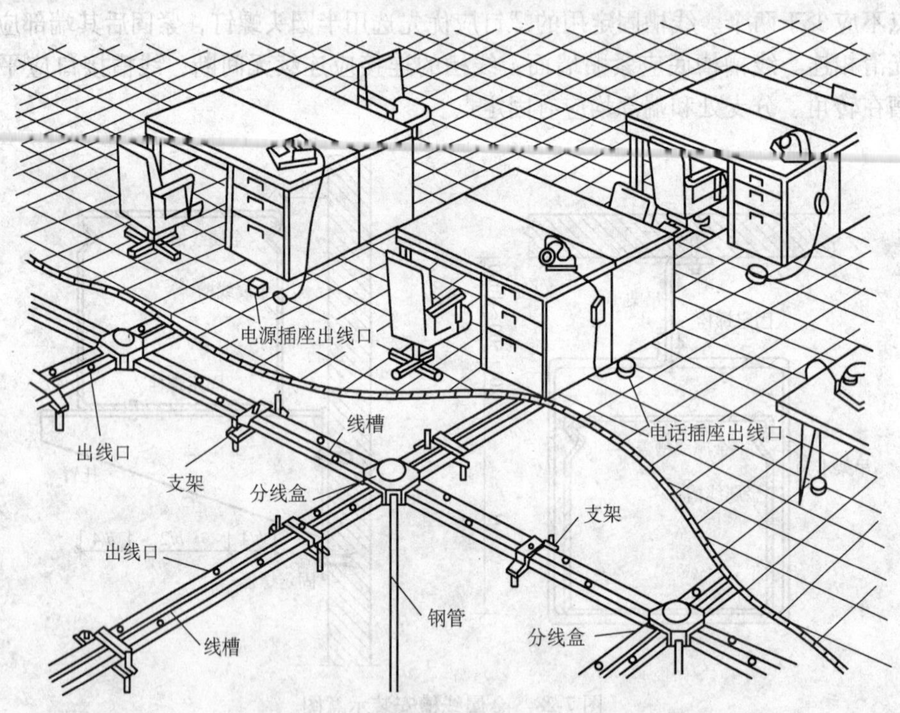

图7-29　地面内暗装金属线槽示意图

（2）塑料线槽安装　塑料线槽可用伞形螺栓或塑料胀管固定。在石膏板或其他护板墙上及预制空心板处，宜用伞形螺栓固定。固定线槽时，应先固定两端，再固定中间，端部固定点距线槽终点不应大于50mm。

切断槽盖的长度要比槽底的长度短一些，槽盖与槽底应错位搭接。槽盖及附件一般为卡装式，将槽盖及附件平行放置对准槽底，将槽盖及附件卡入到槽底的凹槽中。

塑料线槽的安装要求与金属线槽类似，在此不再赘述。塑料线槽安装如图7-30所示。

4. 电缆线路敷设　由于电缆线路具有受外界环境影响小、供电可靠性高、不占用土地、

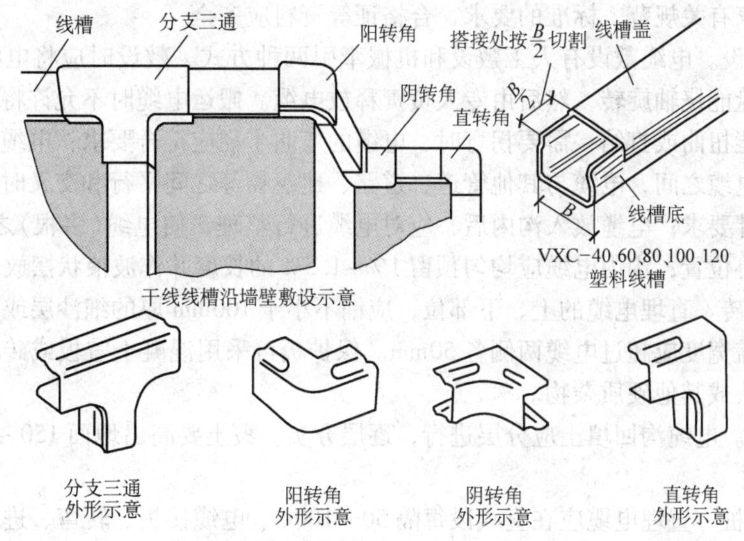

图 7-30　塑料线槽安装示意图

有利于环境美观等特点，使其在高、低压配电线路中得到了广泛应用。

常用的电缆敷设方式有直埋敷设、沿桥架(线槽)敷设、沿电缆隧道敷设、沿电缆沟敷设、穿管敷设、沿支架敷设、沿钢索敷设等。本节仅介绍电缆直埋敷设和沿桥架、支架敷设的方法及要求。

(1) 电缆直埋敷设　当沿同一路径敷设的室外电缆根数为八根以下，且场地有条件时，宜采用直接埋地敷设。

直埋电缆宜采用有外保护层的铠装电缆，在无机械损伤可能的场所，也可采用塑料护套电缆或带外护层的铅包电缆。在可能发生位移的土壤中(如沼泽地、流沙、大型建筑物附近)埋地敷设电缆时，应采用钢丝铠装电缆，或采取措施(如预留电缆长度、用板桩或排桩加固土壤等)消除因电缆位移作用在电缆上的应力。当敷设在有较大高差的场所时，宜采用塑料绝缘电缆、不滴流电缆或干绝缘电缆。

在直埋电缆线路上有可能使电缆受到机械性损伤、化学作用、地下电流、振动、热影响、腐殖物质、虫鼠等危害地段，应采取保护措施。在含有酸、碱强腐蚀或杂散电流、电化学腐蚀严重影响的地段，电缆不宜采用直埋敷设。

1) 电缆直埋敷设程序。电缆敷设程序为：定位放线→挖电缆沟→电缆验收与试验→电缆敷设→铺沙盖砖(板)→回填土→栽埋电缆标识桩→挂标识牌→电缆头制作安装等。

① 定位放线。根据设计的电缆敷设路线、电缆根数和周围的环境条件，确定电缆的实际敷设路径，并用白灰等材料画出电缆沟的位置、宽度标记。

② 挖电缆沟。在已标识的电缆沟位置用机械或人工方法挖出电缆沟。施工时应根据土质条件、电缆沟的深度和宽度，采取适当的放坡系数，以免出现塌方事故。电缆埋深应满足规范要求，气候寒冷地区的电缆应埋设于冻土层以下，当受条件限制时，应采取防止电缆受到损坏的措施。

③ 电缆验收与试验。电缆到达现场后，应组织建设、监理、施工、电缆供应商(代表)共同对电缆进行验收，并做好验收记录，必要时对电缆进行试验检验。电缆规格、型号、质

量等应符合国家有关规范、标准的要求，合格证等资料应齐全。

④ 电缆敷设。电缆敷设有人工敷设和机械牵引两种方式。敷设时应将电缆盘放在放线架上，使电缆盘能绕轴旋转，然后由专人负责释放电缆。搬运电缆时不允许将电缆放在地面拖拉；电缆不能扭曲或打结；需要拐弯时，电缆的弯曲半径应符合要求；电缆进出建筑物时应穿保护管；电缆之间，电缆与其他管道、道路、建筑物等之间平行和交叉时的最小净距应符合规范和设计要求；电缆放入沟内后，应对电缆进行整理，使电缆(多根)之间间隔均匀，并位于沟的中心位置；沟内电缆应均匀预留1%~1.5%的长度并作波浪状摆放。

⑤ 铺沙盖砖。直埋电缆的上、下部位，应铺不小于100mm厚的细沙层或软土，并加盖保护板，其覆盖宽度应超过电缆两侧各50mm。保护板可采用混凝土盖板或砖块，软土或沙子中不应有石块或其他硬质杂物。

⑥ 回填土。电缆沟回填土应分层进行，逐层夯实。覆土要高出地面150~200mm以上，以备松土沉降。

⑦ 埋标志桩　直埋电缆应在直线段每隔50~100m、电缆接头、转弯、进入建筑物等处设置明显的方位标志或标桩。标志牌上应注明线路编号、型号、规格及起止地点，并联使用的电缆应有顺序号。标志桩的字迹应清晰不易脱落，规格统一，耐防腐。直线段上要埋设方向桩，桩露出地面一般为150mm。

⑧ 电缆中间头和终端头的制作安装。由于电缆的用途、电压等级以及规格型号的不同，电缆中间头和终端头的制作方法也不同，常用做法有干包法、热缩法和浇注法。干包法多用于低压电缆；热缩法一般用于高压电缆；浇注法则用于室外高压电缆或油绝缘电缆。电缆头制作因方法不同其施工工艺也不同，电缆头制作质量直接影响到电缆的安全运行，因此要引起足够的重视。图7-31所示为制作好的0.6kV/1kV干包式塑料电缆终端头，其制作工艺如下：

a. 电缆绝缘电阻测试。用1000V绝缘电阻测试仪测试电缆的绝缘电阻，其阻值应不小于10MΩ，测试结束后应将电缆线芯对地放电。

b. 剥出电缆铠装层。根据电缆与设备连接的具体尺寸，截去多余电缆；依据电缆头套型号的尺寸要求(参见产品说明书)，剥除外护套。

c. 焊接接地线。先将焊接接地线的铠装部位进行处理，再用绑扎铜线将接地线牢固的绑扎在钢带上，并使接地线与钢带充分接触，用焊锡将接地线与钢带焊接牢固，最后在距接地线上部3~5mm处将钢带截去，操作时应注意不要损伤电缆。

d. 包缠电缆。从钢带切断处向上10mm，向电缆头方向剥去电缆外包绝缘层。依据电缆头的型号尺寸，按电缆头套的长度和内径，用PVC粘胶带采用半叠法紧密包缠电缆，形状成枣核状，以手套套入紧密为宜。

e. 套塑料手套。将与电缆线芯截面相适应的塑料手套套在电缆的三叉根部，在手套袖筒下部及指套上部分别用PVC粘胶带包缠防潮锥，防潮锥外径为电缆外径加8mm。

f. 线芯包缠。将指套头部至电缆端头之间用PVC粘胶带包缠两层，再用相色(红、黄、绿)粘胶带包缠两至三层。

g. 压接接线端子。按端子孔深加5mm剥除线芯绝缘层，并在导体上涂导电膏或凡士林，将导线插入端子孔内，用压线钳压紧，最后将端子压接处至绝缘层之间用粘胶带包缠。

h. 电缆头固定。电缆头制作结束确认无质量问题后，将电缆头固定于电缆头支架上，使电缆头的接地线与接地系统相连。

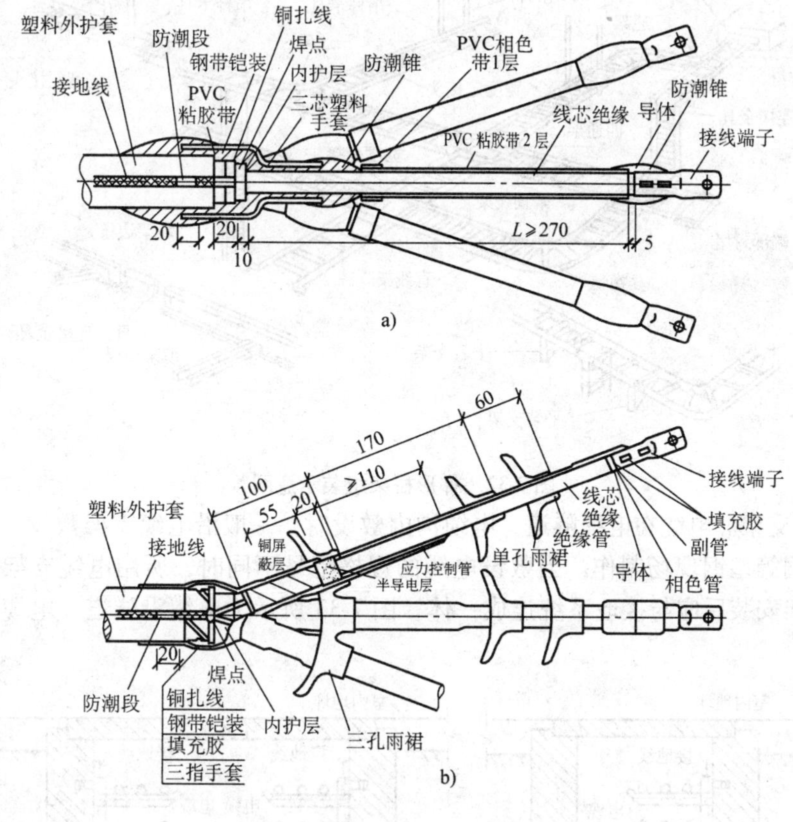

图 7-31　干包式塑料电缆终端头示意图

a）室内电缆头　b）室外电缆头

2）电缆直埋敷设的一般要求

① 电缆的规格型号、质量应符合设计和规范要求。

② 向一级负荷供电的同一路径的两根电源电缆，不宜敷设在一个电缆沟内；当不具备分沟敷设时，应敷设于同一电缆沟的两侧。

③ 电缆穿越道路、铁路、沟渠、河流或进入建筑物时应穿保护管，保护管两端的预留长度应满足规范要求，一根保护管只能穿一根电缆。

④ 电缆与其他电缆、管道、障碍物的水平和交叉距离应符合相应规范的要求，当间距无法满足要求时应采取安全防护措施。

⑤ 电缆敷设时的环境温度不应低于电缆对最低温度的要求，否则应采取相应措施。

⑥ 多根电缆并列敷设时，中间接头的位置应相互错开，并保持水平，一般净距不宜小于0.5m。

⑦ 电缆埋地施工过程中，应及时进行隐蔽工程验收，并做好记录。

（2）电缆沿桥架、隧道、电缆沟内支架敷设

1）电缆桥架。电缆桥架按结构形式分为组合式、槽形、梯形、托盘形；按材质分为钢制桥架、铝合金桥架和玻璃钢桥架；钢制桥架又有镀锌和镀塑之别。电缆桥架及其固定用支、托架一般由专业制造厂制造，在现场进行组装。图 7-32 所示为梯形桥架组装示意图。

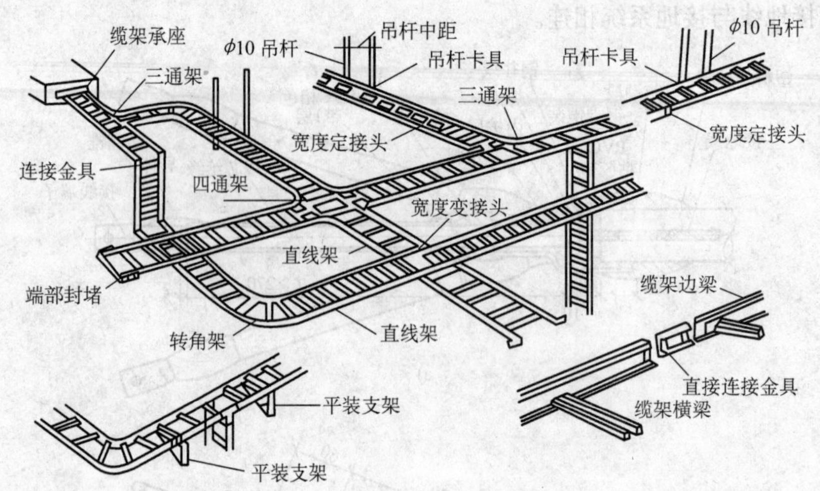

图 7-32　梯形桥架组装示意图

2）电缆支架。电缆在电缆隧道、电缆沟内敷设时，一般沿电缆支架敷设。电缆支架常用角钢、圆钢等型钢现场制作。当敷设电缆的规格型号不同时，所用电缆支架的大小也不同，电缆支架安装后应与接地系统连成一体。图 7-33 所示为电缆沿隧道、电缆沟内敷设示意图。

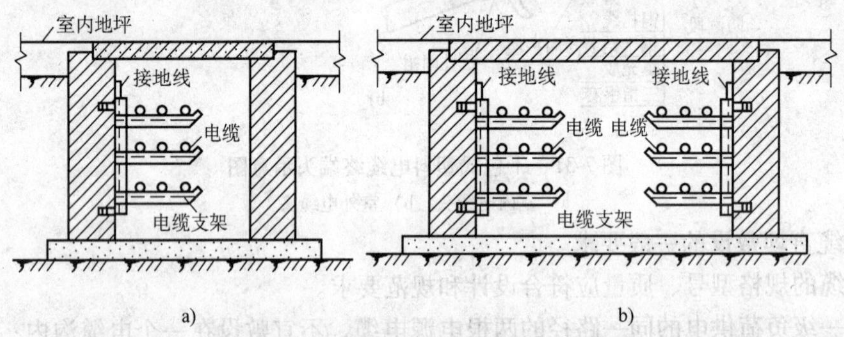

图 7-33　电缆沿隧道、电缆沟内敷设示意图
a）单侧支架　b）双侧支架

3）电缆敷设。电缆敷设一般采用人工敷设方式，有条件时也可用机械牵引。敷设时应满足以下要求。

① 电缆沿桥架或托盘敷设时，应将电缆单层摆放，排列整齐。电缆之间不得交叉，拐弯处的弯曲半径应以最大截面电缆的弯曲半径为准。

② 不同电压等级的电缆应分层敷设，从上到下依次为高压电缆、低压电缆、控制电缆和信号(通信)电缆；相同电压等级电缆之间的间距不得小于 35mm。

③ 当电缆沿垂直方向敷设时，一般从上向下敷设，敷设一根固定一根。

④ 水平敷设的电缆，应在首尾两端、转弯处两侧及每隔 5 ~ 10m 处固定一次；倾斜度大于 45°的电缆，则应每隔 2m 固定一次。

⑤ 电缆桥架、支架安装应在土建施工结束后进行，支架间距应根据电缆截面来确定，当桥架较长或经过建筑物的伸缩缝、沉降缝时，应采取补偿装置。电缆支架的制作应按设计

或标准图集进行，安装应牢固，可采用金属膨胀螺栓或预埋件来固定桥架和支架。当支架与预埋件之间采用焊接连接时，焊缝应饱满，支架及焊接处应做防腐处理。桥架、支架应横平竖直，固定牢固。

⑥ 交流单芯电缆或分相后每相电缆的固定用的夹具和支架，不应形成闭合铁磁回路。

⑦ 电缆在穿越不同防火区域或楼地面及进入电缆沟、隧道、电缆井、盘柜处，应采用相应材料封堵。

⑧ 电缆应在首尾、拐弯处、交叉处挂标志牌，直线段可适当增加标志牌，标明电缆的规格型号、用途及去向。标志牌可用镀锌薄钢板、铝板制作，也可采用成品塑料标志牌。

⑨ 电缆桥架连接处均用接地线跨接，支架之间应用镀锌扁钢连接并与接地系统连接，接地线的规格应符合规范要求。

⑩ 电缆敷设前后应进行绝缘电阻（相间、相对地）测试，并做好记录。

⑪ 预分支电缆沿电缆井垂直敷设时，预留分支间距应与配电箱（柜）的间距一致，顶端用金属网套固定牢固；不能扭曲和拉伤电缆，敷设到位后应每隔1.5～2m固定一次。图7-34所示为预分支电缆安装示意图。

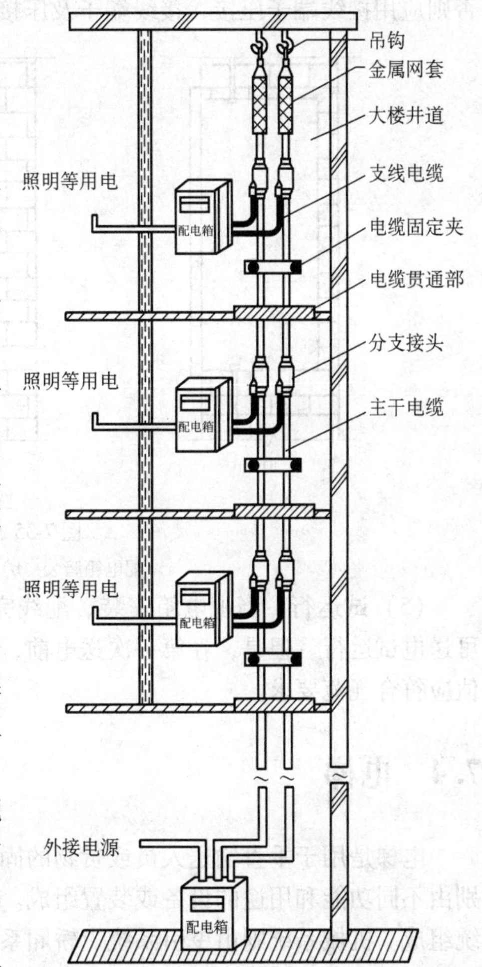

图7-34 预分支电缆安装示意图

7.3.5 照明配电箱的安装

照明配电箱有明装、暗装和半暗装三种方式，如图7-35所示。明装是将配电箱固定于墙或支架上，暗装和半暗装是将配电箱的全部或部分埋入墙内。

配电箱的一般安装程序为定位划线，安装配电箱（明装）或预埋配电箱外壳，保护管（线槽）与箱体连接，安装箱内配电盘，导线压接，试送电。具体操作方法如下：

（1）配电箱明装　明装配电箱应在土建墙面装修完毕后进行，根据图样设计位置和标高确定配电箱的位置，画出固定螺栓的位置。用固定螺栓（金属或塑料膨胀螺栓）将配电箱固定于相应位置。如配电箱需安装于金属支架上，则应根据配电箱的规格先制作安装支架，再将配电箱用镀锌螺栓固定于支架上。

（2）配电箱暗装　暗装配电箱应在土建施工时预留安装洞口，位置和标高依设计图样而定。在墙面装修阶段，配合土建将箱体外壳固定在墙内，并将保护管接入、固定，然后在箱体四周用碎石混凝土填实，箱体的垂直度和出墙面高度应符合要求，保证配电箱的面板安装后贴紧墙面，横平竖直。待混凝土强度达到规定时，再将配电板装入配电箱内。

（3）保护管与箱体的连接　保护管进入落地安装的箱体内时，其预留长度约为50mm；

进入壁挂安装或暗装配电箱时，则应用金属锁紧螺母(钢管)或塑料锁紧螺母(塑料管)与箱体连接，管口伸出锁紧螺母外 2 ~ 3 螺纹；保护管应排列整齐，间隔 10 ~ 20mm；金属导管应与配电箱体进行连接，管口加装塑料或橡胶护口。

(4) 箱内配线　导线进入配电箱后，应按接入位置确定导线的敷设路径，依次排列并固定。导线应绑扎成束，预留适当长度，各回路导线的编号应清晰准确。安装后应横平竖直，弯曲半径满足导线的要求。如导线截面小于6mm^{2}且为单股时，可直接与接线端子压接，否则应用接线端子压接，接线端子及压接处导线均应上锡。

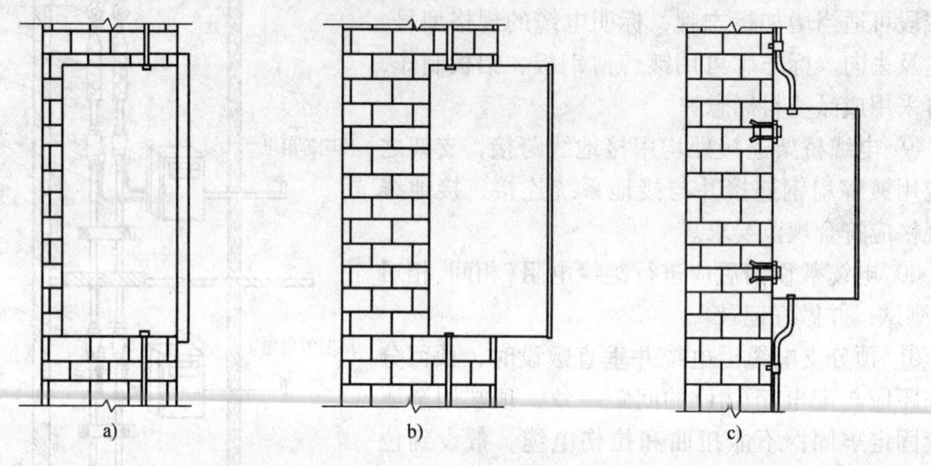

图 7-35　配电箱安装示意图

a) 配电箱暗装　b) 配电箱半暗装　c) 配电箱明装

(5) 试运行　当配电箱安装、配线完毕，箱内开关等装置参数整定或调试合格后，即可送电试运行。但是，在第一次送电前，应测试导线的相间、相对地之间的绝缘电阻值，其值应符合规范要求。

7.4　电梯

电梯是用于垂直输送人员或货物的固定式升降设备，是一种典型的机电一体化装置，分别由不同功能和用途的设备或装置组成。电梯的电气系统一般由电力拖动系统、电气控制系统组成。机械系统则由曳引系统、轿厢系统、门系统、导向系统、重量平衡系统和安全保护系统等组成。系统各部分分别安装于机房、轿厢、层站和井道中。但不同品牌、不同规格型号、不同用途的电梯，其形态或结构也不尽相同，其整体结构如图 7-36 所示。

7.4.1　电梯的分类

电梯的种类繁多，可按用途、运行速度、拖动方式等进行分类。

按照用途可分为客梯(TK)、载货电梯(TH)、客货(两用)电梯(TL)、病床电梯(TB)、住宅电梯(TZ)、杂物电梯(服务电梯)(TW)、船用电梯(TC)、观光电梯(TG)等；按照运行速度可分为低速电梯(丙类梯)：1m/s 及以下的电梯；快速电梯(乙类梯)：梯速大于1m/s 而小于等于 2m/s 的电梯；高速电梯(甲类梯)：梯速 2 ~ 3m/s 的电梯；超高速电梯：梯速 3 ~ 10m/s 或更高速的电梯；按拖动方式可分为直流电梯(Z)、交流电梯(J)、液压电梯(Y)、齿轮齿条电梯、螺杆式电梯、永磁无齿轮曳引电梯等。

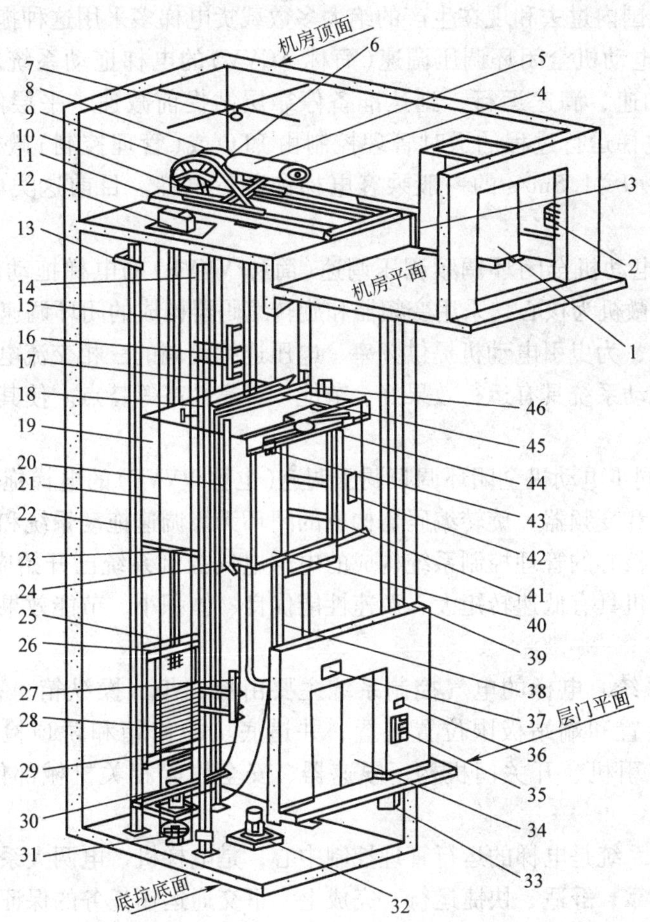

图 7-36　电梯构造示意图

1—控制柜　2—机房配电板　3—机房线槽　4—旋转编码器　5—曳引电动机　6—制动器　7—机房承重吊勾　8—减速器　9—曳引轮　10—导向轮　11—曳引机承重大梁　12—限速器　13—对重导轨支架　14—轿厢导轨支架　15—曳引钢丝绳　16—顶层终端开关　17—轿厢导轨　18—轿厢导靴　19—轿厢　20—极限开关打板　21—限速器钢丝绳　22—对重导轨　23—轿底超载装置　24—安全钳钳体　25—绳头组件　26—对重导靴　27—底层减速开关　28—对重装置　29—补偿装置　30—对重缓冲器　31—张紧装置　32—轿箱缓冲器　33—底坑检修装置　34—层门装置　35—厅外召唤盒　36—消防按钮盒　37—层门锁　38—随行电缆　39—井道布线槽　40—轿厢门　41—安全触板(光幕)　42—轿内操纵箱　43—开门刀　44—开门机　45—轿顶检修箱　46—平层装置

7.4.2　电梯主要系统的构成和功能

1. 电力拖动系统　拖动电梯轿厢运行的系统称为电力拖动系统。构成电梯的电力拖动系统一般分为以下几种：

1）交流感应(异步)电动机(单速或双速)开环直接起动的电梯拖动系统。采用这种拖动方式，其控制系统简单，曳引电动机起动时直接从电网获取电源，虽然起动电流大(额定电流的 5 ~ 7 倍)，但由于杂物电梯的曳引电动机功率小，对供电设备和共网用电设备的影响不大。在国内生产的杂物电梯中，绝大多数电梯采用这种拖动方式。

2）交流双速电动机变极调速电梯的开环拖动系统。这种拖动方式是通过切换接入曳引电动机线圈中的电抗器来实现对电动机起动和减速过程的控制。由于该系统结构简单、维修方便、成本低廉，国内过去和现在生产的绝大多数载货电梯多采用这种拖动方式。

3）交流双速电动机全闭环调压调速（简称 ACVV）的电梯拖动系统。采用该拖动系统的电梯从起动、加速、满速运行、到达准备停靠层站提前减速、平层停靠等全过程中实施全闭环控制。电梯运行过程的适时管理控制由 PLC 或（管理控制）微机完成。用于额定速度小于或等于 1.0～1.5m/s 的一般乘客电梯和载货电梯。目前这类电梯只有部分仍在使用中。

4）交流单速电动机全闭环调频调压调速（简称 VVVF）的电梯拖动系统。以工业微机（PLC）或电梯专用微机为核心，采用变频器和旋转编码器构成的闭环调速系统可以按电梯运行速度曲线的要求，为曳引电动机提供频率、电压连续可调的三相交流电源，使电梯按预定要求运行。这种拖动系统具有运行效果好、节能、可靠性高等特点。使其在目前电梯生产中被广泛使用。

5）交流永磁同步电动机全闭环调频调压调速（也称 VVVF）的电梯拖动系统。近年来采用永磁同步电动机和变频器、旋转编码器构成的闭环无级调速拖动系统和以工业微机（PLC）或电梯专用微机为核心的管理控制系统构成的电梯电气控制系统已开始应用到各类电梯中。由于永磁同步电动机具有低速转矩大、调速性能优良、体积小、节能效果好等特点，近年来得到了快速发展。

2. 电气控制系统　电梯的电气控制系统主要由控制柜、操纵箱、召唤箱、井道信息装置、端站限位装置和端站极限位置装置、井道底坑检修箱和轿顶检修箱等主要部件，以及分散安装在曳引机、开关门机构、限速器、安全钳等相关机械部件中的几十个电器元件构成。

电梯电气控制系统是电梯的运行管理控制中心，是电梯机、电两大系统的有机结合，是实现电梯安全、可靠、舒适、快捷运行，完成上、下交通运输任务的保证。

按电气控制系统的电路结构、操作元件、中间过程管理，以及逻辑控制元件、执行元件的特点可将电梯电气控制系统分为以下几种类型：

1）继电器控制系统。继电器控制是按传统控制技术设计制造的电梯电气控制系统。由于这种控制系统的过程管理和中间过程逻辑控制均是靠数量庞大的各种继电器来实现的，使其电路结构复杂，控制柜体积大，故障率高，可靠性低。但这种控制系统比较直观，有利于分析了解电梯电气控制的工作原理，可为了解掌握其他类型的电梯电气控制原理奠定必要的基础。

2）PLC 控制系统。PLC 又称可编程序控制器。它是一种工业控制用微机，与一般的微机比较，具有程序编制简单、应用设计和调试简单方便、容易实现无触点逻辑控制等优点。自 20 世纪 90 年代起，全面取代了电梯电气控制系统中用于过程管理和控制的继电器。

3）电梯专用微机控制系统。该系统是为电梯开发的专用管理、控制微机。微机的软件程序根据电梯的运行和工作情况设计，构造更合理，效果更好。

3. 曳引系统。该系统一般由曳引机、曳引钢丝绳及导向轮等组成。用于驱动电梯轿厢和对重沿轨道上下运行。常见曳引驱动的结构形式如图 7-37 所示。

1）曳引机。曳引机是驱动电梯轿厢和对重装置上、下运行的动力装置，包括电动机、制动器、曳引绳三部分，是电梯的主要部件。电梯的载荷、运行速度等主要参数取决于曳引机的电功率、转速及其传动装置的结构。

常见曳引机种类繁多，按驱动用电动机可分为交流电动机、直流电动机、永磁电动机三种；按有无减速器分为无齿轮曳引机（无减速器曳引机）和有齿轮曳引机（有减速器曳引机）。

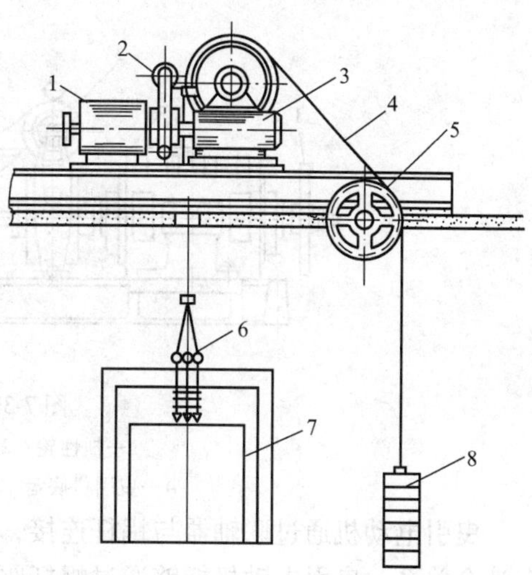

图 7-37　曳引驱动的结构

1—电动机　2—制动器　3—减速器　4—曳引绳　5—导向轮　6—绳头组合　7—轿厢　8—对重

无齿轮曳引机所用的交、直流电动机是专为电梯设计和制造的，能适应电梯运行工作特点，具有良好调速性能。曳引机的曳引轮紧固在曳引电动机轴上，没有机械减速机构，重量轻，整机结构比较简单。但这种无齿轮曳引机制动时所需要的制动力矩比有齿轮曳引机大得多，因而制动器的外形尺寸较大。由于其噪声低、体积小、免维护、低速运转平稳、运行可靠等优点，得到了越来越广泛的应用。

永磁同步电动机、无齿轮结构的曳引机与变频技术的结合，是今后电梯技术的发展方向。典型的 WYJ 型永磁无齿轮曳引机的外形结构如图 7-38 所示。

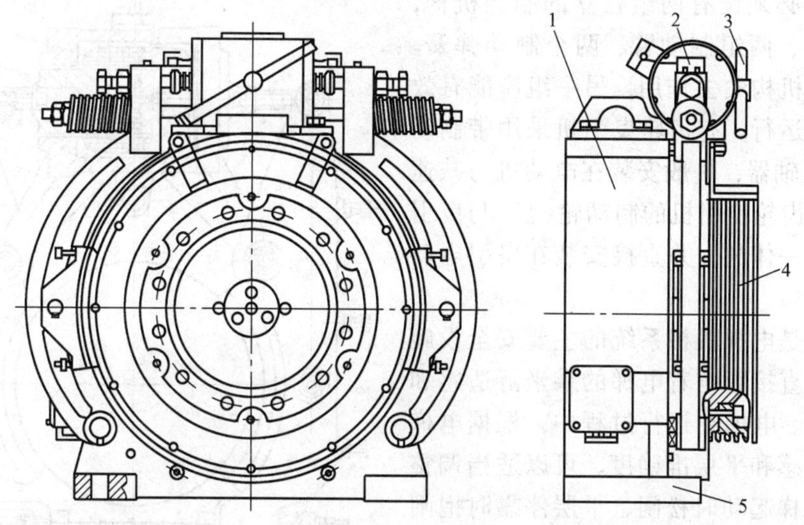

图 7-38　WYJ 型永磁无齿轮曳引机

1—永磁同步电动机　2—制动器　3—松闸扳手　4—曳引轮　5—底座

与无齿轮曳引机相对应的是有齿轮曳引机，常用的有齿曳引机一般采用蜗杆副（阿基米德齿形蜗杆副、K 型齿形蜗杆副、渐开线齿形蜗杆副、球面齿形蜗杆副、双包络多齿啮合蜗杆副等）作减速传动装置。近几年开发出了行星齿轮曳引机和斜齿轮曳引机，这两种曳引机不但改善了蜗杆副传动效率低的问题，而且提高了有齿曳引机电梯的运行速度（≥2m/s）。采用蜗杆副作减速传动装置的电梯运行速度一般小于或等于 2.5m/s。

蜗杆副曳引机主要由曳引电动机、蜗杆、蜗轮、制动器、曳引绳轮、机座等构成。其外形如图 7-39 所示。

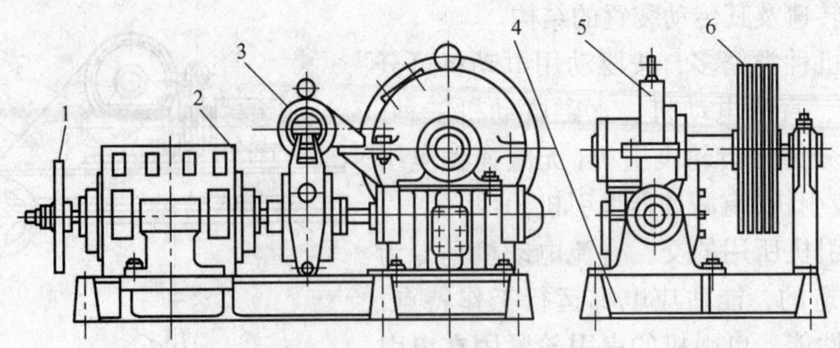

图 7-39　蜗杆副曳引机

1—惯性轮　2—曳引电动机　3—制动器

4—曳引机底盘　5—蜗杆副减速器　6—曳引轮

曳引电动机通过联轴器与蜗杆连接，蜗轮与曳引轮装在同一根轴上。由于蜗杆与蜗轮间有啮合关系，曳引电动机能够通过蜗杆驱动蜗轮和曳引轮作正反向运行，曳引轮通过曳引钢丝绳驱动轿厢和对重装置上下运行。

2）制动器。为了控制电梯的起动、停止和运行安全，往往要在曳引机上安装电磁式制动器。图 7-40 所示为电磁式直流制动器，主要由直流抱闸线圈、电磁铁心、闸瓦、闸瓦架、制动轮(盘)，抱闸弹簧等构成。

制动器必须设有两组独立的制动机构，即两个铁心、两组制动臂、两个制动弹簧。若一组制动机构失去作用，另一组应能有效的止停电梯运行。有齿轮曳引机采用带制动轮(盘)的联轴器，一般安装在电动机与减速机之间。无齿轮曳引机的制动轮(盘)与曳引绳轮是铸成一体的，并直接安装在曳引电动机轴上。

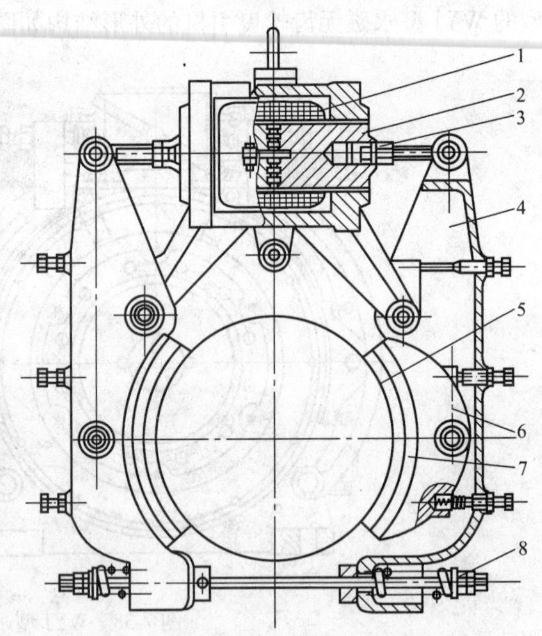

图 7-40　电磁式直流制动器

1—线圈　2—电磁铁心　3—调节螺母　4—闸瓦架

5—制动轮　6—闸瓦　7—闸皮　8—弹簧

制动器是电梯机械系统的主要安全设施之一，而且直接影响着电梯的乘坐舒适感和平层准确度。电梯在运行过程中，根据电梯的乘坐舒适感和平层准确度，可以适当调整制动器在电梯起动时松闸、平层停靠时抱闸的时间，以及制动力矩的大小等。

3）曳引轮。曳引轮是曳引机的绳轮，用于缠绕钢丝绳，带动轿厢和对重的上下运行。由于曳引轮要承受轿厢、载重量、对重等装置的全部动、静载荷，因此要求曳引轮强度大、韧性好、耐磨损、耐冲击。曳引轮多用 QT600—7 球墨铸铁材料制造。

4）曳引钢丝绳。曳引钢丝绳是连接轿厢、对重，并依靠曳引机驱动轿厢上下运动的重要构件。常用钢丝绳有西鲁式、瓦灵顿式和填充式三种。西鲁式钢丝绳的规格有 6 × 19S + NF 和 8 × 19S + NF 两种，均采用天然纤维或人造纤维内芯填料。其结构如图 7-41 所示。

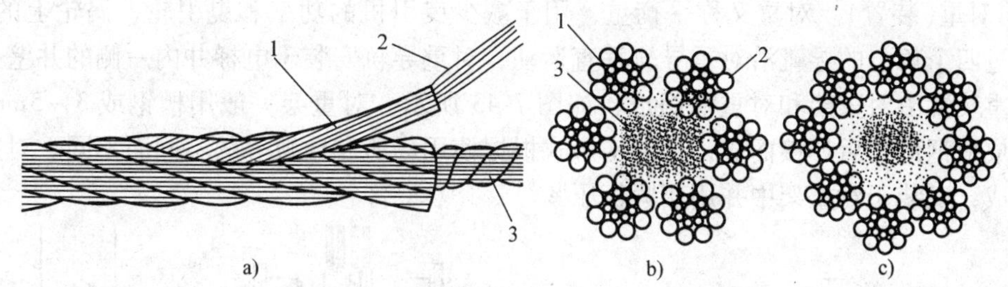

图 7-41　电梯用钢丝绳结构示意图

a）钢丝绳外观　b）6×19S+NF 截面　c）8×19S+NF 截面

1—绳股　2—钢丝　3—绳芯

5）导向轮。导向轮用于半绕式时俗称过桥轮，用于全绕式时称为抗绳轮。导向轮可调整钢丝绳与曳引轮的包角和轿厢与对重的相对位置。其材料也为耐磨性较强的铸铁。导向轮上的绳槽为半圆槽，槽深应大于钢丝绳直径的 1/3，导向轮直径应为钢丝绳直径 40 倍以上。

4. 轿厢系统。用以运送乘客和(或)货物的组件，是电梯的工作部分，由轿厢架和轿厢体组成。

5. 门系统。乘客或货物的进出口，轿门、厅门必须关闭电梯才能运行，到站时才能打开。它由轿厢门、层门、开门机、联动机构、门锁及门锁电气开关等组成。

6. 导向系统。对轿厢和对重的运动加以限制，使其只能沿着导轨作上、下运动的系统。它包括轿厢、对重的导轨及导轨固定架、导靴等。

1）导轨。导轨是安装于井道内用来确定轿厢和对重相对位置，并对轿厢和对重运行起导向作用的部件。常用导轨的种类如表 7-17 所示。

表 7-17　导轨的种类

类　型	使 用 特 点	图　示
T形	具有良好的抗弯性能和可加工性，使用范围广泛	a) T形　b) L形　c) 槽形　d) 管形
L形	一般均不经过加工，通常用于运行平稳性要求不高的低速电梯	
槽形		
管形		

2）导轨架。导轨架是用来固定和支撑导轨的构件，安装于井道壁或横梁上，承受来自导轨的各种作用力。

3）导靴。导靴是引导轿厢、对重沿轨道运行的部件。每台轿厢安装四套导靴，分别安装在轿厢上梁两端和轿厢底部安全钳座下面。四套对重导靴安装在对重梁上部和底部。导靴的靴头(凹形槽)与导轨(凸形)的工作面配合，使轿厢和对重沿轨道运行，防止其运行中偏斜或摆动。导靴有刚性(固定式)滑动导靴、弹性(浮动式)滑动导靴及滚轮导靴等类型，应根据电梯的不同运动速度，选择合适类型的导靴。

7. 重量平衡系统　用于平衡轿厢重量以及补偿高层电梯中曳引绳及随行电缆等自重的

影响。它包括对重装置和重量补偿装置等，如图 7-42 所示。

1）对重(装置)。对重又称平衡重，用于减少曳引机的功率和曳引轮、涡轮上的力矩。对重通过四个角上的导靴沿对重导轨垂直运动，对重导轨安装于电梯井内一侧的井壁上。

对重装置由对重架和对重块组成，如图 7-43 所示。对重架一般用槽钢或 3～5mm 厚钢板冲压成槽钢形状后焊接而成，其结构形式根据使用场所和导轨等的不同而不同。对重块由铸铁制成，安装于对重架中并用压紧板压紧。

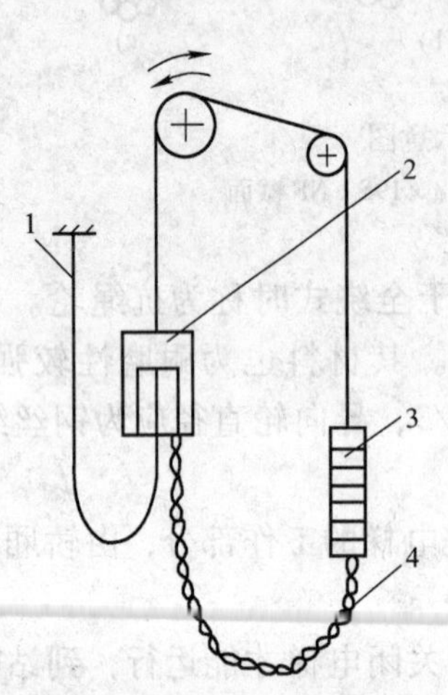

图 7-42　重量平衡系统组成示意图

1—电缆　2—轿厢

3—对重　4—补偿装置

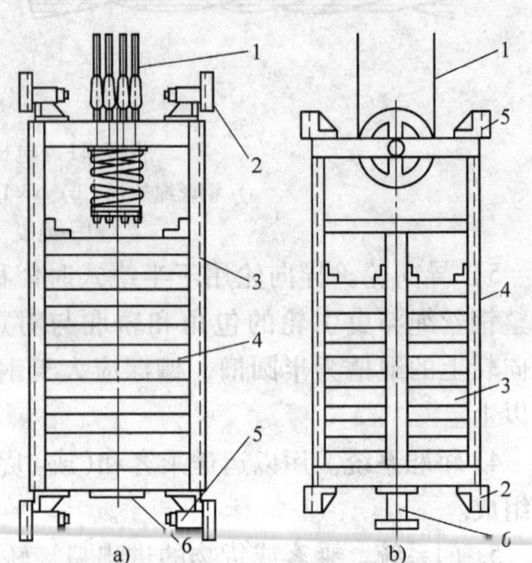

图 7-43　对重装置

a）无对重轮　b）有对重轮

1—引绳　2、5—导靴　3—对重架

4—对重块　6—缓冲器碰块

对重装置的总重量必须与轿厢等的重量相匹配，以保证达到最佳的使用效果。

2）补偿装置。是用于平衡曳引钢丝绳和随行电缆重量的装置，有补偿链(铁链)和补偿绳(钢丝绳)两种类型。补偿装置一般用于提升高度大于 30m 的电梯中。

8. 安全保护系统　保证电梯安全运行，防止一切危及人身及设备安全事故发生的系统，包括限速器装置、安全钳、缓冲器、端站保护装置、超速保护装置、供电系统断相错相保护装置，超越上、下极限工作位置的保护装置，层门锁与轿门电气联锁装置等。

7.4.3　电梯的技术参数

电梯的主要参数是电梯制造厂设计和制造电梯的依据。用户选用电梯时，必须根据电梯的安装使用地点、载运对象等，按标准的规定，正确选择电梯的类别和有关参数与尺寸，并根据这些参数与规格尺寸，设计和建造安装电梯的建筑物，否则会影响电梯的使用效果。电梯的主要参数包括：

1）额定载重量(kg)。设计、制造时规定的电梯额定载重量。

2）轿厢尺寸(mm)。宽×深×高。

3）轿厢形式。单(双)开门，轿厢内部颜色、材料的选择以及对电风扇、电话的要求等。

4）轿门形式。表示轿厢的开门方式及门的结构。

5）开门宽度(mm)。轿厢门和层门完全开启时的净宽度。

6）开门方向。人在轿厢外面对轿厢门向左方向开启的为左开门，门向右方向开启的为右开门，两扇门分别向左右两边开启者为中开门，也称中分门。

7）曳引方式。表示曳引钢丝绳的缠绕方式。

8）额定速度。设计、制造时所规定的电梯运行速度。

9）电气控制系统。包括控制方式、拖动系统的形式等。

10）停层站数(站)。在建筑物内各楼层用于出入轿厢的地点均称为站。

11）提升高度(m)。由底层端站楼面至顶层端站楼面之间的垂直距离。

12）顶层高度(m)。层端站楼面至机房楼板或隔声层楼板下面突出构件之间的垂直距离。

13）底坑深度(m)。由底层端站楼面至井道底面之间的垂直距离。

7.4.4 电梯的安装与调试

电梯作为一种特种设备，在设计、制造、安装过程中均应严格执行相关标准，各相关企业单位必须取得相应的制造、安装、维修资质，并接受国家相关部门的监督、检查和管理。电梯安装调试一般包括施工准备、安装施工、调试和竣工验收四个阶段。电梯安装程序如图 7-44 所示。

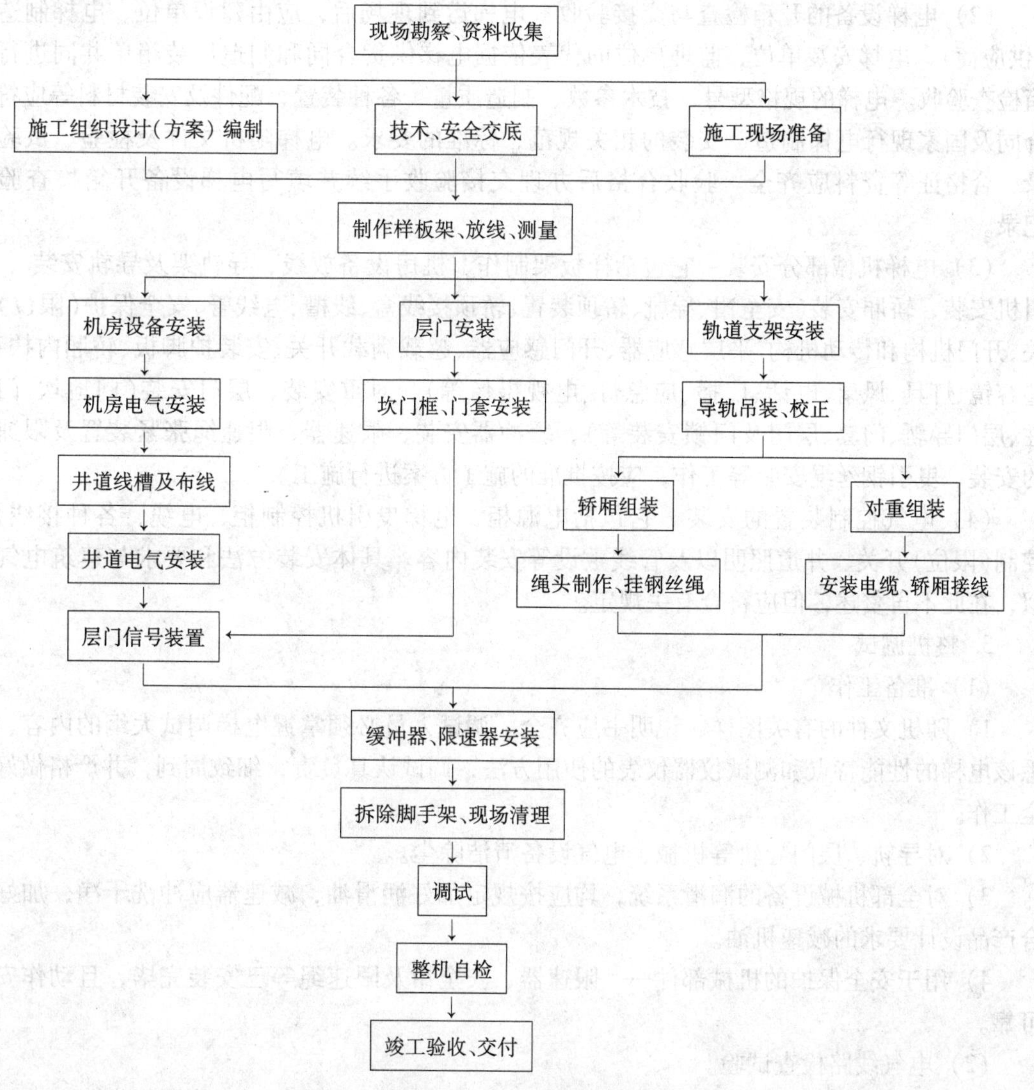

图 7-44 电梯安装程序

1. 电梯安装前的准备工作

(1) 电梯安装单位应与建设单位(业主)签订安装施工合同，明确双方的责任与义务。

(2) 组织成立现场管理机构或项目部，负责施工现场的施工管理、协调等工作。

(3) 组织编写电梯施工组织设计或专项施工方案，并得到建设(监理)单位的审核批准。

(4) 收集、整理电梯安装所需的技术资料、质量检验验收规范等资料。

(5) 办理电梯安装施工许可证，并在技术监督部门办理安装备案手续。

(6) 做好施工现场的其他准备工作。

2. 电梯安装施工

(1) 电梯机房、井道等土建工程的交接验收　电梯正式安装前，应由建设单位组织土建、电梯安装、监理等相关单位的技术人员对电梯机房、井道等的土建工程质量进行全面检查验收，应符合设计和施工验收规范及电梯制造厂的要求，在验收合格的基础上办理交接验收手续。

(2) 电梯设备的开箱检查与交接验收　电梯运到现场后，应由建设单位、电梯制造商(供应商)、电梯安装单位、监理单位的代表依据电梯供货合同和制造厂装箱单共同进行开箱检查验收。电梯的规格型号、技术参数、制造质量、各种装置、配件及安装材料等应符合合同及国家现行电梯制造、安装的相关规范、标准的要求。电梯随机文件及检验、试验记录、合格证等资料应齐全。验收合格后办理交接验收手续并填写电梯设备开箱检查验收记录。

(3) 电梯机械部分安装　它包括样板架制作、机房设备放线、导轨架及导轨安装 、曳引机安装、轿厢安装(安全钳、导靴、轿顶装置、轿顶接线盒、线槽、电线管、安全保护(限位)开关、开门机构和传动机构、平层感应器、开门感应器、超载满载开关、安装护脚板、轿厢内扶手、整容镜、灯具、风扇、电话、广播、应急灯、电视摄像等)、对重安装、层门安装(门地坎、门立柱、层门导轨、门套、层门及门锁安装等)、缓冲器安装、限速器、限速绳张紧装置及限速绳的安装、曳引钢丝绳安装等工作，应按批准的施工方案进行施工。

(4) 电气控制装置的安装　它包括电源柜、电梯曳引机控制柜、电缆、各种接线盒、控制(限位)开关、井道照明以及管线敷设等安装内容。具体安装方法和要求与建筑电气类似，在此不再赘述，但应符合有关规定。

3. 整机调试

(1) 准备工作

1) 随机文件的有关图样、说明书应齐全。调试人员必须掌握电梯调试大纲的内容、熟悉该电梯的性能特点和测试仪器仪表的使用方法，调试认真负责，细致周到，并严格做好安全工作。

2) 对导轨、层门导轨等机械、电气设备清洁除尘。

3) 对全部机械设备的润滑系统，均应按规定加好润滑油，减速器应冲洗干净，加好符合产品设计要求的减速机油。

4) 用于安全保护的机械部件——限速器、安全钳及限速绳等已安装完毕，且动作安全可靠。

(2) 电气线路检查试验。

(3) 静态模拟试验　静态模拟试验应在电气系统接线正常无误的前提下进行，只试电路控制系统和拖动系统。试验时电气线路与电动机不连接，曳引机不带轿厢。

（4）手动盘车或检修慢车运行　检查开门刀与各层门坎间隙；各层门锁轮与轿厢地坎间隙；平层装置的有关间隙；限位开关、强迫缓速开关等与碰铁的位置关系；轿厢最外端与井道壁间隙；轿厢部件与导轨支架、线槽、中间接线盒的间隙；随行电缆、补偿链、对重等与井道各部件的距离。对不符合要求的应及时调整，保证轿厢及对重在井道全程运行时无任何卡阻碰撞现象，安全距离满足规范要求。

（5）曳引机试运转。

（6）快车试运行。

（7）安全装置检查试验。

（8）载荷试验

1）运行试验。电梯分别在空载、50%额定载荷和额定载荷三个工况下起动、运行和停止时，轿厢应无剧烈振动和冲击，制动可靠。制动器线圈、减速器油、电动机温升不超过GB/T 12974—1991《交流电梯电动机通用技术条件》的规定。曳引机减速器蜗杆轴伸出端渗漏油面积平均每小时不超过规定值，其余各处不得有渗漏油。

2）超载试验。轿厢加入110%额定载荷，断开超载保护电路，在全行程范围往复运行30次，电梯应能可靠地起动、运行和停止，曳引机工作正常。

3）平衡系数测试。

7.5 电气安全、接地和防雷

电是国民经济的重要能源，是工农业生产的原动力。随着我国经济持续快速的发展，全面建设小康社会进一步加快了城市化进程，城市居民家庭的电气化水平迅速提高，电的使用范围越来越广泛。然而，当电能失去控制时，就会引发各类电气事故，其中对人体的伤害即触电事故是各类电气事故中最常见的事故，使得电气安全问题显得更为迫切。因此，将电气安全问题作为电气工程一个重要的专业方向进行研究，消除长期以来对电气安全问题的一些模糊认识，以科学的态度去认识它，用工程的手段去应对它，是一项十分有意义的工作。

7.5.1 触电事故及救护

1. 触电事故　触电事故习惯上又称“电击”，一般指人体有意或无意地接触带电体或带电部位而使人体生理组织受到不同程度伤害的事件。按人体接触带电体的途径，可分为直接接触触电和间接接触触电两大类。

（1）直接接触触电　指因接触到正常工作时带电的导体而产生的触电。例如，电工在检修时不小心触及带电的导体，或人们在插拔电源插头时触及尚未脱离电接触的插头金属片等。

由于直接接触带电体时人体的接触电压为系统相地间的电压，所以其危险性最高，是触电形式中后果最严重的一种。

（2）间接接触触电　常工作时不带电的部位，因其他原因（主要是故障）带上危险电压后被人触及而产生的触电，称为间接接触触电。例如，电气设备的金属外壳或结构因绝缘损坏而发生接地或短路故障（俗称“碰壳”或“漏电”）时，人体接触其金属外壳而造成的触电。

间接接触触电是由电气设备故障情况下的接触电压和跨步电压形成的，其后果严重程度决定于接触电压或跨步电压的大小。

2. 触电对人体的伤害及影响因素　当人体接触带电体后，将有电流从人体流过，破坏了人体内细胞的正常工作，主要表现为生物学效应。电流作用人体还包含有热效应、化学效应和机械效应。

电流的生物学效应主要表现为使人体产生刺激和兴奋行为，使人体活的组织发生变异，从一种状态变为另外一种状态。引起肌肉收缩、心室颤动、中枢神经系统紊乱而使呼吸停止，使人体因大脑缺氧而迅速死亡。此外，由于外部电流的作用，使电流所经过的血管、神经、心脏、大脑等器官因为热量增加而导致功能障碍；还可以使人体细胞内液体物质发生离解、分解，造成人体各种组织产生蒸汽，乃至发生剥离、断裂等损害。电流的热效应和弧光放电会造成电灼伤；电磁场的辐射作用造成人体的不适应等。

不同的人于不同的时间、不同的地点与同一根导线接触，结果是千差万别的。这是因为电流对人体的作用受很多因素的影响。这些因素有：

（1）电流大小的影响　通过人体的电流越大，人的生理反应和病理反应越明显，引起心室颤动所用的时间越短，致命的危险性越大。大量的试验表明，当触电时间大于5s，触电电流大于30mA时，就会有生命危险。

（2）电流持续时间的影响　触电时间越长，电流对人体引起的热伤害，化学伤害及生理伤害就越严重。

（3）电流途径的影响　人体在电流的作用下，没有绝对安全的途径。一般认为流过心脏、脊椎和中枢神经等要害部位的电流越多、电流路线越短的途径是电击危险性越大的途径。

（4）电流频率的影响　电流的频率除了会影响人体的电阻外，还会对触电的伤害程度产生直接影响。25～300Hz的交流电对人体的伤害远大于直流电。同时对交流电来说，当低于或高于以上频率范围时，它的伤害程度就会显著减轻。

（5）人体电阻的影响　人体触电时，流过人体的电流（当接触电压一定时）由人体的电阻值决定，人体电阻越小，流过人体的电流越大，也就越危险。

人体电阻有表面电阻和体积电阻之分，表面电阻是沿着人体皮肤表面所呈现的电阻，体积电阻是从皮肤到人体内部所构成的电阻。一般人的平均电阻值是1000～1500Ω。人体电阻与周围环境、温度等因素有关。如潮湿、出汗、导电的化学物质和尘埃（如金属或炭质粉末）等都能使皮肤的电阻显著下降。若皮肤上有汗水，电阻就会变得很低，电流对人体的作用就会增大。

另外，频率变化时，人体电阻将随频率的增加而降低，频率为100kHz时的人体电阻约为50Hz时的50%左右。

3. 触电事故的特点　触电事故的特点是多发性、突发性、季节性、高死亡率，并具有行业特征。

（1）触电事故的多发性　据有关资料统计，我国每年因触电而死亡的人数，约占全国各类事故总死亡人数的10%，仅次于交通事故。随着电气化的发展，生活用电的日益广泛，发生人身触电事故的机会也相应增多。

（2）触电事故具有季节性特点　从统计资料分析来看，触电事故多发生在湿热的夏季。因夏季多雨潮湿，设备绝缘能力降低，人体电阻因天热多汗、皮肤湿润而下降，再加上衣着短小单薄，这些因素都增加了触电的危险性。

（3）触电事故具有部门特征　不同行业、不同部门发生的触电事故及事故造成的死亡率是不同的。比较起来，触电事故多发生在非专职电工人员身上，而且城市低于农村，高压低于低压，建筑施工工地多于工厂企业。这说明了加强安全用电教育和加强管理的重要性。

（4）触电事故的发生还具有很大的偶然性和突发性　触电事故往往令人猝不及防。如果延误急救时机，死亡率是很高的；如防范得当，仍可最大限度地减免事故的发生几率；在触电事故发生后，若能及时采取正确的救护措施，死亡率也可大大地减少。

4. 触电急救　人触电以后，会出现神经麻痹、呼吸困难、血压升高、昏迷、痉挛，直至出现呼吸中断、心脏停跳等险象，呈现昏迷不醒的状态。但是，如果未见明显的致命外伤，就不能轻率地认定触电者已经死亡，而应看做是“假死”，并立即采取相应的急救措施。只要施救快而得法，多数触电者是可以复活的。由于触电急救可有效减小触电死亡率，所以正确掌握触电急救知识和技能是电气从业人员必须具备的素质之一。

对触电者进行急救时，应首先使触电者迅速脱离电源，再实施现场救护。其具体方法详述如下：

（1）使触电者脱离电源　由于电流对人体的作用时间越长，对生命的威胁越大。所以，触电急救的首要任务是使触电者迅速脱离电源。救护人员应根据具体情况，采用“拉”、“切”、“挑”、“拽”和“垫”的方法使触电者迅速脱离电源。

“拉”，就是就近拉开电源开关、拔出插头或瓷插保险。此时应注意确认电源是否被断开。这是因为有的开关安装不符合规程要求，误把开关安装在零线上了，这时虽然断开了开关，但伤员触及的导线可能仍然带电。

“切”，就是用带有绝缘手柄的利器切断电源线。当来不及拉开电源开关、插座或瓷插保险时，可用带有绝缘手柄的电工钳或有干燥木柄的斧头、铁锨等利器将电源线切断。切断时应防止带电导线断落触及周围的人体。多芯线或电缆应分相切断，以防短路造成事故扩大。

“挑”，就是用干燥的木棒、竹竿等不导电物体将搭在触电者身上或压在身下的导线挑开，或者用干燥的绝缘绳套拉导线，使触电者脱离电源。

“拽”，救护人可戴上绝缘手套或在手上包缠干燥的衣物等绝缘物品拖拽触电者，使之脱离电源。如果触电者的衣裤是干燥的，又没有紧缠在身上，救护人可直接用一只手抓住触电者不贴身的衣裤，将触电者拉脱电源。但要注意拖拽时切勿触及触电者的体肤。救护人也可站在干燥的木板、木桌椅或橡胶垫等绝缘物品上，用一只手把触电者拉脱电源。

“垫”，如果触电者由于痉挛而手指紧握导线或导线缠绕在身上，救护人可先用干燥的木板塞进触电者身下使其与地绝缘来隔断电源，然后再采取其他办法把电源切断。

（2）现场救护方法　触电者脱离电源后，应立即就地进行抢救。救护方法应视触电者受到的伤害程度而定。同时，派人通知医务人员到现场并做好将触电者送往医院的准备工作。

1）如果触电者所受的伤害不太严重，神志尚清醒，只是心悸、头晕、出冷汗、恶心、呕吐、四肢发麻、全身乏力，甚至一度昏迷，但未失去知觉，则应让触电者在通风暖和的地方静卧休息，并派人严密观察，同时请医生前来或送往医院诊治。

2）如触电者已失去知觉，但呼吸或心脏还正常，则应使其舒适地平卧着，解开衣服以利呼吸，保持空气流通；如天气寒冷，还应注意保温，并迅速请医生诊治。如发现触电者呼吸困难、心跳失常并伴随有抽搐现象，应做好随时进行人工呼吸和心脏挤压的救护准备。

3）如触电者已处于休克状态，可用“看”、“听”、“试”的方法判断是否是假死。“看”就是观察触电者的胸部、腹部有无起伏动作。“听”就是用耳贴近触电者的口鼻处，听他有无呼气声音。“试”则是用手或小纸条试测口鼻有无呼吸的气流，再用两手指轻压一侧的颈动脉试有无搏动感觉。如果触电者既无呼吸又无颈动脉搏动，则说明其呼吸停止或心跳停止或呼吸、心跳均已停止。此时，切勿慌乱，不要随意翻动触电者，必须立即施行人工呼吸和心脏挤压救护，并迅速请医生诊治，千万不要放弃救治。

对触电者的抢救，往往需要很长时间(有时要进行 1 ~ 2h)，必须持续进行，不得间断，直到呼吸和心脏恢复正常、面色好转、嘴唇红润、能自主呼吸，才算抢救完毕。

(3) 人工呼吸的救护方法　人工呼吸有俯卧压背法、仰卧牵臂法和口对口吹气法三种。其中口对口吹气法是最常用一种方法。其操作要领如下：

1）使触电者仰面躺在平硬的地方，清除口中异物，并迅速将其衣扣、紧身内衣、裤带松开，使触电人胸部和腹部能自由舒张，使触电人仰卧，颈部伸直，保证呼吸道畅通，如图 7-45 所示。

2）救护人员在触电人头部旁边，一手捏紧触电人的鼻孔(不要漏气)，另一只手扶着触电人的下颌，在触电人张开的嘴上可盖上薄纱布。

3）救护人做深呼吸后，紧贴触电人的口吹气，同时观察其胸部的鼓胀情况，以胸部略有起伏为宜，如图 7-46 所示。胸部起伏过大，表示吹气太多，容易吹破肺泡；胸部无起伏，表示吹气用力过小，作用不大。

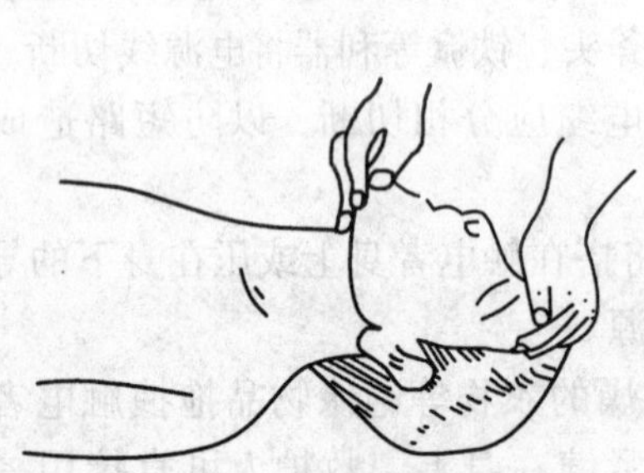
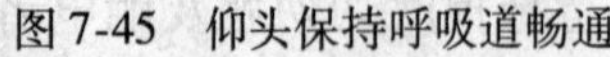

图 7-45　仰头保持呼吸道畅通

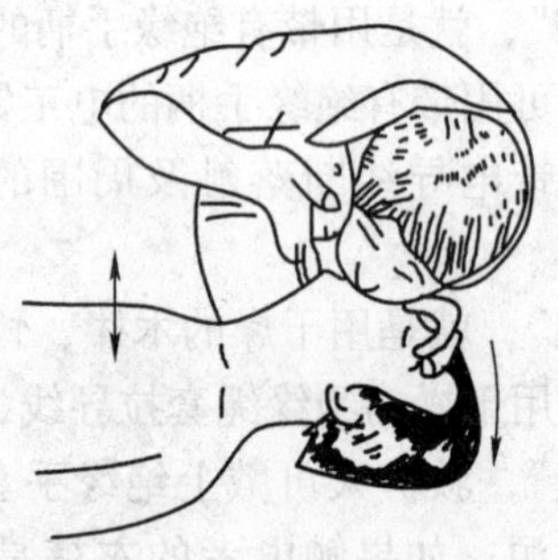

图 7-46　口对口吹气

4）救护人吹气完毕准备换气时，应立即离开触电人的口，并松开被捏紧的鼻孔，让其自动向外呼气。这时应注意触电人胸部复原情况，观察有无呼吸道梗阻现象。按以上步骤不断进行，对成年人每分钟大约吹气 14 ~ 16 次(约 4 ~ 5s 吹一次)；对儿童每分钟大约吹气 18 ~ 24 次，不必捏紧鼻子可任其自然漏气并注意不要使儿童胸部过分膨胀，防止吹破肺泡。若触电人的嘴不易掰开，可捏紧嘴，对鼻孔吹气。

(4) 心脏挤压的救护方法　心脏挤压法又叫心脏按摩，是用人工的方法在胸外挤压心脏，使触电者恢复心脏跳动。其方法如下：

1）使触电人仰卧，保证呼吸道畅通(具体情况同吹气法)。背部着地处应平整稳固，以保证挤压效果，不可躺在软的地方。

2）确定正确的按压位置。救护人跪在触电人腰部的一侧，或者跨腰跪在腰部，两手相叠，把下边手的掌根部放在按压位置上，如图 7-47 所示。

3）正确的按压姿势。救护人的两肩位于触电者胸骨正上方，两臂伸直，肘关节固定不屈，两手掌相叠，手指翘起不接触触电者胸壁。以髋关节为支点，利用上身的重力，垂直将正常成人胸骨压陷 3～5cm(儿童和瘦弱者酌减)，如图 7-48 所示。

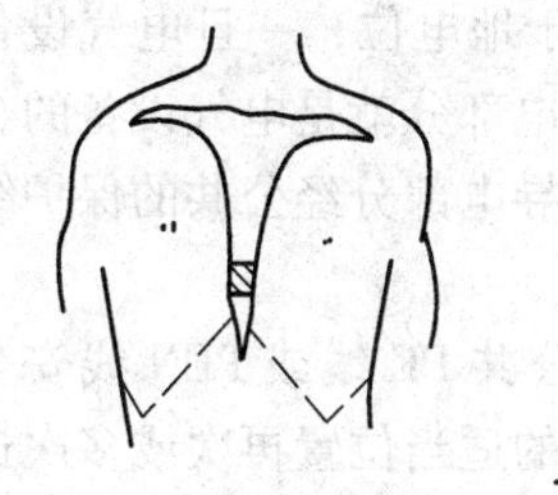

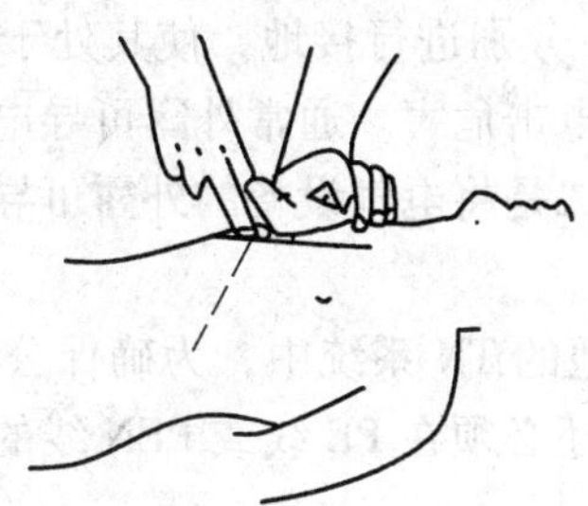

图 7-47　正确的按压位置

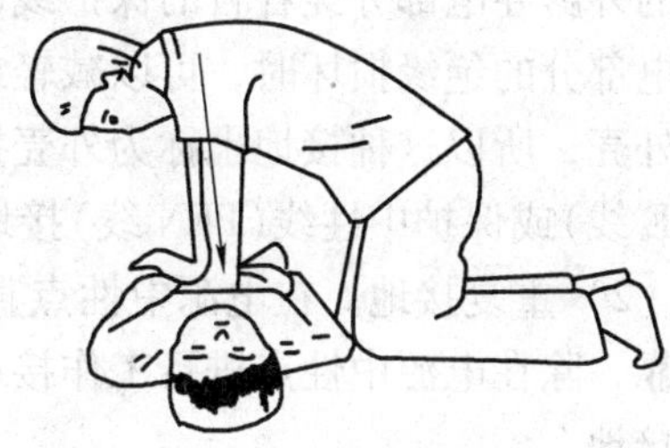

图 7-48　正确的按压姿势

4）压至要求程度后，立即全部放松，让触电人胸部自动复原，但救护人的掌根不离开触电者的胸壁。

5）按压频率控制。胸外按压要以均匀速度进行，每按压和放松一次为一个循环，按压和放松的时间相等。对成年人每分钟大约挤压 60～80 次；对儿童每分钟挤压 90 次左右。

当胸外按压与口对口(鼻)人工呼吸同时进行时，操作的节奏为单人救护时，每按压 15 次后吹气 2 次(15:2)，反复进行；双人救护时，每按压 15 次后由另一人吹气 1 次(15:1)，反复进行。

7.5.2　接地

1. 接地的作用和类型　所谓接地，简单说来就是电力系统和电气装置的中性点、电气设备和装置的外露可导电部分经由导体与大地相连。接地的目的是为了使设备正常和安全运行，以及为建筑物和人身的安全准备条件。根据接地的作用一般分为工作接地和保护性接地两大类。

（1）工作接地　又称系统接地，是为满足电力系统及电气设备正常运行的需要而进行的接地。常见工作接地及其作用为：

1）电源中性点接地。电源中性点有直接接地和经消弧线圈接地两种方式。能在运行中维持三相系统中相线对地电位不变；电源中性点经消弧线圈的接地，能在单相接地时消除接地点的断续电弧，防止系统出现过电压。

2）防雷接地。就是依靠良好的防雷接地装置将雷电流引入大地，使被保护设备或装置、建筑物等免受雷电的破坏。对防雷系统本身讲，防雷接地是工作接地，而从电气设备、建筑物安全角度讲，防雷接地则可认为是一种保护接地。

3）防静电接地。将由于摩擦等原因而产生的静电电荷导入大地、防止其危害的接地。

4）电子设备逻辑、功率接地。是信号回路中放大器、混频器、扫描电路、逻辑电路等的统一基准电位接地，目的是不致引起信号量的误差。功率接地是所有继电器、电动机、电源装置、大电流装置、指示灯等电路的统一接地，以保证在这些电路中的干扰信号泄露到地中，不至于干扰灵敏的信号电路。

5）屏蔽接地。一方面是为了防止外来电磁波的干扰和侵入，造成电子设备的误动作或通信质量的下降；另一方面是为了防止电子设备产生的高频向外部泄放，需将线路的滤波器、变压器的静电屏蔽层、电缆的屏蔽层，屏蔽室的屏蔽网等进行接地，称为屏蔽接地。

（2）保护性接地　为保障人身安全、防止间接触电造成伤亡或设备损坏而将设备的外露可导电部分、线路的金属管、电缆的金属保护层、安装电气设备的金属支架等进行接地，称作保护性接地。这种接地可分为以下几种：

1）保护接地。根据保护线的连接方式不同，保护接地有下面两种接法：一是将电气设备的外露导电部分经各自的保护线(PE 线)分别进行接地，使其处于地电位，一旦电气设备带电部分的绝缘损坏时，可以减轻或消除电击危害。通常外露可导电部分就是电气设备的金属外壳，所以这种接地也称为外壳接地。二是将电气设备的外露可导电部分经公共的保护线(PE 线)或保护中性线(PEN 线)接地。

2）重复接地。在电源中性点直接接地的 TN 系统中，为确保公共 PE 线或 PEN 线安全可靠，除在电源中性点进行工作接地外，还必须在 PE 线或 PEN 线的适当位置再次或多次进行接地。

3）等电位接地。在一定区域内，为了防止外部引入电位所形成的危险电位差，要把该区域内潜在的导电体相互连接成一体并予以接地，称为等电位接地。如将卫生间各种金属管道、用电设备外壳连接在一起并与接地系统相连；高层建筑中为了减少雷电流造成的电位差，将每层的钢筋网及大型金属物体连接成一体并接地，就是等电位接地。

2. 常见的保护接地方式　在建筑电气工程中，我国低压供配电系统的接地形式采用 IEC(国际电工委员会)标准。根据电源中性点和电气设备(装置)外露可导电部分接地的不同方式，将接地分为 IT 系统、TT 系统和 TN 系统。其中 IT 系统和 TT 系统的设备外露可导电部分经各自的保护线直接接地(保护接地)；TN 系统的设备外露可导电部分经公共的保护线与电源中性点直接电气连接(接零保护)。

IEC 对系统接地文字符号的意义规定如下：

第一个字母表示电力系统的对地关系；

T：一点直接接地；

I：所有带电部分与地绝缘或一点经高阻抗接地；

第二个字母表示装置的外露可导电部分的对地关系；

T：外露可导电部分对地直接电气连接，与电力系统的任何接地点无关；

N：外露可导电部分与电力系统的接地点直接电气连接(在交流系统中,接地点通常就是中性点)。

后面还有字母时，这些字母表示中性线与保护线的组合方式：

S：中性线和保护线是分开的；

C：中性线和保护线是合一的。

（1）TN 系统　TN 系统的电源中性点直接接地，并引出有 N 线，把正常运行时不带电的用电设备的金属外壳，经公共的保护线和 N 线直接做电气连接所构成的系统。它属三相四线制系统。当其设备发生一相接地故障时，故障电流经设备的外壳形成单相短路，其过电流保护装置动作，迅速切除故障部分，从而保证了人身安全和其他设备或线路的正常运行。图 7-49 所示为 TN 系统的工作原理示意图。

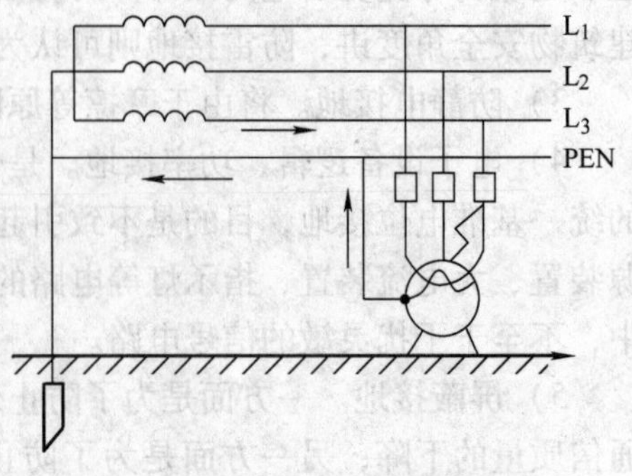

图 7-49　TN 系统工作原理示意图

在 TN 接地系统中，按电源中性点引出线(N)与电气设备外露可导电部分的不同连接方法，又可分为以下三种形式：

1）TN—C 系统。图 7-50a 所示为 TN—C 系统，其整个系统的中性线(N)和保护线(PE)是合一的，该线又称为保护中性线(即 PEN 线)。其优点是节省了一条导线。但当三相负载不平衡或中性线断开时会使所有设备的金属外壳都带上危险电压。

2）TN—S 系统。图 7-50b 所示为 TN—S 系统，其整个系统的中性线(N)和保护线(PE)是分开的。其优点是 PE 线在正常情况下没有电流通过，N 线断线也不会影响 PE 线的保护作用，不会对接在 PE 线上的其他设备产生电磁干扰。

3）TN—C—S 系统。图 7-50c 所示为 TN—C—S 系统，系统中有部分中性线(N)和保护线(PE)是合一的，而又有一部分线是分开的。这种系统兼有 TN—C 系统和 TN—S 系统的特点。

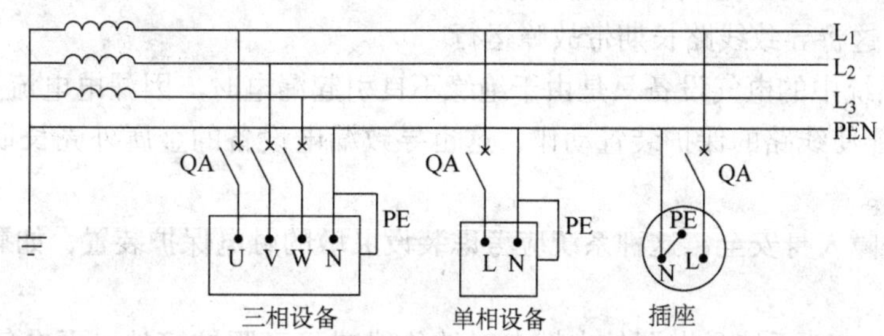

a)

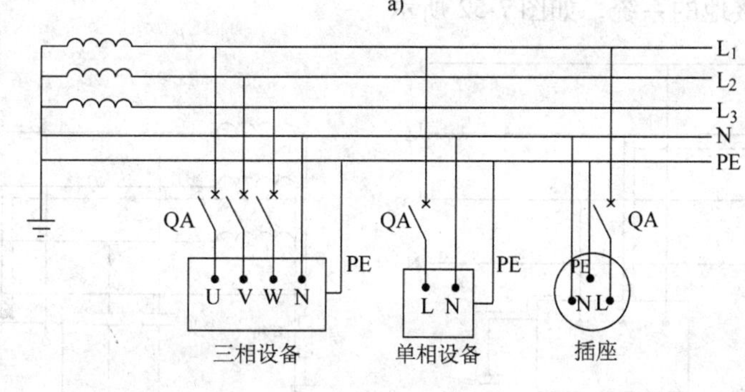

b)

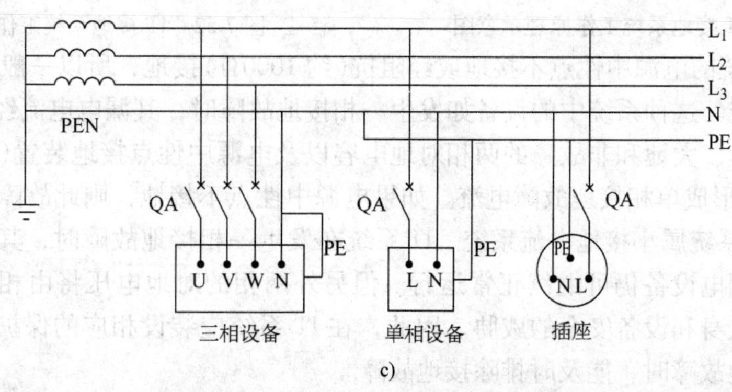

c)

图 7-50　TN 系统的三种接线示意图

a）TN—C 系统　b）TN—S 系统　c）TN—C—S 系统

（2）TT 系统　TT 系统的电源中性点和设备的外露可导电部分分别直接接地，二者之间没有直接的电气连接，而是靠大地连接在一起。当发生单相碰壳故障时，漏电电流经保护接地的接地装置和电源的工作接地装置构成回路。此时，若有人触摸带电的外壳，则由于保护接地装置的电阻远远小于人体的电阻，因此大部分的接地电流被接地装置分流，从而对人体起到保护作用，如图 7-51 所示。

由于 TT 系统所有设备的外露可导电部分都是经各自的 PE 线分别直接接地的，各自的 PE 线间无电磁联系，因此适于对数据处理、精密检测装置等供电。同时，TT 系统又与 TN 系统一样属三相四线制系统，接单相设备也很方便，如果装设触电保护装置，对人身安全也有保障，所以这种系统在国外应用比较广泛，在我国也正在逐步推广。但 TT 系统在确保安全用电方面也存在着不足之处。

1）在采用 TT 系统的电气设备发生单相碰壳故障时，接地电流并不很大，往往不能使保护装置动作，这将导致线路长期带故障运行。

2）当 TT 系统中的电气设备只是由于绝缘不良引起漏电时，因漏电电流往往较小（仅为毫安级），不可能使线路的保护装置动作，这也导致漏电设备的金属外壳长期带电，增加了人体触电的危险。

因此，为保障人身安全，这种系统应考虑装设灵敏的触电保护装置，如剩余电流保护电器等。

（3）IT 系统　IT 系统是电源的中性点对地绝缘或经高阻抗接地，而电气设备的外露可导电部分则直接接地的系统，如图 7-52 所示。

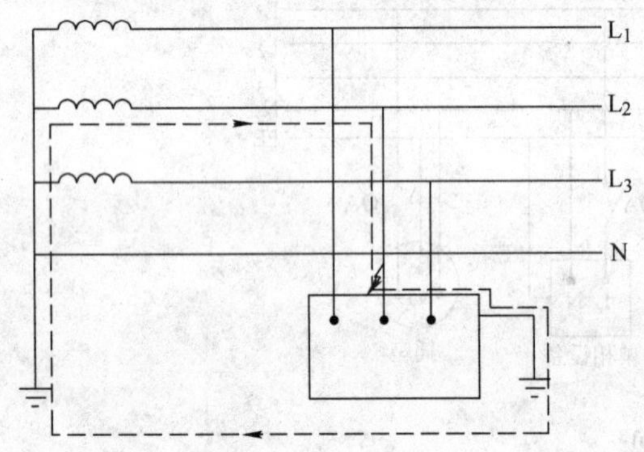

图 7-51　TT 接地系统工作原理示意图

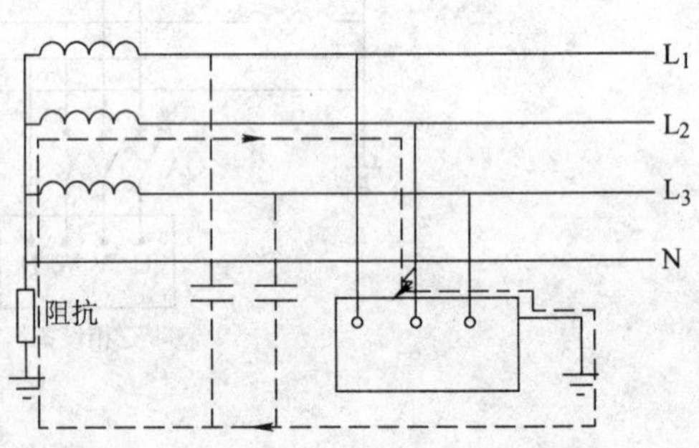

图 7-52　IT 接地系统工作原理示意图

由于 IT 系统的电源中性点不接地或经阻抗（约 1000Ω）接地，所以一般不引出 N 线，为三相三线制系统。这种系统中的设备如发生一相接地故障时，其漏电电流经设备外露可导电部分的接地装置、大地和非故障的两相对地电容以及电源中性点接地装置（如采取中性点经阻抗接地时）而形成单相接地故障电流。如果电源中性点不接地，则此故障电流完全为电容电流。所以 IT 系统属小接地电流系统。IT 系统在发生一相接地故障时，其三个线电压仍维持不变，三相用电设备仍可继续正常运行。但另外两相的对地电压将由相电压升高到线电压，增加了对人身和设备安全的威胁。因此，在 IT 系统应装设相应的保护装置，一旦系统内发生单相接地故障时，能及时排除接地故障。

IT 系统在发生单相漏电故障时，设备外壳上相电压所形成的漏电电流经接地装置流入大地，当人此时接触到设备外露可导电部分时，流经人体的电流就很小，从而保证了人体安全。

IT 系统适用于环境条件不良、易发生单相接地故障的场所，以及易燃、易爆的场所，如煤矿、化工厂、纺织厂等。

3. 接地电阻及其要求　为了实现用接地来保护人身安全和电力系统正常稳定运行的目的，必须根据不同系统和装置确定合适的接地电阻值。

接地电阻一般由接地体的流散电阻、接地线的电阻及接地体与土壤的接触电阻三部分组成。在工程中主要考虑的是接地体流散电阻的影响。工频接地电流流经接地装置所呈现的接地电阻，称为工频接地电阻；雷电流流经接地装置所呈现的接地电阻，称为冲击接地电阻。

在 TT 系统和 IT 系统中，电气设备外露可导电部分的保护用接地电阻值，应满足在接地电流通过时所产生的对地电压小于安全电压值（≤50V）。如果规定漏电开关的额定漏电动作电流为 30mA，则接地电阻为 $R_E \leqslant 50V/0.03A = 1667\Omega$。由此可见保护接地电阻值是很容易满足的。一般取 $R_E \leqslant 100\Omega$，以确保接地系统安全可靠。

7.5.3　建筑工程的防雷接地

雷电是自然界的一种大气放电现象。当其作用于建筑物或电力系统内的电气设备时，其放电电压可达数百万伏至数千万伏，放电电流可达几十至几百千安，因此其破坏性极大。雷电可造成人畜伤亡，建筑物炸毁或燃烧，电气线路停电及电气设备损坏等严重事故。工程上常采用接地的方法来保证建筑物和电力系统的安全。

1. 雷电的危害　雷电对建筑物的危害主要通过直击雷、感应雷、雷击电磁脉冲、雷电波侵入等途径实现的。

（1）直击雷　雷云直接对地面上的突出物（树木或建筑物）进行放电就叫做直击雷。由于受到直接雷击，被击物产生很高的电位，从而引起过电压，流过被击物的雷电流可高达几十千安至几百千安，产生很大的热效应和机械效应，使建筑物或其他设备损坏。

（2）感应雷　雷电感应是指因雷击放电而引起的电磁效应和静电效应。它能造成建筑物内的金属部件之间产生火花放电，从而引起火灾；造成建筑物内配电系统的保护动作而影响供电质量；还会使建筑物内的信息系统设备造成损坏而引起各种损失和混乱。感应雷一般分为两种，即静电感应和雷击电磁脉冲。

1）静电感应　当雷云出现在建筑物或供配电线路上的上空时，由于静电感应作用，使其产生与雷云下部的电荷符号相反的电荷。雷云放电后，若这些感应电荷得不到释放，就会使建筑物或供配电线路与地之间产生很高的电位差，这种现象就叫做静电感应。由于其电位差可高达 200～500kV，所以它对建筑物内的设备，尤其是信息系统设备及供配电线路两端的设备造成严重的损害。

2）雷击电磁脉冲　由于雷电流变化迅速，会使其周围的电磁场也随之变化，处于这变化电磁场中的导体就会感应出强大的电动势，这一现象称为电磁感应。雷电流的变化是脉冲型的，由它感应出来的电磁场也是脉冲型的，故称其为雷击电磁脉冲。雷击电磁脉冲是一种强干扰源，它可能干扰附近的信息系统设备正常工作，甚至造成这些设备的损坏。

（3）雷电波侵入　由直击雷或感应雷所产生的雷电波，沿架空线路或金属管道侵入建筑物而造成危害，称为雷电波侵入。雷电波的侵入，可以引起火灾及触电事故，也会使室内电气设备造成损坏。

2. 建筑物的防雷分类　为了防止雷电造成的危害，国标《建筑物防雷设计规范》根据建筑物的重要性、使用性、发生雷电事故的可能性及后果，将防雷分为三类。在 JGJ 16—2008《民用建筑电气设计规范》中规定，所有民用建筑中的防雷属于第二类及第三类防雷。在雷电活动频繁或强雷区，可适当提高建筑物的防雷保护措施。

（1）第二类防雷建筑物　符合下列情况之一时，应划为第二类防雷建筑物：

1）高度超过 100m 的建筑物。

2）国家级重点文物保护建筑物。

3）国家级的会堂、办公建筑物、档案馆、大型博展建筑物；特大型、大型铁路旅客站；国际性的航空港、通信枢纽；国宾馆、大型旅游建筑；国际港口客运站。

4）国家级计算中心、国家级通信枢纽等对国民经济有重要意义，且装有大量电子设备的建筑物。

5）年预计雷击次数大于 0.06 次的部、省级办公建筑及其他重要或人员密集的公共建筑物。

6）年预计雷击次数大于 0.3 次的住宅、办公楼等一般民用建筑物。建筑物年预计雷击次数计算见 JGJ 16—2008《民用建筑电气设计规范》的附录 B.2。

（2）第三类防雷建筑物　符合下列情况之一时，应划为第三类防雷建筑：

1）省级重点文物保护建筑物及省级档案馆。

2）省级及以上大型计算中心和装有重要电子设备的建筑物。

3）19 层及以上的住宅建筑和高度超过 50m 的其他民用建筑物。

4）年预计雷击次数大于 0.012 次，且小于或等于 0.06 次的部、省级办公建筑及其他重要或人员密集的公共建筑物。

5）年预计雷击次数大于或等于 0.06 次，且小于或等于 0.3 次的住宅、办公楼等一般民用建筑物。

6）建筑群中最高或位于建筑群边缘高度超过 20m 的建筑物。

7）通过调查确认当地遭受过雷击灾的类似建筑物；历史上雷击事故严重地区或雷击事故较多地区的较重要建筑物。

8）在平均雷暴日大于 15d/a 的地区，高度在 15m 及以上的烟囱、水塔等孤立的高耸构物；在平均雷暴日小于或等于 15d/a 的地区，高度在 20m 及以上的烟囱、水塔孤立的高耸构筑物。

（3）同时具有第二、三类防雷的建筑物　由重要性或使用要求不同的分区或楼层组成的综合性建筑物，且按防雷要求分别划为第二类和三类防雷建筑时，其防雷分类宜符合下列规定：

1）当第二类防雷建筑的面积占建筑物总面积的 30% 及以上时，该建筑物宜确定为第二类防雷建筑物。

2）当第二类防雷建筑的面积，占建筑物总面积的 30% 以下时，宜按各自类别采取相应的防雷措施。

3. 防雷装置的组成　防雷装置一般由接闪器、引下线和接地装置三部分组成。

（1）接闪器　接闪器就是专门用来接受雷击的金属导体。经常采用的接闪器有避雷针、避雷线、避雷网和避雷带等。接闪器一般安装于被保护物上面的突出部位，把雷电引向自身，并通过引下线和接地装置，把雷电流泄入大地，从而保护周围一定范围内的物体免受直接雷击。

1）避雷针。避雷针主要用来保护独立建筑物和发、配电装置。一般用圆钢和焊接钢管制成。针长1m以下时，圆钢直径不得小于12mm，钢管直径不得小于20mm；针长1~2m时，圆钢直径不得小于16mm，钢管直径不得小于25mm；装在烟囱上方时，因烟气有腐蚀作用，故宜采用直径20mm以上的圆钢或直径不小于40mm的钢管。

2）避雷线。避雷线多用来保护电力线路，一般采用截面积不小于$35mm^2$的镀锌钢绞线。

3）避雷网和避雷带。避雷网和避雷带主要用来保护建筑物，一般采用热镀锌圆钢或扁钢，特殊情况下也有采用铜材的。圆钢直径不得小于8mm；扁钢厚度不小于4mm，且截面积不得小于$100mm^2$。

避雷网分为明装避雷网和暗装避雷网。明装避雷网是明敷于建筑物上部，由镀锌圆钢或扁钢组成一定面积的网格作为接闪器；暗装避雷网是利用建筑物内的钢筋或将圆钢或扁钢暗敷于建筑物的装饰层内。

除第一类防雷建筑物外，常利用建筑物的金属屋面作为接闪器，但应符合下列要求：金属板下面无易燃物品，其厚度不应小于0.5mm；金属板下面有易燃物品时，其厚度，铁板不应小于4mm，铜板不应小于5mm，铝板不应小于7mm；金属板之间的搭接长度不应小于100mm；金属板应无绝缘被覆层。

为防止雷击，位于建筑物最上面的各种管道、旗杆、栏杆、装饰物应与接地系统连接。有时它们也可作为接闪器，但其各部件之间均应连成电气通路。

（2）引下线　引下线是连接接闪器与接地装置的金属导体。它应满足机械强度、耐腐蚀和热稳定性等的要求。引下线一般采用圆钢或扁钢，如用钢绞线作引下线，其截面不应小于$25mm^2$。

引下线可沿建、构筑物外墙敷设，并经最短途径接地。对建筑艺术要求高者，可以暗设，但截面应适当加大，也可利用建筑物的结构钢筋等作为引下线。建筑物的消防梯、钢柱等金属构件，也可用作引下线，但所有金属构件之间均应连接成为电气通路。

为便于测量接地电阻和检查引下线和接地装置，宜在引下线距地面0.3~1.8m的位置设置断接卡。

明敷引下线在距地面1.7m内应用绝缘管保护，以免造成机械损伤或对人员造成伤害。

利用混凝土内钢筋、钢结构作为引下线时，应在室外的适宜地点设若干连接板，该板可供测量、接人工接地体和作等电位连接用。连接板应与作引下线的钢筋焊接，连接板设置在引下线距地面不低于0.3m处，并应有明显标志。

防雷装置的引下线一般不应少于两根。

（3）接地装置　接地装置包括接地干线和人工接地体，是防雷装置的重要组成部分。接地装置向大地均匀泄放雷电流，使防雷装置对地电压不至于过高。

人工接地体一般有两种埋设方式，一种是垂直埋设，称为人工垂直接地体；另一种是水平埋设，称为人工水平接地体。人工垂直接地体宜采用角钢、钢管或圆钢；人工水平接地体宜采用扁钢或圆钢。接地装置可用热镀锌扁钢、圆钢、钢管等钢材制成。接地装置所用材料的规格型号应满足规范要求。

垂直接地体的长度不宜小于2.5m，埋设深度不应小于0.5m。一组接地体一般不少于三根，常用直径为50mm的热镀锌钢管或50mm×50mm×5mm的热镀锌角钢制成，可成排布置，也可环形布置。相邻两根接地体之间的距离一般不应小于5m。接地体之间用接地母线（干线）焊接连成一整体。

人工水平接地体可采用40mm×4mm的热镀锌扁钢或直径为16mm的圆钢。水平接地体埋深为0.5m，多为放射形布置，也可成排布置或环形布置。水平接地体间的距离可视具体情况而定，但一般也不宜小于5m。水平接地体多用于土层较浅，或不宜采用垂直接地体的地方。

除采用型钢制作的接地体外，建筑物的钢筋混凝土基础等自然导体也可作为接地体，但钢筋的数量和截面积应满足要求。

接地装置距建筑物出入口及人行道应不小于3m，否则宜将水平接地体局部深埋1m或更深，也可在局部采用绝缘材料包裹，以免跨步电压造成伤害。

4. 建筑物的防雷措施　在JGJ 16—2008《民用建筑电气设计规范》中规定，第二、三类民用建（构）筑物应有防直击雷、防雷电波侵入和防侧击雷的措施。

（1）防直击雷的措施

1）装设独立避雷针、避雷网或避雷线，使被保护的建筑物及突出建筑物的管道、栏杆等物体均处于接闪器的保护范围内，避雷网的网络尺寸不应大于规定值。接闪器、引下线、接地装置与邻近导体之间应有足够的安全距离。独立避雷针和避雷线（网）的支柱及其接地装置至被保护建筑物及与其有联系的管道、电缆等金属物之间的距离应符合规范要求，且不得小于3m。

2）较高的建筑物应装设均压环，均压环间垂直距离不应大于12m，所有引下线及建筑物的金属结构和金属设备均应连接到均压环上。

3）电气设备接地装置及所有进入建筑物的金属管道应于接地系统连接，此接地装置可兼作防雷电感应之用。

4）在电源引入的总配电箱处装设避雷器等过电压保护器。

（2）防侧击的措施　当建筑物高于45m时，从45m起，每隔不大于6m，沿建筑物四周设水平避雷带并与引下线连接；45m及以上外墙上的金属栏杆、门窗等较大的金属物应与防雷装置连接。

（3）防雷电感应的措施

1）建筑物内的设备、管道、构架、电缆金属外皮、钢屋架、钢窗等较大金属物和突出屋面的管道、栏杆等金属物，均应接到防雷电感应的接地装置上。

2）金属屋面周边每隔18～24m应采用引下线接地一次。现场浇制的或预制构件组成的钢筋混凝土屋面，其钢筋宜绑扎或焊接成闭合回路，并应每隔18～24m采用引下线接地一次。

3）平行敷设的管道、构架和电缆金属外皮等长金属物，其净距小于100mm时应采用金属线跨接，跨接点的间距不应大于30m；交叉净距小于100mm时，其交叉处也应跨接。

4）当长金属物的弯头、阀门、法兰盘等连接处的过渡电阻大于0.03Ω时，连接处应用金属线跨接。对有不少于五根螺栓联接的法兰盘，在非腐蚀环境下，可不跨接。

5）防雷电感应的接地装置应和电气设备的接地装置共用，其工频接地电阻不应大于10Ω。防雷电感应的接地装置与独立避雷针、架空避雷线或架空避雷网之间的距离应符合要求，且不得小于3m 。

6）屋内接地干线与防雷电感应接地装置的连接不应少于两处。

（4）防雷电波侵入的措施

1）低电压线路宜全线采用电缆直接埋地敷设，在入户端应将电缆的金属外皮、钢管接到防雷电感应的接地装置上。当采用钢筋混凝土杆和角钢横担的架空线时，则应使用一段金属铠装电缆或护套电缆穿钢管埋地引入，其埋地长度应符合规范要求，且不应小于15m。

2）在电缆与架空线连接处，尚应装设避雷器。避雷器、电缆金属外皮、钢管和绝缘子钢脚、金具等应连在一起接地，其冲击接地电阻不应大于10Ω。

3）架空金属管道，在进出建筑物处，应与防雷电感应的接地装置连接，并宜利用金属支架或钢筋混凝土支架的焊接、绑扎钢筋网作为引下线，其钢筋混凝土基础宜作为接地装置。

4）埋地或地沟内的金属管道，在进出建筑物处也应与防雷电感应的接地装置连接。

7.5.4 漏电保护技术

低压配电系统的接地形式有 IT、TT 和 TN 三种。在发生对地短路或漏电事故时，接地回路就有漏电流通过，只要检测到此电流，就可以用相应的保护装置切除故障线路，以免发生触电和火灾事故。剩余电流动作断路器就是据此制造的保护装置之一。

1. 剩余电流动作断路器的工作原理　剩余电流动作断路器，又称漏电保护断路器。按其组成分为二类：一类是在塑壳断路器内部加装剩余电流检测和驱动单元，使之成为剩余电流断路器；另一种是在小型断路器上加装漏电保护模块组成剩余电流断路器。根据断路器的极数可构成单极、两极、三极和四极漏电保护断路器。不同极数的断路器，其应用对象也不相同，但漏电断路器的过载和短路保护特性与同类断路器相同，而剩余电流保护特性取决于剩余电流检测和驱动单元或剩余电流保护模块。

目前，国内生产的剩余电流动作断路器分为电磁式和电子式两大类。无论哪种剩余电流断路器，其基本工作原理都是基于发生漏电故障时，穿过零序电流互感器中的电流的矢量和不等于零，产生一个零序电流，当零序电流达到或超过设定值时使脱扣器动作，切断故障电流，达到保护目的。电磁式和电子式的区别在于二者脱扣器的驱动方式不同，电磁式是利用零序电流产生的电磁场来削弱永久磁铁的电磁场，使储能弹簧将衔铁释放，脱扣器动作，开关跳闸。电子式漏电保护器则是利用零序电流互感器次级绕组电压，经电子放大，产生足够的功率使开关跳闸。

电流型漏电保护开关一般都是由零序电流互感器(TAN)、保护器、脱扣装置、试验回路等组成，如图 7-53 所示。零序电流互感器(TAN)的环状铁心上绕制有二次侧线圈，电源线 L_1、L_2、L_3 及零线 N 从 TAN 中穿过，其作用是检测漏电电流。保护器用于放大漏电电流信号，并和预设值比较，根据比较结果发出控制信号。脱扣装置接收保护器发送的信号使断路器跳闸。试验回路是一个模拟剩余电流通过的检测装置，以便定期地检验剩余电流装置的

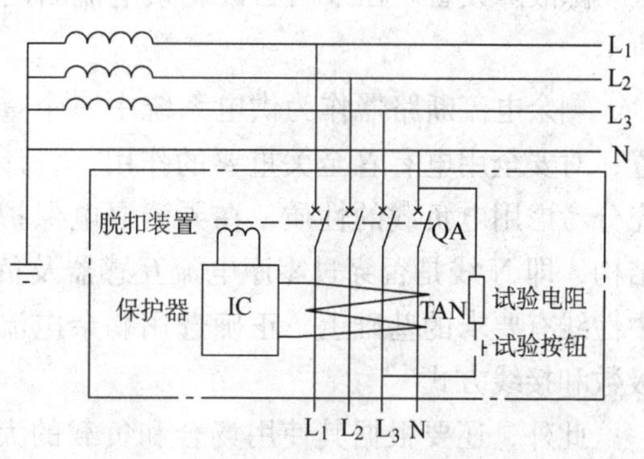

图 7-53　电流型漏电保护开关工作原理图

动作能力，来判断漏电保护装置是否有效。

在正常情况下，漏电保护装置所控制的电路中没有人身触电及漏电等接地故障时，各相电流的向量和等于零。同时各相电流在 TAN 铁心中所产生的磁通向量也等于零。这样在 TAN 的二次回路中就没有感应电动势输出，脱扣装置不动作。

当电路发生漏电或触电故障时，回路中就有一部分电流经故障点直接流入大地，使穿过 TAN 的电流向量和不等于零，即产生所谓的漏电流，因而 TAN 中磁通的向量和也不等于零。这样在 TAN 的二次回路中就产生一个电流，经保护器与保护装置的预设动作电流值相比较，若大于设定电流值，将使触发器动作，使开关跳闸。

2. 剩余电流动作断路器的应用　由于 TN 和 TT 系统为大电流接地系统，所以适于剩余电流动作断路器的应用，而 IT 系统则不宜使用。在使用时，要确保漏电流能够被剩余电流动作断路器检测到，否则剩余电流动作断路器就不能正常工作。图 7-54 所示为在 TN 系统中的两种接线方法。

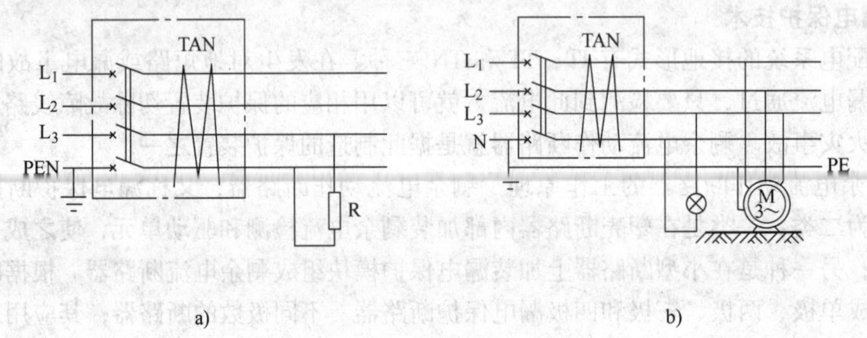

图 7-54　TN 系统剩余电流断路器的接线

a）TN—C 系统　b）TN—S 系统

在 TN—C—S 系统中，如果要安装剩余电流断路器，除考虑上述情况外，还要考虑 TN—C、TN—S 两个系统的相互影响，尤其经过多次重复接地的系统更应注意。

对于对称三相负载（如电动机），一般应采用三极剩余电流断路器。这是因为在发生相线对地漏电事故时，与设备外壳相连接的 PEN 线中将有电流流过，致使流经剩余电流断路器检测装置中的电流矢量和不再为零，剩余电流断路器就会切断电源，切除故障设备。如果采用四极剩余电流断路器，发生上述故障时，剩余电流断路器中的电流矢量和仍为零，就无法切除故障设备。在采用三极剩余电流断路器时，应考虑控制回路的接线影响，如图 7-55 所示。

剩余电流断路器作为供电系统中一个重要保护装置，对安全用电有着至关重要的作用。设计应用时应充分考虑用电负载的性质，在弄清漏电保护器本身的结构，即 N 线是否穿过零序电流互感器及负载是否对中性线有要求的基础上，正确选用剩余电流断路器的极数和接线方式。

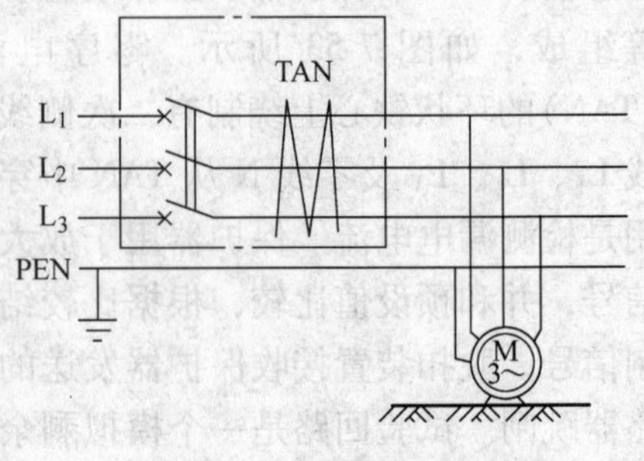

图 7-55　对称负载时接线

此外，还要根据其使用场合和负载的大小，合理选择剩余电流断路器额定频率（Hz）、额定电压 U_n、辅

助电源额定电压 U_{Sn}、额定电流 I_n、额定漏电动作电流 $I_{\Delta n}$、分断时间、额定短路接通分断能力、额定漏电接通分断能力等定参数，以确保供电系统安全可靠运行。

3. 剩余电流断路器的分级保护　目前低压供配电系统中的剩余电流断路器除安装于线路末端，对电气操作人员进行保护外，还在低压供配电系统的出线端、主干线、分支回路和电路末端分别安装，用于对线路和操作人员保护。对于后者，要按照线路和负载的重要性，以及不同的要求，各级剩余电流断路器的额定电流、各种漏电动作电流和动作时间特性也不相同，便于实行分级保护，如图 7-56 所示。

第一级保护是全网总保护，或者是为了在发生接地、漏电故障时，缩小停电范围，采用主干线保护。这一级漏电保护装置的动作电流可以选得较大，对 100kV·A 以下配电变压器的总出线或 150A 以下的主干线，可选用 100～300mA。1000kV·A 以上配电变压器的总出线或 150A 以上的主干线，可选用 300～500mA 动作的漏电保护装置。动作时间可采用延时 0.1s 至 0.2s 的延迟特性。这一级漏电保护装置主要用于排除低压电网中由于架空线断落、架空线和电话线、架空线和广播线搭接而产生的单相接地短路事故。同时这一级漏电保护装置和用电设备的接地保护相配合，只要接地电阻小于一定值，也可排除由于电动机等设备外壳漏电，碰壳而构成的间接触电伤亡事故。可以说，这一级漏电保护装置的功能是建立以消除触电事故隐患为目的的。

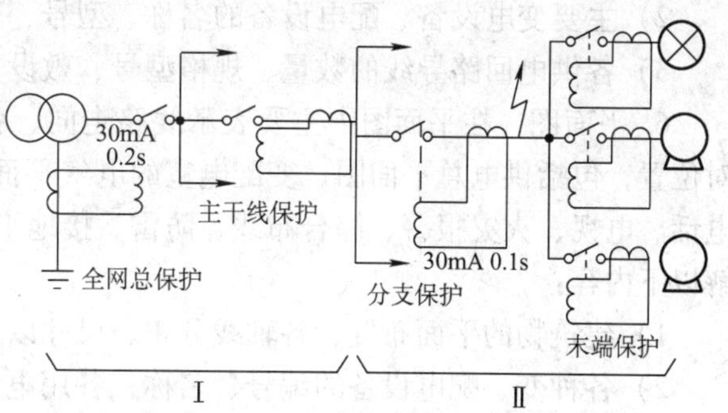

图 7-56　分级保护示意图
Ⅰ—第一级保护　Ⅱ—第二级保护

第二级保护是电路末端或分支回路的保护，安装在上述需要进行保护的场所和用电设备的供电回路中，一般选用 30mA 及以下，0.1s 内动作的或具有反时限特性的漏电保护装置。

7.6 电气施工图识读与施工

7.6.1 电气工程施工图的组成及内容

电气工程施工图主要由图样目录、设计说明、图例、材料表、系统图、平面图、标准图集或大样图(详图)等组成。

1. 图样目录　图样目录的内容包括图样的组成、名称、张数、图号顺序等。绘制图样目录的目的是便于查找。

2. 设计说明　主要阐述工程的概况、设计依据、设计标准以及施工要求等。主要是用文字说明在图样上无法表达的一些技术和质量方面的要求，补充图样上不能运用线条、符号表示的工程特点、施工方法、线路材料、工程主要技术参数，施工和验收要求及其他应该注意的事项。

3. 图例　说明图样中所用符号的含义及内容。我国于 2009 年颁布实施了 09DX001《建筑电气工程设计常用图形和文字符号》标准，供各设计单位使用。

4. 材料设备表　在材料表中，设计人员列出了该工程所需的各种主要设备、管材、导线等名称、型号、规格、材质、数量。表中的数量是设计人员对该项工程提供的一个大概数值，与工程实际用量不一定相同。

5. 系统图　主要说明建筑物内所用电能的分配方式及各系统线路的相互连接关系。它不表示设备的空间位置关系，只是示意性地用单线连接形式图把整个工程的供电线路表示出来，包括总配电系统图、照明系统图、动力系统图、智能建筑系统图等。通过识读系统图可了解以下内容：

1）整个变、配电系统的连接方式，从主干线至各分支回路的控制情况。

2）主要变电设备、配电设备的名称、型号、规格及数量。

3）各供电回路导线的数量、规格型号、敷设方式等。

6. 平面图　在平面图中主要表示线路走向、各种电气设备、器具在水平投影面上的相对位置，包括供电总平面图、变配电室的电气平面图、电气动力平面图、电气照明平面图，电话、电视、火灾报警、综合布线、防雷、接地平面图等。通过电气平面图的识读，可以了解以下内容：

1）建筑物的平面布置、各轴线分布、尺寸以及图样比例。

2）各种变、配电设备的编号、名称，各用电、控制设备的名称、型号，以及它们在平面图上的位置。

3）各配电线路的起点和终点、敷设方式、型号、规格、根数，以及在建筑物中的走向、平面和垂直位置。

7. 标准图集或大样图　标准图集就是将电气工程中常用同类装置的标准安装方法归类整理后集中成册而形成的，供设计、施工人员使用，具有和设计图样同样的效力。采用标准图集可以节省设计时间并提高设计效率。标准图集根据编制单位和使用范围的不同，有全国通用电气装置标准图集、省编电气装置标准图集以及设计单位的标准图集等。具体采用哪种标准图集，由设计人员确定。大样图是对局部某一部位进行放大，以便施工人员看得更清楚，了解得更深入。大多数大样图都选用标准图集中的做法。

7.6.2　电气施工图识读

1. 电气施工图的一般规定　施工图是用于施工的基本技术文件，是由设计人员按照国家规定的统一制图方法绘制而成的。要正确识读施工图，必须了解并掌握有关的制图规定和要求。

（1）图纸格式　图纸通常由边框线、图框线、标题栏、会签栏组成。有关设计、审核批准人员应在相应位置签署姓名，以示对设计内容的确认，并承担相应法律责任。

（2）图幅尺寸　由边框线围成的图面称为图纸的幅面。图幅尺寸共分为五类：$A_0 \sim A_4$。

（3）图线　绘制图样所用的各种线条称为图线。电气工程常用的绘图线型见表7-18。

表7-18　常用绘图线型及应用

序　号	图线名称	绘图线型	一般应用
1	粗实线	━━━━━━	一次线路、电气线路
2	细实线	──────	二次线路、一般线路
3	虚线	- - - - - -	屏蔽线，机械连接线，不可见轮廓线，计划扩展内容线
4	点画线	—·—·—·—	分界线，结构围框线，功能围框线，控制线
5	双点画线	—··—··—··—	辅助围框线

（4）图例符号及文字符号　电气工程上所用的各种设备、电气元器件和线路的敷设方式，在施工图上均是用图例符号和文字符号表示的。常用电气图例符号和文字符号的含义分别见附录K，附录L，附录M。表示线路敷设方式和敷设部位的文字符号见表7-19、表7-20。

表7-19　线路敷设方式文字符号

文字符号	敷设方式	文字符号	敷设方式
SC	穿焊接管敷设	CT	电缆桥架敷设
MT	穿电线管管敷设	MR	金属线槽敷设
PC	穿硬塑料管敷设	PR	塑料线槽敷设
FPC	穿聚氯乙烯半硬管敷设	DB	直埋敷设
KPC	穿聚氯乙烯波纹管敷设	TC	电缆沟敷设
CP	穿金属软管敷设	CE	混凝土排管敷设
KBG	穿扣压式薄壁管敷设	M	钢索敷设

表7-20　线路敷设部位文字符号

文字符号	敷设部位	文字符号	敷设部位
AB	沿或跨梁（屋架）敷设	WC	暗敷在墙内
BC	暗敷在梁内	CE	沿顶棚或顶板面敷设
CLE	沿或跨柱敷设	CC	暗敷在屋面或顶板内
CLC	暗敷在柱内	SCE	吊顶内敷设
WS	沿墙面敷设	F	地板或地面内敷设

（5）标高、注释、详图及技术数据的表示方式

1）标高。标高分为绝对标高和相对标高。绝对标高又称海拔标高，相对标高则是以某一点为参考标高的零点而确定的标高。在电气工程中，室外工程多用绝对标高表示，室内工程多用相对标高表示。

2）注释。当含义用图示形式不能表达清楚时，可在图上以注释的方式加以说明。注释方式有两种：一是直接放在说明对象的附近；二是加以标记，将注释放在图面上的其他适当位置。当图中出现多个注释时，应把这些注释按编号顺序放在图样边框附近。如果是多张图样，一般性注释放在第一张图上，其他专用注释放在与其内容相关的图上。

注释可采用文字、图形、表格等形式，只要可以将注释对象的有关问题阐述清楚即可。

3）详图标志。为了详细表明电气装置中某些零部件、连接点等的结构、做法及安装工艺要求，有必要将该部分单独放大，详细表示其细部，这种图称为详图。详图实际上是一种以图表示的注释。

详图可画在被详细表示的对象那张总图上，也可画在另外的图上，因而要用统一的标志呼应联系起来。标注在总图上的标志称为详图索引标志；标注在详图位置上的标志称为详图标志。图7-57所示是详图标志示例。

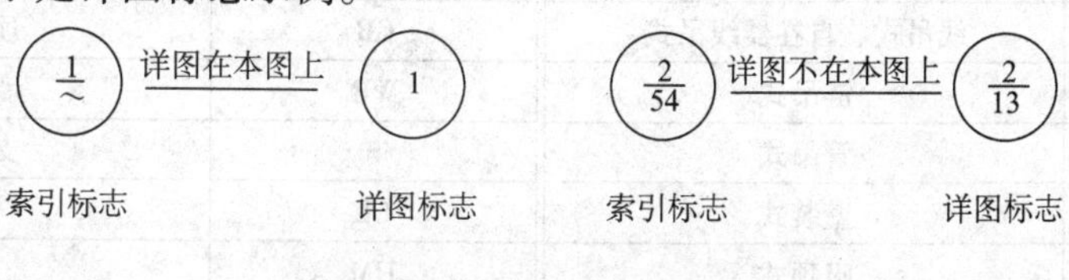

图7-57　详图标志示例

4）技术数据标注。当需要在电气施工图上表示出元件的技术数据时，通常采用在图形符号旁或在图形符号内标注，也可以用表格的形式给出，如图 7-58 和表 7-21 所示。

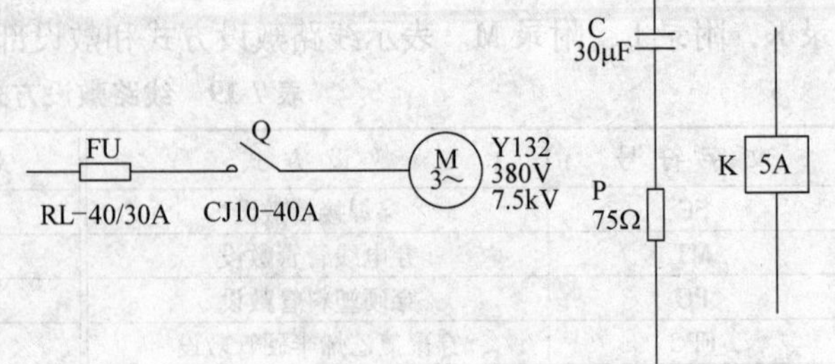

图 7-58　技术数据的标注方式

（6）电气设备、线路的标注格式

1）电气设备的文字标注格式

用电设备的常用标注格式为：$\dfrac{a}{b}$

其中　a——设备编号；

b——额定功率(kW)。

表 7-21　用表格标注技术数据

序　号	项 目 代 号	名　称	型号及技术数据	数　量	备　注
1	FU	熔断器	RL—40/30A	1	
2	Q	接触器	CJ10—40A	1	
3	M	电动机	Y132，380V，7.5kW	1	
4	C	电容器	30μF	1	
5	R	电阻器	75Ω	1	
6	K	电流继电器	动作电流 5A	1	

动力和照明配电箱的文标注格式为：$a\dfrac{b}{c}$或 $a-b-c$

其中　a——设备编号；

b——设备型号；

c——设备功率(kW)。

照明灯具的文字标注格式为：$a-b\dfrac{c\times d\times L}{e}f$

其中　a——同一平面内、同种型号灯具的数量；

b——灯具的型号；

c——每盏灯具内的光源数量；

d——每个光源的额定功率(W)；

e——安装高度，当吸顶安装或嵌入安装时用“—”表示；

f——灯具的安装方式，文字符号见表 7-22 所示；

L——光源种类(常省略不标)。

表 7-22　灯具安装方式文字符号

文 字 符 号	安 装 方 式	文 字 符 号	安 装 方 式
SW	线吊式、自在器线吊式	CR	顶棚内安装
CS	链吊式	WR	墙壁内安装
DS	管吊式	S	支架上安装
W	壁装式	CL	柱上安装
C	吸顶式	HM	座装
R	嵌入式		

2）线路的文字标注格式。线路的基本文字标注格式为

$$a-b(c+d)e-f$$

其中 a——回路编号；

b——线缆型号；

c——线缆根数；

d——线芯截面积（mm^2）；

e——线路敷设方式，见表 7-18；

f——线路敷设部位，见表 7-19。

例 $N_1-BV(3\times16+2\times10)SC50—FC$ 含义为：回路编号为 1 的线路所用导线型号为铜芯塑料线，3 根相线截面积为 $16mm^2$、N、PE 线截面积为 $10mm^2$，穿焊接钢管暗敷于地板或地面内。

2. 电气施工图的识读方法　识读电气施工图，应在掌握图样中的图形符号和文字符号的基础上进行。符号掌握得越多，记得越牢，读起图来就越方便。当然想要一下子记住那么多的图形、符号是有一定困难的，这可以在识图的过程中边读图、边查看、边记忆。一般的识图步骤和方法为：

（1）查看图样目录　通过查看图样目录，可了解这个工程都由哪些图样组成，共有几种，对工程的大概内容也有了了解。如果图样较少而没有目录，也应把整套图样名称及编号翻看一遍，以便对工程情况有个大致的了解。

（2）阅读设计说明　看完图样目录以后，再按照图样编号的顺序，粗看一遍。在详细阅读所有图样前，应先认真阅读设计说明。因为在施工图的设计或施工说明中，设计人员对设计意图、要求、范围、设计条件以及图中无法表达或不易表达但又与施工工程质量或做法密切相关的问题做出了概述，便于阅图人员理解图样内容。

（3）注意图形符号　为了清楚并便于阅读图样，有时对于一些没有统一规定或不经常使用的图形符号，往往在图样的某一部位画出并加以说明。因此在阅读施工图时，应注意辨认识别这部分图形符号，以便清楚地了解施工图的内容。

（4）相互对照，综合看图　一套建筑图，是由各专业图样组成的，而各专业图样之间，往往密切配合，相互联系。因此，看图时不仅要从粗到细，由前向后顺序地看图，还应该将各有关图样互相对照、联系起来综合看。看平面图可以了解电气设备的布置、标高、管线走向、规格型号等，看系统图可以了解配电方式和回路之间的相互关系，二者反复对照着看，可对整体情况有一个全面了解，此外，对重点图样更要详细认真地看。只有这样才可以把整套图样从总体到分部再到细部，一层一层地把图样全部看完并融会贯通。

（5）结合实际看图　对初学识图的人来说，为了迅速地学会看图，本着先易后难的原则，不要一开始就看复杂陌生的图样，而应该先找一套自己亲自参加或者是正在施工的图样看。结合工程实际，对照各种图样看施工，看完施工再看图样。将已经施工完毕的实物和其在图样上的表示方法相互对应起来看，从中比较实物与图样二者之间的特点和区别。再由点到面、由表及里的将整套图样全部看完，这样收效快，比单纯看图样易理解，又能比较快地记住各图样所表达的内容和作用。不但能学以致用，还可以在实践中检验自己识图的正确性，学习的兴趣也容易提高。这是一切有条件的初学者，都应该采取的一种切实可行的有效办法。

在看图中还应该加强抽象思维的训练，看完实物不妨闭上眼睛根据制图原理按实物—图

样的顺序想一遍，对照施工图检查是否有错误，然后再按图样一实物的顺序想一遍，这样来回几次就可以把二者融为一体，最后达到看见图样就可以想象出清晰实物的目的。

有条件时，可根据实物按照施工图的要求绘制一张实测图，并把这张实测图与设计图样比较一下，找出各自的错误和差距并予以改正。在遇到不清楚的概念和问题时，可向有经验的工程技术人员请教。这样做，对进一步加深理解制图标准和制图方法及进一步学习施工图样的绘制是有益的。

识读建筑电气安装工程图样是一个循序渐进，理论与实践相互结合的过程，只要勤于学习、勇于实践，一定会达到预期目的。

3. 电气施工图的识读

（1）变配电工程图识读　变配电工程一般由变压器、各种高低压开关设备、互感器、电抗器、避雷器及电工仪表、信号装置等按照一定规律和方式连接在一起，以完成电压变换、电能分配任务为目的。根据电压高低，可分为高压变配电系统和低压供配电系统。变配电工程图一般由平面布置图、系统图、主接线（一次接线）图、二次接线图、变配电装置安装图、剖面图等组成。

1）平面布置图。在平面图中给出了各变配电设备或装置的安装位置，以及电源进出线位置、走向、规格型号和敷设方式等。

2）系统图。包括高压系统图和低压系统图两部分，是电能变换和分配方案的具体体现，反映了电源从进到出所经过的路径，以及与之相关设备的规格型号和连接形式，但它不表示空间位置关系。

图 7-59 所示为某配电所高压配电系统图。由图可知，该变电所有两路 10kV 高压电源进线，分别引入进线柜 1AH 和 12AH；1AH 和 12AH 柜中均有避雷器和带电显示器。高压三相主母线由 80×10 铜排制成。2AH 和 11AH 为电压互感器（PT）柜，作用是将 10kV 高电压经电压互感器变为低电压 100V 供仪表及继电保护使用，电压互感器由高压熔断器保护。3AH 和 10AH 为主进线柜，柜内有电压断路器及操作机构，用于电源的接通和切断，电流互感器可检测回路电流，用于电流显示和向保护装置提供保护信号；4AH 和 9AH 为高压计量柜，通过柜内的电压、电流互感器为计量装置提供信号，计量装置记录所在回路的用电量；5AH 和 8AH 为高压馈线柜，向用电设备供电，柜内有断路器及操作机构、电流互感器、避雷器、接地隔离开关等，接地隔离开关在断电后与地连接，保证电缆中剩余电荷被完全释放，对检修人员其保护作用；7AH 为母线分段柜，6AH 为母线联络柜。正常情况下两路高压分段运行，当一路高压出现停电事故时则由 6AH、7AH 共同完成二段母线之间的电源切换。

在系统图中，还给出了不同用途高压柜的一次线路的接线方案。高压开关柜生产厂可按该接线方案生产高压开关柜。不同厂家的接线方案可能不同，具体采用哪种接线方案由设计人员确定。

低压配电系统图如图 7-60 所示。由图可知，低压配电系统由 AA1～AA4 四个低压配电柜组成。AA1 柜为电源进线柜（总柜）；AA2 柜为功率因数补偿柜，用于对低压供电系统的无功补偿；AA3、AA4 柜为出线柜，共六个回路，分别向住宅和动力供电并预留备用回路。在图中还给出了柜内设备的规格型号及柜体尺寸。此外，还标明了变压器的型号和容量、接线方式以及高压供电电缆、铜母线的规格型号，说明建筑物内线路的分配走向关系，表明电力系统设备安装、配电顺序、原理和设备型号、数量及导线规格等关系。

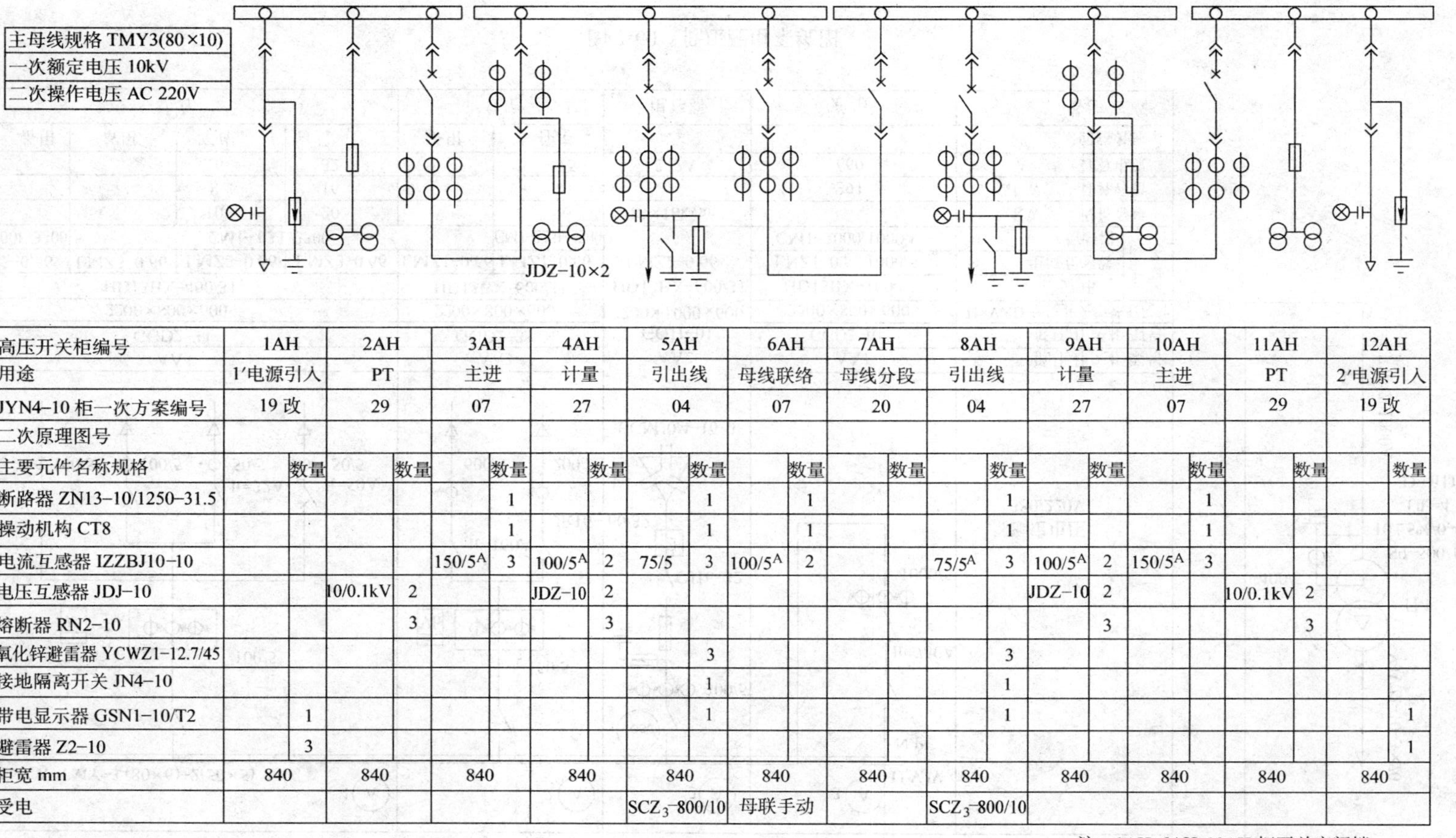

高压开关柜编号	1AH		2AH		3AH		4AH		5AH		6AH		7AH		8AH		9AH		10AH		11AH		12AH	
用途	1′电源引入		PT		主进		计量		引出线		母线联络		母线分段		引出线		计量		主进		PT		2′电源引入	
JYN4-10 柜一次方案编号	19 改		29		07		27		04		07		20		04		27		07		29		19 改	
二次原理图号																								
主要元件名称规格		数量		数量		数量		数量		数量		数量		数量		数量		数量		数量		数量		数量
断路器 ZN13-10/1250-31.5						1				1		1				1				1				
操动机构 CT8						1				1		1				1				1				
电流互感器 IZZBJ10-10					150/5^A	3	100/5^A	2	75/5	3	100/5^A	2			75/5^A	3	100/5^A	2	150/5^A	3				
电压互感器 JDJ-10			10/0.1kV	2			JDZ-10	2									JDZ-10	2			10/0.1kV	2		
熔断器 RN2-10				3				3										3				3		
氧化锌避雷器 YCWZ1-12.7/45										3						3								
接地隔离开关 JN4-10										1						1								
带电显示器 GSN1-10/T2		1								1						1								1
避雷器 Z2-10		3																						1
柜宽 mm	840		840		840		840		840		840		840		840		840		840		840		840	
受电									SCZ$_3$-800/10		母联手动				SCZ$_3$-800/10									

注：1AH、6AH、10AH 柜开关应闭锁。

图 7-59　高压配电系统图

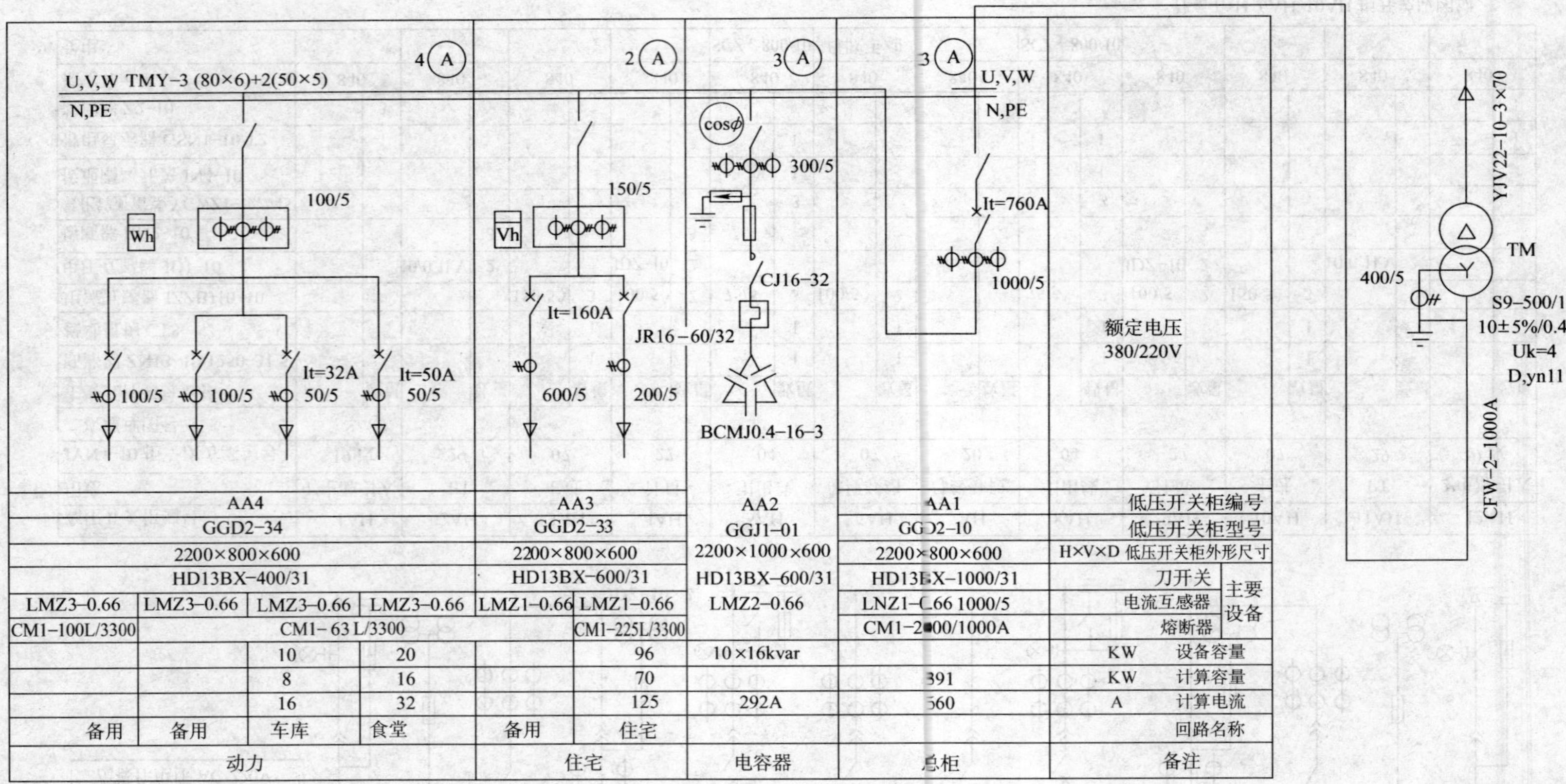

图 7-60　低压配电系统图

3）主接线图。又称一次接线图，它反映了变配电系统各设备的连接关系。在图 7-61 所示的主接线图中，两路 10kV 进线通过高压柜分别接入各自的母线上，平时两段母线独立运行，当一路高压电源因故停电后，通过联络柜的倒闸操作，实现对停电段母线的供电。各段

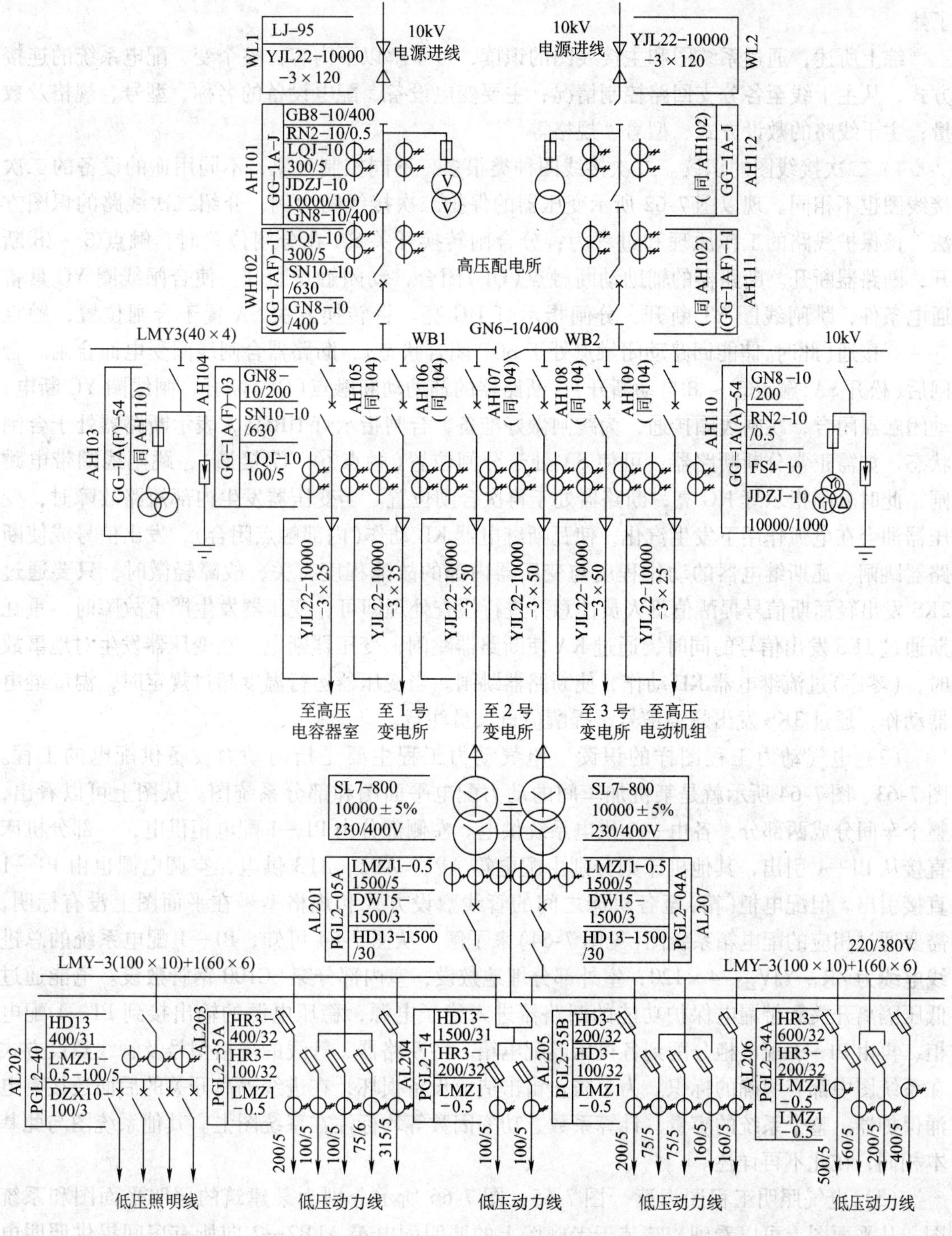

图 7-61　变配电系统主接线图

母线上均有一台电压互感器柜和三台出线柜，分别向相应的变压器、电动机等设备供电。低压系统的电源分别由两台变压器提供，变压器将10kV高压变为400V低压后经低压进线柜送至低压主母线上，两路低压电源可分段与联络运行。由低压馈线柜分别向低压照明干线和动力干线供电。各变配电设备、电缆、母线等的规格型号均在图中列出，使识图者一目了然。

综上所述，通过系统图和主接线图的识读，可了解以下内容：整个变、配电系统的连接方式，从主干线至各分支回路控制情况；主要变电设备、配电设备的名称、型号、规格及数量；主干线路的敷设方式、型号、规格等。

4）二次接线图的识读。二次接线图种类很多，不同控制对象、不同用途的设备的二次接线图也不相同。现以图7-62所示变压器的保护二次接线图为例，介绍二次线路的识图方法。该保护线路的工作原理和过程为：分合闸转换开关SA在分闸位置时，触点⑤~⑧断开，断路器断开。断路器的辅助动断触点（QF）闭合，动闭触点断开，使合闸线圈YC具备通电条件，跳闸线圈YT断开，分闸指示灯HG亮。将转换开关SA置于合闸位置，触点⑤~⑧接通（此时,储能回路动闭触点处于SQP闭合状态），断路器合闸线圈受电而合闸。合闸后（松开SA,触点⑤~⑧自动断开），断路器的辅助动断触点（QF）断开，闸线圈YC断电；动闭触点闭合，跳闸线圈接通，为跳闸做好准备，合闸指示灯HR亮，表示断路器处于合闸状态。如需正常分断断路器，可使SA处于分闸位置（触点⑥~⑦接通），跳闸线圈带电跳闸，此时分闸指示灯HG亮，断路器处于再次合闸位置。当变压器发生内部短路故障时，变压器油会在电弧作用下发生汽化，使瓦斯继电器KB动作（内部触点闭合），发出信号或使断路器跳闸。瓦斯继电器的动作程度与变压器内部的故障程度有关，故障轻微时，只要通过2KS发出轻瓦斯信号提醒值班人员注意并进行检查处理即可，变压器发生严重故障时，重瓦斯通过1KS发出信号的同时，通过KA使断路器跳闸，变压器断电。在变压器发生对地事故时，（零序）过流继电器KE动作，使断路器跳闸。当变压器运行温度超过规定时，温度继电器动作，通过3KS发出超温信号，提醒值班人员注意。

（2）电气动力工程图样的识读　电气动力工程主要是指向动力设备供配电的工程。图7-63、图7-64所示就是某机加车间的动力配电平面图和部分系统图。从图上可以看出，整个车间分成两部分，各由一个供电系统供电。左侧部分由P1—1配电柜供电，一部分机床直接从P1—1引出，其他机床则分别由配电箱AP1、AP2、AP3供电，空调电源也由P1—1直接引出。但配电柜（箱）至各机床之间的管线敷设方式和规格型号在平面图上没有标明，需要通过相应的配电箱系统图（见图7-64）来了解。从图7-64可知，P1—1配电系统的总进线电缆为$ZR-YJV_{22}-4\times120$，室外部分埋地敷设，室内部分穿SC100钢管敷设。电能通过低压隔离开关和带漏电保护功能的断路器进入稳压电源，稳压电源的输出接到P1—1配电柜，再由P1—1配电柜分配到各机床或配电箱。各断路器、管线的规格型号及管线敷设方式在系统图中都有明确的标识。为了防止雷击造成设备损坏，在进线隔离开关的后面还接有电涌保护器。整个系统的容量、计算系数、功率因数等均标注在系统图上。其他系统图与此基本相同，在此不再详述。

（3）电气照明工程图识读　图7-65、图7-66所示分别为某建筑的照明平面图和系统图。从平面图上可以看到，暗装于走廊墙上的照明配电箱ALB2—2向所有房间提供照明电源，照明灯具为双管荧光灯，灯管功率为36W，安装高度为2.8m。电扇安装高度也是2.8m，

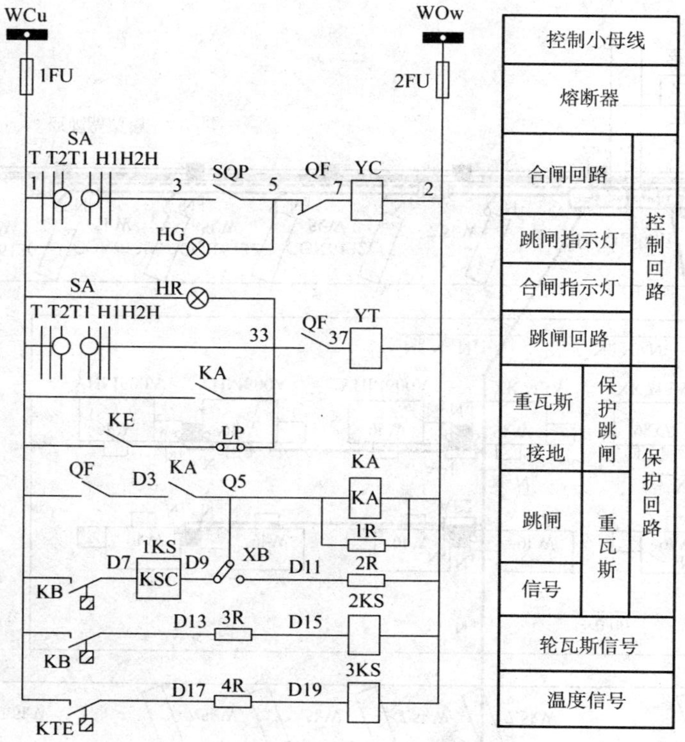

控制小母线	
熔断器	
合闸回路	控制回路
跳闸指示灯	
合闸指示灯	
跳闸回路	
重瓦斯	保护跳闸 / 保护回路
接地	
跳闸	重瓦斯
信号	
轮瓦斯信号	
温度信号	

代号	设备名称	型号规格	数量	备注
KTE	温度继电器		1	与变压器成套
KB	瓦斯继电器		1	与变压器成套
安装在变压器本体上的设备				
SA	转换开关	LW2-Z-1a,4,6a,20/F8	1	
2,3KS	信号继电器	DX-11/0.05	2	
1KS	信号继电器	DX-11/0.075	1	
XB	切换片	YY1-S	1	
1-2FU	熔断器	R1-10/6A	4	
HR,HG,HW	信号灯	AD1-25/31 220V	3	红，绿，白各1
3,4R	电阻	ZG11-25 2K	2	
1,2R	电阻	ZG11-50 2K	2	
YT	跳闸线圈		1	
YC	合闸线圈		2	
KA	中间继电器	ZJ4 220V	1	
KE	过流继电器	GL-1121/	1	
安装在开关柜上的设备				

图 7-62 变压器保护二次接线图

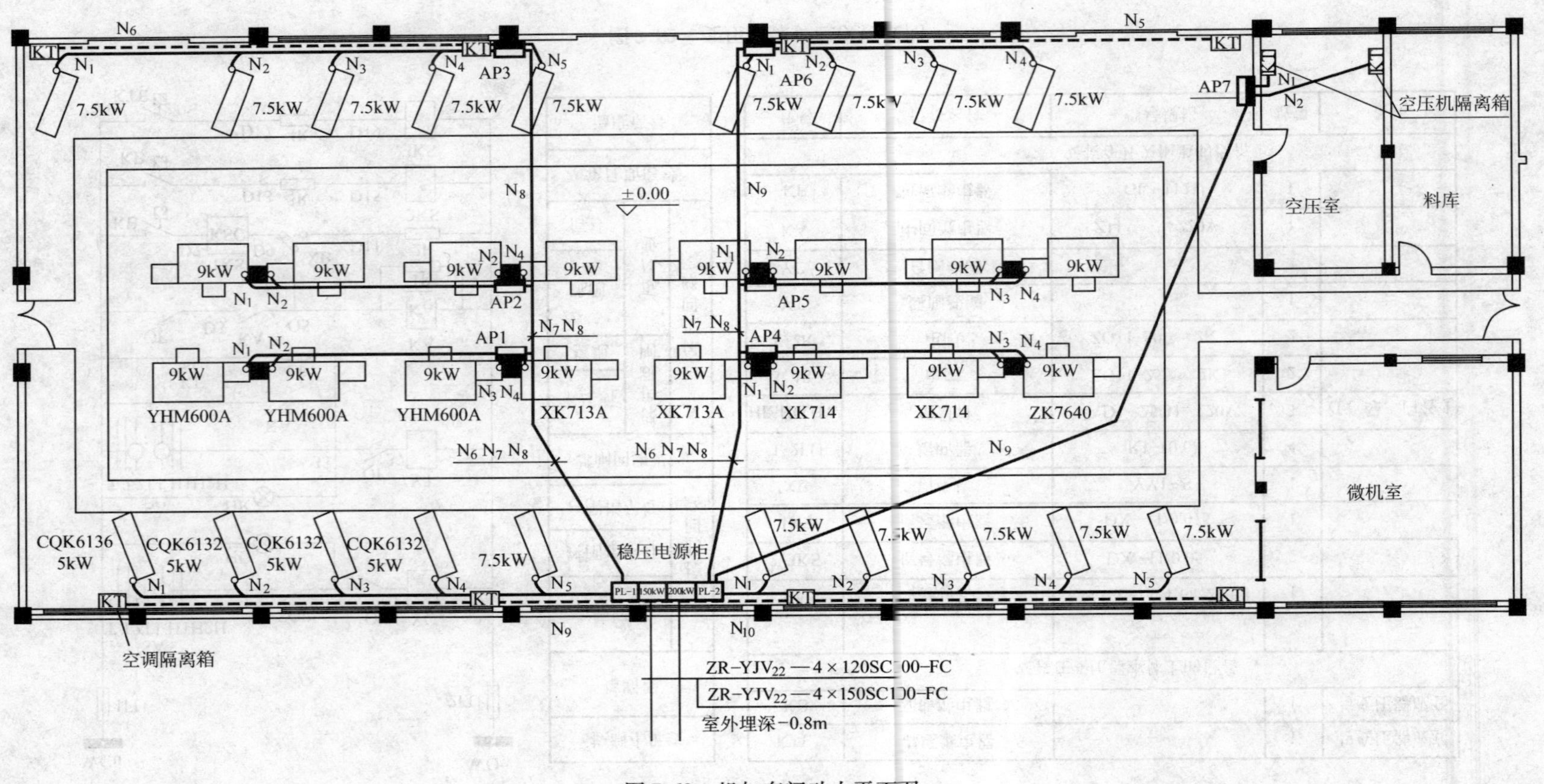

图 7-63 机加车间动力平面图

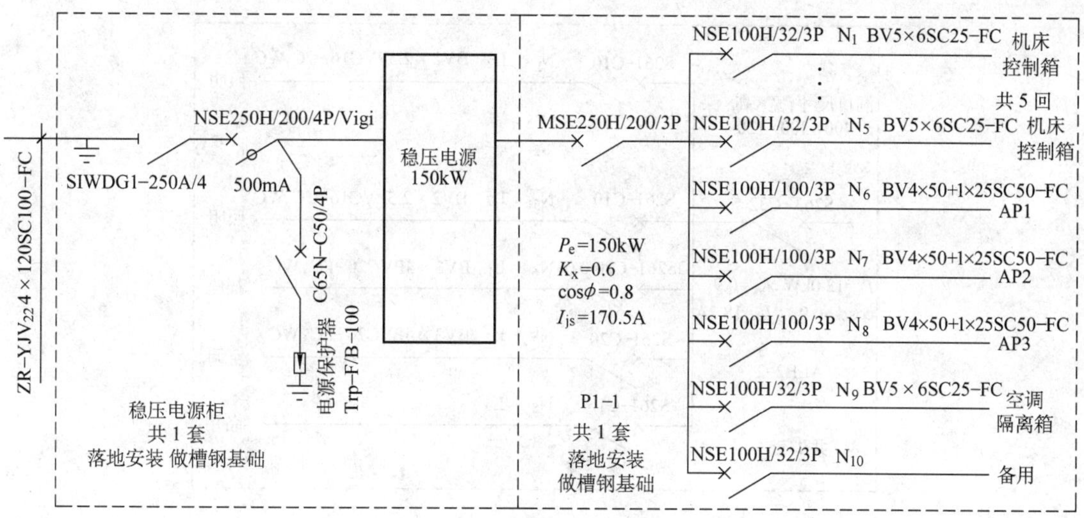

图 7-64 机加车间动力系统图

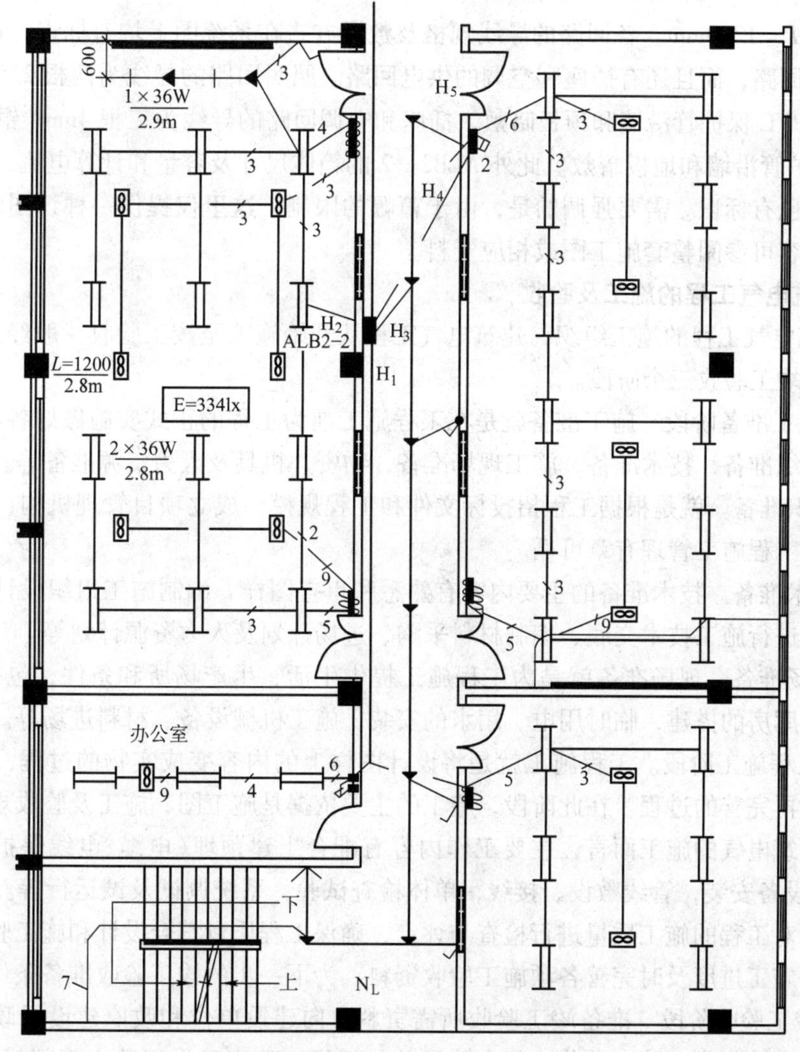

图 7-65 某建筑照明平面图

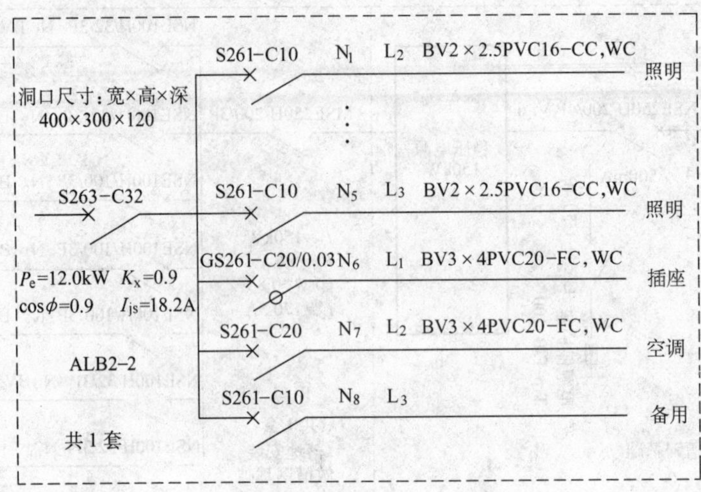

图 7-66　某建筑照明系统图

电扇规格为 $L=1200\text{mm}$。各回路的导线规格及敷设方式在系统图上均有标识。在系统图上，不仅有照明回路，而且还有插座和空调的供电回路。照明回路的导线为两根 2.5mm² 铜芯塑料线穿 ϕ16PVC 保护管沿墙和顶板暗敷，插座和空调回路的导线为三根 4mm² 铜芯塑料线穿 ϕ20PVC 保护管沿墙和地板暗敷。此外 ALB2—2 的箱体尺寸及容量和计算电流、计算条件等在系统图上也有标识。需要强调的是，由于篇幅的限制，这里仅提供一种识图示例，更多、更详细的内容可参阅整套施工图或相应资料。

7.6.3　建筑电气工程的施工及验收

1. 建筑电气工程的施工组织　建筑电气工程从开始施工至竣工验收一般经过施工准备、工程施工、竣工验收三个阶段。

（1）施工准备阶段　施工准备就是在工程施工前为工程的正式实施做好各项准备工作，通常包括组织准备，技术准备，施工现场准备，物资、机具及人力资源准备等。

1）组织准备。就是根据工程招投标文件和工程规模，成立项目管理机构，制订各项管理制度，使工程施工管理有章可循。

2）技术准备。技术准备的主要内容有熟悉和审查图样、编制施工组织设计，以及专项施工方案、进行施工技术交底、编制材料采购、进场计划及人力资源计划等。

3）现场准备。现场准备就是为工程施工提供生活、生产场所和条件，包括临时办公、生活用房、库房的搭建，临时用电、用水的安装，施工机械设备、材料进场等。

（2）工程施工阶段。工程施工就是将设计图样上的内容变成实物的过程，也是对设计的再创造和再完善的过程。在此阶段，施工的主要依据是施工图、施工及验收规范等法律性文件。就建筑电气的施工而言，主要工作内容有配合土建预埋（电缆、电线保护管和基础预埋件等），设备安装，管线敷设、接线，单体检查试验，系统调试及试运行等。在施工过程中，要随时对工程的施工质量进行检查与评定，确保工程质量符合设计和施工验收规范的要求，并根据施工进度及时完善各项施工验收资料，为下一步的竣工验收准备条件。

（3）竣工验收阶段　准备竣工验收所需资料，向建设单位和政府建设行政主管部门提出竣工验收申请报告。竣工验收一般由建设单位组织，政府建设行政主管部门、施工单位、设计单位、监理单位参加。对工程施工过程中质量管理与控制资料经行检查；就施工过程中形成的有关质量检验记录、试验报告、调试和试运行结果的真实性、可靠性、完整性、合法性进行审查。在此基础上，对工程的质量经行现场验收，采取观看、实测实量等方法检验质量是否符合设计、施工及验收规范的要求，最后由政府建设行政主管部门和参建各方对工程作出质量等级评定。

2. 建筑电气工程施工质量的验收规定

（1）工程施工质量的验收规定　工程质量的检验与评定应根据 GB 50300—2001《建筑工程施工质量验收统一标准》及与之配套的 GB 50303—2002《建筑电气工程施工质量验收规范》等有关标准进行。

（2）施工质量验收单位的划分　建筑工程施工质量的验收应按单位（子单位）工程、分部（子分部）工程、分项工程和检验批分别进行。建筑电气工程的分部（子分部）、分项工程参见附录 E。

室外工程可根据专业类别和工程规模划分单位（子单位）工程。室外安装的电气包括室外供电系统、室外照明系统。

3. 建筑电气工程施工质量的验收　质量验收是指在工程施工过程中，政府建设行政主管部门和参建各方在不同时间和条件下，采用相应的质量检验方法对工程质量进行检查评定的活动，包括检验批、分项、分部、单位工程的质量检验评定等内容。

（1）检验批质量验收　检验批质量合格要求其主控项目和一般项目的质量经抽样检验合格，具有完整的施工操作依据、质量检查记录。建筑电气检验批的划分要求为：

1）室外电气安装工程中分项工程的检验批。依据庭院大小、投运时间先后、功能区块不同划分。

2）变配电室安装工程中分项工程的检验批。主变配电室为一个检验批；有数个分变配电室，且不属于子单位工程的子分部工程，各为一个检验批，其验收记录汇入所有变配电室有关分项工程的验收记录中；如各分变配电室属于各子单位工程的子分部工程，所属分项工程各为一个检验批，其验收记录应为一个分项工程验收记录，经子分部工程验收记录汇入分部工程验收记录中。

3）供电干线安装工程分项工程的检验批。依据供电区段和电气线缆竖井的编号划分。

4）电气动力和电气照明安装工程中分项工程及建筑物等电位连接分项工程的检验批。其划分的界区，应与建筑土建工程一致。

5）备用和不间断电源安装工程中分项工程各自成为一个检验批。

6）防雷及接地装置安装中分项工程检验批。人工接地装置和利用建筑物基础钢筋的接地体各为一个检验批；高层建筑依均压环设置间隔的层数为一个检验批；接闪器安装同一屋面为一个检验批。

有关质量检查的内容、数据、评定，由施工单位项目专业质量检查员填写，监理工程师（建设单位项目专业技术负责人）组织项目专业质量检查员等进行验收，并按表格附录 F 格式填写。

（2）分项工程质量验收　分项工程质量应由监理工程师组织项目专业技术负责人等进行验收，并按表格附录 G 格式填写记录。

（3）分部（子分部）工程质量验收　分部工程的质量验收在其所含各分项工程验收的基

础上，应由总监理工程师(建设单位项目专业负责人)组织施工项目经理和有关勘察、设计单位项目负责人进行验收。验收时应核查各项质量控制资料、分项工程质量验收记录、分部子分部质量验收记录是否正确，以及责任单位和责任人的签章是否齐全，并按表格附录H的格式填写验收记录。其具体项目如下：

1）建筑电气工程施工图设计文件和图样会审记录及洽商记录。

2）主要设备器具材料的合格证和进场验收记录。

3）隐蔽工程记录。

4）电气设备交接试验记录。

5）接地电阻绝缘电阻测试记录。

6）空载试运行和负荷试运行记录。

7）建筑照明通电试运行记录。

8）工序交接合格等施工安装记录。

(4) 单位(子单位)工程质量验收

1）单位(子单位)工程质量合格条件

① 所含分部(子分部)工程的质量均应验收合格。

② 质量控制资料应完整。

③ 单位(子单位)工程所含分部工程有关安全和功能的检测资料应完整。

④ 主要功能项目的抽查结果应符合相关专业质量验收规范的规定。

⑤ 观感质量验收应符合要求。

2）单位(子单位)工程质量验收的组织程序

① 单位工程完工后，施工单位应自行组织有关人员进行检查评定，并向建设单位提交工程验收报告。

② 建设单位收到工程验收报告后，应由建设单位(项目)负责人组织施工(含分包单位)、设计、监理等单位(项目)负责人进行单位(子单位)工程验收。

单位工程有分包单位施工时，分包单位对所承包的工程项目应按本标准规定的程序检查评定，总包单位应派人参加。分包工程完成后，应将工程有关资料交总包单位。

③ 当参加验收各方对工程质量验收意见不一致时，可请当地建设行政主管部门或工程质量监督机构协调处理。

④ 单位工程质量验收合格后，建设单位应在规定时间内将工程竣工验收报告和有关文件，报建设行政管理部门备案。

4. 建筑电气工程施工质量不合格时的处理规定

(1) 工程质量验收不同意见的解决方法　参加质量验收的各方对工程质量验收意见不一致时，可采取协商、调解、仲裁和诉讼四种方式解决。

1）协商是指施工质量争议产生之后，争议的各方当事人本着解决问题的态度，互谅互让，由当事人各方自行调解解决争议的一种方式。当事人通过这种方式解决纠纷既不伤和气，节省了大量的精力和时间，也免去了调解机构、仲裁机构和司法机关不必要的工作。因此，协商是解决施工质量争议的较好的方式。

2）调解是指当事人各方在发生施工质量争议后经协商不成时，向有关的质量监督机构或建设行政主管部门提出申请，由这些机构在查清事实，分清是非的基础上，依照国家的法律、法规、规章等，说服争议各方，使各方能互相谅解，自愿达成协议，解决质量争议的方式。

3）仲裁是指施工质量纠纷的争议各方在争议发生前或发生后达成协议，自愿将争议交给仲裁机构作出裁决，争议各方有义务执行裁决的解决施工质量争议的一种方式。

4）诉讼是指因施工质量发生争议时，在当事人与有关诉讼人的参加下，由人民法院依法审理纠纷案时所进行的一系列活动。它与其他民事诉讼一样，在案例的审理原则、诉讼程序及其他有关方面都要遵守《民事诉讼法》和其他法律、法规的规定。

上述四种解决方式，具体采用哪种方式来解决争议，法律并没有强制规定，当事人可根据具体情况自行选择并在合同中约定。

（2）建筑工程施工质量不符合要求时的处理规定　当建筑工程施工质量不符合要求时，应按下列规定进行处理：

1）经返工重做或更换器具、设备的检验批，应重新进行验收。这是指在检验批验收时，其主控项目不能满足验收规范规定或一般项目超过偏差限值的子项不符合检验规定的要求时，应及时进行处理的检验批。其中，严重的缺陷应推倒重来；一般的缺陷通过翻修或更换器具、设备予以解决，应允许施工单位在采取相应的措施后重新验收。如能够符合相应的专业工程质量验收规范，则应认为该检验批合格。重新验收质量时，要对检验批重新抽样、检查和验收，并重新填写检验批质量验收记录表。

2）经有资质的检测单位检测鉴定能够达到设计要求的检验批，应予以验收。这是指个别检验批出现不符合设计质量标准，致使验收无法继续进行时，请具有资质的法定检测单位进行检测、鉴定，当结果能够达到设计要求时，该检验批仍可通过验收。

3）经有资质的检测单位检测鉴定达不到设计要求，但经原设计单位核算认可能够满足结构安全和使用功能的检验批，可予以验收。

一般情况下，规范标准给出了满足安全和功能的最低限度要求，而设计往往在此基础上留有一些余量。虽然由于质量问题使其达不到设计要求，但结果仍符合相应规范标准的要求，不影响结构安全和使用功能，故应于验收。

4）经返修或加固处理的分项、分部工程，虽然改变外形尺寸但仍能满足安全使用要求，可按技术处理方案和协商文件进行验收。

5）严禁验收。通过返修或加固处理仍不能满足安全使用要求的分部工程、单位(子单位)工程，严禁验收。

一般情况下，不合格现象在最基层的验收单位，即检验批时就应发现并及时处理，否则将影响后续检验批和相关的分项工程、分部工程的验收。因此，所有质量隐患必须尽快消灭在萌芽状态，这也是 GB 50300—2001《建筑工程施工质量验收统一标准》“强化验收”与“过程控制”的体现。

复习思考题

1. 电力系统由哪几部分组成？
2. 电力负荷如何划分，对电源可靠性要求有何不同？
3. 变压器常用参数有哪些，其含义是什么？

4. 常用高压开关电器有哪些，各有何特点？
5. 在使用电压、电流互感器时应注意什么问题？
6. 高低压配电柜在供配电系统中有何作用？
7. 室内供配电系统的基本配电方式有几种？
8. 各用电设备工作制的含义是什么？
9. 如何选择导体的截面积？
10. 常用低压电器设备有哪些？简述其作用。
11. 如何选择低压电器设备？
12. 光的本质是什么？
13. 光通量、光强、亮度、照度的含义是什么？
14. 常用照明种类和方式有哪些？
15. 什么是光源的色温、显色性？
16. 常用的电光源可以分为几类？
17. 分别叙述荧光灯、高压汞灯、钠灯、金属卤化物灯、氙灯的特性。
18. 什么是灯具？如何理解灯具的配光曲线、保护角、光效率？
19. 灯具布置的基本要求有哪些？
20. 灯具的常用安装方式有几种？
21. 简述导线穿管敷设的要求。
22. 电缆敷设方式有几种？直埋敷设的程序和要求是什么？
23. 如何安装低压配电箱？
24. 电梯的拖动方式有几种？各有什么特点？
25. 电梯的控制系统经过了哪几个发展阶段？
26. 电梯的主要技术参数有哪些？各代表什么含义？
27. 电梯一般有哪些主要部件或装置组成？
28. 电梯安装的主要内容有哪些？
29. 简述直接触电和间接触电的区别。
30. 简述触电对人体的伤害因素。
31. 当人体触电后应如何救护。
32. 接地有哪几种类型？其作用是什么？
33. 常见的有哪几种保护接地方式？各有何特点？
34. 什么叫等电位连接？其作用是什么？
35. 民用建筑的防雷是如何分类的？
36. 漏电保护开关的工作原理是什么？
37. 简述防雷装置的组成。
38. 简述施工图的组成及内容。
39. 建筑电气工程施工内容有哪些？如何组织实施？
40. 简述建筑电气工程的施工质量验收程序和方法。

第8章 智能建筑

8.1 概述

20世纪80年代以来，随着人类社会的不断进步和科学技术的突飞猛进，尤其是Internet技术的发展，人类已经迈入了以数字化和网络化为平台的智能化社会，国民经济信息化，信息数字化、全球化，设备智能化已经成为知识经济主要特征。人类对其赖以休养生息的居住条件和办公环境提出了更高的要求，人们需要舒适健康、安全可靠、高效便利并具有适应信息化社会的各种信息手段和设备的现代化建筑，使得智能化建筑应运而生，如今智能建筑已经成为各国经济实力的具体象征，也是各大跨国企业集团国际竞争实力的形象标志。同时，智能建筑还是信息高速公路(Information Super Highway,ISH)的主节点。

8.1.1 智能建筑的概念

1. 定义　智能建筑(Intelligent Building,IB)概念起源于20世纪80年代初的美国，早在1984年1月，美国联合技术公司(UTC)对美国康涅狄格(Connecticut)州的哈特福德(Hartford)市的一栋高38层的旧金融大厦进行了改造，命名为都市大厦(City Building)。该大厦可以说是完成了传统建筑工程和新兴信息技术相结合的尝试，并且第一次出现了智能建筑这一名词。改造后的大厦以当时最先进的技术控制空调设备、照明设备、电梯设备、防火防盗系统等，实现了通信自动化和办公自动化，使得居住在大厦内的客户不必购置设备便可进行语音通信、文字处理、电子邮件传递、市场行情查询、情报资料检索、科学计算等服务。使客户感到更加舒适、方便和安全，引起了世人的广泛关注。随后，智能建筑在世界各地蓬勃兴起。如今智能建筑的建设已成为一个迅速发展的新兴产业。

所谓智能建筑，目前尚无统一的定义，有人把仅含有综合布线系统的建筑误称为智能建筑。美国智能化建筑学会(American Intelligent Building Institute,AIBI)将智能建筑定义为，智能建筑是将结构、系统、服务、管理进行优化组合，获得高效率、高功能与高舒适性的大楼，为人们提供一个高效的工作环境。日本建筑杂志载文提出，智能建筑就是高功能大楼。我国《智能建筑设计标准》将智能建筑定义为，智能建筑是以建筑为平台，兼备建筑设备、办公自动化及通信网络系统，集结构、系统、服务、管理及它们之间的优化组合于一体，向人们提供一个安全、高效、舒适、便利的建筑环境。

鉴于智能建筑具有多学科、多技术系统综合集成的特点，下面的定义也许更全面、更清楚一些，即智能建筑是指利用系统集成的方法，将智能型计算机技术、通信技术、信息技术、控制技术与建筑技术有机结合，通过对设备的自动监控、对信息资源的统一管理和对使用者的信息服务及其与建筑的优化组合，设计出的投资合理、适合信息社会需要，并具有安全、高效、节能、舒适、便利和灵活变换特点的建筑物。

2. 智能建筑的发展阶段　智能建筑的多年发展历史可归结为四个阶段。

(1) 单功能系统阶段(1980~1985年)　以闭路电视监控、停车场收费、消防监控和空调设备监控等子系统为代表。

(2) 多功能系统阶段(1986~1990年) 以综合保安系统、楼宇自控系统、火灾报警系统和有线通信系统等为代表。

(3) 集成系统阶段(1990~1995年) 主要包括楼宇管理系统、办公自动化系统和通信网络系统。

(4) 智能管理系统阶段(1995~至今) 以计算机网络为核心，实现系统化、集成化与智能化管理。

3. 智能建筑的发展趋势 智能建筑的发展是科学技术和经济水平的综合体现，已经成为一个国家综合经济实力的具体表现，也是一个国家、地区和城市现代化水平的重要标志之一。随着社会的进步，科技的腾飞，经济的发展，人们生活水平日益提高，智能建筑的需求量会越来越大。其发展趋势主要表现在以下几个方面：

(1) 智能建筑向规范化方向发展 智能建筑越来越受到政府的高度重视，国家出台了相关政策，制定了相关的规范，使设计、施工有了明确的要求和标准，进一步引导智能建筑向规范化方向发展。GB/T 50314—2006《智能建筑设计标准》为住房和城乡建设部2006年12月29日批准发布的国家标准，2007年7月1日起实施。

(2) 智能建筑正迅速发展成为一个新兴产业 智能建筑因为需要大量的自动化技术和设备，极大地提升了建筑的技术水平，越来越多地得到了各大学、科研单位以及有关厂商的密切关注和积极投入。大量智能建筑的建设，已经成为国民经济一个新的增长点，也正在发展成为一个新兴产业。21世纪，智能建筑将成为建筑业发展的主流。

(3) 智能建筑向多元化方向发展 由于用户对智能建筑功能要求有很大的差别，智能建筑正朝多元化发展。例如，智能建筑的种类已经在不断增加，从办公写字楼向公共场馆、医院、宾馆、厂房、住宅等领域扩展。智能建筑也正在向智能小区、智能化城市发展。

设计师将根据不同的用户需求，有针对性地设计符合用户要求的智能建筑。例如，智能办公建筑，主要提供完善的办公自动化服务、各种通信服务设施，并保证有良好的环境；智能医疗建筑，装备有完善的计算机设备和通信网络，其综合医疗信息系统可用来进行医疗咨询、远程诊断、药品管理、各种医疗信息管理等；智能住宅，侧重于提高住宅安全水平和生活舒适性，需要具备安全防范自动化、身体健康自动化、家务劳动自动化和文化、娱乐、信息自动化等方面的功能。

(4) 建筑智能化技术与绿色生态建筑的结合 绿色生态建筑，是综合应用现代建筑学、生态学及其他技术科学的成果，它是在不损害生态环境的前提下，提高人们的生活质量和环境质量，其“绿色”的本质是物质系统的首尾相接，无废无污、高效和谐、开放式、闭合性良性循环。通过建立建筑物内外的自然空气、水分、能源及其他各种物资的循环系统来进行绿色建筑的设计，并赋予建筑物以生态学的文化和艺术内涵。在生态建筑中，采用智能化系统来监控环境的空气、温度、湿度，并进行废水、废气、废渣的处理等，为居住者提供自然气息浓厚、方便舒适、节省能源、没有污染的居住环境。

(5) 智能化水平不断提高 随着信息技术的发展，各种新技术、新的协议和标准不断出现，使得智能建筑的系统集成化、管理综合化程度不断提高，有效地提高了智能化水平。

8.1.2 智能建筑的功能及组成

1. 智能建筑的功能 智能建筑是社会信息化和经济国际化的必然产物，是多学科跨行业的系统工程，是现代高新技术的结晶。智能系统所用的主要设备通常放置在智能化建筑内的系统集成中心(System Integrated Center,SIC)，通过建筑物综合布线系统(Premises Distribution System,PDS)与各种信息终端，如通信终端(微机、电话、传真和数据采集器等)和传感器(烟雾、压力、温度、湿度等传感器)连接，“感知”建筑物内各个空间的“信息”，并通过计算机进行处理给出相应的对策，再通过通信终端或控制终端(如步进电动机、各种阀门、电子锁、电子开关等)给出相应的反应，使大楼具有某种“智能”功能。建筑物的使用者和管理者可以对建筑物供配电、空调、给排水、电梯、照明、防火防盗、有线电视、电话传真、数据通信、购物和保健等全套设施都实施按需服务控制，极大地提高建筑物的管理和使用效率，有效地降低能耗和管理费用。

2. 智能建筑的组成　智能建筑的组成如图 8-1 所示。它主要由楼宇自动化系统(Building Automation System,BAS)、办公自动化系统(Office Automation System,OAS)、通信自动化系统(Communication Automation System,CAS)、综合布线系统(Premises Distribution System,PDS)和系统集成中心(System Integrated Center,SIC)五大部分组成。智能建筑中的“3A”是最重要且必须具备的基本功能，因此形成了“3A”智能建筑。目前有些开发商为了突出智能大厦某项功能或增加卖点，又提出防火自动化(Fire Automation,FA)和信息管理自动化(Management Automation,MA)，形成“5A”智能化建筑。甚至有的又提出保安自动化(Security Automation,SA)，出现“6A”智能建筑。但从国际惯例来看，FA 和 SA 均放在楼宇自动化系统(BA)中，而 MA 也包含在办公自动化(OA)中。因此，这里采用“3A”智能建筑的提法。

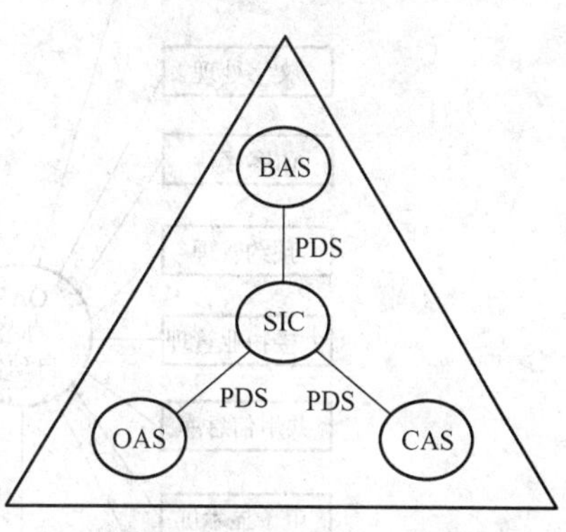

图 8-1　智能建筑的组成

智能建筑的智能等级通常可根据建筑物内智能化子系统设置的内容和设备的功能水平来确定，有分为三级的，也有分为五级的。国家《智能建筑设计标准》把智能建筑划分为甲、乙、丙三级。甲级，适用于配置智能化系统标准高而齐全的建筑；乙级，适用于配置基本智能化系统而综合性较强的建筑；丙级，适用于配置部分主要智能化系统，并有发展和扩充需要的建筑。

智能建筑的主要组成部分和基本内容如图 8-2 所示。

(1) 楼宇自动化系统　楼宇自动化系统是将建筑物内的供配电、照明、给排水、暖通空调、保安、消防、运输、广播等设备通过信息通信网络组成分散控制、集中监视与管理的管控一体化系统，随时检测、显示其运行参数，监视、控制其运行状态，根据外界条件、环境因素、负载变化情况自动调节各种设备使其始终运行于最佳状态，从而保证系统运行的经济性和管理的科学化、智能化，并在建筑物内形成安全、舒适、健康的生活环境和高效节能的工作环境。

(2) 办公自动化系统　办公自动化系统是服务于具体办公业务的人机交互信息系统。它是把计算机技术、通信技术、系统科学和行为科学应用于现代化的办公手段和措施。它是利用先进的科学技术，不断使人的部分办公业务活动物化于人以外的各种设备中，并且由这些设备和办公人员构成服务于某种目标的人机信息处理系统。其目的是尽可能充分利用信息

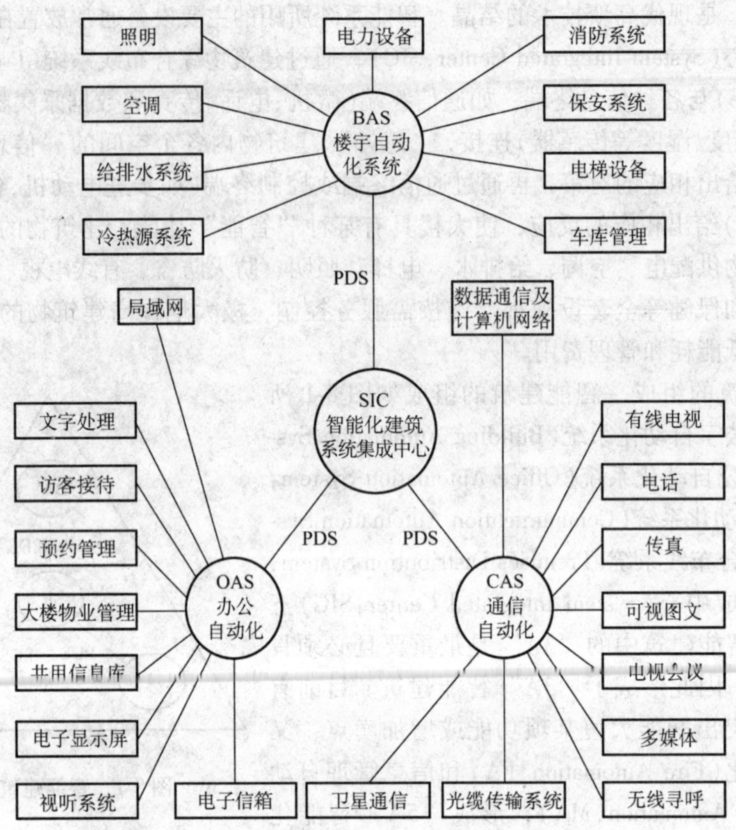

图 8-2　智能建筑的主要组成部分和基本内容

资源，完成各类电子数据处理，对各类信息进行有效管理，提高劳动效率和工作质量，同时能进行辅助决策。

传统的办公系统和现代化的办公自动化的本质区别就是信息存储和传输的介质不同。传统的办公系统是利用纸张记录文字、数据和图形，利用录音机磁带记录声音，利用照相机或者录像机记录影像。这些都属于模拟存储介质，所使用的各种设备之间没有自动地配合，难以实现高效率的信息处理和传输。现代化的办公自动化系统，是利用计算机把多媒体技术和网络技术相结合，使信息用数字化的形式在系统中存储和传输，软件系统管理各种设备自动地按照协议配合工作，极大地提高了办公的效率。办公自动化技术的发展将使办公活动朝着数字化的方向发展，最终实现无纸化办公。

（3）通信自动化系统　智能建筑中的通信自动化系统具有对于来自建筑物内外的各种语音、文字、图形图像和数据信息进行收集、存储、处理和传输的能力，能为用户提供快速、完备的通信手段和高速、有效的信息服务。通信自动化系统包括语音通信、图文通信、数据通信和卫星通信等四个部分，具体负责建立建筑物内外各种信息的交换和传输。

（4）综合布线系统　综合布线系统系统是建筑物内所有信息的传输通道，是智能建筑的“信息高速公路”。综合布线由线缆和相关的连接硬件设备组成，是智能建筑必备的基础设施。它采用积木式结构、模块化设计，通过统一规划、统一标准、统一建设实施来满足智能建筑信息传输高效、可靠、灵活性等要求。综合布线系统一般包括建筑群子系统、设备间子系统、垂直干线子系统、水平子系统、管理子系统和工作区子系统等六个部分。

（5）系统集成中心　系统集成中心是智能建筑的最高层控制中心，监控整个智能建筑的运转。系统集成中心具有通过系统集成技术，汇集各个自动化系统信息，进行各种信息综合管理的功能。它通过综合布线系统把各个自动化系统连接成为一体，同时在各子系统之间建立起一个标准的信息交换平台。系统集成中心把各个分离的设备、功能和信息等集成为一个相互关联的、统一的和协调的系统，使资源达到充分的共享，从而实现了集中、高效和方便的管理和控制。

8.2　消防控制系统

智能建筑多以高层建筑为主体，具有大型化、多功能、高层次和高技术的特点，一般都是重要的办公大楼、金融中心、高级宾馆和重要的公共设施建筑。这些建筑物如果发生火灾，后果不堪设想。由于这类高层建筑的起火原因复杂，火势蔓延途径多，人员疏散困难，消防人员扑救难度大。因此，对于智能建筑，必须根据国家的法规建立完善的消防系统，在人力防范的基础上，依靠先进的科学技术，把火灾消灭在萌芽状态，最大限度地保障智能建筑内部人员、财产的安全，把损失控制在最低限度。智能建筑的消防控制系统也是安全防范系统的一部分，但是由于它的特殊性和极端重要性，故单独作为一节进行介绍。

8.2.1　消防控制系统的组成及工作原理

火灾自动报警与消防联动控制系统是智能大厦必须设置的系统之一。其功能是通过布置在现场的火灾探测器自动监测火灾发生时产生的烟雾或火光、热气等火灾信号，当有火灾发生时发出声光报警信号，同时联动有关消防设备，实现监测报警、控制灭火的自动化。在火灾自动报警与消防联动控制系统中，火灾自动报警系统是系统的感测部分，用以完成对火灾的发现和报警；消防联动控制系统则是系统的执行部分，在接到火警信号后执行灭火任务。

一个完整的消防系统由火灾自动报警系统、灭火自动控制系统及避难诱导系统三个子系统组成。

（1）自动报警系统　火灾自动报警系统由火灾探测器、手动报警按钮、火灾报警控制器和警报器等构成，以完成火情的检测并及时报警。

（2）自动控制系统　灭火自动控制系统由各种现场消防设备及控制装置构成。现场消防设备种类很多，它们按照使用功能可以分为三大类：①灭火装置，包括各种介质，如液体、气体、干粉的喷洒装置，是直接用于灭火的。②灭火辅助装置，是用于限制火势、防止火灾扩大的各种设施，如防火门、防火卷帘、挡烟垂壁等。③信号指示系统，是用于报警并通过灯光与声响来指挥现场人员的各种设备。对应于这些现场消防设备需要有关的消防联动控制装置，主要有以下几种：

1）室内消火栓系统的控制装置。

2）自动喷水灭火系统的控制装置。

3）卤代烷、二氧化碳等气体灭火系统的控制装置。

4）电动防火门、防火卷帘等防火分割设备的控制装置。

5）通风、空调、防烟、排烟设备及电动防火阀的控制装置。

6）电梯的控制装置、断电控制装置。

7）备用发电控制装置。

8）火灾事故广播系统及其设备的控制装置。

9）消防通信系统、火警电铃、火警灯等现场声光报警控制装置。

10）事故照明装置等。

在建筑物防火工程中，消防联动可以由上述部分或全部控制装置组成。

(3) 避难诱导系统　避难诱导系统由事故照明装置和避难诱导灯组成，其作用是当火灾发生时，引导人员逃生。

火灾自动报警与消防联动控制系统由上述部分或全部设备构成。消防系统的组成如图 8-3所示。

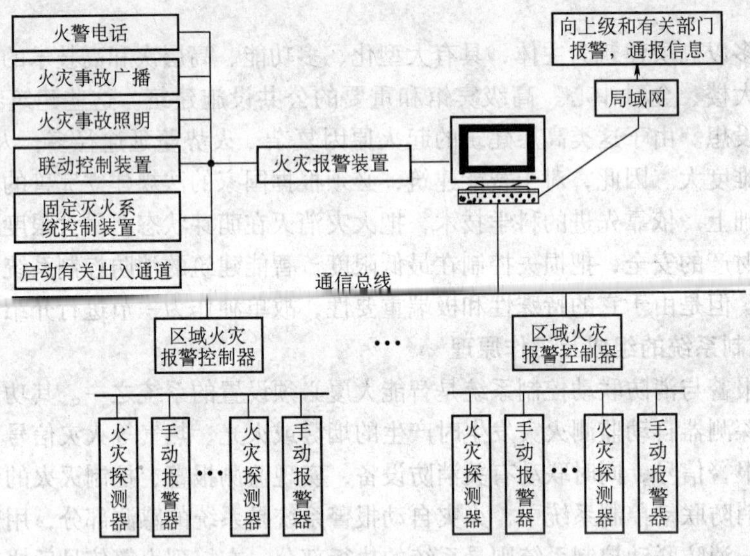

图 8-3　火灾自动报警与消防联动控制系统的组成

系统的工作原理描述如下：当有火灾发生时，探测器发出报警信号到报警控制器，报警器发出声光报警，并显示火灾发生的区域和地址编码并打印出报警时间、地址等信息，同时向火灾现场发出声光报警信号。值班人员打开火灾应急广播通知火灾发生层及相邻两层人员疏散，各出入口应急疏散指示灯亮，指示疏散路线。为防止探测器或火警线路发生故障，现场人员发现火灾时也应启动手动报警按钮或通过火警电话直接向消防控制室报警。

在火灾报警器发生报警信号的同时，控制室可通过手动或自动控制消防设备，如关闭风机、防火阀、非消防电源、防火卷帘门、迫降消防电梯；开启防排烟风机和排烟阀；打开消防泵，显示水流指示器、报警阀、闸阀的工作状态等。以上动作均有反馈信号至消防控制柜上。

8.2.2　火灾探测器的分类及工作原理

火灾探测器是火灾自动报警系统的传感部分，能产生并在现场发出火灾报警信号，或向控制和指示设备发出现场火灾状态信号。火灾探测就是以捕捉物质燃烧过程中产生的各种信号为依据，来实现早期发现火灾的。根据火灾早期产生的烟雾、光、气体等派生出不同类型的探测器。迄今为止，世界上研究和应用的火灾探测方法和原理主要有空气离化法、热量(温度)检测法、火焰(光)检测法、可燃气体检测法。

火灾探测器种类很多，通常可以按照其结构形式、被探测参量以及使用环境进行分类，其中以被探测参量分类最为多见，也多为通常工程设计所采用。

1. 按结构形式分类

（1）点型火灾探测器　它是目前采用的最为普遍的探测器，装置于被保护区域的某“点”。

（2）线型火灾探测器　它常装置于某些特定环境区域，如电缆隧道等窄长区域。它可以是管状的线型火灾探测器，也可以是不可见的红外光束线型火灾探测器。

2. 按探测器的参量分类　根据被探测参量，可划分为感烟、感温、感光（火焰）、气体以及复合探测器等几大类，其主要类型如图 8-4 所示。

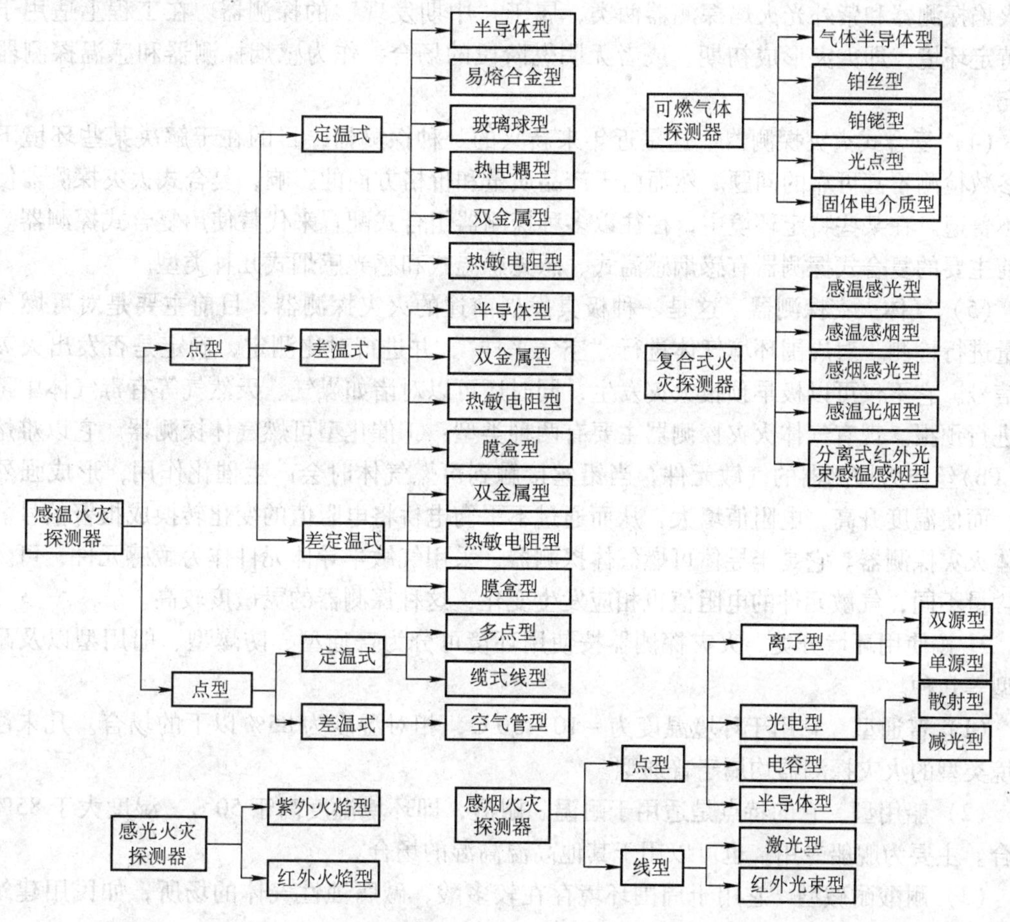

图 8-4　火灾探测器的分类

（1）感烟火灾探测器　从火灾形成的过程可以看出，普通火灾形成初始阶段的最大特征是产生大量烟雾，致使周围环境的烟雾含量迅速增大，如果此时能感知火灾信号，将给及时灭火创造极为有利的条件，火灾造成的损失也最小。因此在实际工程中大量采用这种“早期发现”的探测器。这种探测器是感知空气中烟雾粒子的含量，烟雾粒子的含量又可以直接或间接改变某些物理量的性质或强弱，因此感烟探测器又分为离子型、光电型、激光型、电容型和红外光束型等数种形式，分类的原则主要是根据其工作原理进行。常用的感烟火灾探测器有离子感烟探测器、光电感烟探测器及红外光束线型感烟探测器。

（2）感温火灾探测器　它是一种动作于阴燃阶段后期的“早中期发现”探测器。根据监测温度参数的不同，感温火灾探测器有定温、差温和差定温三种类别。定温火灾探测器用于响应环境温度达到或超过某一预定值的场合；差温探测器是以检测“温升”为目的；差定温火灾探测器则兼顾“温度”和“温升”两种功能。感温探测器的种类极多，根据其敏感元件的不同而形成了各种形式的感温火灾探测器。感温火灾探测器也是工程上常见的火灾探测器种类之一，它主要作用于不适合或不完全适合感烟火灾探测器的一些场合。

（3）感光火灾探测器　感光探测器又称为火焰探测器或光辐射探测器，主要分为红外光火焰探测器和紫外光火焰探测器两类，属于“中期发现”的探测器。在工程上适用于某些特定环境，即火灾形成初期，或者无阴燃阶段的场合，作为感烟探测器和感温探测器的补充。

（4）复合式火灾探测器　这是近年来新兴的一种探测器，目的在于解决某些环境下单一参数检测不甚可靠的问题。然而由于产品质量和价格方面的影响，复合式火灾探测器使用尚不普遍。在某些特定环境中，往往以多种探测器组合式配置来代替使用复合式探测器。目前主要的复合式探测器有感烟感温式、感光感温式和感光感烟式几种类型。

（5）气体火灾探测器　这是一种极具发展前途的火灾探测器，目前主要是对可燃气体含量进行检测，对周围环境气体进行“空气采样”，并进行对比测定，确定是否发出火灾警报信号。它不仅可以极早预报火灾发生，同时还可以对诸如煤气、天然气等有毒气体中毒事故进行预报。现有气体火灾探测器主要有两种类型：①催化型可燃气体探测器。它以难熔的铅(Pb)丝作为探测器的气敏元件，当铅丝接触到可燃气体时会产生催化作用，形成强烈氧化，而使温度升高，电阻值增大，从而通过不平衡电桥将电阻值的变化转换成报警信号。②气体火灾探测器。它是半导体可燃气体探测器，采用气敏半导体元件作为敏感元件，可燃气体含量不同，气敏元件的电阻值也相应发生变化，这种探测器的灵敏度较高。

3. 按使用环境分类　火灾探测器按使用环境可分为普通型、防爆型、船用型以及耐酸碱型等几种。

（1）普通型　它用于环境温度为 -10～50℃，相对湿度为85%以下的场合。凡未注明环境类型的火灾探测器均属于普通型。

（2）船用型　它的特点是适用于耐温、耐湿，即环境温度高于50℃、湿度大于85%的场合。主要为舰船专用，也可以用于其他高温高湿的场合。

（3）耐酸耐碱型　它用于周围环境存在较多酸、碱腐蚀性气体的场所，如民用建筑中的蓄电池间及其他有关工业场所。

在火灾自动报警系统中，探测器的选择非常重要，选择的合理与否，关系到火灾探测器的性能发挥。探测器种类的选择应根据探测区域内的环境条件、火灾特点、房间高度、安装场所的气流状况等，选用其所适宜类型的探测器或几种探测器的组合。

8.2.3　火灾报警装置

随着科技的进步，新的消防产品不断出现，也使火灾自动报警系统由传统型火灾自动报警系统向现代型火灾自动报警系统发展。

1. 传统型火灾自动报警系统　在现代消防工程中，传统型火灾自动报警系统还是一种比较有实用价值的消防监控系统。

（1）区域火灾自动报警系统　这是一个结构简单且应用广泛的系统，它既可单独使用，也可作为集中报警系统和控制中心报警系统的基本组成。系统中可设置简单的消防联动控制设备，一般应用于工矿企业的重要部位及公寓、写字间等处。区域火灾自动报警系统原理框图如图 8-5 所示。

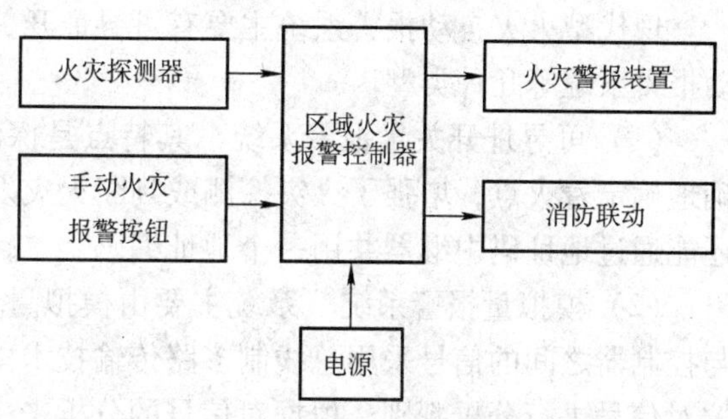

图 8-5　区域火灾自动报警系统原理框图

（2）集中火灾自动报警系统　集中火灾自动报警控制系统设有一台集中报警控制器和两台以上区域报警控制器。集中报警控制器设在消防室，区域报警控制器设在各楼层，一般适用于一、二级防火保护对象，主要用于无服务台的综合办公楼、写字楼及宾馆、饭店等。集中火灾报警系统原理框图如图 8-6 所示。

（3）控制中心火灾自动报警系统　控制中心火灾自动报警系统是由集中报警控制系统加消防联动控制设备构成，一般适用于大型宾馆、饭店及大型建筑群等保护范围较大，且需要集中管理的场所。控制中心火灾自动报警系统原理框图如图 8-7 所示。

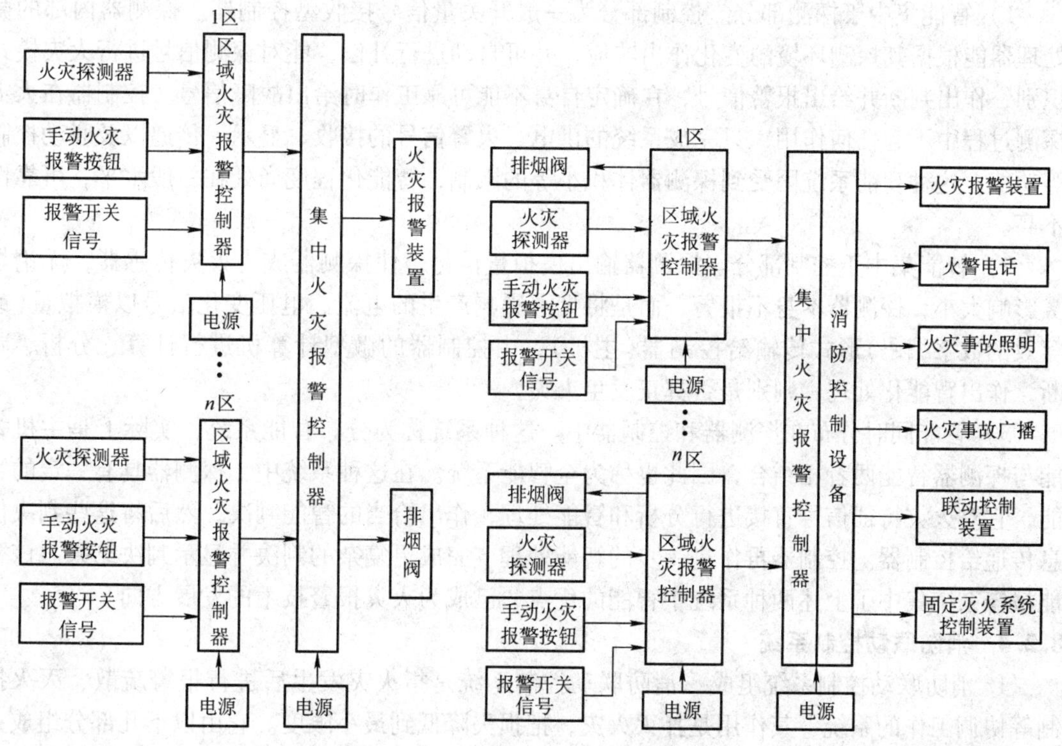

图 8-6　集中火灾报警系统原理框图　　图 8-7　控制中心火灾自动报警系统原理框图

2. 现代型火灾自动报警系统　现代型火灾自动报警系统是以计算机技术的应用为基础发展起来的，具有能够识别探测器位置（地址编码）及探测器类型，系统可靠性高、使用方便、维修成本低等特点。

现代型火灾自动报警系统主要有可寻址开关量报警系统、模拟量报警系统和智能火灾自动报警系统等几种类型。

（1）可寻址开关量报警系统　其特点是探测报警回路与联动控制回路分开，能够较准确地确定着火点，增强了火灾探测或判断火灾发生的及时性，并且在同一房间的多只探测器还能通过地址码中继器共用一个地址编码。

（2）模拟量报警系统　系统主要由模拟量火灾探测器、系统软件和算法组成。探测器与控制器之间的信号采用总线制多路传输技术。探测器向控制器传输连续的模拟信号，控制器对信号进行分析判别，根据对信号的分析来决定是否报警。

（3）智能火灾自动报警系统　该系统使用探测器件将发生火灾期间所产生的烟、温、光等以模拟量形式连同外界相关的环境参量一起传送给报警器，报警器再根据获取的数据及内部存储的大量数据，利用火灾数据来判断火灾是否存在。

智能火灾自动报警系统由智能探测器、智能手动按钮、智能模块、探测器并联接口、总线隔离器、可编程继电器卡等组成。探测器将所在环境收集的烟雾含量或温度随时间变化的数据送到报警控制器，报警控制器再根据内置的智能资料库内有关火警状态资料和收集回来的数据进行分析比较，决定收回来的资料是否显示有火灾发生，从而作出报警决定。

智能火灾自动报警系统按智能的分配来分，可分为以下三种形式：

1）智能集中于探测部分。控制部分为一般开关量信号接收型控制器。探测器内部的微处理器能根据其探测环境的变化作出响应，并可自动进行补偿，能对探测信号进行火灾模式识别，作出判断并给出报警信号，在确定自身不能可靠工作时给出故障信号。控制器在火灾探测过程中不起任何作用，只完成系统的供电、火警信号的接收、显示、传递以及联动控制等功能。这种智能系统因受到探测器体积小等的限制，智能化程度尚处在一般水平，可靠性不高。

2）智能集中于控制部分。探测器输出模拟量信号，使探测器成为火灾传感器，无论烟雾影响大小，探测器本身不报警，而是将烟雾影响产生的电流、电压变化信号以模拟量（或等效的数字编码）形式传输给控制器（主机），由控制器的微型计算机进行计算、分析、判断，作出智能化处理，判别是否真正发生火灾。

3）智能同时分布在探测器和控制器中。这种系统称为分布智能系统，实际上是主机智能与探测器智能两者相结合，因此也称为全智能系统。在这种系统中，探测器具有一定的智能，它对火灾特征信号直接进行分析和智能处理，作出恰当的智能判决，然后将这些判决信息传递给控制器。控制器再作进一步的智能处理，完成更复杂的判决并显示判决结果。该智能报警系统集中了上述两种系统中智能的优点，已成为火灾报警技术的发展方向。

8.2.4　消防联动控制系统

1. 消防联动控制系统组成　消防联动控制系统是指火灾发生后进行报警疏散、灭火控制等协调工作的系统，其作用是扑灭火灾，把损失降低到最小限度。它由以下几部分组成：

（1）通信与疏散系统　通信与疏散系统由紧急广播系统（平时为背景音乐系统）、事故照明系统以及避难诱导灯、消防电梯与消防控制中心的通信线路等组成。

（2）灭火控制系统　它由自动喷淋装置、气体灭火控制装置、液体灭火控制装置等组成。

（3）防排烟控制系统　防排烟控制系统主要实现对防火门、防火阀、防火卷帘、防烟垂壁、排烟口、排烟风机及电动安全门的控制。

当火灾发生时，还需要实现非消防电源的断电控制。

2. 消防联动控制系统作用与设置

（1）火灾事故广播与消防电话系统　火灾事故广播与消防电话系统的作用是发生火灾时进行紧急广播，通知人员疏散并向消防部门及时报警。

1）火灾事故广播系统。火灾事故广播系统在没有发生火灾时作为背景音乐广播系统，给人们提供轻松快乐的音乐，愉悦人们的心情，提高工作效率。当火灾发生时，立即自动转入紧急广播，通知发生火灾区域的人们撤离逃生。

火灾事故广播系统按线制可分为总线制火灾事故广播系统和多线制火灾事故广播系统。其设备包括音源、前置放大器、功率放大器及扬声器等。各设备的电源由消防控制系统提供。

当火灾发生时，应能在消防室把公共广播强制转入火灾紧急广播，并在发生火灾的区域反复广播，指示逃生的路线等。

火灾事故广播系统应设置火灾紧急广播备用扩音机，其容量不应小于需要同时广播的范围内扬声器最大容量总和的1.5倍。

2）消防电话系统。消防电话系统是一种消防专用的通信系统。通过该系统可以迅速实现对火灾的人工确认，并可及时掌握火灾现场情况和进行其他必要的通信联络，便于指挥灭火等工作。

消防电话系统应为独立的消防通信系统。在与消防有关的场所应设置专业的消防电话，如消防水泵房、变配电室、排烟机房、消防电梯、消防设备控制室、消防值班室、企业消防站等。在消防设备控制室、消防值班室和企业消防站等处，应设置可直接报警的外线电话。火灾发生时，能够立即向消防中心报警，同时通知交通指挥中心、自来水公司、电力局、公安局等，为扑灭火灾提供畅通的通信服务。

在建筑物内，还要根据保护对象的等级在手动火灾报警按钮、消火栓按钮等地方设置电话插孔。电话插孔在墙壁上安装时，其底边距地面高度应为1.3~1.5m。特级防火保护对象的各避难层应每隔20m设置一个消防专用分机或电话插孔。

（2）防、排烟系统　本书6.3节已述建筑防、排烟方式。在火灾发生现场，一般都采用机械排烟。防、排烟设施有中心控制和模块控制两种方式，如图8-8所示。

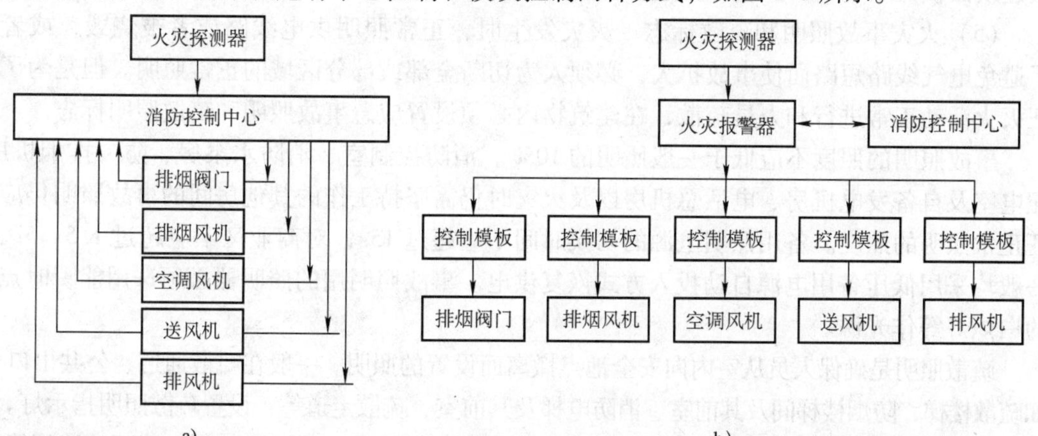

图8-8　防、排烟控制方式

a）中心控制　b）模块控制

1）机械防、排烟的中心控制方式。中心控制方式的控制框图如图 8-8a 所示。火灾发生时，火灾探测器动作，将报警信号传送到消防控制中心。消防控制中心产生联动控制信号，首先打开防、排烟阀门，然后起动排烟风机进行排烟。同时输出控制信号，关闭空调系统中的送风机、排风机、空调机。消防控制中心在发出控制信号的同时也接收各设备的返回信息，监测各设备的运行情况，确保设备按照控制指令运行。

2）机械防、排烟的模块控制方式。模块控制方式的控制框图如图 8-8b 所示。火灾发生时，消防控制中心接到报警信号后，产生联动控制信号，控制信号经过总线和控制模块驱动各设备动作，动作顺序及监测功能与中心控制方式相同，不同的是每一个控制模块控制一台设备。

（3）防火卷帘门控制　防火卷帘门与防火垂壁的功能相同，当火灾发生时，形成门帘式防火分隔。防火卷帘应设置在建筑物中防火分区通道口处。火灾发生时，可以就地手动操作或根据消防控制中心的指令使卷帘下降到预定的高度，经过一定时间的延时后再降到地面，以达到人员紧急疏散、灾区隔烟和防止火势蔓延的目的。防火卷帘的控制应符合下列要求：

1）疏散通道上的防火卷帘两侧，应设置火灾探测器及报警装置，还应设置手动控制按钮。

2）疏散通道上的防火卷帘，在感烟探测器动作后，应根据程序自动控制卷帘下降到距地(楼)面 1.8m，并经过一定时间的延时后再降到地面。

3）防火卷帘的关闭信号应送到消防控制中心。

（4）消防电梯的联动控制　电梯是高层建筑中不可缺少的纵向交通工具，消防电梯是在火灾发生时供消防人员灭火和救人使用的。它与普通电梯不同的是，普通电梯可以根据使用要求，不必每层都能上下，而消防电梯必须做到每层都能上下。火灾发生时，普通电梯必须直接下降到首层并关闭电源停止运行，而消防电梯此时则必须保证供电，保证运行。消防电梯必须有专门的供电回路。

建筑物内消防电梯的多少是根据建筑物的层建筑面积来确定的。当层建筑面积不超过 $1500m^2$ 时，设置一部消防电梯；层建筑面积在 $1500 \sim 4500m^2$ 时，需设置两部消防电梯；当层建筑面积大于 $4500m^2$ 时，应设置三部消防电梯。

（5）火灾事故照明和疏散标志　火灾发生时，正常照明供电线路或者被烧毁，或者为了避免电气线路短路而使事故扩大，必须人为切断全部或部分区域的正常照明。但是为了保证灭火活动正常进行和人员疏散，在建筑物内必须设置应急事故照明和疏散照明标志。

事故照明的照度不应低于一般照明的 10%。消防控制室、消防水泵房、防、排烟机房、配电室及自备发电机房、电话总机房以及火灾时仍需坚持工作的其他房间的事故照明仍应保证正常照明的照度。备用照明电源的切换时间不应超过 15s，对商业区不应超过 1.5s。因此一般均采用低压备用电源自动投入方式恢复供电。事故照明用的照明器必须选用能瞬时点燃的白炽灯等作光源。

疏散照明是确保人员从室内向安全地点撤离而设置的照明。一般在疏散通道、公共出口处，如疏散楼梯、防烟楼梯间及其前室、消防电梯及其前室、疏散走道等，设置疏散照明指示灯。灯位高度以宜于人们观察为准，如出口顶部、疏散走道及其转角处距该层地面 1m 以下的墙面等处，且间距不应大于 20m(人防工程不大于 10m)。用蓄电池作备用电源(推荐如此)，其连续供电时间不应小于20min；高度超过100m的高层建筑连续供电时间不应少于30min。火灾事故照明及疏散标志应在消防控制室内进行电源切换控制。

8.3 电缆电视系统

电缆电视系统早期被称为共用天线电视系统，其英文缩写为CATV。顾名思义，共用天线电视系统就是允许多台用户电视机共用一组室外天线来接收电视台发射的电视信号，经过信号处理后通过电缆将信号分配给各个用户系统。

CATV系统不仅能解决远离电视发射台的地区及高层建筑密集区用户难以收到高质量电视信号的问题，还可以通过采用其他技术为用户提供更多的电视节目。由于电视机的普及和高层建筑的增多，CATV系统已成为人们生活中不可缺少的一种服务设施。

随着通信技术的迅速发展，CATV系统现在不但能接收电视塔发射的电视节目，还能通过卫星地面站接收卫星传播的电视节目及利用微波传输电视节目。通过CATV系统还可以自己播放节目(如电视教学)以及从事传真通信和各种信息的传递工作。总之，现在的CATV系统已被赋予了新的含义，已成为无线电视的延伸、补充和发展，它正朝着宽带、双向，能够进行多种业务的信息网发展。

8.3.1 CATV系统的组成

任何一个电缆电视系统无论多么复杂，均可认为是由前端部分、干线传输部分、用户分配网络系统三个部分组成，如图8-9所示。

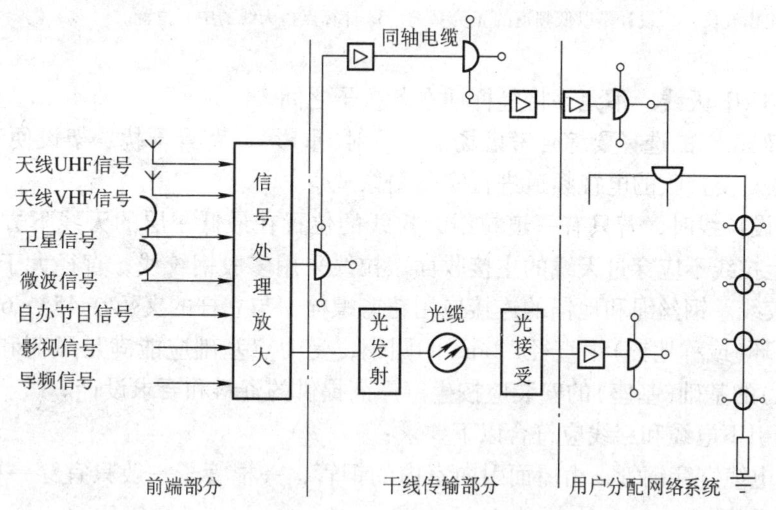

图8-9 电缆电视系统图

8.3.2 主要装置的作用

1. 前端部分　前端是由天线、天线放大器、混合器和宽带放大器组成。它的功用是把收到的各种电视信号，经过处理后送入分配网络，而分配网络的作用是使用成串的分支器或成串的串接单元，将信号均匀分给各用户接收机。

2. 干线传输部分　组成该部分的主要器件包括干线放大器、电缆或光缆、斜率均衡器、电源供给器、电源插入器等。干线传输部分的任务是把前端输出的高质量信号尽可能保质保量地传送给用户分配系统，若是双向传输系统，还需把上行信号反馈至前端部分。

3. 用户分配网络系统　主要的部件有线路延长放大器、分配放大器、分支器、分配器、用户终端、机上变换器等，对于双向系统还有调制器、解调器、数据终端等设备。该部分是把干线传输来的信号分配给系统内所有的用户，并保证各个用户的信号质量，对于双向传输还需把上行信号传输给干线传输部分。

8.3.3　有线电视系统的安装

1. 天线部分的安装

（1）天线设施安装的基本要求

1）接收天线应按设计要求组装，在预定位置，结合检测和观看，确定天线的最优方位，然后固定平直、牢固。

2）竖杆拉线地锚必须与建筑物连接牢固，不得将拉线固定在屋面透气管、水管等构件上，安装时应使各根拉线受力均匀。

3）天线馈电端与阻抗匹配器、馈线、天线放大器的连接必须牢固，防水措施有效。

4）天线安装间距的要求，见表8-1

表8-1　天线安装间距表

天线间的关系	间　距	天线间的关系	间　距
最底层天线与支承物顶面	≥1λ	两天线同杆左右安装	≥1λ
两天线前后安装	≥3λ	天线正前方净空	不影响电波接收
两天线同杆上下安装	≥0.5λ(不小于1m)		

注：1. λ 指工作波长；2. 设计是以低频道的 λ 为基准；3. 计算点指天线的中心位置。

5）对于UHF天线，不允许将竖杆插在各振子之间。

6）天线架设点的选择要综合考虑场强、反射(重影)、背景干扰、架设便利、安全可靠诸因素。必须对要接收的电视频道进行实际图像观察。

7）天线设拉线时，若只有一道拉线，拉线的位置在最低一层的天线下方0.3m处；二道拉线时，上拉线不应穿过天线的主接收面。拉线采用多股钢绞线，直径大于或等于6mm，采用七股钢绞线。钢丝绳和地锚的连接应用花篮螺栓，与立杆的夹角在45°~60°之间。

8）锚固环(或称地锚)用直径12mm的圆钢，受力点基础应能满足风荷和重荷的要求。天线竖杆(架)的基础(基座)的安装应按生产厂商提供的资料和要求设计。

9）天线引下电缆和穿线应符合以下要求：

① 射频电缆宜穿钢管，由屋面引向室内的钢管，一根管子一般只宜穿一根电缆，电缆不得沿天线拉线下行。

② 弯管的弯曲半径应为管径的10倍以上。弯管的切口要装保护帽，切忌损伤电缆。

③ 管长超过25m需加接线盒，电缆在中间有接头时应使用接线盒，在室内时使用接插件连接。

④ 若确难以满足上述要求时须用双护套、屏蔽系数高的黑色电缆作引下电缆。在有人走动的屋顶，且电缆的走向为水平时，电缆要加金属管保护，管子要定位。电缆引下时，在墙角转弯处要有保护管、防止磨损的措施。电缆每米要固定，进入室内时，要留有滴水弯。

（2）接收天线位置的选择方法　接收天线位置选择的是否合适是至关重要的，因为它的输出电平的高低直接决定了系统载噪比。因此，除了选择场强大的位置外，应尽量将天线架高，通常架设在建筑群的最高处。同时，还要避开周围建筑物的反射波、工业干扰等。天线应尽可能远离公路、街道和桥梁。选择最佳位置的简易而有效的办法是利用一副临时接收天线和一台彩色电视机，在预备安装天线的地方实地收看，寻找一个图像清晰、伴音洪亮的最佳位置。对接收频道较多的系统，有时难以找到一个能满足全部频道最佳接收的位置，这时，可以再选择一个接收位置，直到这些接收点能包含全部频道的最佳接收效果为止。

（3）天线竖杆的安装　天线装置通常由天线竖杆、横杆、拉线和底座四部分组成。竖杆和横杆均可用来固定接收天线。若系统需用一个以上的天线装置时，则装置之间的水平距离要在5m以上。

天线竖杆的高度通常在6～12m之间，一般用直径40～80mm的圆形钢管分段连接的方式组成。分段钢管的直径既可相等也可不等。相等直径的钢管段间的连接采用法兰盘式，不等直径的钢管段间可采用焊接方式。连接时直径小的钢管必须插入直径大的钢管30mm以上，才能焊接，以保证天线竖杆的强度。为了在竖杆上安装天线横杆或接收天线，以及对接收天线方向的调整、维修时的方便等，竖杆上应焊上脚蹬条，供攀登用。

竖杆可以直接固定在建筑物上，如楼房最高处的电梯间或水箱间的承重墙上。竖杆也可固定在专用的底座上，底座必须位于承重墙或承重梁上，并和建筑物的钢筋焊接在一起，使底座和建筑物成为一体。

为了抗风，特别是在风害较大的地区，还应用防风拉绳将天线竖杆固定，保证接收天线的位置不变。防风拉绳视竖杆的高度可设一至两层，拉绳与竖杆的夹角为30°～45°，通常一层为三根拉绳，拉绳之间夹角为120°。

（4）接收天线的安装　系统适用的接收天线一般均为多单元引向天线，在安装前应对每副天线进行检查，待认可后方可着手安装。安装时应注意以下几点：

1）几何尺寸较大的接收天线一般直接安装在天线竖杆上，最低层的接收天线离地面（或楼顶）的高度大于最低频道信号的一个波长。

2）接收天线上、下层之间的间距应大于最低频道信号的1/2个波长，同层左右之间的间距应大于最低频道信号的一个波长。

3）一般来说，应将天线的最大接收方向对准该频道的发射天线，但考虑到周围环境的影响，应该通过对实际收看效果来确定最终的指向。

（5）接收天线的防雷　由于接收天线一般安装在建筑物的最高处，所以防雷非常重要，必须对天线采取防雷措施。天线的防雷方法一般有以下几种：

1）将天线竖杆顶部加长作避雷针。这种方法要求将天线金属竖杆顶部加长2.5m左右，使天线处于避雷针的保护区内。要注意的是保证竖杆有良好的接地，对于高层建筑，可以把引下线与建筑金属构件连接，且与建筑物组成联合接地方式，接地电阻应不大于1Ω。

2）在距天线3m以上的地方安装高出天线的独立避雷针，把天线置于其保护范围之内。要求避雷针有良好的接地，接地电阻要小于4Ω。

3）将天线竖杆、天线振子及避雷针的零电位在电气上连成整体，并与建筑物防雷设施纳入同一系统，实行共地连接。

4）在天线馈线和天线放大器电源线上安装避雷器，以防雷电沿线路侵入室内。

2. 系统前端、机房设备的安装

（1）前端的安装　前端设备的安装主要是指放大器、混合器、衰减器、分配器、分支器及天线放大器电源等部件的安装。对中小型系统来讲前端的设备并不多，一般均安装在前端箱内，前端箱的规格和结构与普通电工设备中的配电箱类似。如果楼房施工时，在墙体内已预留出前端箱的位置则称为暗装式。前端箱也可以设计成明装式，明装式箱体应是钢结构。前端箱大小除要能安装下前端所需的设备外，还应考虑到电源插座（以供有源部件使用）和照明灯。

在确定各部件的安装位置时，要考虑各部件之间电缆连接的走向要合理，尽量避免互相交叉，特别不能为了走线的美观而像电工供电线路那样将电缆拐成死弯，导致信号质量的下降。

对于较复杂的前端（如采用邻频传输技术的前端），不能采用上述前端箱的方式，而要采用控制台或标准机柜样式，以利于操作和维修。

（2）机架和控制台的安装　机架和控制台到位后，应进行垂直度调整。几个机架并排在一起，面板应在同一平面上与基准线平行。调整垂直应从一端开始顺序进行。

机架和控制台的安装要求竖直平稳，与地面的接触要垫实。

在机架和控制台定位调整完毕做好加固后，安装机架内机盘、部件和控制台的设备。固定用螺钉、垫片、弹簧垫片均应按要求装上。

（3）机房室内电缆的布放要求

1）采用地槽时电缆由机架底部引入。布放地槽中的电缆时，应将电缆顺着所盘方向理直，按电缆的排列顺序放入槽内，且电缆应顺直无扭绞、不需绑扎；进出槽口时，拐弯适度，符合最小曲率半径要求，拐弯处应成捆绑扎。

2）采用架槽时，架槽每隔一定距离留有出线口，电缆由出线口从机架上方引入。电缆在槽架内布放时可不进行绑扎。但在引入机架时，应成捆绑扎，以使引入机架的线路整齐美观。

3）采用电缆走道时，电缆由机架上方引入。走道上布放的电缆，应在每个梯铁上进行绑扎。上下道间的电缆，或电缆离开走道进入钢架内时，在距起弯点 10mm 处开始进行绑扎。根据数量的多少每隔 100～200mm 绑扎一次。

4）采用活动地板时，电缆在活动地板下灵活布放，但仍应注意勿使电缆盘结。在引入机架处仍需成捆绑扎。

5）各种电缆插头要做到接触良好、牢固、美观。

6）机房内接地母线表面完整，应无明显锤痕以及残余焊渣，铜带母线平整、不歪斜、不弯曲。母线与机架或机柜的连接应牢固端正。

7）引入、引出房屋的电缆，在入口处要加装防水罩。向上引的电缆，在入口处还应做成滴水弯，弯度不得小于电缆的最小弯曲半径。电缆沿墙上下引时，应设支持物，将电缆固定（绑扎）在支持物上，支持物的间隔距离视电缆的多少而定，一般不得大于 1m。

8）机房中如有光端机（发送机、接收机），端机上的光缆应留有约 10m 的余量，余缆盘成圈后妥善放置。

3. 干线传输部分的安装　干线电缆的安装方式有架空和地下管两种方式。采用架空方式时可以参照一般通信电缆的架设规范，尽可能利用已有电缆竖杆。为了减轻电缆自身承受的拉力，通常用一根铜丝拉绳或较粗的镀锌钢丝把电缆吊起来。如果干线中有电缆接头，则应将其装在防水箱内。若还有放大器、分配器或分支器，即使是采用防水型的放大器、分配器或分支器，最好也将其放在防水箱内。防水箱体应可靠接地，以保证安全。

当电缆采用架空敷设方式，电缆与其他线路共杆架设时，两线间最小垂直距离应符合表8-2的规定。

表8-2　电缆与其他线路共杆架设的最小间距　（单位：m）

种　类	最小间距	种　类	最小间距
1～10kV电力线同杆平行	2.5	有线广播线同杆平行	1
1kV以下电力线同杆平行	1.5	通信电缆同杆平行	0.6

电缆的标高在不同情况下应不低于表8-3的规定。

表8-3　架空电缆标高　（单位：m）

种　类	标　高	种　类	标　高
室内走廊	2.5～3.0	跨越城市人行道	4.5
室外	3.0～4.5	跨越一般公路	5.5

若采用地下管线方式时，应尽量使用现有的管道（如地下通信线缆管道），决不允许挖沟后直接铺设干线电缆再用土埋的方式，这样易造成电缆的腐蚀。但铠装电缆除外。

当电缆与其他线路共沟（隧道）敷设时，其间距应符合表8-4的规定。

表8-4　电缆与其他线路共沟的最小间距　（单位：m）

种　类	最小间距	种　类	最小间距
与220V交流电线路共沟	0.5	与通信电缆共沟	0.1

贴墙敷设的电缆和有关障碍物交越距离应符合表8-5的规定。

表8-5　墙壁电缆、贴墙敷设电缆和有关障碍物交越距离　（单位：cm）

交越情况	平行间距	交叉间距	交越情况	平行间距	交叉间距
与避雷针引下线	100	50	与燃气管	30	30
与带有绝缘层的低压电力线	50	30	与热水管（包封）	30	30
与给水管	15	5	与热力管（包封）	50	50

4. 分配网络的安装　分配网络的安装有明装和暗装两种方式。暗装是指分配网络的电缆按设计要求敷设于预埋在墙体内的管道中，用户终端盒的位置也在墙体中预留。明装是指分配网络的电缆按设计要求的走向沿墙体外表敷设，用户终端盒凸出安装在墙体外。对于新建的楼房应尽可能采用暗装方式，而对于已建成的而又没有预留管道的楼房只能采用明装的方式。无论哪种方式，分配网络的大量工作是分支电缆的辐射盒即用户终端盒（又称用户接线盒）的安装。

（1）电缆的敷设　暗装方式的分配网络的电缆是通过预埋在墙体的穿线管和用户终端盒连接的，穿线管的管径（指内径）最小应是电缆外径的2倍（指穿线管内通过一根电缆的前提下)。在牵引电缆时，应先在电缆的外表面涂上适量的滑石粉以便于牵引。在牵引过程中，要将电缆的芯线和网套一起牵引，以保护电缆的电气性能和力学性能不受影响。如果空线管内有不止一根电缆通过，则应在每根电缆的两端处注上标记，以便将来连接时作为识别的标记。

墙体内的穿线管应尽量走直线，在需要拐弯的地方不能拐死弯。若必须拐90°弯时，则应通过接线盒来实现，以保证电缆的电气性能不变差。

采用明装方式的分配网络的电缆通常由窗户、阳台或门框引入室内，再与用户终端盒相连接。因在明处，电缆布线要求横平竖直，讲究美观，但不能拐死弯。在电缆敷设过程中，可用带水泥钉的线卡将电缆固定住，通常每隔30～50cm钉一个线卡。另外，也可将电缆敷设在塑料线槽内。

电缆与电力线平行或交叉敷设时，其间距不得小于0.3m；电缆与通信线平行或交叉敷设时，其间距不得小于0.1m。

(2) 用户终端盒的安装　用户终端盒是系统向用户提供信号的装置，通过电缆与电视机的天线输入端相连接，通常有单孔和双孔两种。无论是暗装还是明装，终端盒的面板是一样的。暗装盒的底座是埋在墙体内的，采用钢铁制品的较多，但近来使用塑料制品的也越来越多。明装终端盒的底座都是塑料的，它通过塑料胀管用木螺钉固定在墙体上。用户终端盒明装和暗装两种安装方式，如图8-10及图8-11所示。

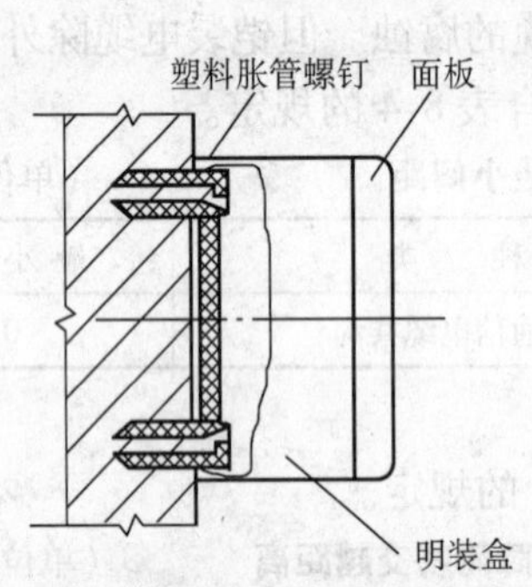

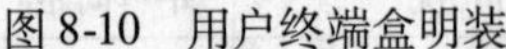

图8-10　用户终端盒明装

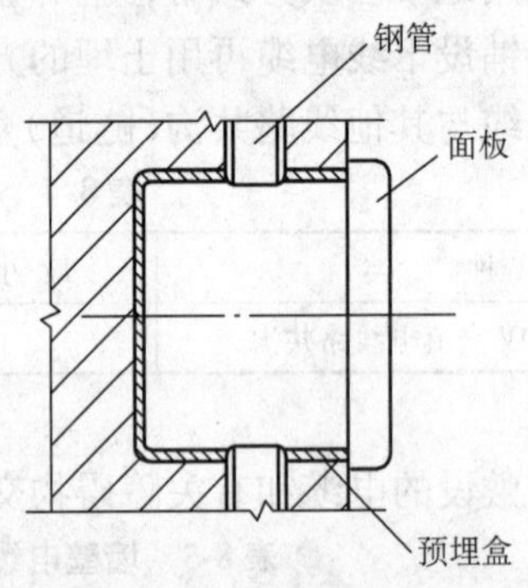

图8-11　用户终端盒暗装

在室内墙壁上安装的用户终端盒，要做到牢固、接线牢靠、美观，接收机至用户盒的连接应采用75Ω、屏蔽系数高的同轴电缆，长度不宜超过3m。

(3) 放大器、分配器和分支器的安装　对于暗装方式，每栋楼房的进线处设有一个埋在墙内的放大器箱，箱内用来安装均衡器、衰减器、分配器、放大器等部件。各分支电缆通过暗装的穿线管通向各用户终端。

对于明装方式，也可自制一个金属箱，外形应美观，尺寸按能容纳所需安装的部件为准。金属箱固定的位置以维护方便为主，若安装在露天或阳台上，则要采取必要的防雨措施。

(4) 电缆与系统所用部件的连接

1) 电缆与用户终端盒的连接。暗装方式电缆与分支器、分配器的连接通常采用Ω形电缆卡连接法。连接时要注意屏蔽网不要和芯线短路，同时，在剥去芯线绝缘套时不要对芯线造成划伤。

2）电缆与滤波器、混合器、衰减器、均衡器、放大器的连接。明装方式中电缆与分配器、分支器的连接通常是通过F形电缆接头相连接。对于SYKV—75—7和SYKB—75—9型的电缆，由于其芯线较粗，所以应先用锉刀将芯线锉成针形后再装入F形电缆接头，才能和放大器或分支器、分配器的F形插座相连接。在与部件连接时，电缆长度应留有一定余量，使调试和维修时保证拆、装电缆接头方便。

8.4 电话通信系统

信息的传递按传输媒介可分为有线(铜缆、光缆)及无线(微波、卫星通信等)两种；信息的传输按地区和距离分有市内、长途、移动通信及国外通信等。

现代化的通信技术包括语言、文字、图像、数据等多种信息的传递，而现代建筑物，特别是办公楼和商业性建筑物更是信息社会的一个集中点，所以通信技术对于现代建筑是一项重要的技术装备。

电话原来只是一种传递人类语言信息的工具，随着数据通信技术的发展而出现的数字程控电话，它的功能已不仅局限于语言信息的传递。借助数字通信网络，可实现计算机联网直接利用远方的计算机中心进行运算，将数据库、计算机和数字通信网络相联就可进行联机情报检索。因此数字程序电话系统正在成为人类信息社会的枢纽。

在本节主要介绍建筑物内的电话通信系统。

8.4.1 电话通信系统的组成

电话通信系统是各类建筑必然配置的主要系统。电话通信系统有三个组成部分，即电话交换设备、传输系统和用户终端设备。

(1) 电话交换设备　主要是电话交换机，是接通电话用户之间通信线路的专用设备，目前普遍使用的是程控交换机。程控是指控制方式(Stored Program Control,SPC)，是把计算机的存储程序控制技术引入到电话交换设备中来。这种控制方式是预先把电话交换的功能编制成相应的程序(或称软件)，并把这些程序和相关的数据都存入到存储器内。当用户呼叫时，由处理机根据程序所发出的指令来控制交换机的操作，以完成接续功能。

(2) 传输系统　传输系统按传输媒介分为有线传输和无线传输。建筑内电话系统主要是有线传输方式。有线传输按传输信息工作方式又可分为模拟传输和数字传输两种。程控电话交换采用数字传输。传输线路所用线缆主要有电话电缆、双绞线缆和光缆。

(3) 用户终端设备　主要是指电话机，随着通信技术的迅速发展，增添了很多新设备，如传真机、计算机终端等。

8.4.2 电话通信系统的安装

1. 电话机安装　一般为维护、检修和更换电话机方便，电话机不直接与线路接在一起，而是通过接线盒与电话线路连接。电话机两条引线无极性区别，可任意连接。

新建建筑内电话线路多为暗敷，电话机接至墙壁式出线盒。这种接线盒有的需将电话机引线接入盒内接线柱上，有的则用插头插座连接。墙壁出线盒的安装高度一般距地300mm，若为墙壁式电话，出线盒安装高度可为1.3m。

2. 分线箱(盒)在墙壁上安装　分线箱(盒)在墙上安装，分为明装和暗装两种。明装适用于线路明敷，暗装适用于线路暗敷。

（1）明装　分线箱在墙上明装与照明配电箱在墙上明装方法类同。要求安装牢固、端正，底部距地面一般不低于1.5m。分线箱(盒)安装好后，应写上配线区编号、分线箱(盒)编号及其线序。编号应和图样中编号一致，书写工整、清晰。

（2）暗装　暗装的分线箱、接头箱、过路箱都统称为“壁龛”。它是设置在墙内的木质或铁质的长方体形的箱子，以供电话电缆在上升管路及楼层管路内分支、接续、安装分线端子板用。分线箱是内部仅有端子板的壁龛。

壁龛安装与暗装照明配电箱、插座箱类似。安装位置和高度以工程设计为准，应便于检查维修。接入壁龛内的管子，一般情况下主线管和进出线管应敷设在箱的两对角线的位置上，各分支回路的出线管应布置在壁龛底部的和顶部的中间位置上。壁龛龛内布置示例如图8-12所示。

3. 室内电话线路敷设　图8-13所示为室内电话线路敷设示意图。对于大型或高层民用建筑应设置弱电专用竖井，竖井的位置应便于进出线。

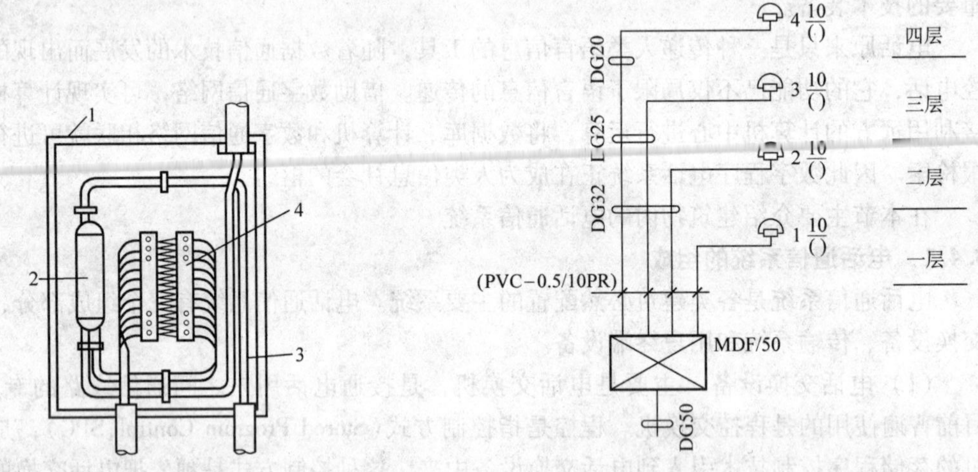

图8-12　壁龛内结构布置示例

1—箱体　2—电缆接头

3—电缆　4—端子板

图8-13　室内电话线路敷设示意图

由电话交换站或交接箱出来的分支电缆通常采用穿管暗敷或线槽敷设至竖井。分支电缆在竖井内应穿钢管或线槽敷设。每层的分线盒安装在竖井内，一般为挂墙明敷。从分线盒引至用户电话出线座的线路一般采用穿管暗敷，也可以沿墙或踢脚板处用卡钉明敷。

暗管设置的具体要求是，暗管直线长度超过30m时，电缆暗管中间应设过路箱，电话暗管中间应设过路盒。当暗管有弯时，长度应小于15m，而且不得有S形弯。若超过两个弯时，应设过路箱(盒)。管弯应尽量少，而且设在管端为宜，弯曲角度不小于90°。

电缆管路的弯曲半径不得小于10倍管外径，电话管路的弯曲半径为6倍管外径。在组线箱之间或电缆竖井至组线箱之电缆暗设钢管内径不小于50mm。从组线箱到各用户出线口的管线应用钢管或PVC管。当电话线少于3对时，用管径15mm；4～6对时，管径不小于25mm；多于6对时，应增加暗管管路数。

有特殊屏蔽要求时，电缆或电话线应用钢管敷设，且钢管应可靠接地。

8.5 安全防范系统

安全防范系统是指以维护公共安全为目的，综合运用安防产品和相关科学技术、管理方式所组成的公共安全防范体系。它包括防盗报警系统、电视监控系统、出入口控制系统、可视对讲系统、巡更系统和停车场出入管理系统等多种防范系统。各种系统可以单独使用，也可以联动，目前在智能建筑中应用非常广泛。

安全防范系统是以智能建筑各重点出入口、通道、特定区域或设备为监视控制对象进行监控与管理，为用户提供安全的生活、工作环境。因此，安全防范系统的基本任务之一就是保证智能建筑内部人身、财产的安全。另外，在信息社会中，计算机和计算机网络的应用非常普遍，大量的文件和数据信息都存放在计算机中，保护信息化知识资产也是安全防范系统的基本任务。在科技飞速发展的今天，出现了很多新的犯罪手段，对保安系统提出了许多新课题。仅仅依靠人力来保卫人民的生命财产安全是远远不够的，借助现代化高科技的电子、红外、超声波、微波、光电和精密机械等技术来辅助人们进行安全防范是一种最理想的方法，也就是常说的人防加技防。智能建筑需要全方位、多层次、内外保护的立体化的安全防范系统。

8.5.1 防盗报警系统

防盗报警系统就是利用各种探测器对建筑物内外的重点区域和重要地点进行布防，防止非法入侵。当探测到有非法入侵者时，系统将自动报警，并将信号传输到控制中心，有关值班人员接到报警后，根据情况采取相应的措施，控制事态的发展。防盗报警系统除了自动报警功能外，还要有联动功能，启动相应的防护设施。

对防盗报警系统要求是，能对设防区域的非法入侵进行实时、可靠和正确无误的报警和复核，漏报是绝对不允许的，误报警应降低到最小的限度。为了预防抢劫和其他危害人员生命的情况发生，系统还应设置紧急报警装置和与110接警中心联网的接口。同时，系统还提供安全、方便的设防和撤防等功能。

1. 防盗报警系统的组成　防盗报警系统由探测器、传输系统和报警控制器组成，如图8-14所示。

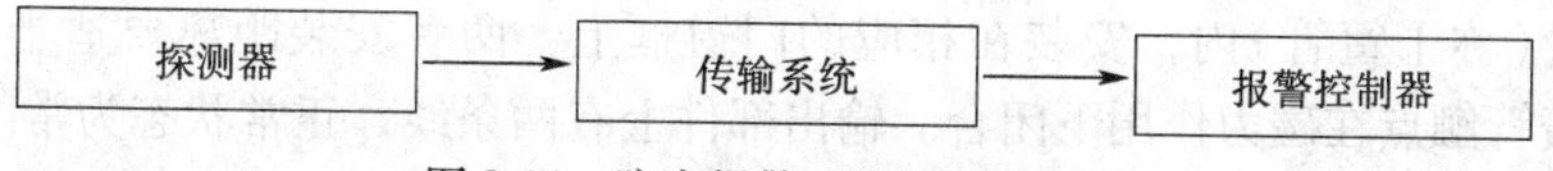

图8-14　防盗报警系统的基本组成

在防盗报警系统中，探测器安装在防范现场，来探测和预报各种危险情况，当有入侵发生时，发出报警信号，并将报警信号经传输系统发送到报警控制器。

信号传输系统的信道种类极多，通常分有线信道和无线信道。有线信道常使用双绞线、电话线、同轴电缆或光缆来传输探测电信号；无线信道则是将测控电信号调制到规定的无线电频段上，用无线电波传输探测电信号。

由信号传输系统送到报警控制器的电信号经控制器作进一步的处理，以判断“有”或“无”危险。若有危险，控制器就控制报警装置发出声、光报警信号，引起值班人员的警觉，以采取相应的措施，或者直接向公安保卫部门发出报警信号。

2. 探测器

（1）探测器的分类　在防盗报警系统中，探测器通常有以下几种分类方式：

1）按传感器种类分类，即按传感器探测的物理量的不同来分类，通常有开关报警器，振动报警器，超声、次声波报警器，红外报警器，微波、激光报警器等；还有把两种传感器安装在一个探测器里的报警器，称为双鉴报警器。

2）按工作方式来分类，有主动和被动报警器。被动报警器在工作时是利用被测物体自身存在的能量进行检测而不需向探测现场发出信号。主动报警器在工作时，探测器要向探测现场发出某种形式的能量，经过反射或直射到传感器上，形成一个稳定的信号。当出现危险情况时，稳定信号被破坏，报警器发出报警信号。

3）按警戒范围分类，可分成点、线、面和空间探测报警器。

① 点探测报警器警戒的仅是某一点，如门窗、柜台、保险柜，当这一监控点出现危险情况时，即发出报警信号。通常用微动开关方式或磁控开关方式进行报警控制。

② 线探测报警器警戒的是一条线，当这条警戒线上出现危险情况时，发出报警信号。如光电报警器或激光报警器，先由光源或激光器发出一束光或激光，被接收器接收，当光和激光被遮断，报警器即发出报警信号。

③ 面探测报警器警戒范围为一个面，当警戒面上出现危害时，即发出报警信号。如振动报警器装在一面墙上，当墙面上任何一点受到振动时即发出报警信号。

④ 空间探测报警器警戒的范围是一个空间，当所警戒空间的任意一处出现非法进入时，即发出报警信号。如在微波多普勒报警器所警戒的空间内，入侵者从门窗、顶棚或地板的任何一处进入都会产生报警信号。

（2）几种常用探测器

1）磁控开关。磁控开关是一种应用广泛、成本低、安装方便，且不需要调整和维修的探测器，主要用于各类门窗的警戒。磁控开关分为可移动部件和输出部件，如图 8-15 所示。可移动部件是一块磁铁，安装在活动的门窗上。输出部件是带金属触点的两个簧片，封装在充满惰性气体的玻璃管（称干簧管）内，安装在相应的门窗框上，两者安装距离要适当，以保证门、窗关闭时干簧管触点在磁力作用下闭合。输出部件上有两条线，正常状态为常闭输出。当门窗开启时，磁铁与干簧管远离，干簧管附近磁场消失或减弱，干簧管触点断开，输出转换成为常开，即当有人破坏单元的大门或窗户时，磁控开关将信号传输给报警控制器进行报警。

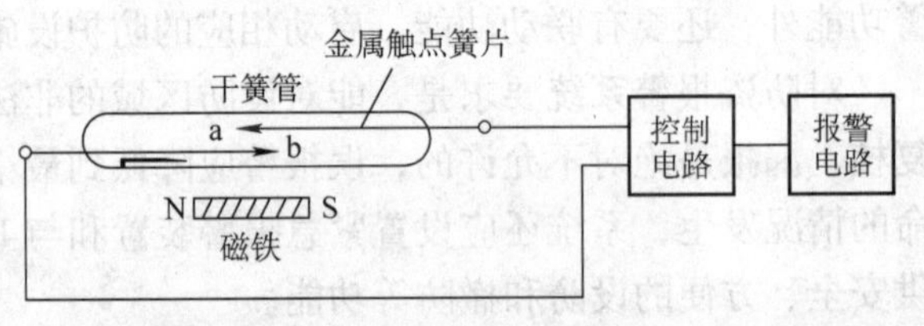

图 8-15　磁控开关报警器结构示意图

2）玻璃破碎探测器。根据探测原理的不同，玻璃破碎探测器分为振动探测器和声音探测器两种。

① 振动式玻璃破碎探测器。一般粘附在玻璃上，利用振动传感器在玻璃破碎时产生的 2kHz 特殊频率，感应出报警信号。但对一般行驶车辆或风吹门窗时产生的振动探测器则没有反应。

② 声音分析式玻璃破碎探测器。它利用拾音器对高频的玻璃破碎声音进行有效的检测，主要用于周界防护，安装在单元窗户和玻璃门附近的墙上或顶棚上，不会受到玻璃本身的振动而引起反应。当窗户或阳台门的玻璃被打破时，玻璃破碎探测器探测到玻璃破碎的声音后

即将探测到的信号传给报警控制器进行报警。

3）微波探测器。微波探测器分为微波移动报警器和微波阻挡报警器两种，是利用微波能量的辐射及探测技术构成的报警器。

① 微波移动探测器(多普勒式微波探测器)。微波移动探测器一般由探头和控制器两部分组成，探头安装在警戒区域，控制器设在值班室。探头中的微波振荡源产生一个固定频率为f_o=300~300000MHz的连续发射信号，其小部分送到混频器，大部分能量通过天线向警戒空间辐射。当遇到运动目标时，反射波频率变为$f_o \pm f_d$，通过接收天线送入混频器产生差频信号f_d，经放大处理后再传输至控制器，触发控制电路报警或显示。这种报警器对静止目标不产生反应，没有报警信号输出，一般用于监控室内目标。由于微波的辐射可以穿透水泥墙和玻璃，在使用时需考虑安装的位置和方向。

② 微波阻挡探测器。这种探测器由微波发射机、微波接收机和信号处理器组成，使用时将发射天线和接收天线相对放置在监控场地的两端，发射天线发射微波束直接送达接收天线。当没有运动目标遮断微波波束时，微波能量被接收天线接收，发出正常工作信号；当有运动目标阻挡微波束时，接收天线接收到的微波能量将减弱或消失，即可产生报警信号。

4）超声波报警器。超声波报警器的工作方式与微波报警器类似，只是使用的是25~40kHz的超声波。当入侵者在探测区内移动时，超声反射波会产生大约±100Hz频移，接收机检测出发射波与反射波之间的频率差异后，即发出报警信号。该报警器容易受到振动和气流的影响。

5）红外线探测器。红外线探测器是利用红外线的辐射和接收技术构成的报警装置，分为主动式和被动式两种类型。

① 主动式红外报警器。主动式红外报警器是由收、发装置两部分组成。发射装置向装在几米甚至几百米远的接收装置辐射一束红外光束，当光束被遮断时，接收装置即发出报警信号。因此它也是阻挡式报警器，或称对射式报警器。

主动式红外报警器有较远的传输距离，因红外线属于非可见光源，入侵者难以发觉与躲避，防御界线非常明确，而且使用寿命长、价格低、易调整，被广泛使用在安全技术防范工程中。

当主动红外探测器用在室外自然环境时，通常采用截止滤光片，滤去背景光中的极大部分能量(主要滤去可见光的能量)，使接收机的光电传感器在各种户外光照条件下的使用基本相似。另外，室外的大雾会引起红外光束的散射，从而大大缩短主动红外探测器的有效探测距离。

② 被动式红外探测器。被动式红外探测器不向空间辐射能量，而是依靠接收人体发出的红外辐射来进行报警。任何物体因表面热度的不同，都会辐射出强弱不等的红外线。因物体的不同，其所辐射的红外线波长也有差异。人体的表面温度为36℃，大部分辐射功能集中在8~12μm的波段范围内，被动式红外报警器即用此方式来探测人体。

6）电动式振动探测器。该探测器主要用于室内、外周界警戒及防凿、砸金库保险柜等。当入侵者走动，或敲打墙壁、门窗和保险柜等物体时，由这些物体所发出的微弱振动信号，经与地面、墙壁或保险柜等固定在一起的电动式振动传感器转换成电信号，经放大、处理，即可发出报警信号。

7）泄漏电缆入侵探测器。泄漏电缆入侵探测器一般应用于室外周界，或地道、过道、烟囱等处的警戒。泄漏电缆入侵探测器有双线组成的，也有三线组成的。双线组成时，一根电缆发射能量，另一根电缆接收能量，两者之间形成一个电场。当有人进入此电场时，干扰了这个耦合场，此时在感应电缆里便产生了电量的变化，此变化的电量达到预定值时，便发出报警。三线组成时，中间的一根电缆发射能量，两边的两根电缆接收能量，中间的一根和其两边的两根电缆之间都各自形成一个稳定的电场，当有人进入此电场时，就会产生干扰信号，在其中的一根或两根感应电缆中产生变化的电量，此电量达到预定值时，便发出报警。

8）双鉴报警器。各种报警器各有优缺点，为了减少误报，把两种不同探测原理的探测器结合起来，组成双技术的组合报警器，即双鉴报警器。双技术的组合不能是任意的，必须符合以下条件：

① 组合中的两个探头(探测器)有不同的误报机理，而两个探头对目标的探测灵敏度又必须相同。

② 上述原则不能满足时，应选择对警戒环境产生误报率最低的两种类型探测器。如果两种探测器对外界环境的误报率都很高，当两者结合成双鉴探测器时，不会显著降低误报率。

③ 选择的探测器应对外界经常或连续发生的干扰不敏感。

（3）防盗报警器的选用　上述各种防盗报警器的主要差别在于探测器，而探测器的选用依据主要有以下几个方面：

1）保护对象的重要程度。对于保护对象必须根据其重要程度选择不同的保护，特别重要的应采用多重保护。

2）保护范围的大小。根据保护范围选择不同的探测器，小范围可采用感应式报警器或发射式红外线报警器；要防止人从门、窗进入，可采用电磁式探测报警器；大范围可采用遮断式红外线报警器等。

3）防范对象的特点和性质。如果主要是防范人进入某区域活动，则采用移动探测报警器，可以考虑微波报警器或被动式红外线报警器，或者同时采用微波与被动式红外线两者结合的双鉴探测报警器。

3. 报警控制器　报警控制器是防盗报警系统的中枢，它负责接收报警信号，控制延迟时间，驱动报警输出等工作。它将某区域内所有的防盗防侵入传感器组合在一起，形成一个防盗管区，一旦发生报警，则在控制器上可以一目了然地反映出区域所在。高档的报警控制器有与闭路电视监控摄像的联动装置，一旦在系统内发生警报，则该警报区域的摄像机图像将立即显示在中央控制室内，并且能将报警时刻、报警图像、摄像机号码等信息实时地加以记录，若是与计算机连机的系统，则可以报警信息数据库的形式储存，以便快速地检索与分析。

8.5.2 闭路电视监控系统

闭路电视监控系统是电视技术在安全防范领域的应用，是一种先进的、安全防范能力极强的综合系统。它的主要功能是通过摄像机及其辅助设备来监控被控现场，并把监测到的图像、声音内容传送到监控中心。该系统目前已广泛应用到金融、交通、商场、医院、工厂等各个领域，是现代化管理、监测、控制的重要手段，也是智能大厦的一个重要组成部分。

闭路电视监控系统一般由摄像、传输分配、控制、图像显示与记录等四个部分组成，各个部分之间的关系如图 8-16 所示。系统通过摄像部分把所监视目标的光、声信号变成电信号，然后送入传输分配部分。传输分配部分将摄像机输出的视频(有时包括音频)信号馈送到中心机房或其他监视点。系统通过控制部分可在中心机房通过有关设备对系统的摄像和传输分配部分的设备进行远距离控制。系统传输的图像信号可依靠相关设备进行切换、记录、重放、加工和复制等处理。摄像机拍摄的图像则由监视器重现出来。

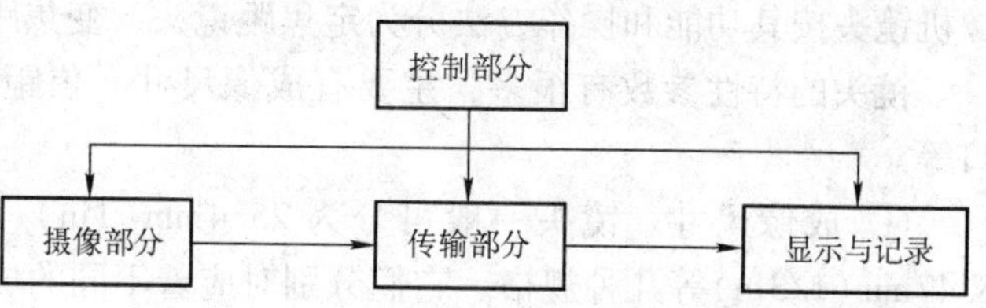

图 8-16 闭路电视监控系统的功能关系

1. 摄像部分 摄像部分由摄像机、镜头、摄像机防护罩和云台等设备构成，摄像机是核心设备。

(1) 摄像机 摄像机是电视监控系统中最基本的前端设备，其作用是将被摄物体的图像转变为电信号，为系统提供信号源。按摄像器件的类型，摄像机分为电真空摄像器件和固体摄像器件两大类。其中固体摄像器件(如 CCD 器件)是近年发展起来的一类新型摄像器件，具有使用寿命长、重量轻、不受磁场干扰、抗振性好、无残像和不怕靶面灼烧等优点。随着其技术的不断完善和价格的逐渐降低，它已经逐渐取代了电真空摄像管。

摄像机的主要参数指标如下：

1) 像素数。像素数指的是摄像机 CCD 传感器的最大像素数。对于一定尺寸的 CCD 芯片，像素数越多则由该芯片构成的摄像机的分辨率也越高。

2) 分辨率(清晰度)。分辨率是衡量摄像机优劣的一个重要参数，是指当摄像机在标准的测试环境下摄取等间隔排列的黑白相间条纹时，在监视器上能够看到的最多线数，当超过这一线数时，屏幕上就只能看到灰蒙蒙的一片而不能再分辨出黑白相间的线条。分辨率一般用水平电视线 TVL 表示。需要注意的是，在系统中所选用监视器的分辨率要高于摄像机的分辨率。

3) 最低照度(灵敏度)。最低照度是指当被摄景物的光亮度低到一定程度而使摄像机输出的视频信号电平低到某一规定值时的景物光亮度。测定此参数时，应注明镜头的最大相对孔径。

4) 信噪比。信噪比指的是信号电压对于噪声电压的比值，通常用符号 S/N 表示。其中 S 表示摄像机在无噪声时的图像信号值，N 表示摄像机本身产生的噪声值。信噪比也是摄像机的一个主要参数。

当摄像机摄取较亮场景时，监视器显示的画面通常比较明快，观察者不易看出画面中的干扰噪点；当摄像机摄取较暗场景时，监视器显示的画面就比较昏暗，观察者此时很容易看到画面中雪花状的干扰噪点。干扰噪点的强弱(也即干扰噪点对画面的影响程度)与摄像机信噪比指标的好坏有直接关系，即摄像机的信噪比越高，干扰噪点对画面的影响就越小。一般摄像机给出的信噪比值均是在 AGC(自动增益控制)关闭时的值。CCD 摄像机信噪比的典型值一般为 45 ~ 55dB。

(2) 镜头 镜头相当于人眼的晶状体，如果没有晶状体，人眼看不到任何物体；如果没有镜头，那么摄像机所输出的图像就是白茫茫的一片，没有清晰的图像输出。摄像机镜头是电视监视系统中不可缺少的部件，它的质量(指标)优劣直接影响摄像机的整机指标。摄像机镜头按其功能和操作方法分为定焦距镜头、变焦距镜头和特殊镜头三大类。

镜头的特性参数有很多，主要有成像尺寸、焦距、光圈、视场角、景深及镜头安装接口等。

① 成像尺寸。镜头一般可分为25.4mm(1in)、16.9mm(2/3in)、12.7mm(1/2in)和8.47mm(1/3in)等几种规格。它们分别对应着不同的成像尺寸，选用镜头时，应使镜头的成像尺寸与摄像机的靶面尺寸大小相吻合。

② 焦距(f)。焦距表示的是从镜头中心到主焦点的距离，它以毫米为单位。

③ 光圈(F)。光圈即指光圈指数F，它被定义为镜头的焦距(f)和镜头有效直径(D)的比值，即$F=f/D$。

④ 视场角。镜头都有一定的视野范围，镜头对这个视野的高度和宽度的张角称为视场角，视场角与镜头的焦距及摄像机靶面尺寸的大小有关。焦距短视角宽，焦距长视角窄。

⑤ 景深。景深是指焦距范围内景物的最近和最远点之间的距离。通常改变景深的方法有三种：a. 长焦距镜头。b. 增大摄像机和被摄物体的实际距离。c. 缩小镜头的焦距。

⑥ 镜头安装接口。镜头与摄像机大部分采用“C”、“CS”安装座连接。所有的摄像机镜头均是螺纹口的，CCD摄像机的镜头安装有两种工业标准，即C安装座和CS安装座。两者螺纹部分相同，但两者从镜头到感光表面的距离不同。C安装座从镜头安装基准面到焦点的距离是17.526mm。CS安装座其镜头安装基准面到焦点的距离是12.5mm。如果要将一个C安装座镜头安装到一个CS安装座摄像机上时，则需要使用镜头转换器；反之则不能。

(3) 云台　云台是一种用来安装摄像机的工作台，分为手动和电动两种。手动云台由螺栓固定在支撑物上，摄像机方向的调节有一定范围，一般水平方向可调15°~30°，垂直方向可调±45°。电动云台在微型电动机的带动下作水平和垂直转动，不同的产品其转动角度也各不相同。在云台的选用中，主要考虑以下几项指标：

1) 回转范围。云台的回转范围分水平旋转角度和垂直旋转角度两个指标，具体选择时可根据所用摄像机的要求加以选用。

2) 承载能力。因为摄像机及其配套设备的重量都由云台来承载，选用云台时必须将云台的承载能力考虑在内。一般轻载云台最大负重约9kg，重载云台最大负重约45kg。

3) 云台的旋转速度。一般来讲，普通云台的转速是恒定的，云台的转速越高，价格也就越高。有些场合需要快速跟踪目标，这就要选择高速云台。有的云台还能实现定位功能。

4) 安装方式。云台有侧装和吊装两种，即云台可安装在顶棚上和安装在墙壁上。

5) 云台外形。分为普通型和球形，球形云台是把云台安置在一个半球形或球形防护罩中，除了防止灰尘干扰图像外，还有隐蔽、美观的特点。

(4) 防护罩　在闭路电视监控系统中，摄像机的使用环境差别很大，为了在各种环境下都能正常工作，需要使用防护罩来进行保护。防护罩的种类有很多，主要分为室内、室外和特殊类型等几种。室内防护罩主要区别是体积大小，外形是否美观，表面处理是否合格，主要以装饰性、隐蔽性和防尘为主要目标。室外型防护罩因属全天候应用，要能适应不同的使用环境。特殊型防护罩主要用于特殊的场合。

2. 传输部分　闭路电视监控系统中，主要有电视信号和控制信号的传输。电视信号从系统前端的摄像机传输到电视监控系统的控制中心，控制信号从控制中心传输到前端的摄像机等受控对象。

闭路电视监控系统中，传输方式的确定，主要根据传输距离的远近，摄像机的多少来定。传输距离较近时，采用视频传输方式；传输距离较远时，采用射频有线传输方式或光缆传输方式。

3. 控制部分　在闭路电视监控系统中，控制部分是系统的核心。它是多种设备的组合，这种组合是根据系统的功能要求来决定的。设备组成一般包括主控器(主控键盘)、分控器(分控键盘)、视频矩阵切换器、音频矩阵切换器、报警控制器及解码器等。其中主控器和视频矩阵切换器是系统中必须具有的设备，通常将它们集中为一体，结构图如图8-17所示。控制部分有如下功能：

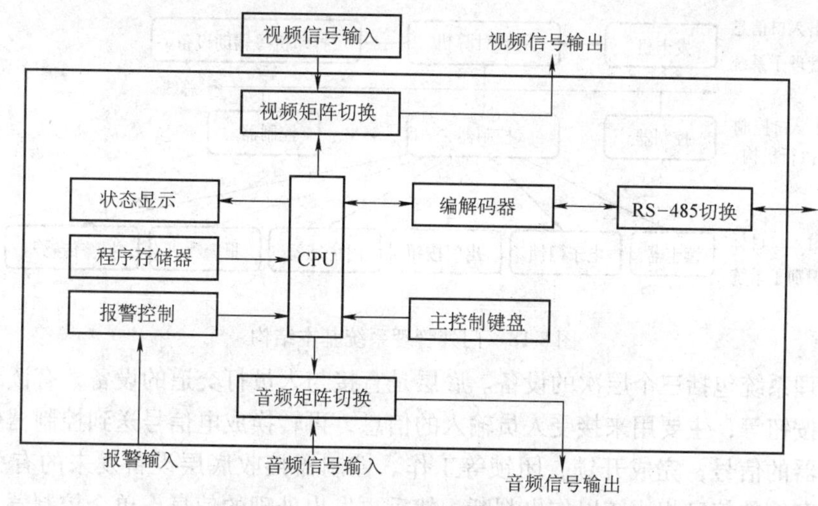

图8-17　闭路电视监控系统控制台结构

1）接收各种视频装置的图像输入，并根据操作键盘的控制将它们有序地切换到相应的监视器上供显示或记录，完成视频矩阵切换功能，编制视频信号的自动切换顺序和间隔时间。

2）从键盘输入操作指令，来控制云台的上下、左右转动，镜头的变倍、调焦、光圈及室外防护罩的雨刷。

3）键盘有口令输入功能，可防止未授权者非法使用本系统，多个键盘之间有优先等级安排。

4）对系统运行步骤可以进行编程，有数量不等的编程程序可供使用，可以按时间来触发运行所需程序。

5）有一定数量的报警输入和继电器触点输出端，可接收报警信号输入和端接控制输出。

6）有字符发生器，可在屏幕上生成日期、时间及摄像机号等信息。

4. 图像显示与记录部分　图像显示与记录部分的主要设备是监视器及录像机。其中监视器将前端摄像机传送到终端的视频信号再现为图像，录像机则将监视现场的部分或全部画面进行实时录像，以便为事后查证提供证据。

8.5.3　门禁管理系统

门禁管理系统即出入口控制系统，是用来控制进出建筑物或一些特殊的房间和区域的管理系统。出入口控制系统采用个人识别卡方式，给每个有权进入的人发一张个人身份识别卡，系统根据该卡的卡号和当前的时间等信息，判断该卡持有人是否可以进出。在建筑物内的主要管理区、出入口、电梯厅、主要设备控制中心机房、贵重物品库房等重要部位的通道口安装上出入口控制系统，可有效控制人员的流动，并能对工作人员的出入情况作及时的查询，同时系统还可兼作考勤统计。如果遇到非法进入者，还能实时报警。

1. 门禁管理系统的组成　门禁管理系统主要由识别卡、读卡器、控制器、电磁锁、出门按钮、钥匙、指示灯、上位 PC 机、通信线缆、门禁管理软件(若用户需要)等组成。其基本结构如图 8-18 所示。

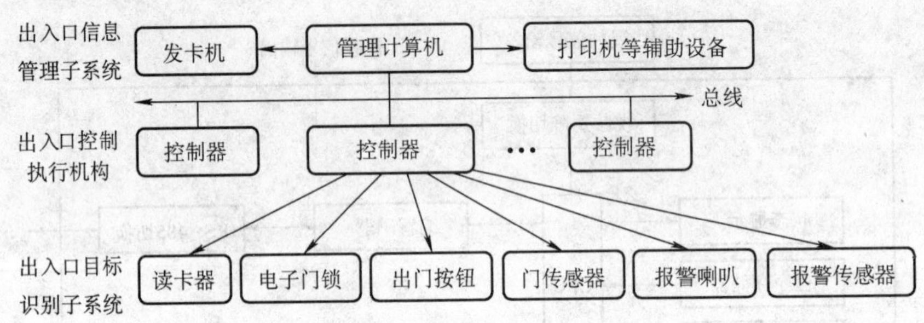

图 8-18　门禁管理系统基本结构

门禁管理系统包括三个层次的设备。底层是直接与人员打交道的设备，有读卡机、电子门锁、出口按钮等，主要用来接受人员输入的信息，再转换成电信号送到控制器中，同时根据来自控制器的信号，完成开锁、闭锁等工作。控制器接收底层设备发来的有关人员的信息，同自己存储的信息相比较以作出判断，然后再发出处理的信息。单个控制器也可以组成一个简单的系统来管理一个或几个门。多个控制器通过通信网络同计算机连接起来就组成了整个建筑的出入口控制系统。计算机装有系统的管理软件，管理着系统中所有的控制器，向它们发送命令，对它们进行设置，接收其发来的信息，完成系统中所有信息的分析与处理。

2. 系统的主要设备

(1) 识别卡　按照使用方式的不同，识别卡分为两种类型，即接触式识别卡和非接触式识别卡。所谓接触式是指必须将识别卡插入读卡器内或在槽中划一下，才能读到卡号，如 IC 卡、磁卡等。非接触式读卡器是指识别卡无需与读卡器接触，相隔一定的距离就可以读出识别卡内的数据。

(2) 读卡器　读卡器分为接触卡读卡器(磁条、IC)，和感应卡(非接触)读卡器(依数据传输格式的不同,大抵可分为韦根、智慧等)等几大类。它们之间又有带密码键盘或不带密码键盘的区别。

读卡器设置在出入口处，通过它可将门禁卡的参数读入，并将所读取的参数经由控制器判断分析。准入则电锁打开，人员可自行通过；禁入则电锁不动作，而且立即报警并做出相应的记录。

(3) 控制器　控制器是系统的核心，是由一台微处理机和相应的外围电路组成。由它来决定某一张卡是否为本系统已注册的有效卡，该卡是否符合所限定的时间段，从而控制电磁锁是否打开。

由控制器和第三层设备可组成简单的单门式门禁系统，与联网式门禁系统相比，少了统计、查询和考勤等功能，比较适合无须记录历史数据的场所。

（4）电锁　出入口控制系统所用电锁一般有电阴锁、电磁锁和电插锁三种类型，视门的具体情况选择。电阴锁、电磁锁一般可用于木门和铁门；电插锁用于玻璃门。电阴锁一般为通电开门，电磁锁和电插锁为通电锁门。

（5）计算机　出入口控制系统的微机通过专用的管理软件对系统所有的设备和数据进行管理。

3. 系统的功能

1）对已授权的人，凭有效的卡片、代码或特征，允许其进入；未被授权的人则拒绝其入内；属黑名单者将报警。

2）门内人员可用手动按钮开门。

3）门禁系统管理人员可使用钥匙开门。

4）在特殊情况下由上位机指令门的开关。

5）门的状态及被控信息记录到上位机中，可方便地进行查询。

6）上位机负责卡片的管理(发放卡片及登录黑名单)。

7）对某时间段内人员的出入状况或某人的出入状况可实时统计、查询和打印。

另外，该系统还可以加入考勤系统功能。通过设定班次和时间，系统可以对所有存储的记录进行考勤统计。如：查询某人在某段时间内的上下班情况、正常上下班次数、迟到次数、早退次数等，从而进行有效的管理。根据特殊需要，系统也可以外接密码键盘输入、报警信号输入以及继电器联动输入，可驱动声、光报警或起动摄像机等其他设备。

8.5.4　停车管理系统

停车场自动出入管理系统是利用高度自动化的机电设备对停车场进行安全、快捷、高效的管理。利用该系统可减少人工参与和人为失误，提高停车场的使用效率。

1. 停车场自动出入管理系统的组成、停车场自动出入管理系统由车辆自动识别系统、收费系统、保安监控系统组成。该系统通常包括控制计算机、自动识别装置、临时车票发放及检查装置、挡车器、车辆探测器、监控摄像机、车位提示牌等设备。

（1）控制计算机　控制计算机是停车场自动出入管理系统的控制中枢，负责整个系统的协调与管理，既可以独立工作构成停车管理系统，也可以与其他计算机网相联，组成一个更大的自控装置。

（2）车辆的自动识别装置　停车场自动管理的核心技术是车辆自动识别。车辆自动识别装置一般采用卡识别技术，现在大多使用非接触型卡，从而提高了识别速度。

（3）临时车票发放及检验装置　此装置是为临时停放的车辆准备的，设在停车场的出入口处，能够为临时停放的车辆自动发放临时车票，记录车辆进入的时间，并在出口处收费。

（4）挡车栏杆　在每个停车场的出入口处都安装挡车栏杆，受系统的控制升起或落下，只对合法车辆放行，防止非法车辆进出停车场。

（5）车辆探测器和车位提示牌　车辆探测器一般设在出入口处，对进出车场的每辆车进行检测、统计，将车辆进出车场数量传送给控制计算机，通过车位提示牌显示车场中车位状况，并在车辆通过检测器时控制挡车栏杆落下。

（6）监控摄像机　在车场进出口等处设置电视监视摄像机，将进入车场的车辆输入计算机。当车辆驶出出口处时，验车装置将车卡与该车进入时的照片同时调出检查无误后放行，避免车辆的丢失。

2. 停车场自动出入口管理系统的工作过程　当车辆驶近入口时，可看到停车场指示信息标志，标志显示入口方向与停车场内空余车位的情况。若停车场停车满额，则车满灯亮，拒绝车辆入内；若车位未满，允许车辆进入，但驾车人必须购买停车票卡或专用停车卡，通过验读机认可，入口电动栏杆升起放行，车辆驶过栏杆门后，栏杆自动放下，阻挡后续车辆进入。进入的车辆可由车牌摄像机将车牌影像摄入并送至车牌图像识别器形成当时驶入车辆的车牌数据。

车牌数据与停车凭证数据（凭证类型、编号、进库日期、时间）一起存入管理系统计算机内。进场的车辆在停车引导灯指引下停在规定的位置上，此时管理系统中的 CRT 上即显示该车位已被占用的信息。车辆离开时，汽车驶近出口电动栏杆处，出示停车凭证并经验读机识别出行的车辆停车编号与出库时间。出口车辆摄像识别器提供的车牌数据与阅读机读出的数据一起送入管理系统，进行核对与计费。若需当场核收费用，由出口收费器（员）收取。手续完毕后，出口电动栏杆升起放行。放行后电动栏杆落下，停车场停车数减一，入口指示信息标志中的停车状态刷新一次。停车场自动出入口管理系统如图 8-19 所示。

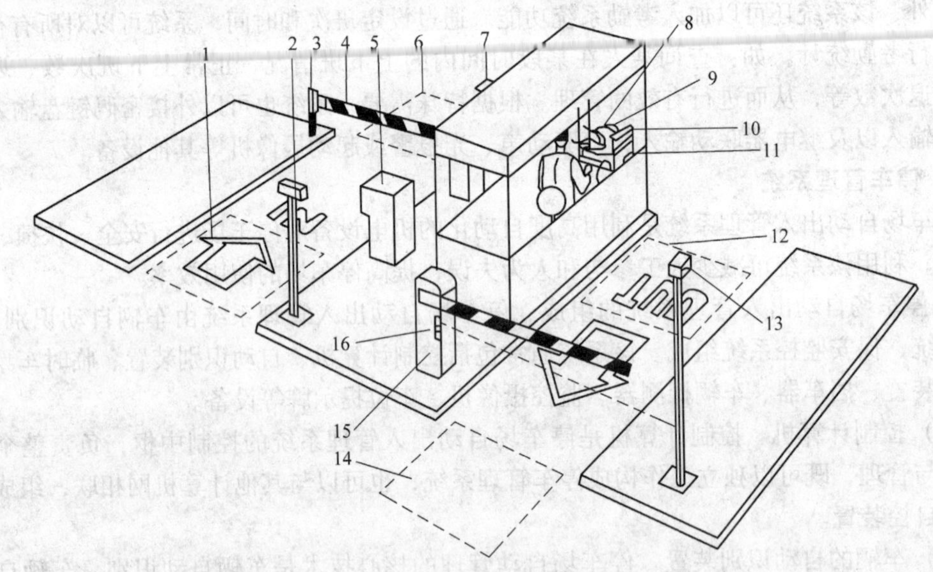

图 8-19　停车场自动出入口管理系统图

1—车位已满告示牌　2—入口地下感应器　3—入口时/月租磁卡记录机　4—入口挡杆自动升降机　5—入口自动落杆感应器　6—红外线感应系统（附加）　7—入口 24h 录像系统（附加）　8—出口地下感应器　9—出口时/月租磁卡复验机　10—收费显示器　11—出口时/月租微机收费系统　12—收据打印机　13—出口挡杆自动升降机　14—出口自动落杆感应器　15—红外线感应系统（附加）　16—出口 24h 录像系统（附加）

8.5.5　电子巡更系统

随着现代技术的高速发展，智能建筑的巡更管理已经从传统的人工方式向电子化、自动化方式转变。电子巡更系统是将人工防范和技术防范相结合的安全防范手段。

1. 系统功能　电子巡更系统是在指定的巡逻路线上安装巡更按钮或读卡器，保安人员在巡逻时依次输入信息，输入的信息及时传送到控制中心。控制中心的计算机上设有巡更系统管理程序，可设定巡更线路和方式。保安人员在规定的巡逻路线上巡逻时，在指定的时间和地点向中央控制站发回信号以表示正常。如果在指定的时间内，信号没有发到中央控制站，或不按规定的次序出现信号，系统将认为异常。有了巡更系统后，如巡逻人员出现问题或危险，如被困或被杀，会很快被发觉，从而增加了大楼的安全性。

巡更系统还可帮助管理人员分析巡逻人员的表现。管理人员可以随时在微机中查询保安人员巡逻情况、打印巡检报告，并对失盗失职现象进行分析。

2. 电子巡更系统的组成及要求　电子巡更系统一般由电子巡更仪和巡更仪用智能钥匙组成。电子巡更仪一般安装在小区四周的重要巡更确认点，当保安人员巡逻到巡更确认点时，对于卡式巡更仪，巡更人员只需要刷卡就可以了；对于使用钥匙的巡更仪，巡更人员只需将智能钥匙插入巡更仪即可。电子巡更系统的组成如图 8-20 所示。

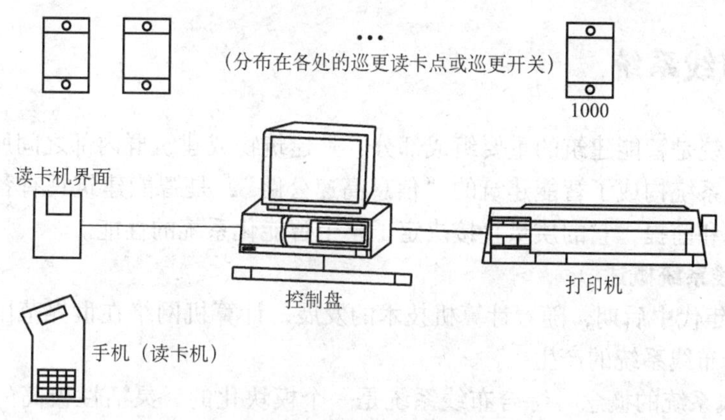

图 8-20　电子巡更系统的组成

智能小区应实现 24h 的昼夜巡逻，每个巡逻队一般不少于两人。

巡逻路线是根据防范要求，确定实际路线、距离以及每一个巡更点所需要的巡更人员两次到达该处的时间间隔等情况，经过计算机优化组合而形成的若干条巡更路线，并保存在巡更管理计算机数据库中。在巡更过程中，巡更管理计算机动态显示整个小区内各组保安巡逻队的巡逻情况，记录巡逻队到达每个巡更点的时间，并指示下一个要到达的巡更点。如果在规定的时间内，巡更人员未到达规定的巡更点，就意味发生了意外情况，物业管理监控中心就可以通过对讲机与巡更人员联系，在联系不上的情况下，应立即通知离事发地点最近的保安人员赶赴出事地点。

当保安巡逻人员在巡逻过程中发现异常情况时，可以通过对讲机报告物业管理监控中心，也可以通过就近的电子巡更仪与物业管理监控中心联络。

3. 电子巡更系统的数据采集方式

（1）在线式　在各巡更点安装控制器，通过有线或无线方式与中央控制计算机联网，有相应的读入设备，保安巡逻人员用接触式或非接触式卡把自己的信息输入控制器并送到控制中心。在线式的最大优点就是它的实时性好。如果巡更人员在规定的时间内，未到达规定的巡更点，物业管理监控中心就能立即发觉并做出相应的反应。在线式电子巡更系统特别适合对实时性要求高的场合。

（2）离线式　这种电子巡更系统由带信息传输接口的手持式巡更器（数据采集器）、数据变送器、信息钮扣(安装在预定的巡更点)及管理软件组成。数据采集器具有内存储器，可以一次性存储大量的巡更记录，内置时钟能够准确记录每次工作的时间。数据变送器与计算机进行串行通信。信息钮扣内设随机产生终身不可改变的惟一编码，并具有防水、防腐蚀功能，特别适合室外恶劣环境。系统管理软件具有巡更人员、巡更点登录，随机读取数据、记录数据和修改设置等功能。

巡更人员携带手持式巡更器到各个指定的巡更点，采集巡更信息，完成数据采集。管理人员只需要在主控室将数据采集器中记录的数据通过数据变送器传送到安装有管理软件的计算机中，就可以查阅、打印各巡更人员的情况。

离线式电子巡更系统是无线式，巡更点与管理监控中心没有距离限制，应用场所相当灵活。

8.6 综合布线系统

综合布线系统是智能建筑的重要组成部分，是建筑物或建筑群内部之间所有信息的传输通道。综合布线系统构成了智能建筑的“信息高速公路”，是智能建筑具有各种智能和自动控制功能的基础和前提，它的质量直接决定了整个智能化系统的性能。

8.6.1 综合布线系统概述

20 世纪 80 年代中后期，随着计算机技术的发展，计算机网络在世界范围内的迅速扩展直接导致了综合布线系统的产生。

1. 综合布线系统的概念　综合布线系统是一个模块化的、灵活性极高的建筑物或建筑群内的信息传输通道，它既使语音、数据通信设备、交换设备和其他信息管理系统彼此相连，又使这些设备与外部通信网络相连接。它包括建筑物到外部网络或电话局线路上的连线点与工作区的话音或数据终端之间的所有电缆及相关联的布线部件。综合布线系统以一种传输线路满足各种通信业务终端(如电话机、传真机、计算机、会议电视等)的要求，再加上多媒体终端，集语音、数据、图像于一体，给用户带来了灵活方便的应用和良好的经济效益。只要传输频率符合相应等级的布线系统要求，各种通信业务都可以应用。

综合布线系统由不同系列和规格的部件组成，主要包括传输介质、线路管理硬件、连接器、插座、插头、适配器、传输电子线路、电器保护设备和支持硬件等，并由这些部件来构造各种子系统。一个设计良好的布线系统和具体应用既是相互独立的，又是互相支持的。

2. 综合布线系统的发展　传统的布线系统，如电话、计算机局域网，各系统分别由不同的厂商设计和安装，使用不同的线缆和不同的连接设备，这些不同的连接设备是不能互相兼容的。如果需要调整办公设备或者根据新技术的发展需要更换设备时，就必须重新布线，时间一长，就会导致建筑物内有很多不用的旧线缆，而新线缆的敷设维护也非常不方便。在布线改造上花费的资金以及在使用维护上消耗的大量精力，促使人们不得不思考一种更优化的方案来解决不断复杂的信息网络线缆。

正是在这样的背景下，智能建筑应运而生。它抛弃了传统的布线技术，寻求一种规范的、统一的、结构化易于管理的、开放式便于扩充的、高效可靠的、维护和使用费用低廉的、更多关注健康和环境保护的综合布线方案。

20 世纪 80 年代末期，美国电话电报公司(AT&T)的贝尔实验室的专家们经过多年的研究，在办公楼和工厂试验成功的基础上率先推出了建筑与建筑群综合布线系统，并及时推出了结构化布线系统(Structured Cabling System,SCS)。结构化布线系统是仅限于电话和计算机网络的布线。当建筑物内的电话线缆和数据线缆越来越多时，就需要建立一套完善可靠的布线系统对成千上万的线缆进行端接和管理。目前，结构化布线系统的代表产品称为建筑与建筑群综合布线系统(Premises Distribution System)，简称 PDS 系统。

综合布线是一种预先布线，能够适应较长一段时间的需求。它是完全开放的，能够支持多级多层网络结构，能够满足智能建筑现在和将来的通信需要，系统可以适应更高的传输速率和带宽。综合布线还具有灵活的配线方式，布线系统上连接的设备在改变物理位置和数据传输方式时，都不需要进行重新定位。

3. 综合布线系统的特点　综合布线系统由高质量的线缆、标准的配线接续设备和连接硬件组成。由于综合布线有一个开放的环境，因而具有传统布线无法比拟的优越性。其特点主要表现在具有兼容性、开放性、灵活性、可靠性、先进性和经济性，而且在设计、施工和维护方面也给人们带来了许多方便。

(1) 兼容性　综合布线系统的首要特性是它的兼容性，所谓兼容性是指其他设备或程序可以用于多种系统中的性能。

过去，为一幢大楼或一个建筑群内的话音和数据线路布线时，往往采用不同厂家生产的电缆线、配线插座以及接头等。例如，用户交换机通常采用双绞线，计算机系统通常采用粗同轴电缆或细同轴电缆。这些不同的设备使用不同的配线材料构成网络，而连接这些不同的配线接头、插座及端子数也各不相同，彼此互不相容，一旦需要改变终端机或电话机位置时，就必须改敷新的线缆，以及安装新的插座和接头。

综合布线系统将语音信号、数据信号与监控设备的图像信号配线经过统一的规划和设计，采用相同的传输介质、信息插座、交连设备、连配器等，把这些性质不同信号综合到一套标准的布线系统中。由此可见，这个系统比传统布线系统大为简化，可节约大量的物质、时间和空间。

在使用时，用户可不用定义多个工作区的信息插座的具体应用，只把某种终端设备(个人计算机、电话、视频设备等)接入这个信息插座，以后在管理间和设备间的交连设备上作相应的跳线操作，这个终端设备就被接入到自己的系统中。

(2) 开放性　对于系统的布线方式，只要用户选定了某种设备，也就选定了与之相适应的布线方式的传输介质，如果更换另一种设备，那原来的布线系统就要全部更换。可以想象，对于一个已经完工的建筑物，这种变化是十分困难的，要增加很多新的投资。

综合布线系统由于采用开放式体系结构，符合多种国际上流行的标准，因此它几乎对所有著名厂商的产品都是开放的，如计算机设备、交换机设备等，并对所有通信协议也是支持的，如 EIA—232—D，RS—422，RS—423，Ethernet，Token-Ring，FDDI，ISDN，ATM 等。

(3) 灵活性　传统的布线方式由于各个系统是封闭的，其体系结构是固定的，若要迁移设备或增加设备是相当困难而麻烦的，甚至是不可能的。

综合布线系统由于所有信息系统皆采用相同的传输介质和物理星形拓扑结构，因此所有信息通道都是通用的。每条信息通道可支持电话、传真、多用户终端。所有设备的开通及更改均不需改变系统布线，只需增加相应的网络设备以及进行必要的跳线管理即可。另外，系统组网也相当灵活多样，甚至在同一房间可有多用户终端、10Base-T 工作站、令牌环工作站并存，为用户组织信息流提供了必要的条件。

(4) 可靠性 由于传统的布线方式各个系统互不兼容，因而在一个建筑物中，往往要多种布线方式，因此，建筑系统的可靠性要由所选用的各个系统的可靠性来保证，而且如果各系统布线不当，还会造成交叉干扰。

综合布线系统采用高品质的材料和组合压接的方式构成一套高标准信息通道，所有器件均通过 UL、CSA 及 ISO 认证，每条信息通道都要采用专用仪器校核线路阻抗及衰减率，以保证其电气性能。系统布线全部采用物理星形拓扑结构，点到点的端接，任何一条线路故障均不影响其他线路的进行，同时为线路的运行维护及故障检修提供了极大的方便，从而保证了系统的可靠运行。各系统采用相同的传输介质，因而可互为备用，提高了备用冗余。

(5) 先进性 综合布线采用光纤与双绞线混合布线方式，极为合理地构成一套完整的布线。所有布线均采用世界上最新通信标准，链路均按八芯双绞线配置。5 类双绞线带宽可达 100MHz，6 类双绞线带宽可达 200MHz。对于特殊用户的需求可把光纤引到桌面(Fiber To The Desk)。语音干线部分用铜缆，数据部分用光缆，为同时传输多路实时多媒体信息提供足够的带宽容量。

(6) 经济性 综合布线比传统布线具有经济性优点，综合布线可适应相当长时间需求，传统布线改造很费时间，耽误工作造成的损失更是无法用金钱计算。

随着科学技术的迅猛发展，人们对信息资源共享的要求越来越迫切，尤其以电话业务为主的通信网逐渐向综合业务数字网(ISDN)过渡，越来越重视能够同时提供语音、数据和视频传输的集成通信网。因此，综合布线取代单一、昂贵、复杂的传统布线，是“信息时代”的要求，是历史发展的必然趋势。

4. 综合布线系统的类型 为了满足不同用户的实际需要，适应通信发展趋势，目前，综合布线系统可以分为三种不同类型，即基本型、增强型和综合型布线系统。它们都能支持话音、数据等系统，在设备配置和特点及适用场合方面有所不同。但是这三种类型的综合布线系统又有相互衔接的有机关系。它们能够随着用户客观需要的变化，逐步增加、完善和提高通信功能，由低级转变到高级的综合布线系统。

(1) 基本型综合布线系统 基本型综合布线系统是一个比较经济的布线系统。它支持语音和数据产品。

1) 系统的设备配置

① 每个工作区有一个信息插座。

② 每个水平布线子系统的配线电缆是一条四对非屏蔽对绞线电缆。

③ 接续设备全部采用夹接式交接硬件。

④ 每个工作区的干线电缆至少有两对对绞线。

2) 系统的特点

① 能支持话音、数据或高速数据系统。

② 能支持多种计算机系统的数据传输。

③ 工程造价较低，且可适应今后发展要求，逐步向高级的综合布线系统发展。

④ 技术要求不高，便于日常维护管理。

⑤ 采用气体放电管式过压保护和能够自复的过流保护。

(2) 增强型综合布线系统 增强型综合布线系统不仅支持语音和数据的应用，还支持图像、影视和视频会议等。

1）系统的设备配置

① 每个工作区有两个以上的信息插座。

② 每个工作区的配线电缆是两条四对非屏蔽对绞线电缆。

③ 接续设备全部采用夹接式或插接式交接硬件。

④ 每个工作区的干线电缆至少有三对对绞线。

2）系统的特点

① 每个工作区有两个以上的信息插座。

② 任何一个信息插座都可提供话音和数据处理等多种服务。

③ 采用铜芯导线电缆组网。

④ 维护管理简单方便。

⑤ 能适应多种产品的需要，具有适应性强、经济有效等特点。

⑥ 采用气体放电管式过压保护和能够自复的过流保护。

（3）综合型综合布线系统　综合型综合布线系统的特征是把光缆纳入了综合布线系统。

1）系统的设备配置

① 在基本型和增强型系统的基础上增设光缆系统。一般在建筑群子系统和建筑物垂直干线子系统上根据需要采用多模或单模光缆。

② 每个基本型或增强型的工作区设备配置，应满足各种类型的配备要求。

2）系统的特点

① 每个工作区有两个以上的信息插座，灵活机动、功能齐全。

② 任何一个信息插座都可提供话音和数据处理等多种服务。

③ 采用以光缆为主与铜芯导线电缆混合组网。

④ 维护管理简单方便。

⑤ 能适应多种产品的需要，具有适应性强、经济有效等特点。

综合布线系统应能满足所支持的语言、数据、图像系统的传输标准要求；满足所支持的数据传输速率要求，并应选用相应等级的传输电缆和设备。

8.6.2　综合布线系统的组成

目前综合布线系统产品所遵循的基本标准主要有两种：一种是美国标准 ANSI/EIA/TIA568A：1995《商务建筑电信布线标准》；另一种是国际标准化组织/国际电工委员会标准 ISO/IEC 11801：1995《信息技术——用户房屋综合布线》。

上述两种综合布线标准的差别极为明显，就其组成来说，美国标准把综合布线系统划分为六个独立的子系统，国际标准则将其划分为三个子系统和工作区布线。因为我国大都采用美国产品，所以我们将按美国标准来介绍综合布线系统的组成。

按照美国标准，综合布线系统由六个子系统构成，分别是工作区子系统、水平干线子系统、管理间子系统、垂直干线子系统、设备间子系统和楼宇(建筑群)子系统。其结构如图 8-21所示。

1. 工作区子系统　工作区子系统又称为服务区(Core Rage Area)子系统，如图 8-22 所示。它由 RJ45 跳线与信息插座所连接的设备(终端或工作站)组成。其中，信息插座有墙上型、地面型、桌上型等多种。

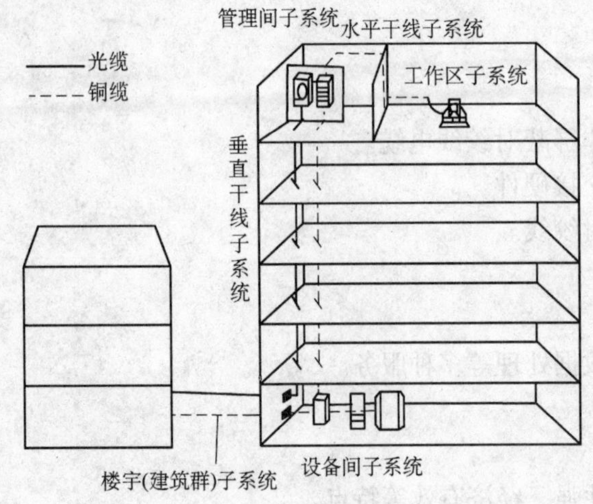

图 8-21　综合布线系统组成示意图

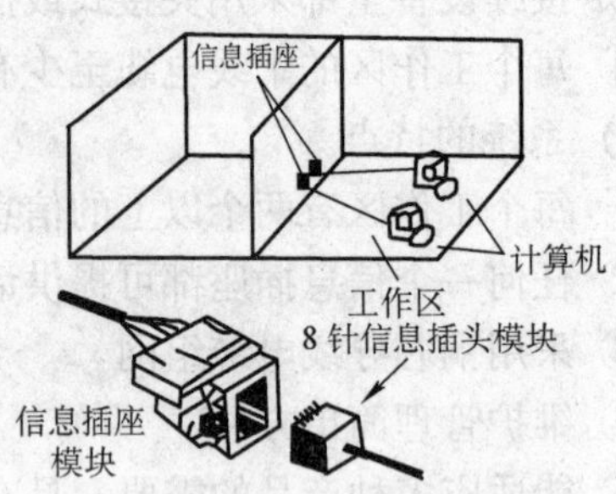

图 8-22　工作区子系统示意图

在进行终端设备和 I/O 连接时，可能需要某种传输电子装置，但这种装置并不是工作区子系统的一部分。例如，调制解调器能为终端与其他设备之间的兼容性传输距离的延长提供所需的转换信号，但不能说是工作区子系统的一部分。

工作区子系统设计时要注意如下要点：

1）从 RJ45 插座到设备间的连线用双绞线，一般不要超过 5m。

2）RJ45 插座须安装在墙壁上或不易碰到的地方，插座距离地面 30cm 以上。

3）插座和插头（与双绞线）不要接错线头。

2. 水平干线子系统　水平干线（Horizontal Backbone）子系统也称为水平子系统。该子系统由用户工作区的信息插座、信息插座至楼层配线设备的配线电缆或光缆、楼层配线设备和跳线组成，如图 8-23 所示。它的结构一般为星型结构，与垂直干线子系统的区别在于，水平干线子系统总是在一个楼层上，仅与信息插座、管理间连接。在综合布线系统中，水平干线子系统由四对 UTP（非屏蔽双绞线）组成，能支持大多数现代化通信设备。如果有磁场干扰或信息保密时可用屏蔽双绞线；在高宽带应用时，可以采用光缆。

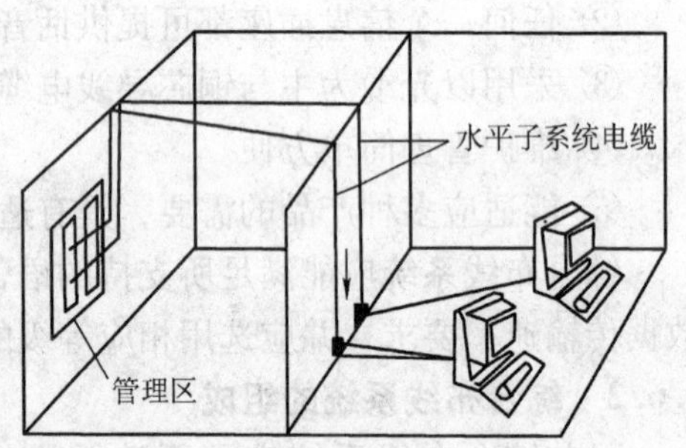

图 8-23　水平子系统示意图

在水平干线子系统的设计中，综合布线的设计必须具有全面的传输介质和相关设施方面的知识，以便能够向用户或用户的决策者提供完善而又经济的设计方案。设计时要注意以下要点：

1）水平干线子系统用线一般为双绞线。

2）长度一般不超过 90m。

3）用线必须走线槽或在顶棚吊顶内布线，尽量不走地面线槽。

4）用 3 类双绞线可传输速率为 16Mbps，用 5 类双绞线可传输 100Mbps。

5）确定介质布线方法和线缆的走向。

6）确定与服务接线间距离最近的 I/O 位置。

7）确定与服务接线间距离最远的 I/O 位置。

8）计算出水平区所需线缆长度。

3. 管理间子系统　管理间子系统（Administration Subsystem）设置在每个楼层中的接续设备房间内，其主要功能是将干线子系统与各楼层间的水平子系统相互连接，是连接干线子系统和水平子系统的纽带。主要设备为配线架和跳线。当终端设备位置或局域网的结构变化时，只要通过跳线方式即可解决，而不需要重新布线。管理子系统是充分体现综合布线灵活性的地方，是综合布线的一个重要的子系统。

设计时要注意以下要点：

1）配线架的配线对数可由管理的信息点数决定。

2）利用配线架的跳线功能，可使布线系统实现灵活、多功能的能力。

3）配线架一般由光缆配线盒和铜缆配线架组成。

4）管理间子系统应有足够的空间放置配线架和网络设备（HUB、交换器等）。

5）有 HUB、交换器的地方要配有专用稳压电源。

6）保持一定的温度和湿度，保养好设备。

4. 垂直干线子系统　垂直干线子系统也称骨干子系统（Riser Backbone Subsystem）。该子系统由设备间的建筑物配线设备和跳线，以及设备间至各楼层交换间的干线电缆组成，如图 8-24 所示。它提供建筑物干线电缆的路由，是负责连接管理间子系统到设备间子系统的子系统，一般使用光缆或选用大对数的非屏蔽双绞线。该子系统通常是在两个单元之间，特别是在位于中央节点的公共系统设备处提供多个线路设施。该子系统由所有的布线电缆组成，或由导线和光缆，以及将此光缆连到其他地方的相关支撑硬件组合而成。传输介质可能包括一幢多层建筑物的楼层之间垂直布线的内部电缆，或从主要单元如计算机房或设备间和其他干线接线间来的电缆。

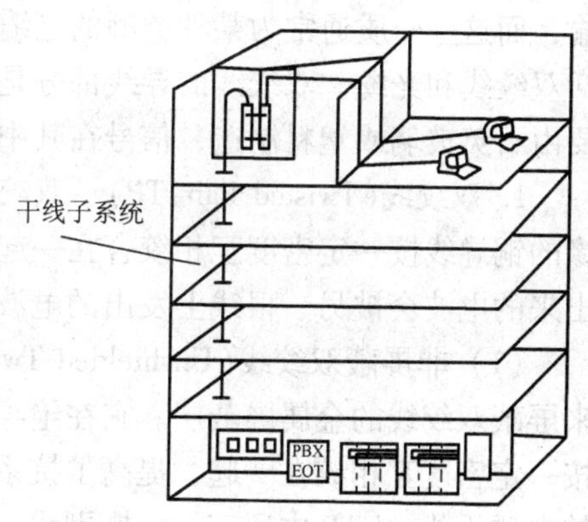

图 8-24　垂直干线子系统示意图

设计时要注意以下要点：

1）垂直干线子系统一般选用光缆，以提高传输速率。

2）光缆可选用多模的（室外远距离的），也可以是单模（室内远距离的）。

3）垂直干线电缆的拐弯处，不要直角拐弯，应有相当的弧度，以防光缆受损。

4）垂直干线电缆要防遭破坏（如埋在路面下，要防止挖路、修路对电缆造成危害），架空电缆要防止雷击。

5）确定每层楼的干线要求和防雷电的设施。

6）满足整幢大楼干线要求和防雷电的设施。

5. 楼宇（建筑群）子系统　楼宇（建筑群）子系统也称校园子系统（Campus Backbone Subsystem），是指将两个以上建筑物间的通信信号连接在一起的布线系统。其两端分别安装在设备间子系统的接续设备上，可实现大面积地区建筑物之间的通信连接，设有防止浪涌电压进入建筑的保护装置。

在建筑群子系统中，会遇到室外敷设电缆问题，一般有三种情况：架空敷设、直埋敷设、地下管道内敷设，或者是这三种的任何组合，具体情况应根据现场的环境来决定。设计时的要点与垂直干线子系统相同。

6. 设备间子系统　设备间子系统也称设备子系统(Equipment Subsystem)。设备间子系统由电缆、连接器和相关支撑硬件组成。它把各种公共系统设备的多种不同设备互联起来，其中包括邮电部门的光缆、同轴电缆、程控交换机等。

设计时要注意以下要点：

1）设备间要有足够的空间保障设备的存放。

2）设备间要有良好的工作环境(温度、湿度)。

3）设备间的建设标准应按机房建设标准设计。

由于具体工程的规模不同，布线系统范围也有所不同，不一定每项工程都有六个子系统。例如单栋建筑就没有建筑群子系统。

8.6.3　综合布线系统使用的线缆

线缆是网络布线系统的重要组成部分。在网络系统中，信号必须通过传输介质进行传输，而这些介质通常为某种类型的电缆或光缆。在综合布线系统中，常用的传输介质通常包括双绞线和光缆。双绞线的导线部分是铜金属，信号在其中以电的形式进行传输，而光缆主要由石英玻璃或塑料制造，信号在其中以光脉冲形式进行传输。

1. 双绞线(Twisted Pair, TP)　双绞线是由两根具有绝缘保护层的铜导线组成。把两根绝缘的铜导线按一定密度互相绞合在一起，可降低信号干扰的程度，每一根导线在传输中辐射出来的电波会被另一根线上发出的电波抵消。双绞线可分为非屏蔽双绞线和屏蔽双绞线。

(1) 非屏蔽双绞线(Unshielded Twisted Pair, UTP)　非屏蔽双绞线，顾名思义，没有用来屏蔽双绞线的金属屏蔽层。它在绝缘套管中封装了一对或一对以上的双绞线，每对双绞线按一定密度互相绞在一起，提高了抗系统本身电子噪声和电磁干扰的能力，但不能防止周围的电磁干扰。UTP 中还有一条撕剥线，使套管更易剥脱，如图 8-25 所示。

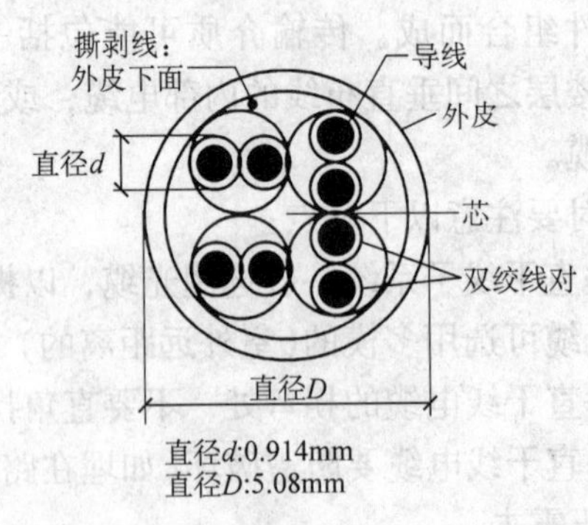

图 8-25　非屏蔽双绞线电缆

UTP 电缆是通信系统和综合布线系统中最流行使用的传输介质，可用于语音、数据、音频、呼叫系统及楼宇自动控制系统。UTP 电缆可同时用于垂直干线子系统和水平干线子系统的布线。非屏蔽双绞线电缆有如下优点：

1）无屏蔽外套，直径小，节省所占用的空间。

2）重量小、易弯曲、易安装。

3）将串扰减至最小或加以消除。

4）具有阻燃性。

5）具有独立性和灵活性，适用于结构化综合布线。

（2）屏蔽双绞线(Shielded Twisted Pair,STP) 屏蔽双绞线是指具有屏蔽层的双绞线电缆，具有防止外来电磁干扰和防止向外辐射电磁波的特性。但有重量大、体积大、价格贵和不易施工等缺点，适合使用在安全性要求很高和设备很多的环境中，如机场、银行、通信等信息保密需要程度较高的部门。

屏蔽双绞线电缆按增加的金属屏蔽层数量和绕包方式，又可分为STP、ScTP(FTP)和SFTP三种类型，如图8-26所示。

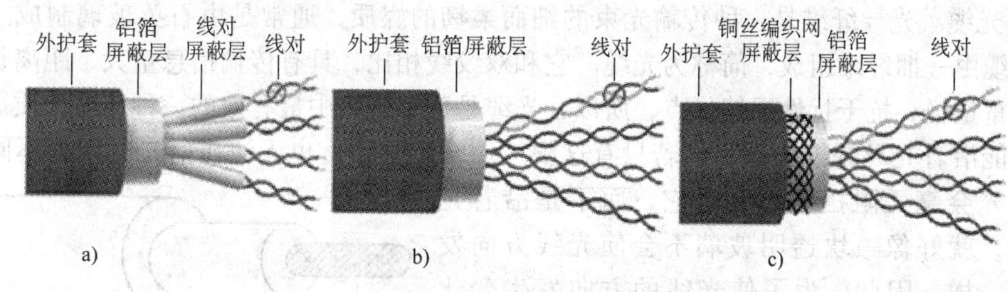

图8-26 屏蔽双绞线电缆

a）STP型 b）ScTP型 c）SFTP型

EIA/TIA把双绞线分为五类，一般常用的有三类：

1）3类线。最高带宽为16MHz，用于话音和低速数据(10Mbit/s)的传输。

2）4类线。最大带宽为20MHz，用于传输16Mbit/s的数据。

3）5类线。目前应用最为广泛，其带宽为100MHz；允许运行像100Mbps这样的高速网络并支持600MHz的全息图像。

在实际应用中，3类UTP以音频传输而著称，5类UTP则以数据传输作为重点。另外，近几年出现了几种新型电缆，其中超5类电缆是在对现有的5类UPT对绞线的部分性能加以改善后产生的新型电缆系统，不少性能参数，如近端串扰(NEXT)、衰减串扰比(ACR)等都有所提高，但其传输带宽仍为100MHz；6类电缆系统是一个新级别的电缆系统，除了各项性能参数都有较大提高外，其带宽将扩展至200MHz或更高；7类电缆是欧洲提出的一种电缆标准，其计划的带宽为600MHz，但是其连接模块的结构与目前的RJ-45完全不兼容。

对于一条双绞线，在外观上需要注意的是每隔2ft㊀有一段文字。以AMP公司的线缆为例，该文字为：

"AMP SYSTEMS CABLE E138034 0100

24 AWG (UL)CMR/MPR OR C(UL)PCC

FT4 VERIFIED ETL CAT5 044766 FT 9907"

这些记号提供了这条双绞线的以下信息：

AMP：代表公司名称。

㊀ 英尺(ft)为非法定计量单位，1ft≃0.3m，全书同。

0100：100Ω。

24：表示线芯是 24 号的(线芯有 22、24、26 三种规格)。

AWG：表示美国线缆规格标准。

UL：表示通过认证的标记。UL 是美国保险商实验室(Underwriter Laboratories Inc)的简写。UL 安全试验所是美国最有权威的，也是世界上从事安全试验和鉴定的较大的民间机构。它是一个独立的、非营利的、为公共安全做试验的专业机构。

FT4：表示 4 对线。

CAT5：表示 5 类线。

044766：表示线缆当前处在的英尺数。

9907：表示生产年月。

2. 光缆　光导纤维是一种传输光束的细而柔韧的媒质，通常是由石英玻璃制成。光导纤维电缆由一捆纤维组成，简称为光缆。它和双绞线相比，具有传输信息量大、距离长、体积小、重量轻、抗干扰性强等优点，所以，光缆是数据传输中最有效的一种传输介质。

光能沿着光导纤维传播，但若只有这根玻璃纤芯的话，也无法传播光。因为不同角度的入射光会毫无阻挡地直穿过它，而不是沿着光纤传播，就好像一块透明玻璃不会使光线方向发生改变一样。因此，为了使光线的方向发生变化从而使其可以沿光纤传播，就在光纤纤芯外涂上折射率比光纤纤芯材料低的材料，这个涂层材料称为包层。为了改善光纤的性能，人们一般在光纤纤芯包层的外面再涂上一层涂覆层。典型的光纤结构如图 8-27 所示，自内向外为纤芯、包层及涂覆层。

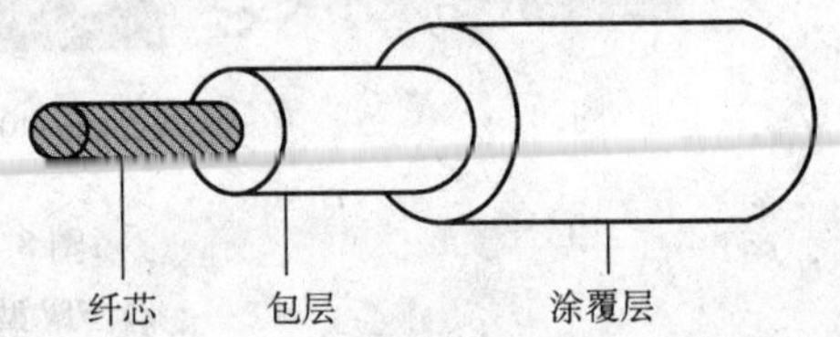

图 8-27　光纤结构示意图

包层的外径一般为 125μm(一根头发平均 100μm)，常用的 62.5μm/125μm 多模光纤，指的就是纤芯外径是 62.5μm，加上包层后外径是 125μm。纤芯和包层是不可分离的，纤芯与包层合起来组成裸光纤。用光纤工具剥去外皮(Jacket)和塑料层(Coating)后，暴露在外面的是涂有包层的纤芯。实际上，人们是很难看到真正的纤芯的。

光纤有单模和多模两种，多模光纤在网络中一般只支持较近的传输(仅几千米)，常用于建筑物内的连接。单模光纤较多模光纤在网络中支持更远的信号传输，常用于建筑物之间的连接。

在实际选用时，要了解建筑物内所涉及的各系统的传输标准要求，根据智能建筑对系统传输速率的不同要求来选择合适的传输介质。如果综合布线系统的具体用途不十分明确，一般选用 5 类线或超 5 类线为宜。同时还须注意的是，系统接续设备的选择必须要和传输媒质的类型相适应。

8.6.4　线路敷设

在智能化建筑内，综合布线系统的缆线敷设有暗管敷设和槽道(或桥架)敷设两种方式。除暗管敷设与房屋建筑同步施工外，槽道和线缆敷设部分都在综合布线系统工程施工中进行。

1. 槽道的安装要求　槽道(桥架)是综合布线系统工程中的辅助设施，是为敷设缆线服务的，一般用于缆线路由集中且缆线条数较多的段落，必须按技术标准和规定施工。

1）槽道(桥架)的规格尺寸、组装方式和安装位置均应按设计规定和施工图的要求。封闭型槽道顶面距顶棚下缘不应小于30m，距地面高度保持2.2m，若槽道下不是通行地段，其净高度可不小于1.8m。安装位置的上下左右保持端正平直，偏差度尽量降低，左右偏差不应超过50mm；与地面必须垂直，其垂直度的偏差不得超过3mm。

2）在设备间和干线交接间中，垂直安装的槽道穿越楼板的洞孔及水平安装的槽道穿越墙壁的洞孔，要求其位置配合相互适应，尺寸大小合适。在设备间内如有多条平行或垂直安装的槽道时，应注意房间内的整体布置，做到美观有序，便于缆线连接和敷设，并要求槽道间留有一定间距，以便于施工和维护。槽道的水平度偏差每米不超过2mm。

3）槽道与设备和机架的安装位置应互相平行或直角相交，两段直线段的槽道相接处应采用连接件连接，要求装置牢固、端正，其水平度偏差每米不超过2mm。槽道采用吊架方式安装时，吊架与槽道要垂直形成直角，各吊装件应在同一直线上安装，间隔均匀、牢固可靠，无歪斜和晃动现象。沿墙装设的槽道，要求墙上支持预埋件的位置保持水平、间隔均匀、牢固可靠，不应有起伏不平或扭曲歪斜现象。其水平度偏差每米也应不大于2mm。

4）为了保证金属槽道的电气连接性能良好，除要求连接必须牢固外，节与节之间也应接触良好，必要时应增设电气连接线(采用编织铜线)，并应有可靠的接地装置。如利用槽道构成接地回路时，须测量其接头电阻，按标准规定不得大于$0.33\times10^3\Omega$。

5）槽道穿越楼板或墙壁的洞孔处应加装木框保护。缆线敷设完毕后，除盖板盖严外，还应用防火涂料密封洞孔口的所有空隙，以利于防火。槽道的油漆颜色应尽量与环境色彩协调一致，并采用防火涂料。

2. 综合布线系统工程的线缆敷设　综合布线系统分建筑群主干布线子系统、建筑物主干布线子系统和水平布线子系统三部分。第一部分为屋外部分，其安装施工现场和施工环境条件与本地线路网通信线路基本一致，所以电缆管道、直埋电缆和架空电缆等施工，可以互相参照使用，在此不再赘述。下面重点介绍的第二部分和第三部分均为屋内部分，即建筑物主干布线子系统和水平布线子系统，包括缆线敷设和终端等内容。

(1) 建筑物主干布线子系统的电缆施工　建筑物主干布线子系统的缆线较多，且路由集中，是综合布线系统的重要骨干线路，来不得半点马虎。

1）对于主干路由中采用的缆线规格、型号、数量、起讫段落以及安装位置，必须在施工现场对照设计文件进行重点复核，如有疑问，要及早与设计单位协商解决。对已到货的缆线也需清点和复查，并对缆线进行标志，以便敷设时对号入座。

2）建筑物主干缆线一般采用由建筑物的高层向低层下垂敷设，即利用缆线本身的自重向下垂放的施工方式。该方式简便、易行、减少劳动工时和体力消耗，还可加快施工进度。为了保证缆线外护层不受损伤，在敷设时，除装设滑车轮和保护装置外，要求牵引缆线的拉力不宜过大，应小于缆线允许张力的80%。在牵引缆线过程中，要防止拖、蹭、刮、磨等损伤，并根据实际情况均匀设置支撑缆线的支点，施工完毕后，在各个楼层以及相隔一定间距的位置设置加固点，将主干缆线绑扎牢固，以便连接。

3）主干缆线如在槽道中敷设，应平齐顺直、排列有序，尽量不重叠或交叉。缆线在槽道内每间隔1.5m应固定绑扎在支架上，以保持整齐美观。在槽道内的缆线不得超出槽道，以免影响槽道盖盖合。

4）主干缆线与其他管线尽量远离，在不得已时，也必须有一定间距，以保证今后通信网络安全运行。其具体要求见表 8-6 和表 8-7。

表 8-6　对绞线对称电缆与电力线路最小净距　　（单位:mm）

项　目	电力线路的具体范围(＜380V)		
	＜2kV · A	＜2～5kV · A	＞5kV · A
对绞线对称电缆与电力线路平行敷设	130	300	600
有一方在接地槽道或钢管中敷设	70	150	300
双方均在接地槽道或钢管中敷设	（见注）	80	150

注：平行长度小于 10m 时，最小间距为 10mm；对绞线对称电缆为屏蔽结构时，最小净距可适当减小，但应符合设计要求。

表 8-7　对绞线对称电缆与其他管线的最小净距　　（单位:m）

序号	管线种类	平行净距	垂直交叉净距	序号	管线种类	平行净距	垂直交叉净距
1	避雷针引下线	1	0.3	4	热力管(包封)	0.3	0.3
2	保护地线	0.05	0.02	5	给水管	0.15	0.02
3	热力管	0.5	0.5	6	输气管	0.3	0.02

(2) 水平布线子系统的电缆施工　水平布线子系统的缆线是综合布线系统中的分支部分，具有面广、量大，具体情况较多，而且环境复杂等特点，遍及智能化建筑中所有角落。其缆线敷设方式有预埋、明敷管路和槽道等几种，安装方法又有在顶棚或吊顶内、地板下和墙壁中以及三种混合组合方式。在缆线敷设中应按此三种方式的各自不同要求进行施工。

1) 缆线在顶棚或吊顶内一般有装设槽道或不装设槽道两种布线方法。在施工时，前者应结合现场条件确定敷设路由；后者应检查槽道安装位置是否正确和牢固可靠。上述两种敷设缆线的情况均应采用人工牵引，单根大对数的电缆可直接牵引不需拉绳。敷设多根小对数(如四对对绞线对称电缆)缆线时，应组成缆束，采用拉绳牵引敷设。牵引速度要慢，不宜猛拉紧拽，以防止缆线外护套发生被磨、刮、蹭、拖等损伤。必要时在缆线路由中间和出入口处设置保护措施或支撑装置，也可由专人负责照料或帮助。

2) 缆线在地板下布线方法较多，保护支撑装置也不同，应根据其特点和要求进行施工。除敷设在管路或线槽内，路由已固定的情况外，应选择短捷平直、位置稳定和便于维护检修。缆线路由和位置应尽量远离电力、热力、给水和输气等管线(具体间距见表 8-6、表 8-7)。牵引方法与在顶棚内敷设的情况基本相同。

3) 缆线在墙壁内敷设均为短距离段落，当新建的智能化建筑中有预埋管槽时，这种敷设方法比较隐蔽美观、安全稳定，一般采用拉线牵引缆线的施工方法。如已建成的建筑物中没有暗敷管槽时，只能采用明敷线槽或将缆线直接敷设，在施工中应尽量把缆线固定在隐蔽的装饰线下或不易被碰触的地方，以保证缆线安全。

(3) 缆线的终端和连接　这里的缆线终端和连接是指建筑物主干布线和水平布线两部分的铜芯导线和电缆(不包括光缆部分)。由于缆线终端和连接量大而集中，精密程度和技术要求较高，因此，在配线接续设备和通信引出端的安装施工中必须小心从事。

1) 配线接续设备的安装施工

① 要求缆线在设备内的路由合理，布置整齐，缆线的曲率半径符合规定，捆扎牢固、

松紧适宜，不会使缆线产生应力而损坏护套。

② 终端和连接顺序的施工操作方法均按标准规定办理(包括剥除外护套长度、缆线扭绞状态都应符合技术要求)。

③ 缆线终端连接方法应采用卡接方式，施工中不宜用力过猛，以免造成接续模块受损。连接顺序应按缆线的统一色标排列，在模块中连接后的多余线头必须清除干净，以免留有后患。

④ 缆线终端后，应对配线接续设备等进行全程测试，以保证综合布线系统正常运行。

2）通信引出端(信息插座)和其他附件的安装施工

① 对通信引出端内部连接件进行检查，做好固定线的连接，以保证电气连接的完整牢靠。如连接不当，有可能增加链路衰减和近端串音。

② 在终端连接时，应按缆线统一色标、线对组合和排列顺序施工连接(应符合 EIA/TIA 568A 或 568B 规定)。

③ 如采用屏蔽电缆时，要求电缆屏蔽层与连接部件终端处的屏蔽罩有稳妥可靠的接触，必须形成360°圆周的接触界面，它们之间的接触长度不宜小于10mm。

④ 各种缆线(包括跳线)和接插件间必须接触良好、连接正确、标志清楚。跳线选用的类型和品种均应符合系统设计要求。

3. 综合布线系统工程的光缆施工敷设　光缆与电缆同是通信线路的传输媒质，其施工方法虽基本相似，但因其所用材质和传输信号原理、方式有根本区别，对于安装施工的要求自然有所差异。现分光缆敷设和光缆接续与终端两部分介绍。

（1）光缆敷设

1）施工前对光缆的入口端应予以正确判定。从网络枢纽至用户侧，敷设一般为 A 端至 B 端，不得使顺序混乱。光缆敷设顺序应与合理配盘相结合，充分利用光缆的盘长，以减少中间接头，防止产生任意切断光缆的现象。

2）在智能化建筑中，主干光缆通常采用由顶层向底层垂直布放的人工牵拉敷设方式。在智能化小区内敷设光缆，如采用机械牵引，牵引时应用拉力计监视，牵引力不得大于规定值。要求光缆盘转动速度与光缆布放速度同步，牵引力的最大速度为 15m/min，并保持匀速，严禁硬拉猛拽，避免使光纤受力过大而产生损伤。

3）在建筑群主干布线系统中的光缆敷设与本地线路网的光缆敷设要求完全相同(包括管道、直埋和架空等光缆建筑方式)。因内容较多，这里予以简略，可参考该部分要求执行。

（2）光缆接续与终端

1）光纤接续目前采用熔接法。为了降低连接损耗，无论采用哪种接续方法，在光纤接续的全部过程中都应采取质量监视(如采用光时域反射仪监视)，具体监视方法可参见 YDJ 44—1989《电信网光纤数字传输系统工程施工及验收暂行技术规定》。

2）光纤接续后应排列整齐、布置合理，将光纤接头固定、光纤余长盘放一致、松紧适度，无扭绞受压现象，其光纤余留长度不应小于 1. 2m。

3）光缆接头套管的封合若采用热缩套管时，应按规定的工艺要求进行，封合后应测试和检查有无问题，并作记录备查。

4）光缆终端接头或设备的布置应合理有序，安装位置须安全稳定，其附近不应有可能损害它的外界设施，如热源和易燃物质等。

5）从光缆终端接头引出的尾纤或单芯光缆的光纤所带的连接器，应按设计要求插入光配线架上的连接部件中。如暂时不用的连接器可不插接，但应套上塑料帽，以保证其不受污染，便于今后连接。

6）在机架或设备(如光纤接头盒)内，应对光纤和光纤接头加以保护，光纤盘绕方向要一致，要有足够的空间和符合规定的曲率半径。

7）屋外光缆的光纤接续时，应严格按操作规程执行。光纤芯径与连接器接头中心位置的同心度偏差要求如下：

① 多模光纤同心度偏差应小于或等于 3μm。

② 单模光纤同心度偏差应小于或等于 1μm。

凡达不到规定指标，尤其超过光纤接续损耗时，不得使用，应剪掉接头重新接续，务必经测试合格才准使用。

8）光缆中的铜导线、金属屏蔽层、金属加强芯和金属铠装层均应按设计要求，采取终端连接和接地，并要求检查和测试其是否符合标准规定，如有问题必须补救纠正。

9）光缆传输系统中的光纤跳线或光纤连接器在插入适配器或耦合器前，应用丙醇酒精棉签擦拭连接器插头和适配器内部，要求清洁干净后才能插接，插接必须紧密、牢固可靠。

10）光纤终端连接处均应设有醒目标志，其标志内容应正确无误，清楚完整(如光纤序号和用途等)。

复习思考题

1. 什么是智能建筑，由哪几个部分组成？
2. 试述火灾自动报警与消防联动控制系统的工作原理。
3. CATV 系统由哪几部分组成，主要装置有何作用？
4. 防盗报警系统的概念是什么？
5. 电视监控系统由哪几部分组成？
6. 出入口控制系统有哪些主要功能？
7. 简述停车场自动出入管理系统的工作过程。
8. 综合布线系统的概念是什么？划分为哪几个子系统？
9. 综合布线系统常用哪些传输介质？如何选择？
10. 双绞线线缆施工中应注意哪些要点？

附　　录

附录A　卫生器具的额定流量及所需的流出水头

序号	给水配件名称	额定流量/L·s^{-1}	当　量	连接管公称管径/mm	配水点前所需流出水头/MPa
1	洗涤池、拖布盆、盥洗槽 单阀水嘴 单阀水嘴 混合水嘴	 0.15~0.20 0.20~0.40 0.15~0.20(0.14)	 0.75~1.00 1.50~2.00 0.75~1.00(0.70)	 15 20 15	0.050
2	洗脸盆 单阀水嘴 混合水嘴	 0.15 0.15(0.10)	 0.75 0.75(0.50)	 15 15	0.050
3	洗手盆 感应水嘴 混合水嘴	 0.10 0.15(0.10)	 0.50 0.75(0.50)	 15 15	0.050
4	浴盆 单阀水嘴 混合水嘴(含带淋浴转化器)	 0.20 0.20(0.24)	 1.00 1.00(1.20)	 15 15	 0.050 0.050~0.070
5	淋浴器 混合阀	 0.15(0.10)	 0.75(0.50)	 15	 0.050~0.100
6	大便器 冲洗水箱浮球阀 延时自闭式冲洗阀	 0.10 1.20	 0.50 6.00	 15 25	 0.020 0.100~0.150
7	小便器 手动或自动自闭式冲洗阀 自动冲洗水箱进水阀	 0.10 0.10	 0.50 0.50	 15 15	 0.050 0.020
8	小便槽多孔冲洗管(每米长)	0.05	0.25	15~20	0.015
9	净身盆冲洗水嘴	0.10(0.07)	0.50(0.35)	15	0.050
10	医院倒便器	0.20	1.00	15	0.050
11	实验室化验龙头(鹅颈) 单联 双联 三联	 0.07 0.15 0.20	 0.35 0.75 1.0	 15 15 15	 0.020 0.020 0.020
12	饮水器喷嘴	0.05	0.25	15	0.050
13	洒水栓	0.40 0.70	2.00 3.50	20 25	0.050~0.100 0.050~0.100

（续）

序号	给水配件名称	额定流量/L·s^{-1}	当　量	连接管公称管径/mm	配水点前所需流出水头/MPa
14	室内地面冲洗水嘴	0.20	1.00	15	0.050
15	家用洗衣机水嘴	0.20	1.00	15	0.050

注：1 “（　）”内的数值系在热水供应时，单独计算冷水或热水时使用。

2 当浴盆上附设淋浴器时，或混合水嘴有淋浴器转换开关时，其额定流量和当量只计水嘴，不计淋浴器。但水压应按淋浴器计。

3 家用燃气热水器，所需水压按产品要求和热水供应系统最不利配水点所需工作压力确定。

4 绿地的自动喷灌按产品设计要求设计。

附录 B　预留孔洞尺寸

（单位：mm）

项次	管道名称	明管 留孔尺寸（长）×（宽）	暗管 墙槽尺寸（宽度）×（深度）
1	采暖或给水立管（管径小于或等于25） （管径32～50） （管径70～100）	100×100 150×150 200×200	130×130 150×130 200×200
2	一根排水立管（管径小于或等于50） （管径70～100）	150×150 200×200	200×130 250×200
3	两根采暖或给水立管 管径小于或等于32	150×100　200×130	
4	一根给水立管和一根排水立管在一起 管径小于或等于50 管径70～100	200×150 250×200	200×130 250×200
5	两根给水立管和一根排水立管在一起 管径小于或等于50 管径70～100	200×150 350×200	250×130 380×200
6	给水支管或（管径小于或等于25） 散热器支管（管径32～40）	100×100 150×130	60×60 150×100
7	排水支管 管径小于或等于80 管径100	250×200 300×250	
8	采暖或排水主干管 管径小于或等于80 管径100～125	300×250 350×300	
9	给水引入管（管径小于或等于100）	300×200	—
10	排水排出管穿基础 （管径小于或等于80） （管径100～150）	300×300 （管径+300）×（管径+200）	

注：给水引入管，排出管管顶上部净空一般不小于150mm，且不小于建筑物的最大沉降量。

附录C 建筑分类

名称	一类	二类
居住建筑	19层及19层以上的住宅	10层至18层的住宅
公共建筑	1. 医院 2. 高级旅馆 3. 建筑高度超过50m或24m以上部分的任一层的建筑面积，超过1000m² 的商业楼、展览楼、综合楼、电信楼、财贸金融楼 4. 建筑高度超过50m或24m以上部分的任一层的建筑面积，超过1500m² 的商住楼 5. 中央级和省级(含计划单列市)广播电视楼 6. 网局级和省级(含计划单列市)电力调度楼 7. 省级(含计划单列市)邮政楼、防灾指挥调度楼 8. 藏书超过100万册的图书馆、书库 9. 重要的办公楼、科研楼、档案楼，建筑高度超过50m的教学楼和普通旅馆、办公楼、科研楼、档案楼等	1. 除一类建筑以外的商业楼、展览楼、综合楼、电信楼、财贸金融楼、商住楼、图书馆、书库 2. 省级以下的邮政楼、防灾指挥调度楼、广播电视楼、电力调度楼 3. 建筑高度不超过50m的教学楼和普通的旅馆、办公楼、科研楼、档案楼等

附录D 卫生器具的安装高度

（单位:mm）

项次	卫生器具名称			卫生器具安装高度		备注
				居住和公共建筑	幼儿园	
1	污水盆(池)	架空式		800	800	自地面至器具上边缘
		落地式		500	500	
2	洗涤盆(池)			800	800	
3	洗脸盆、洗手盆(有塞、无塞)			800	500	
4	盥洗槽			800	500	
5	浴盆			520		
6	蹲式大便器	高水箱		1800	1800	自台阶面至水箱底
		低水箱		900	900	
7	坐式大便器	高水箱		1800	1800	自地面至水箱底
		低水箱	外露排水管式	510		
			虹吸喷射式	470	370	
8	小便器	挂式		600	450	自地面至下边缘
9	小便槽			200	150	自地面至台阶面
10	大便槽冲洗水箱			≮2000		自台阶面至水箱底
11	妇女卫生盆			360		自地面至器具上边缘
12	化验盆			800		自地面至器具上边缘

附录 E　建筑工程(建筑设备工程)分部工程、分项工程划分

序号	分部工程	子分部工程	分 项 工 程
1	建筑给水、排水及采暖	室内给水系统	给水管道及配件安装、室内消火栓系统安装、给水设备安装，管道防腐、绝热
		室内排水系统	排水管道及配件安装、雨水管道及配件安装
		室内热水供应系统	管道及配件安装、辅助设备安装，管道防腐、绝热
		卫生器具安装	卫生器具安装、卫生器具给水配件安装、卫生器具排水管道安装
		室内采暖系统	管道及配件安装、辅助设备及散热器安装、金属辐射板安装、低温热水地板辐射采暖系统安装、系统水压试验及调试，管道防腐、绝热
		室外给水管网	给水管道安装、消防水泵接合器及室外消火栓安装、管沟及井室
		室外排水管网	排水管道安装、排水管沟与井池
		室外供热管网	管道及配件安装、系统水压试验及调试，管道防腐、绝热
		建筑中水系统及游泳池系统	建筑中水系统管道及辅助设备安装、游泳池水系统安装
		供热锅炉及辅助设备安装	锅炉安装、辅助设备及管道安装，安全附件安装，烘炉、煮炉和试运行，换热站安装，管道防腐、绝热
2	建筑电气	室外电气	架空线路及杆上电气设备安装，变压器、箱式变电所安装，成套配电柜、控制柜(屏、台)和动力、照明配电箱(盘)及控制柜安装，电线、电缆导管和线槽敷设，电线、电缆穿管和线槽敷设，电缆头制作、导线连接和线路电气试验，建筑物外部装饰灯具、航空障碍标志灯和庭院路灯安装，建筑照明通电试运行，接地装置安装
		变配电室	变压器、箱式变电所安装，成套配电柜、控制柜(屏、台)和动力、照明配电箱(盘)安装，裸母线、封闭母线、插接式母线安装，电缆沟内和电缆竖井内电缆敷设，电缆头制作、导线连接和线路电气试验，接地装置安装，避雷引下线和变配电室接地干线敷设
		供电干线	裸母线、封闭母线、插接式母线安装，桥架安装和桥架内电缆敷设，电缆沟内和电缆竖井内电缆敷设，电线、电缆导管和线槽敷设，电线、电缆穿管和线槽敷线，电缆头制作、导线连接和线路电气试验
		电气动力	成套配电柜、控制柜(屏、台)和动力、照明配电箱(盘)安装，低压电动机、电加热器及电动执行机构检查、接线，低压电气动力设备检测、试验和空载试运行，桥架安装和桥架内电缆敷设，电线、电缆导管和线槽敷设，电线、电缆穿管和线槽敷线，电缆头制作、导线连接和线路电气试验，插座、开关、风扇安装

（续）

序号	分部工程	子分部工程	分 项 工 程
2	建筑电气	电气照明安装	成套配电柜、控制柜（屏、台）和动力、照明配电箱（盘）安装，电线、电缆导管和线槽敷设，电线、电缆导管和线槽敷线，槽板配线，钢索配线，电缆头制作、导线连接和线路电气试验，普通灯具安装，专用灯具安装，插座、开关、风扇安装，建筑照明通电试运行
		备用和不间断电源安装	成套配电柜、控制柜（屏、台）和动力、照明配电箱（盘）安装，柴油发电机组安装，不间断电源的其他功能单元安装，裸母线、封闭母线、插接式母线安装，电线、电缆导管和线槽敷设，电线、电缆导管和线槽敷线，电缆头制作、导线连接和线路电气试验，接地装置安装
		防雷及接地安装	接地装置安装，避雷引下线和变配电室接地干线敷设，建筑物等电位连接，接闪器安装
3	智能建筑	通信网络系统	通信系统、卫星及有线电视系统、公共广播系统
		办公自动化系统	计算机网络系统、信息平台及办公自动化应用软件、网络安全系统
		建筑设备监控系统	空调与通风系统、变配电系统、照明系统、给排水系统、热源和热交换系统、冷冻和冷却系统、电梯和自动扶梯系统、中央管理工作站与操作分站、子系统通信接口
		火灾报警及消防联动系统	火灾和可燃气体探测系统、火灾报警控制系统、消防联动系统
		安全防范系统	电视监控系统、入侵报警系统、巡更系统、出入口控制（门禁）系统、停车管理系统
		综合布线系统	缆线敷设和终接、机柜、机架、配线架的安装，信息插座和光缆芯线终端的安装
		智能化集成系统	集成系统网络、实时数据库、信息安全、功能接口
		电源与接地	智能建筑电源、防雷及接地
		环境	空间环境、室内空调环境、视觉照明环境、电磁环境
		住宅（小区）智能化系统	火灾自动报警及消防联动系统、安全防范系统（含电视监控系统、入侵报警系统、巡更系统、门禁系统、楼宇对讲系统、住户对讲呼救系统、停车管理系统）、物业管理系统（多表现场计量及与远程传输系统、建筑设备监控系统、公共广播系统、小区网络及信息服务系统、物业办公自动化系统）、智能家庭信息平台
4	通风与空调	送排风系统	风管与配件制作、部件制作、风管系统安装，空气处理设备安装，消声设备制作与安装，风管与设备防腐，风机安装，系统调试
		防排烟系统	风管与配件制作、部件制作、风管系统安装，防排烟风口、常闭正压风口与设备安装，风管与设备防腐，风机安装，系统调试
		除尘系统	风管与配件制作、部件制作、风管系统安装，除尘器与排污设备安装，风管与设备防腐，风机安装，系统调试

（续）

序号	分部工程	子分部工程	分 项 工 程
4	通风与空调	空调风系统	风管与配件制作、部件制作、风管系统安装，空气处理设备安装，消声设备制作与安装，风管与设备防腐，风机安装，风管与设备绝热，系统调试
		净化空调系统	风管与配件制作、部件制作、风管系统安装，空气处理设备安装，消声设备制作与安装，风管与设备防腐，风机安装，风管与设备绝热，高效过滤器安装，系统调试
		制冷设备系统	制冷机组安装、制冷剂管道及配件安装、制冷附属设备安装、管道及设备的防腐与绝热、系统调试
		空调水系统	管道冷热(媒)水系统安装、冷却水系统安装、冷凝水系统安装、阀门及部件安装、冷却塔安装、水泵及附属设备安装、管道与设备的防腐与绝热、系统调试
5	电梯	电力驱动的曳引式或强制式电梯安装工程	设备进场验收，土建交接检验，驱动主机、导轨、门系统、轿厢、对重(平衡重)、安全部件、悬挂装置、随行电缆、补偿装置、电气装置，整机安装验收
		液压电梯安装工程	设备进场验收，土建交接检验，液压系统、导轨、门系统、轿厢、平衡重、安全部件、悬挂装置、随行电缆、电气装置，整机安装验收
		自动扶梯、自动人行道安装工程	设备进场验收，土建交接检验，整机安装验收

附录F　检验批质量验收记录

工程名称		分项工程名称		验收部位	
施工单位		专业工长		项目经理	
施工执行标准名称及编号					
分包单位		分包项目经理		施工班组长	
	质量验收规范的规定	施工单位检查评定记录		监理(建设)单位验收记录	
主控项目	1				
	2				
	3				
	⋮				
一般项目	1				
	2				
	3				
	⋮				
施工单位检查结果评定					
监理(建设)单位验收结论	监理工程师(签字)： (建设单位项目专业技术负责人) 年　月　日				

附录 G　分项工程质量验收记录

<table>
<tr><td>工程名称</td><td></td><td>结构类型</td><td></td><td>检验批数</td><td></td></tr>
<tr><td>施工单位</td><td></td><td>项目经理</td><td></td><td>项目技术负责人</td><td></td></tr>
<tr><td>分包单位</td><td></td><td>分包单位负责人</td><td></td><td>分包项目经理</td><td></td></tr>
<tr><td>序号</td><td>检验批部位、区段</td><td colspan="2">施工单位检查评定结果</td><td colspan="2">监理（建设）单位验收结论</td></tr>
<tr><td>1</td><td></td><td colspan="2"></td><td colspan="2"></td></tr>
<tr><td>2</td><td></td><td colspan="2"></td><td colspan="2"></td></tr>
<tr><td>3</td><td></td><td colspan="2"></td><td colspan="2"></td></tr>
<tr><td>⋮</td><td></td><td colspan="2"></td><td colspan="2"></td></tr>
<tr><td>检查
结论</td><td colspan="2">项目专业技术负责人：

年　月　日</td><td>验收
结论</td><td colspan="2">监理工程师：
（建设单位项目专业技术负责人）

年　月　日</td></tr>
</table>

附录 H　______分部（子分部）工程质量验收记录

<table>
<tr><td>工程名称</td><td></td><td>结构类型</td><td></td><td>层数</td><td></td></tr>
<tr><td>施工单位</td><td></td><td>技术部门负责人</td><td></td><td>质量部门负责人</td><td></td></tr>
<tr><td>分包单位</td><td></td><td>分包单位负责人</td><td></td><td>分包技术负责人</td><td></td></tr>
<tr><td>序号</td><td>分项工程名称</td><td>检验批数</td><td>施工单位检查评定</td><td colspan="2">验收意见</td></tr>
<tr><td>1</td><td></td><td></td><td></td><td colspan="2" rowspan="4"></td></tr>
<tr><td>2</td><td></td><td></td><td></td></tr>
<tr><td>3</td><td></td><td></td><td></td></tr>
<tr><td>⋮</td><td></td><td></td><td></td></tr>
<tr><td colspan="2">质量控制资料</td><td colspan="2"></td><td colspan="2"></td></tr>
<tr><td colspan="2">安全和功能检验（检测）报告</td><td colspan="2"></td><td colspan="2"></td></tr>
<tr><td colspan="2">观感质量验收</td><td colspan="2"></td><td colspan="2"></td></tr>
<tr><td rowspan="5">验收
单位</td><td>分包单位</td><td colspan="4">项目经理：　　年　月　日</td></tr>
<tr><td>施工单位</td><td colspan="4">项目经理：　　年　月　日</td></tr>
<tr><td>勘察单位</td><td colspan="4">项目负责人：　　年　月　日</td></tr>
<tr><td>设计单位</td><td colspan="4">项目负责人：　　年　月　日</td></tr>
<tr><td>监理（建设）单位</td><td colspan="4">总监理工程师：
（建设单位项目专业负责人）：　　年　月　日</td></tr>
</table>

附录 I　部分负荷分级表

<table>
<tr><td>建筑类别</td><td>建筑物名称</td><td>用电设备及部位</td><td>负荷级别</td></tr>
<tr><td>住宅建筑</td><td>高层普通住宅</td><td>电梯、照明</td><td>二级</td></tr>
<tr><td rowspan="2">旅馆建筑</td><td>高级旅馆</td><td>宣传厅、新闻摄影、高级客房、电梯等</td><td>一级</td></tr>
<tr><td>普通旅馆</td><td>主要照明</td><td>二级</td></tr>
</table>

（续）

建筑类别	建筑物名称	用电设备及部位	负荷级别
办公建筑	省、市、部级办公楼	会议室、总值班室、电梯、档案室、主要照明	一级
	银行	主要业务用计算机及外部设备电源、防盗信号电源	一级
教学建筑	教学楼	教室及其他照明	二级
	重要实验室		一级
科研建筑	科研所重要实验室、计算中心、气象台	主要用电设备	一级
		电梯	二级
文娱建筑	大型剧院	舞台、电声、贵宾室、广播及电视转播、化装照明	一级
医疗建筑	县级及以上医院	手术室、分娩室、急诊室、婴儿室、理疗室、广场照明	一级
		细菌培养室、电梯等	二级
商业建筑	省辖市及以上百货大楼	营业厅主要照明	一级
		其他附属照明	二级
博物馆建筑	省、市、自治区级及以上博物馆、展览馆	珍贵展品展室的照明、防盗信号电源	一级
		商品展览用电	二级
商业仓库建筑	冷库	大形冷库、有特殊要求的冷库压缩机及附属设备、电梯、库内照明	二级
司法建筑	监狱	警卫信号	一级

附录 J　常见电光源主要性能参数一览表

电光源名称	白炽灯	卤钨灯	荧光灯	荧光高压汞灯	高压钠灯	金属卤化物灯
额定功率/W	10～500	100～2000	5～100	50～1000	100～400	400～1000
光效/lm·W^{-1}	6.5～19	15～30	65～80	40～60	65～130	52～130
光通量/lm	3500(40W)	9700(500W)	2400(40W)	20000(400W)	40000(400W)	3600(400W)
平均寿命/h	1000～1500	150～2000	2500～5000	10000～20000	16000～24000	2000～10000
色温/K	2400～2900	2700～3200	2500～6500	5500	1900～2800	5000～7000
显色指数 R_a	95～99	95～99	≥95	30～60	20～85	65～95
启动稳定时间/min	瞬间	瞬间	0～4s	4～8	4～8	4～10
再启动时间/min	瞬间	瞬间	0～4s	5～10	10～20	10～15
频闪效应	不明显	不明显	普通管明显，高频管不明显	明显	明显	明显
电压影响	大	大	较大	较大	大	较大
环境温度影响	小	小	较小	较小	较小	较小
功率因数	1	1	0.4～0.9	0.44～0.67	0.44	0.4～0.6
耐振性能	差	较差	较好	好	较好	好
附件	无	无	有	有	有	有

附录 K　建筑电气工程常用图例

图　例	名　称	说　明
	控制屏、控制台	配电室及进户线用的开关柜
	电力配电箱(板)	画在 墙外为明装 / 墙内为暗装 除注明外下皮距地 1.2m / 1.4m
	照明配电箱(板)	画在 墙外为明装 / 墙内为暗装 除注明外下皮距地 2.0 / 1.4 m
	事故照明配电箱(板)	画在 墙外为明装 / 墙内为暗装 除注明外下皮距地 1.2 / 1.4 m
	多种电源配电箱(板)	
	母线和干线	
	接地或接零线路	
	接地装置(有接地极)	
	交流配电线路	六根导线
	壁灯	
	吸顶灯(顶棚灯)	
	墙上灯座(裸灯头)	
	灯具一般符号	
	单管荧光灯	每管附装相应容量的电容器和熔断器
	明装单相两线插座	250V、5A，距地尺寸按设计图

图　例	名　称	说　明
	接地、重复接地	
	二极开关	二极自动空气断路器
	三极开关	三极自动空气断路器
	熔断器	除注明外均为 RCIA 型瓷插式熔断器
	交流配电线路	铝 / 铜 芯导线时为两根 2.5 / 1.5 mm^2，注明者除外
	交流配电线路	三根导线
	交流配电线路	四根导线
	交流配电线路	五根导线
	暗装单相两线插座	
	拉线开关(单相二线)	拉线开关 250V、6A
	暗装单极开关(单相二线)	跷板式开关 250V、4A
	暗装双控开关(单相三线)	跷板式开关 250V、6A
	管线引向符号	引上、引下、由上引来、由下引来
	管线引向符号	引上并引下、由上引来再引下、由下引来再引上

附录 L　字母文字符号含义

字母代号	项目种类	用于举例
F	保护器件	熔断器、避雷器，过电压放电器件
G	发电机电源	旋转发电机、旋转变频机、电池、振荡器等

（续）

字母代号	项目种类	用于举例
H	信号器件	声、光指示器
K	继电器、接触器	——
L	电抗器、电感器	感应线圈、线路陷波器、电抗器
M	电动机	——
P	测量、记录设备	指示、记录、积算、信号发生器、时钟
Q	电力电路的开关	断路器、隔离开关
R	电阻器	可变电阻、电位器、变阻器、分流器、热敏电阻
S	控制电路开关选择器	控制开关、按钮、选择开关、限制开关、拨号选择器
T	变压器	电压互感器、电流互感器
X	端子接头插座	插头和插座、测试塞孔、端子板、连接片、电缆接头
Y	电气操作的机械装置	制动器、离合器、气阀

附录 M　特殊用途文字符号

序号	名　　称	文字符号	序号	名　　称	文字符号
1	交流系统电源第一相	L_1	10	直流系统电源中间线	M
2	交流系统电源第二相	L_2	11	接地	E
3	交流系统电源第三相	L_3	12	保护接地	PE
4	中性线	N	13	不接地保护	PU
5	交流系统设备第一相	U	14	中性线保护线共用	PEN
6	交流系统设备第二相	V	15	等电位	CC
7	交流系统设备第三相	W	16	机壳接地	M
8	直流系统电源正极	L_+	17	交流电	AC
9	直流系统电源负极	L_-	18	直流电	DC

参 考 文 献

[1] 王增长. 建筑给水排水工程[M]. 5 版. 北京：中国建筑工业出版社，2005.

[2] 张东放. 建筑设备工程[M]. 北京：机械工业出版社，2008.

[3] 中国建筑标准设计研究院. GB/T 50349—2005 国家建筑标准设计图集 建筑给水聚丙烯管道工程技术规范[S]. 北京：中国计划出版社，2005.

[4] 中国建筑标准设计研究院. 02SS405-1 ~4 国家建筑标准设计图集 给水塑料管道安装[S]. 北京：中国计划出版社，2008.

[5] 中国建筑标准设计研究院. 04S409 国家建筑标准设计图集 建筑排水用柔性接口铸铁管安装[S]. 北京：中国计划出版社，2008.

[6] 中国建筑标准设计研究院. 96S406 国家建筑标准设计图集 建筑排水用硬聚氯乙烯(PVC-U)安装[S]. 北京：中国计划出版社，2002.

[7] 谷峡. 水泵与水泵站[M]. 北京：中国建筑工业出版社，2005.

[8] 中华人民共和国住房和城乡建设部. GB 50015—2003 建筑给水排水设计规范[S]. 北京：中国计划出版社，2003.

[9] 中华人民共和国住房和城乡建设部. GB 50016—2006 建筑设计防火规范[S]. 北京：中国计划出版社，2006.

[10] 中华人民共和国住房和城乡建设部. GB 50084—2001 自动喷水灭火设计规范[S]. 2005 版. 北京：中国计划出版社，2005.

[11] 中华人民共和国住房和城乡建设部. GB 50045—1995 高层民用建筑设计规范[S]. 2005 版. 北京：中国计划出版社，2005.

[12] 中华人民共和国住房和城乡建设部. GB 50028—2006 城镇燃气设计规范[S]. 北京：中国计划出版社，2006.

[13] 周胜. 管道工[M]. 北京：化学工业出版社，2008.

[14] 温传舟. 管道工操作技术 800 问[M]. 北京：化学工业出版社，2007.

[15] 李涛，李小雄. 建筑给水排水安装施工员手册[M]. 广州：广东科技出版社，2009.

[16] 刘梦真，王宇清. 高层建筑采暖设计技术[M]. 北京：机械工业出版社，2004.

[17] 韦节廷. 建筑设备工程[M]. 北京：中国电力出版社，2004.

[18] 中华人民共和国住房和城乡建设部. GB 50242—2002 建筑给水排水及采暖工程施工质量验收规范[S]. 北京：中国计划出版社，2002.

[19] 任义. 实用电气工程安装技术手册[M]. 北京：中国电力出版社，2006.

[20] 戴绍基. 建筑供配电与照明[M]. 北京：中国电力出版社，2006.

[21] 李英姿，洪元颐. 现代建筑电气供配电设计技术[M]. 北京：中国电力出版社，2008.

[22] 汪永华. 建筑电气[M]. 北京：机械工业出版社，2007.

[23] 戴绍基. 安全用电[M]. 北京：高等教育出版社，2007.

[24] 陈家盛. 电梯实用技术教程[M]. 北京：中国电力出版社，2006.

[25] 夏国柱. 电梯工程实用手册[M]. 北京：机械工业出版社，2008.

[26] 黄民德，季中，郭福雁. 建筑电气工程施工技术[M]. 北京：高等教育出版社，2007.

[27] 中国建筑工程总公司. 电梯工程施工工艺标准[M]. 北京：中国建筑工业出版社，2003.

[28] 建筑施工手册第四版编写组. 建筑施工手册[M]. 4 版. 北京：中国建筑工业出版社，2003.

[29] 谢莉. 建筑智能化技术[M]. 北京：中国水利水电出版社，2008.
[30] 王用伦. 智能楼宇技术[M]. 北京：人民邮电出版社，2008.
[31] 余明辉. 综合布线技术教程[M]. 北京：清华大学出版社，2006.
[32] 黄明德. 建筑电气工程施工技术[M]. 北京：高等教育出版社，2004.
[33] 刘兵. 建筑电气与施工用电[M]. 4版. 北京：电子工业出版社，2008.

21世纪高职高专规划教材书目（基础课及建筑类）

* ＊高等数学（理工科用）（第2版）
* 高等数学学习指导书（理工科用）（第2版）
* 计算机应用基础（第2版）
* 应用文写作
* 应用文写作教程
* 经济法概论
* 法律基础
* 法律基础概论
* ＊C语言程序设计
* 建筑制图（第2版）
* 建筑制图习题集（第2版）
* 建筑AutoCAD 2009中文版
* 建筑制图与识图
* 建筑制图与识图习题集
* ＊建筑力学（第2版）
* 建筑材料
* 道路建筑材料
* 建筑工程测量
* 钢筋混凝土结构及砌体结构
* ＊房屋建筑学
* ＊土力学及地基基础
* **建筑设备**
* ＊建筑给排水
* ＊建筑电气
* 建筑施工
* ＊房地产开发与经营（第2版）
* 建筑工程概预算
* 房屋维修与预算
* 建筑装修装饰材料
* 建筑装修装饰构造
* 建筑装修装饰设计
* 楼宇智能化技术
* 钢结构
* 多层框架结构
* 建筑施工组织

（有＊的为普通高等教育“十一五”国家级规划教材并配有电子课件）